RÉUSSIR LES TP DE PHYSIQUE AUX CONCOURS

CLASSES PRÉPAS

TRAVAUX PRATIQUES

LAURENT SALLEN | DOMINIQUE MEIER

RÉUSSIR LES TP DE PHYSIQUE AUX CONCOURS

CLASSES PRÉPAS

TRAVAUX PRATIQUES

3e édition

DUNOD

Conception graphique de la couverture : Hokus Pokus Créations

11, rue Paul Bert 92240 Malakoff
www.dunod.com
ISBN 978-2-10-079040-1

79040 - (I) - OSB 80° - LUM - JOE

JOUVE
1, rue du Docteur Sauvé, 53100 MAYENNE
N° 2866594F
Dépôt légal : avril 2019

TABLE DES MATIÈRES

INTRODUCTION

Les travaux pratiques de Sciences Physiques font partie intégrante du programme de CPGE. Ainsi, en classe préparatoire, chaque élève aura passé deux heures par semaine pendant au moins deux ans en salle de TP. Il est donc logique que l'aspect expérimental fasse, lui aussi, l'objet d'une évaluation aux concours. Le poids de cette évaluation est loin d'être négligeable, le coefficient est le même que celui de l'épreuve de TIPE.

Toutefois, alors que les recueils d'annales relatifs aux épreuves écrites et orales de concours sont nombreux, quelles que soient la matière et la filière, il n'existait pas d'ouvrage portant spécifiquement sur l'épreuve de Travaux Pratiques aux concours. Il nous a semblé important de combler cette lacune.

Pour cela, nous avons compilé des informations fournies par nos élèves : en effet, il est fréquent, pour ne pas dire habituel, que les candidats, à l'issue des épreuves pratiques, ramènent à leurs (anciens !) professeurs les énoncés qui leur ont permis de briller... ou qui les ont conduits à un éventuel échec. Ces textes renvoyés par les étudiants constituent une mine d'informations permettant de préparer, au mieux, les élèves sur de « vraies épreuves » de Travaux Pratiques.

Cependant, il peut être difficile pour un candidat de se rappeler d'un énoncé de TP touffu et parfois long. Il arrive donc que, dans les retours de nos élèves, la valeur numérique de tel ou tel composant soit oubliée, la distance focale d'une lentille soit erronée, ou encore qu'un schéma électrique soit partiel. Ces textes deviennent rapidement des casse-têtes, voire des défis pour les enseignants tentant de comprendre un énoncé lacunaire, avant de « réaliser l'expérience ». De plus, les professeurs enseignant dans des grosses structures ont bien souvent un meilleur retour des épreuves pratiques, qualitativement et surtout quantitativement, que les collègues des petites structures. Dans un souci de transparence et d'équité nous avons voulu essayer de limiter cette inégalité en termes d'information pour ce type d'épreuve.

Les énoncés proposés dans ce livre sont le résultat de recoupements multiples, année après année, des textes écrits et renvoyés par nos étudiants. Ils sont certainement très proches des énoncés originaux, dans leur progression comme dans les données utilisées pour les expériences. Il peut néanmoins subsister encore quelques différences entre les originaux et les énoncés que nous proposons.

Il nous a fallu faire un choix parmi les nombreux TP dont nous disposions. Nous avons pensé qu'il était raisonnable de présenter dans ce livre la même proportion de TP d'électricité et d'optique qu'aux concours. À l'exception de certains textes, nous avons retenu des textes qui sont communs aux trois filières, soit plus d'une vingtaine de TP en tout. Pour chacun, nous avons précisé les concours dont ils sont extraits, sachant que les énoncés ne sont pas strictement identiques d'un concours à l'autre.

Si année après année, les textes proposés à l'épreuve pratique changent peu, il faut savoir qu'il existe plus d'une centaine de sujets différents. Il est donc impossible et surtout inutile de « bachoter » cette épreuve. Cet ouvrage a l'ambition de permettre aux étudiants de découvrir de nouvelles méthodes expérimentales, de s'entraîner à exploiter leur savoir-faire dans le cadre de nouvelles situations. Il est important de s'imprégner des méthodes proposées dans cet ouvrage et surtout de profiter pleinement des séances de TP proposées durant les deux années de préparation aux concours.

Les auteurs souhaitent remercier tous les étudiants qui ont fait l'effort de rédiger et de renvoyer un texte. Nous remercions aussi vivement Michelle KOPCIA et Jean-Baptiste POINCOT techniciens du laboratoire de Sciences Physiques du lycée Kléber de Strasbourg, et Abel KHARBACH technicien du laboratoire de Sciences Physiques du lycée Hoche de Versailles pour leurs encouragements et leur aide technique.

Laurent SALLEN, Dominique MEIER

Description des épreuves aux concours

I Mines

Lieu : Télécom Paris

Durée : 3h30

Cette épreuve ne concerne que les candidats des filières PC et PSI. L'épreuve a pour intitulé « Épreuve mixte » et pour objectif « l'évaluation d'un socle théorique de compétences expérimentales » pour reprendre la phrase du rapport de ce concours. Le début de l'épreuve consiste généralement en une étude théorique que l'expérience qui suit doit valider ou non.

L'examinateur est très présent, pose régulièrement des questions au candidat sur l'expérience en cours ou de culture générale, le guide s'il fait fausse route. Des prises d'initiative de la part du candidat sont très appréciées et il est possible d'avoir une excellente note sans avoir terminé le TP à condition de faire preuve de bon sens et d'esprit critique concernant les résultats obtenus.

Il faut rendre un compte-rendu de TP à la fin de l'épreuve qui doit être « clair et structuré » et où les résultats expérimentaux sont exploités et interprétés.

En filière PC, les candidats ont soit TP de Physique, soit TP de Chimie. En filière PSI, les candidats ont soit TP de Physique, soit TP de SII. Ils ont connaissance de la matière environ une semaine avant l'épreuve, au moment de la convocation.

D'après nos retours, la répartition serait environ 2/3 d'électricité et 1/3 d'optique.

II Centrale

Lieux : Supéléc et Supoptique

Durée : 3h

Cette épreuve concerne les candidats des filières MP, PC et PSI. Le lieu de passage de l'épreuve est connu avant le début de la série donc à peu près une semaine avant l'épreuve. D'après les textes renvoyés par nos élèves, il n'y a que des TP d'électricité à Supélec et environ 70 % de TP d'optique et 30 % de TP d'électricité à Supoptique.

Il semble que l'essentiel de la notation vient du compte rendu de TP. L'interaction candidat-examinateur ne paraît pas aussi importante que pour les autres concours. Les textes proposés demandent explicitement d'appeler l'examinateur (à deux ou trois reprises selon les sujets). L'examinateur écoute les explications et éventuellement les questions du candidat, prend note et peut intervenir pour éviter au candidat d'aller dans une mauvaise direction. Il est impératif de s'arrêter pour faire cette petite présentation à l'examinateur et il ne faut pas continuer le TP. À la fin de l'épreuve, il est demandé de rédiger une synthèse. C'est l'occasion de faire le point sur ce qui a été fait en essayant d'avoir une vision un peu plus globale du problème abordé.

À noter que depuis les concours 2015, il existe également des TP de Chimie à Orsay, à proportion d'environ 15 %.

III X-ENS

1) ENS

Pour la filière PC, l'épreuve est commune pour les ENS de Paris, de Lyon et de Cachan et a lieu alternativement à l'ENS de Lyon et à l'ENS de Cachan. Elle dure 4h. Il y a une grande diversité de sujets et de thèmes abordés. Les examinateurs viennent souvent pour s'entretenir avec les candidats.

Pour la filière PSI, l'épreuve a lieu à l'ENS de Cachan et dure 3h. L'état d'esprit de cette épreuve est le même que pour la filière PC.

Il n'y a pas d'épreuve de TP en filière MP.

2) Polytechnique

Il s'agit de la même épreuve que celle de l'ENS pour la filière PSI. Elle est faite dans le même état d'esprit pour la filière PC et a lieu à l'école Polytechnique. Il n'y a pas d'épreuve de TP en filière MP.

Partie 1

Méthodologie

1 NOTIONS D'INCERTITUDES

I DÉFINITIONS

Considérons une grandeur physique G dont on cherche à connaître la valeur g. Par abus de langage, on confond souvent la grandeur physique, ici G, et sa mesure g. Pour éviter d'alourdir inutilement cette présentation, nous confondrons volontairement G et g.

Lors de la mesure de la grandeur physique G, l'erreur est la différence entre la valeur mesurée, approchée G_a et, la valeur exacte G_e. Celle-ci est inconnue sinon on ne chercherait pas à la déterminer !

L'incertitude absolue ΔG représente une estimation de l'importance de l'erreur commise. En absence d'erreur systématique, elle définit un intervalle autour de la valeur mesurée qui inclut la valeur exacte, du moins si cette estimation est faite correctement.

Dans le même esprit, on introduit aussi l'incertitude relative $\dfrac{\Delta G}{G_a}$ ou encore, précision de la mesure, elle est exprimée en %.

Il s'agit donc d'évaluer cette incertitude (ΔG) et pour ce faire, deux approches sont souvent utilisées :

La première est statistique. On effectue, lorsque cela est possible, une série de mesures et on calcule la valeur moyenne et l'écart-type de ces mesures. La valeur moyenne est la meilleure estimation de la valeur exacte G_e tandis que l'incertitude ΔG, directement reliée à l'écart-type, définit un intervalle dans lequel la valeur exacte se trouve avec une probabilité connue.

Il s'agit des incertitudes de type A. Précisons dès maintenant que ce cas de figure n'apparaît pas pour l'instant aux concours. En effet, il est plutôt demandé au candidat de réaliser des mesures uniques (mais différentes) et non pas un grand nombre de fois la même mesure dans un but de statistiques. Il s'agit autant d'un problème de temps que d'intérêt.

Cette première approche peut éventuellement être celle d'un professeur qui fait réaliser une même mesure à différents groupes pendant une séance de TP dans le but de présenter l'aspect statistique d'une étude à ses élèves.

Une seconde approche consiste à évaluer un majorant de l'erreur commise lors de la mesure. Il est estimé à partir des lectures sur les appareils de mesure et des conditions expérimentales.

Il s'agit des incertitudes de type B qui se prêtent particulièrement aux situations de concours et que l'on détaille succinctement dans la suite de ce chapitre.

L'objectif est donc double :

- Minimiser l'incertitude absolue et relative lors des expériences pour obtenir un résultat le plus précis possible ;
- Évaluer la précision des mesures et donc celle du résultat présenté.

II Estimation des incertitudes

1) Par la lecture classique

Lorsque la mesure se fait à l'aide d'une échelle de graduations (sur une règle, un vernier, ou l'écran d'un oscilloscope), on considère que l'incertitude-type s vaut :

$$s = \frac{1 \text{ division}}{\sqrt{12}} = \frac{1 \text{ division}}{2\sqrt{3}}$$

où 1 division correspond à la plus petite graduation. Par exemple, pour une règle graduée en millimètres, 1 division = 1 mm.

Ce sont les lois probabilistes qui donnent cette expression. Cela correspond à un intervalle de confiance de 68 %, ce qui signifie que si G_a est le résultat de la mesure, alors la valeur exacte G_e a 68 % de chances de se trouver dans l'intervalle de confiance et donc d'être comprise entre $G_a - s$ et $G_a + s$. On écrit alors :

$$G = G_a \pm s$$

avec dans ce cas $\Delta G = s$, que l'on devrait écrire $\Delta G_{68\ \%} = s$.

On parle également de niveau de confiance élargie auquel cas :

$$\Delta G_{95\ \%} = 2 \times \Delta G_{68\ \%} = 2 \times s$$

correspondant à un niveau de confiance de 95 %.

L'essentiel dans un compte rendu de TP ou dans un travail est de rester cohérent avec le niveau de confiance choisi. Nous nous contenterons d'un niveau de confiance de 68 % dans cet ouvrage.

Exemple

Dans le cas de la règle graduée au millimètre, l'incertitude de lecture d'une abscisse est donc :

$$\Delta x = \frac{1 \text{ mm}}{\sqrt{12}} \approx 0,3 \text{ mm}$$

2) Instrument ou appareil affichant une tolérance

Si un instrument ou un composant affiche une tolérance t, alors l'incertitude type s vaut :

$$s = \frac{t}{\sqrt{3}}$$

et cela correspond toujours à un intervalle de confiance de 68 % : $\Delta G = \Delta G_{68\,\%} = s$.

Exemple

La valeur d'une résistance donnée par l'intermédiaire des 4 anneaux de couleur, est de 200 Ω avec une tolérance de 5 % :

$$\Delta R = \frac{\frac{5}{100} \times 200}{\sqrt{3}} = 5,8\ \Omega \approx 6\ \Omega$$

Remarque

Pour un intervalle de confiance de 95 %, il faut à nouveau multiplier cette valeur par 2 et cela s'interpréterait par : « on est sûr à 95 % que la résistance utilisée a une valeur comprise entre 188 Ω et 212 Ω ».

3) Par une lecture de type numérique

Chaque appareil numérique donne le résultat avec une précision qui lui est propre (cette valeur est accessible dans la notice d'utilisation).

En général, le constructeur indique pour l'écart type un pourcentage p de la valeur lue sur l'appareil ainsi qu'un nombre N de digits (le digit correspondant au dernier chiffre affiché sur l'appareil) :

$$s = \frac{p \times \ valeur\ lue + N \times digits}{\sqrt{3}}$$

qui correspond encore à un niveau de confiance de 68 % : $\Delta G = \Delta G_{68\,\%} = s$

Exemple

On lit sur un ampèremètre une valeur de 4,83 mA et l'appareil indique 2 % *rdg* + 1 *digit* (rdg correspond à reading = valeur lue), alors :

$$\Delta I = \frac{\frac{2}{100} \times 4,83 + 1 \times 0,03}{\sqrt{3}} \approx 0,08\ \text{mA}$$

Remarque

Pour un intervalle de confiance de 95 %, il faut multiplier à nouveau cette valeur par 2.

Il est là aussi préférable d'utiliser le bon calibre pour effectuer la mesure c'est-à-dire, un peu comme s'il s'agissait d'une lecture sur écran, celui qui donne la plus grande valeur sans dépasser le calibre. Pour les oscilloscopes donnant directement les amplitudes crête à crête, il faut encore utiliser le calibre permettant à la courbe d'occuper la plus grande surface de l'écran pour que la valeur donnée par l'appareil soit la plus précise possible.

III Mesure indirecte : propagation des incertitudes

Supposons que la grandeur G dépende des paramètres x et y : $G = g(x, y)$. Ces paramètres x et y sont mesurés directement avec une incertitude Δx et Δy, respectivement.

Dans un premier temps, on calcule la différentielle de G et on obtient :

$$dG = \frac{\partial g}{\partial x}dx + \frac{\partial g}{\partial y}dy$$

L'incertitude absolue sur G est alors donnée par la relation :

$$\Delta G = \sqrt{\left(\frac{\partial g}{\partial x}\right)^2 \Delta x^2 + \left(\frac{\partial g}{\partial y}\right)^2 \Delta y^2}$$

Remarque

Une façon rapide permettant d'accéder à la différentielle de G consiste à utiliser la différentielle logarithmique. Lorsque G est de la forme :

$$G = g(x, y) = k\,x^{\alpha} y^{\beta} \text{ avec } k \text{ une constante}$$

alors :
$\ln G = \ln k + \alpha \ln x + \beta \ln y$ ce qui donne en différenciant :

$$d\,(\ln G) = 0 + \alpha\, d\,(\ln x) + \beta\, d\,(\ln y)$$

soit : $\frac{dG}{G} = \alpha \frac{dx}{x} + \beta \frac{dy}{y}$.

Pour la mesure à partir d'une lecture double avec la même incertitude ΔG à chacune des deux mesures on arrive ainsi à :

$$\Delta G_{\text{double lecture}} = \sqrt{2} \times \Delta G$$

Exemple

Si on réalise une mesure de longueur L sur une règle graduée au millimètre à partir de deux positions x_1 et x_2, cela donne :

$$\Delta L = \sqrt{(\Delta x_1)^2 + (\Delta x_2)^2}$$

avec $\Delta x_1 = \Delta x_2 = \Delta x = \frac{1 \text{ mm}}{\sqrt{12}} \approx 0,3$ mm

d'où $\Delta L = \sqrt{2} \times \Delta x \approx 0,4$ mm.

IV À PARTIR D'UNE RÉGRESSION LINÉAIRE

Comme cela est précisé dans le chapitre intitulé « Graphes », pour vérifier une loi, il est nécessaire de se ramener à une droite (en faisant éventuellement des changements de variables).

En traçant les points sur du papier millimétré, il faut estimer « à l'œil » les pentes p_{min} et p_{Max}, respectivement de pente minimale et maximale, passant au plus près d'un maximum de points. La pente p a alors pour valeur :

$$p = \frac{p_{\text{Max}} + p_{\text{min}}}{2} \pm \frac{p_{\text{Max}} - p_{\text{min}}}{2} \left(\frac{p_{\text{Max}} - p_{\text{min}}}{p_{\text{Max}} + p_{\text{min}}} \% \right)$$

Remarque
En toute rigueur, connaissant l'incertitude des variables que l'on reporte sur le graphe, il faudrait tracer non des points mais de petits rectangles dont les côtés correspondent aux valeurs de ces incertitudes.

V EXPRESSION DES RÉSULTATS

Après mesures et calculs d'incertitudes, le résultat doit s'exprimer de la façon suivante :

$$G = G_{\text{a}} \pm \Delta G \left(\frac{\Delta G}{G_{\text{a}}} \% \right)$$

en faisant attention au nombre de chiffres significatifs.

- ΔG ne doit jamais comporter plus de deux chiffres significatifs. Il faut arrondir aux valeurs supérieures ;
- pour G_{a}, il faut arrondir de façon cohérente en fonction de l'incertitude. Ainsi donner un résultat sous la forme :

  $$R = 204,13 \pm 11\ \Omega\ (6\ \%)$$

  n'a aucun sens car les deux chiffres après la virgule sont ridicules compte-tenu de l'incertitude. Le bon résultat devrait être plutôt :

  $$R = 204 \pm 11\ \Omega\ (6\ \%)$$

Conséquence : Il ne faut pas recopier la valeur numérique affichée par un appareil numérique sans porter un regard critique sur ce résultat puisque cet appareil présente lui aussi des limites en termes de précision.

VI ET AUX CONCOURS ?

En électronique, les calculs d'incertitudes sont rarement exigés. En revanche, en optique, c'est systématique.

2 TRACER UN GRAPHE

I PRÉSENTATION D'UN GRAPHE

La présentation d'un graphe nécessite :

- un titre ;
- une échelle adaptée sur chacun des axes (graduations), pour que le graphe soit le plus grand possible sans déborder ;
- la variable et son nom sur chacun des axes avec son unité ;

Ne pas oublier de numéroter chaque graphe (s'il y en a plusieurs pour un compte-rendu de TP) en relation avec la question concernée : « Voir graphe numéro XX ». Trop souvent des candidats oublient de le faire et les examinateurs doivent chercher parmi les documents et faire un tri (tout ce qui fait perdre du temps à un examinateur est à déconseiller).

II VÉRIFICATION D'UNE LOI

Si l'on souhaite vérifier graphiquement une loi, il est nécessaire de se ramener à une droite. Par exemple, s'il faut vérifier une loi du type $y = \dfrac{a}{x^2}$, le graphe $y = f(x)$ ne permettra pas de conclure avec certitude. Il est judicieux de tracer $y = f(1/x^2)$ qui donnera une droite de pente a.

De façon plus générale lorsqu'il s'agit de vérifier une loi en puissance comme $y = a x^{\alpha}$ avec α donné, ou bien s'il faut déterminer α il faut tracer la courbe $\ln y = f(\ln x)$ qui est une droite de pente α. En effet, $\ln y = \ln(a x^{\alpha}) = \ln a + \ln x^{\alpha}$ d'où $\ln y = \alpha \times \ln x + \ln a$.

III MESURES À L'OSCILLOSCOPE

Illustrons les mesures de gain et de phase sur l'exemple du circuit RC suivant :

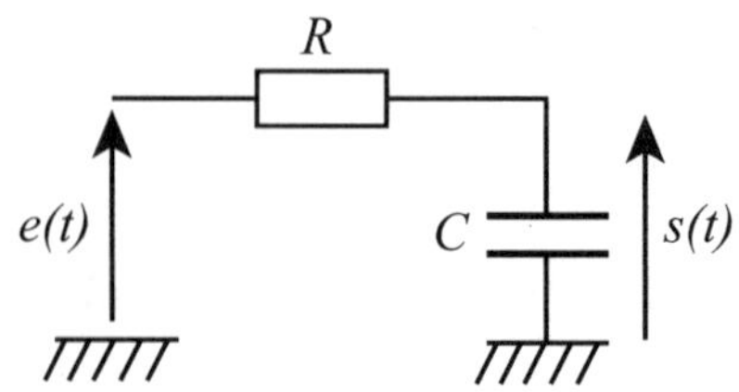

Avec les données suivantes : $R = 55{,}8\ \text{k}\Omega$, $C = 1{,}0$ nF et une tension d'entrée de fréquence $f \approx 2{,}7$ KHz. Le gain théorique a pour expression :

$$G(\omega) = \frac{1}{\sqrt{1 + \dfrac{\omega^2}{\omega_0^2}}} \text{ où } \omega_0 = \frac{1}{RC} \approx 1{,}79\ 10^4 \text{ rad s}^{-1} \text{ est la pulsation de coupure}$$

et la phase vaut $\varphi = -\arctan \dfrac{\omega}{\omega_0}$.

À cette fréquence, les valeurs numériques théoriques sont :

$G \approx 0{,}70$ et $\varphi \approx -44° \approx -0{,}77$ rad.

1) Visualisation en mode bicourbe

En mode bicourbe, on observe à l'oscilloscope les tensions d'entrée et de sortie correspondant aux courbes en $X(t)$ du CH1 et $Y(t)$ du CH2.

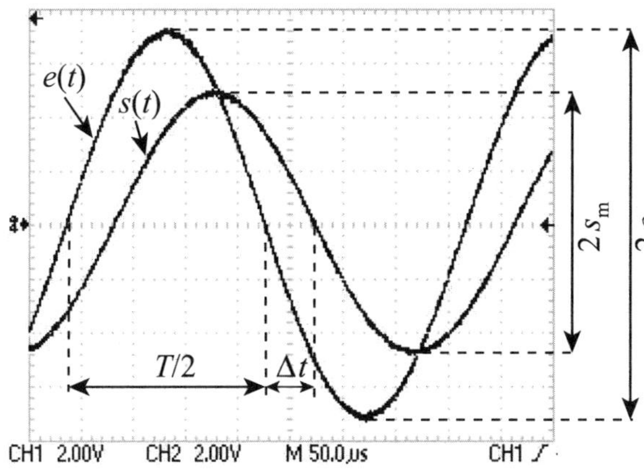

La plupart des oscilloscopes possèdent maintenant des curseurs permettant de mesurer les amplitudes et les écarts temporels.

Pour optimiser les mesures, il faut utiliser les calibres permettant d'obtenir les courbes occupant (sans dépasser) le maximum de surface à l'écran. En effet, l'erreur de lecture correspond à « la moitié de la plus petite division » et plus la courbe est grande plus l'incertitude est faible. À noter que même sur les oscilloscopes donnant automatiquement la valeur des amplitudes (souvent crête à crête), celle-ci est plus précise avec un bon choix du calibre.

- **La mesure du gain**

  Le signal d'entrée s'étale sur 7,2 carreaux crête à crête soit $2\,e_\text{m} \approx 7{,}2 \times 2 = 14{,}4$ V tandis que le signal de sortie correspond à 4,9 carreaux crête à crête, soit $2\,s_\text{m} \approx 4{,}9 \times 2 = 9{,}8$ V.

  Finalement, nous mesurons $G = \dfrac{9{,}8}{14{,}4} \approx 0{,}68$.

- **La mesure du déphasage**
Sur l'oscillogramme précédent, la sortie est en retard par rapport à l'entrée. Une règle de trois donne $|\varphi| = 2\pi\dfrac{\Delta t}{T}$ (en rad) donc, connaissant le signe du déphasage :

$$\varphi = -\omega\,\Delta t = -2\pi\frac{\Delta t}{T}$$

et l'application numérique conduit à $\varphi \approx -2\pi\dfrac{0{,}9}{7{,}5} \approx -0{,}75$ rad $\approx -43°$.

2) Mode Lissajous (ou XY)

La représentation en mode Lissajous, ou mode XY, correspond à une représentation paramétrique où la variable t a disparu. Pour deux tensions sinusoïdales, dans le cas d'un déphasage quelconque, la figure est une ellipse. Le signal de sortie est visualisé sur la voie Y et celui d'entrée sur la voie X.

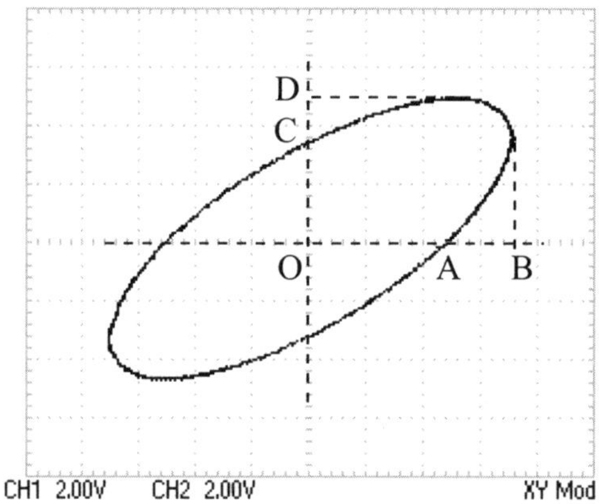

- Pour le gain, OD = s_m et OB = e_m donc :

$$G = \frac{\text{OD (en V)}}{\text{OB (en V)}} \approx \frac{2{,}5 \times 2\,\text{(en V)}}{3{,}6 \times 2\,\text{(en V)}} \approx 0{,}70.$$

- Enfin le déphasage s'obtient grâce à $|\sin\varphi| = \dfrac{\text{OA}}{\text{OB}} = \dfrac{\text{OC}}{\text{OD}}$. La mesure donne donc $|\sin\varphi| \approx \dfrac{2{,}4}{3{,}6} \approx \dfrac{1{,}7}{2{,}5} \approx 0{,}68$ soit $\varphi \approx -43°$.

Le mode XY est surtout (pour ne pas dire uniquement) intéressant lorsque le déphasage est proche de $\varphi \approx 0°$ ou 180°. C'est d'ailleurs la méthode la plus précise pour repérer un déphasage nul entre le signal de sortie et celui de l'entrée comme c'est le cas, par exemple, à la fréquence centrale d'un filtre passe-bande d'ordre deux car on visualise une droite.

IV DIAGRAMME DE BODE

Un grand nombre de TP d'électronique demande l'étude d'un filtre linéaire et elle passe nécessairement par l'établissement du diagramme de Bode.

1) Définition

Soit la fonction de transfert $\underline{H}(j\omega) = G(\omega)\, e^{j\varphi(\omega)}$ avec $G(\omega)$ le gain et $\varphi(\omega)$ la phase (déphasage de la sortie par rapport à l'entrée).

Le diagramme de Bode consiste à tracer :

- Le gain en décibel $G_{\mathrm{dB}} = 20 \log G(\omega)$ en fonction de $\log \omega$ (ramené à $\omega_0 = 1\ \mathrm{rad\, s^{-1}}$), ou bien en fonction de $\log f$ (ramené à $f_0 = 1$ Hz).
- Le déphasage $\varphi(\omega)$ en fonction de $\log \omega$ ou $\log f$ (ramené à $\omega_0 = 1\ \mathrm{rad\, s^{-1}}$ ou $f_0 = 1$ Hz).

2) Intérêts

Si l'on décompose une fonction de transfert en un produit de fonctions de transferts de degré inférieur ou égal à deux (possible mathématiquement) :

$$\underline{H}(j\omega) = \underline{H_1} \times \underline{H_2} \times ...$$

où chaque fonction de transfert élémentaire $\underline{H_n}$ s'écrit $\underline{H_n} = G_n\, e^{j\varphi_n}$ alors

$$G_{\mathrm{dB}} = \sum_n G_{\mathrm{dB,n}} \quad \text{et} \quad \varphi = \sum_n \varphi_n$$

Le diagramme de Bode s'obtient en sommant les diagrammes de Bode des fonctions de transfert élémentaire.

Pour cette raison, la connaissance des diagrammes de Bode des fonctions de transfert de degré un et deux suffit pour tracer le diagramme de Bode de n'importe quel quadripôle.

3) Méthode

Pour faire un diagramme de Bode à partir des mesures obtenues directement à l'oscilloscope, il faut préalablement :

- Bien centrer les courbes (la position du zéro).
- Se placer en mode DC.
  Si l'ensemble des mesures se fait au-delà 100 Hz, on peut alors se placer en mode AC (ce qui centre automatiquement les courbes).

a) Caractérisation rapide

- Choisir une fréquence moyenne (typiquement 1 kHz) et une tension d'entrée moyenne (environ 1 V).
- Régler convenablement l'oscilloscope afin de visualiser les tensions d'entrée et de sortie.
- Faire un balayage de fréquence sur plusieurs décades afin de :
  - déterminer la nature du filtre en repérant les fréquences « qui passent » et celles « qui ne passent pas ».
  - noter les zones de fréquences où l'amplitude varie de façon importante. C'est le cas par exemple pour un filtre passe-bande ou coupe-bande au voisinage de la fréquence centrale.
  - vérifier si le signal de sortie sature dans la région des fréquences où le gain est maximal, ce qui est fréquent dans un montage avec un ALI. Il faut alors diminuer l'amplitude d'entrée en utilisant éventuellement la fonction atténuateur du GBF.
  - vérifier également si le signal d'entrée reste constant, s'il se déforme ou s'il diminue. Cela arrive lorsque l'impédance d'entrée du filtre R_e est du même ordre que l'impédance du GBF R_g (soit 50 Ω). En effet, la configuration du circuit est la suivante :

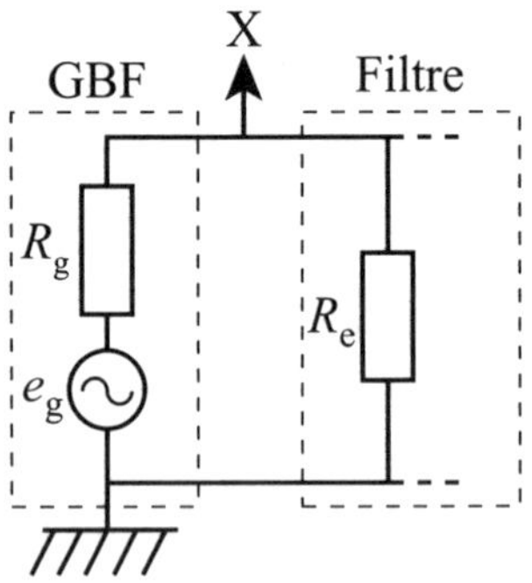

Le signal recueilli sur la voie X vaut : $\dfrac{R_e}{R_e + R_g} e_g$. Si $R_e \gg R_g$ on récupère effectivement la tension d'entrée e_g. Mais si ces deux valeurs de résistances sont voisines ou si $R_e < R_g$ alors l'amplitude du signal peut diminuer fortement. Il faut alors réaliser la mesure de l'amplitude du signal d'entrée et de sortie à chaque fois, ou bien intercaler un montage suiveur entre le GBF et le filtre.

Remarque

Il est impératif de ne pas se contenter de mesurer les tensions à l'aide de multimètres (ce qui d'ailleurs ne donne aucune information sur le déphasage) mais d'observer les signaux sur un oscilloscope. Cela permet de vérifier la forme du signal et d'avoir la certitude du fonctionnement linéaire du filtre : pas de saturations en courant ou en tension, ni d'effet de type « slew-rate ».

b) Caractérisation plus fine

- Dans le cas d'un filtre passe-bande ou coupe-bande, mesurer précisément la fréquence centrale f_0 en se plaçant en mode XY. À cette fréquence les tensions d'entrée et de sortie sont en phase (ou opposition de phase) et on doit observer un segment de droite au lieu de l'habituelle ellipse.
- Repérer également les fréquences de coupure définies par $G(f_c) = \frac{G_{max}}{\sqrt{2}}$ en mesurant le gain G_{max} à la résonance, en calculant $G_{max}/\sqrt{2}$ puis en modifiant la fréquence de part et d'autre de f_0 pour déterminer les deux fréquences réalisant cette condition. Déterminer alors le facteur de qualité $Q = f_0/\Delta f_{3dB}$ ce qui permet d'avoir une idée quant à la sélectivité du filtre selon la valeur de Q obtenue.

c) Tracé du gain

Il faut effectuer des mesures afin d'obtenir des points régulièrement répartis sur le graphe qui est en échelle log. Le choix des gammes 1-2-5 et 8 c'est-à-dire 10-20-50 et 80 Hz puis 100-200-500 et 800 Hz et ainsi de suite, répond à cet objectif.

Rajouter ensuite des points là où la courbe varie rapidement. Enfin ne pas oublier de faire quelques mesures pour des valeurs « extrêmes » de la fréquence afin de pouvoir déterminer avec précision les pentes des asymptotes pour $f \rightarrow 0$ et $f \rightarrow \infty$ ($>$100 kHz).

d) Tracé de la phase

Pour $0 < \varphi < 180°$ ou π rad, le signal de sortie est en avance sur le signal d'entrée. Récapitulons ce que nous avons fait précédemment :

- repérer si la sortie est en avance ou en retard sur l'entrée afin de déterminer le signe du déphasage φ ;
- agrandir les courbes au maximum (calibres verticaux). Il est important que la pente soit grande lors du passage par zéro ;

- augmenter horizontalement l'échelle des temps afin d'observer un peu plus qu'une demi-période ;
- mesurer l'écart temporel Δt entre les passages par zéro dans le même sens pour les deux courbes ;
- en déduire $|\varphi| = \omega \, \Delta t$ puis φ connaissant son signe.

e) Exploitation

Du diagramme de Bode on peut alors en déduire :

- Les pentes des asymptotes évaluées en dB/décade. Faire attention lorsqu'un énoncé demande d'évaluer la pente de ne pas donner comme résultat une valeur arrondie (+20 dB/dec par exemple), mais plutôt la valeur réelle mesurée (+19,1 dB/dec ou +21,4 dB/dec) ! Sinon cela donne la mauvaise impression de ne pas avoir réellement effectué la mesure.
- Les coordonnées du point d'intersection des asymptotes pour un filtre passe-bande par exemple. Cela permet de déterminer le facteur de qualité Q puisque la distance (algébrique) séparant le gain maximum de ce point d'intersection vaut $-20 \log Q$.

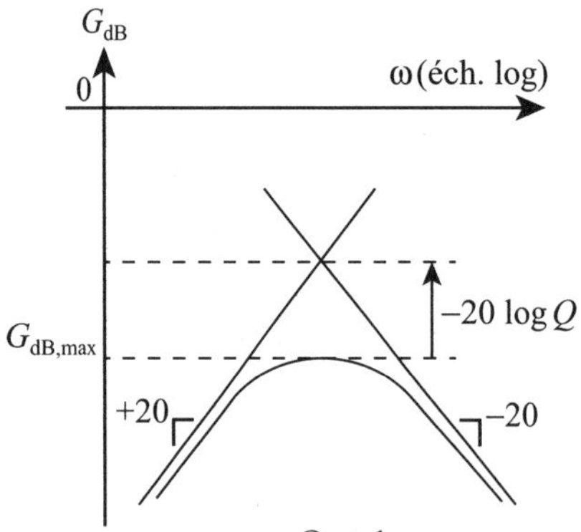

$Q < 1$

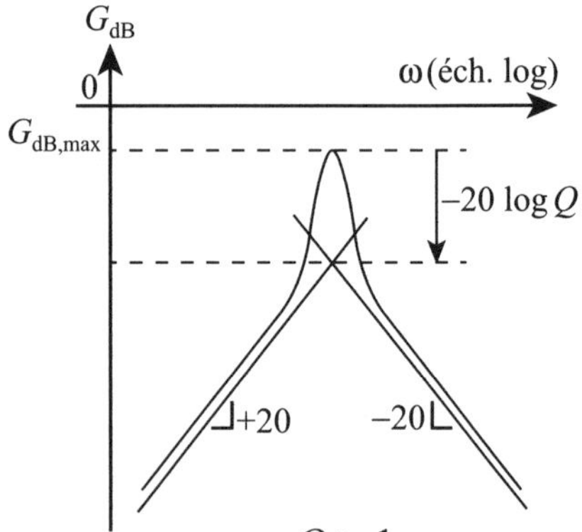

$Q > 1$

Autour du matériel 3

L'objectif de ce chapitre consiste à présenter brièvement quelques appareils usuels d'électronique souvent utilisés dans les TP.

I Générateur basses fréquences (GBF)

Il ne s'agit pas d'expliquer la totalité des fonctions d'un GBF, mais seulement d'indiquer quelques points parfois méconnus des candidats. La plupart des boutons et des touches sont intuitifs.

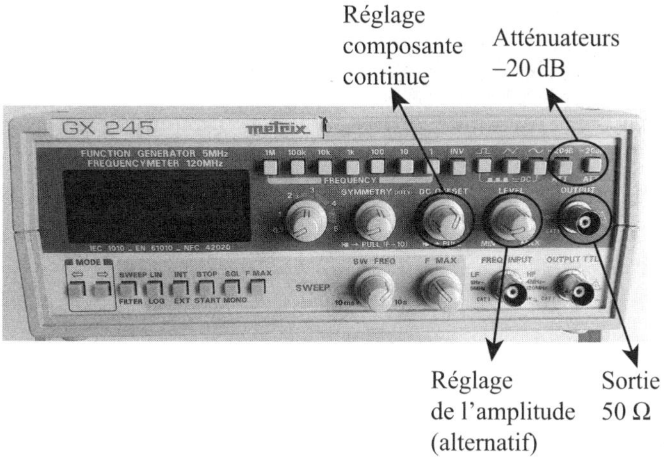

1) Sortie du GBF

La sortie du GBF à utiliser est celle ayant l'indication « Output 50 Ω » (voir TP « câble coaxial » pour en saisir l'utilité) et non pas la sortie « Output TTL » qui délivre un signal carré de 5 V d'amplitude pour les circuits logiques.

2) Ajouter une tension continue

Pour ajouter une tension continue au signal alternatif (sinus, créneau, triangle...) il faut tirer vers soi le bouton « Offset » sur certains GBF (comme celui présenté ci-dessus) puis le tourner pour avoir la valeur désirée. Il est conseillé de visualiser la tension de sortie directement à l'oscilloscope (en mode DC) avant de la placer à l'entrée d'un circuit électronique.

3) Atténuation

Lorsqu'un circuit présente une résonance forte ou un fort coefficient d'amplification, pour rester dans le domaine linéaire du circuit, il faut baisser l'amplitude de la tension d'alimentation. Pour le faire tout en restant précis, le GBF possède une fonction « −20 dB » (certains GBF en ont même deux) dont le rôle est de diviser par 10 l'amplitude du signal : ainsi en actionnant le bouton d'amplitude du signal, celle-ci varie de 0 à 1 V environ au lieu de l'habituelle gamme de tensions de 0 à 10 V environ.

II Oscilloscope

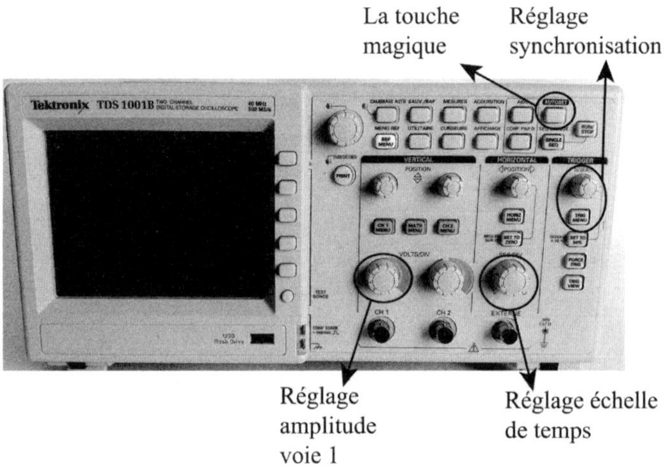

1) La synchronisation

La synchronisation permet l'observation d'un signal périodique à l'oscilloscope. Sans celle-ci c'est un signal instable qui défilerait sans cesse sur l'écran. Il faut donc indiquer à quel endroit (à quelle valeur du signal) il convient de démarrer la courbe (à gauche de l'écran par exemple). Pour stabiliser le signal il faut aller dans le menu « Trigger » de l'oscilloscope puis :

- Faire le bon choix de la voie par rapport à laquelle on synchronise : c'est la « Source ».
- Choisir le niveau de synchronisation (c'est la fonction « Level » du Trigger). Une petite flèche indique généralement sur l'écran ce niveau au moment du réglage. Bien sûr, il est impératif que cette valeur de tension soit atteinte par le signal que l'on cherche à observer.
- Choisir le sens de variation du signal (montant ou descendant) : parfois appelé « Slope » en anglais.

Ce qu'il ne faut pas faire :

- observer un signal sur la voie 1 et synchroniser sur la voie 2 où aucun signal n'est présent ;
- essayer d'observer un signal d'amplitude trop faible par rapport au niveau du Trigger (signal instable) ;
- synchroniser sur la porteuse lors de l'observation d'un signal modulé en amplitude. Il faut dans ce cas synchroniser sur le signal modulant, celui que l'on cherche à transmettre, pour stabiliser la courbe.

2) AC/DC

a) DC

Le mode DC (parfois nommé CC sur certains oscilloscopes) signifie « *Direct Current* ». Dans ce cas le signal observé sur l'écran est exactement l'image du signal envoyé. Si $e(t)$ est le signal que l'on cherche à observer et $X(t)$ celui que l'on observe à l'oscilloscope alors :

$$X(t) = e(t)$$

b) AC

Le mode AC (parfois nommé CA) signifie « *Alternative Current* ». Dans ce cas la tension $e(t)$ passe par un filtre passe-haut de fréquence de coupure $f_C \approx 10$ Hz qui élimine la composante continue et modifie les signaux de fréquences voisines de f_C. Pour un signal dont la fréquence est supérieure à 100 Hz c'est-à-dire nettement supérieure à f_C, cela revient simplement à supprimer la composante continue et donc :

$$X(t) = e(t) - < e(t) >$$

Nous insistons sur le fait que la phrase maintes fois entendue « AC supprime la composante continue » ne se justifie qu'au-delà d'une centaine d'Hertz. En deçà de cette valeur, le signal que l'on souhaite observer est déformé par le filtre.

Conclusion : toujours commencer par utiliser la position DC afin de voir la totalité du signal.

Il n'est pas rare de voir des candidats s'étonner de ne rien observer à l'oscilloscope alors que le signal est continu et que le mode AC est enclenché.

Par ailleurs, il peut arriver qu'une erreur de connections dans un montage implique la saturation d'un ALI. Le mode DC permet immédiatement de repérer ce type de problème par l'observation d'un signal continu à $\approx \pm 15$ V.

3) La touche AUTOSET

La touche préférée des élèves... C'est la touche magique et l'on pourrait aisément traduire « Autoset » par « *Au secours, je ne sais pas comment régler cet oscilloscope* ! ». Pour cette raison, l'utilisation abusive de cette touche par les candidats lors d'un TP est souvent mal vue des examinateurs.

Une autre raison pour éviter son utilisation : c'est l'oscilloscope tout seul qui fait les réglages, sans forcément savoir ce que l'on cherche à mesurer. Par ailleurs, il bascule souvent en mode AC, ce qui peut provoquer des surprises désagréables dans la suite du TP.

4) Réglages

Comme cela est expliqué dans la partie « Graphes », l'échelle de temps doit être réglée de façon à obtenir une période à l'écran (pour un signal périodique) et le réglage de l'amplitude doit permettre d'observer une courbe la plus grande possible sans déborder de l'écran.

III Plaquette

La plupart des TP de concours sont déjà montés sur plaquette et les candidats n'ont qu'à placer des cavaliers pour relier les différents blocs entre eux. Mais, pour certains TP, il arrive parfois que le candidat doive faire lui-même le montage sur plaquette dont l'utilisation n'est pas évidente la première fois...

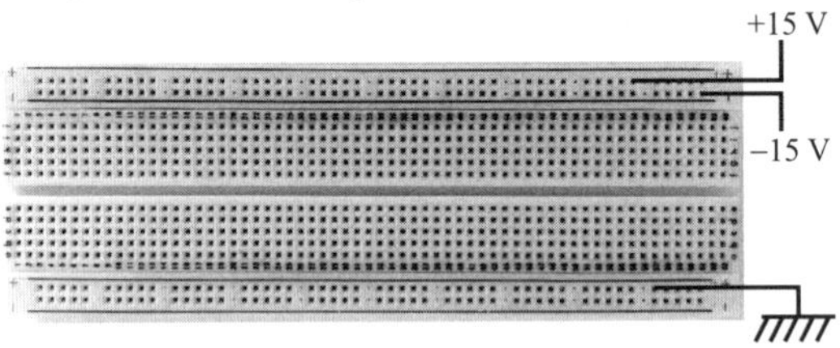

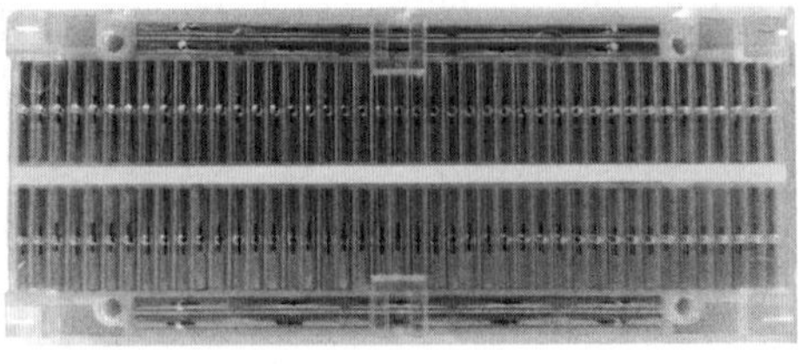

Vu de dessous, on peut observer les lignes équipotentielles. Les lignes verticales sont séparées en deux au milieu de la plaquette : sur une même verticale le potentiel du haut diffère du potentiel du bas. Il existe également 4 lignes horizontales que l'on réserve habituellement à la masse et aux alimentations de l'ALI (lorsque le montage comporte plusieurs ALI).

IV AMPLIFICATEUR LINÉAIRE INTÉGRÉ (ALI)

L'**A**mplificateur **L**inéaire **I**ntégré (ALI) est un composant électronique permettant d'amplifier la différence de potentiel entre ses deux entrées.

L'ALI est étudié de façon approfondie en filière PSI ; il est vu succinctement en filière PC dans le cadre de l'oscillateur à pont de Wien, et n'est pas au programme de la filière MP (sauf en TP).

L'ALI est encore appelé amplificateur opérationnel (AO).

1) Présentation

L'ALI présente plusieurs bornes de connexion dont trois principales :

- deux entrées ; E^+ dite entrée non inverseuse et E^- dite entrée inverseuse.
  On note V^+ et V^- les potentiels de ces deux entrées par rapport à la masse et i^+ et i^- les courants d'entrée.
- une sortie S. On appelle V_S la tension de sortie et i_S le courant de sortie.

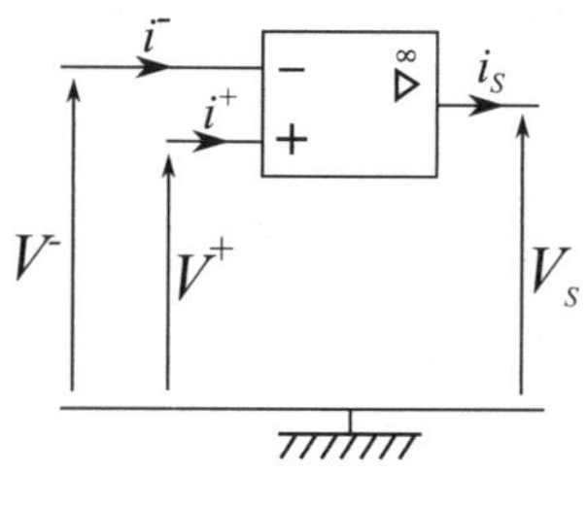

Il s'agit d'un composant actif, c'est-à-dire nécessitant une source d'énergie (alimentations ±15 V). Il est impératif d'alimenter ce composant avant le reste du circuit.

On appelle tension différentielle la grandeur $\varepsilon = V^+ - V^-$.

2) ALI idéal ou parfait

Un ALI idéal possède les caractéristiques suivantes :

- Les courants d'entrée i^+ et i^- sont nuls (ce qui revient à dire que son impédance d'entrée est infinie).
- En régime linéaire, on a égalité des deux tensions d'entrée : $V^+ = V^-$ ou encore $\varepsilon = 0$;
- Lorsque l'ALI ne fonctionne pas en régime linéaire, il fonctionne alors en régime saturé et on a :

$$V_S = +V_{sat} \text{ si } \varepsilon > 0$$
$$V_S = -V_{sat} \text{ si } \varepsilon < 0$$

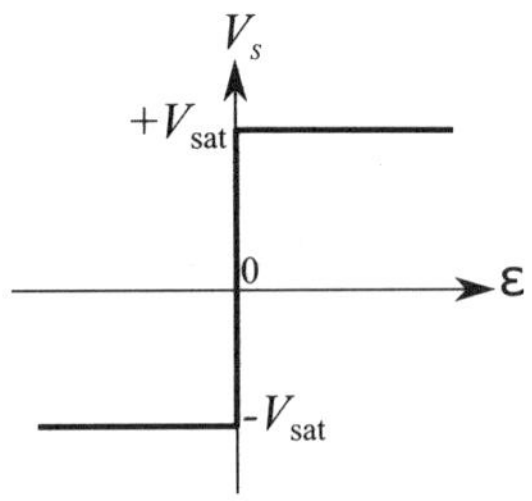

Remarque
Comme il est important de connaître les deux tensions d'entrée pour les comparer ou les égaler (en cas de fonctionnement linéaire), on aura intérêt à appliquer la loi des nœuds en termes de potentiels (le théorème de Millmann) sur chacune des entrées.

3) Défauts et limitations

a) Limitations

L'ALI a trois limitations :

- **en tension** : la tension de sortie ne peut pas dépasser, en valeur absolue, une tension de saturation $V_{\text{sat}} \approx 15$ V ;
- **en courant** : le courant de sortie ne peut excéder la valeur $i_{\text{S,Max}} \approx 20$ mA ;
- **en vitesse** : la tension de sortie ne peut pas varier trop rapidement et l'on a $\left|\dfrac{dV_S}{dt}\right| \leqslant \sigma \approx 1$ à 10 V μs^{-1} où σ est appelé vitesse de balayage ou *slew-rate*.

b) Défauts

L'ALI présente plusieurs défauts, notamment :

- un gain non infini dépendant de la pulsation : on a ainsi la relation :
$$V_s = \mu\,\varepsilon \text{ avec } \underline{\mu}(j\omega) = \frac{\mu_0}{1 + j\dfrac{\omega}{\omega_C}}$$
  - μ_0 est le gain statique et vaut $\mu_0 \approx 10^5$
  - ω_C est la pulsation de coupure et $\omega_C \approx 100$ rad s^{-1}
- Des impédances d'entrées non infinies ce qui implique des courants d'entrée non nuls (de l'ordre 10 nA ou moins suivant le modèle).

4) Branchements

L'ALI possède 8 pattes repérables par un demi-cercle ou un point sur le circuit intégré. Les branchements à effectuer sont représentés ci-dessous (schéma donné le jour du concours) :

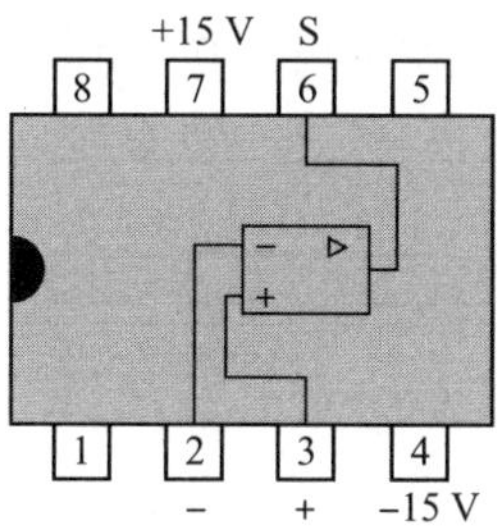

Sur la plaquette précédente, l'ALI doit être disposé de façon à ce que les 8 pattes aient un potentiel différent :

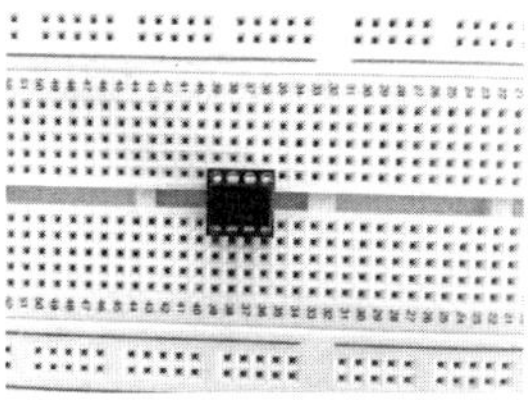

Ne pas oublier d'alimenter d'abord l'ALI puis le circuit et à la fin du TP, d'éteindre en premier le GBF puis les alimentations ±15 V de l'ALI.

V La diode

La diode est un composant non linéaire souvent utilisé en électronique et faisant l'objet de nombreux TP de concours.

Elle n'est pourtant pas au programme de MP et PC, et ne doit être considérée que comme un interrupteur en conversion de puissance pour la filière PSI.

1) Symbole

On se place en convention récepteur :

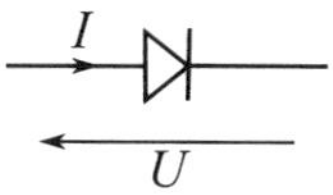

2) Caractéristique

La caractéristique $I = f(U)$ a l'allure suivante :

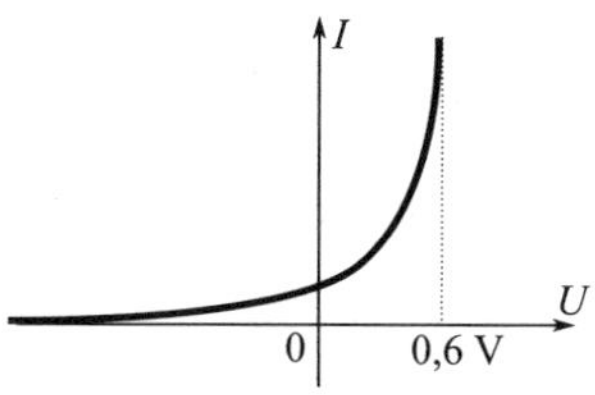

On peut approcher cette caractéristique par la loi de Shockley :

$$I = I_S \left[\exp\left(\frac{eU}{\eta k T} \right) - 1 \right]$$

avec $1 \leqslant \eta \leqslant 2$.

Remarque

La loi de Shockley n'est valable que pour des courants relativement faibles (quelques dizaines de mA).

3) Modélisations

Parmi les différentes modélisations de la diode, citons :

- Un premier modèle qui consiste à linéariser, par morceaux, la caractéristique précédente :

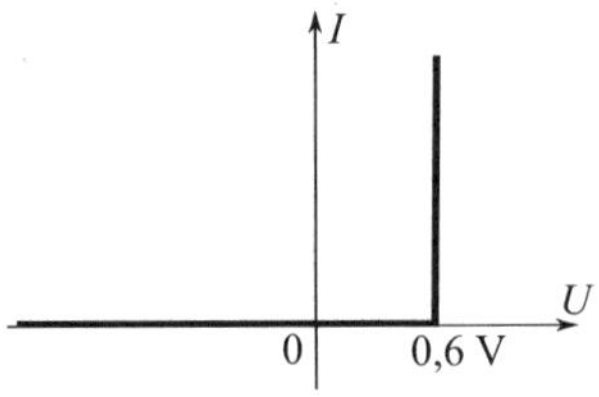

  - Lorsque la diode conduit, c'est-à-dire lorsque le courant la traversant est positif, on dit que la diode est polarisée en direct. Sinon, elle est polarisée en inverse.
  - Notons que le sens de la flèche du symbole de la diode indique le sens du courant pouvant la traverser.

- Une seconde modélisation exploite la faiblesse de la valeur de la tension seuil par rapport aux autres tensions du circuit (quand c'est le cas !), pour finalement la négliger suivant :

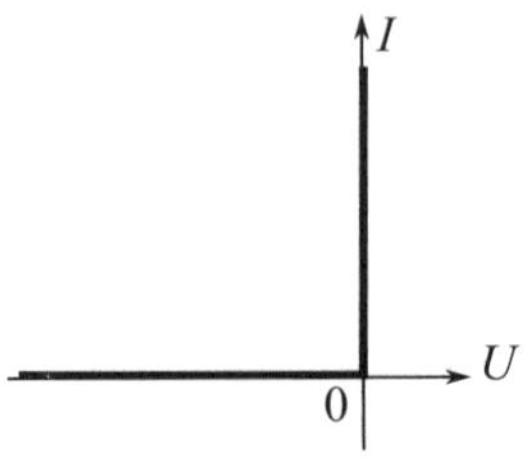

- Dans ce cas la diode a les propriétés d'un interrupteur, fermé en direct et ouvert en inverse. La puissance instantanée $p = UI = 0$ est bien nulle et la diode ne consomme aucune énergie (d'où son utilité en conversion de puissance).

4 Construire une alimentation stabilisée symétrique

De plus en plus souvent, les concours demandent aux candidats en début de TP de « construire » une alimentation stabilisée ± 15 V afin de pouvoir l'utiliser par la suite pour faire fonctionner un amplificateur opérationnel.

Pour cela, le candidat dispose d'une alimentation double $0 - 30$ V (que l'on nommera Alim.1 et Alim.2 dans la suite) et de voltmètres.

Il faut dans l'ordre :

- Placer un voltmètre aux bornes d'Alim.1 et ajuster la tension pour voir affiché 15 V. Ne plus toucher à ce bouton.
- Faire de même avec Alim.2.
- Relier la borne « + » de l'Alim.1 avec la borne « – » de l'Alim.2 et avec la terre selon le schéma ci-dessous.

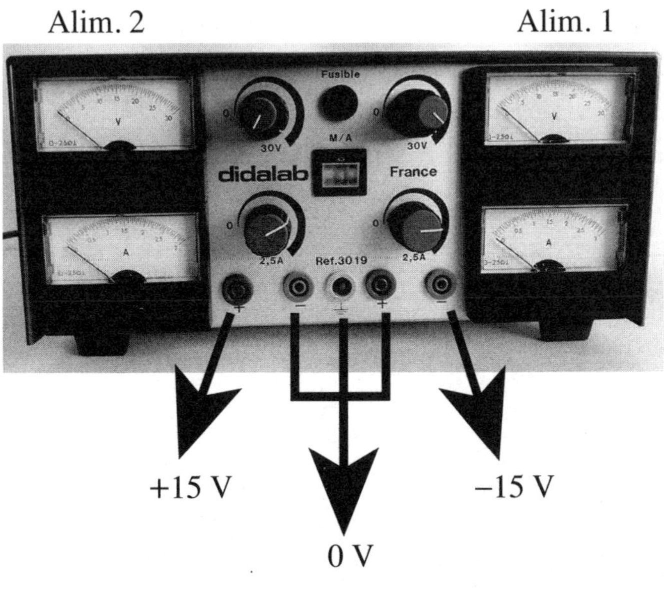

5 RÉGLER UN GONIOMÈTRE

Un goniomètre est un appareil qui sert à mesurer des angles et, ici plus particulièrement, des angles liés à la déviation de rayons lumineux. Un goniomètre est considéré comme réglé quand :

- le collimateur est ajusté à l'infini ;
- la lunette réglée pour l'observation d'objets situés à l'infini ;
- l'axe de la lunette et du collimateur sont dans un même plan parallèle au plateau.

I LE GONIOMÈTRE

1) Présentation

Le goniomètre est un appareil qui permet de mesurer des angles avec une plus ou moins grande précision, suivant le type d'appareil. Dans cet ouvrage, les réglages et les mesures ont été faites sur un goniomètre de précision (l'incertitude absolue sur une mesure d'angle est de l'ordre de la minute). Il est composé :

- d'un bloc lourd et fixe posé généralement sur la table de travail ;
- d'un collimateur équipé d'une fente ajustable (solidaire du bloc fixe) ;
- d'un plateau tournant sur lequel sera posé le prisme ou le réseau ;
- d'une lunette de visée munie d'un réticule ;
- d'une lunette permettant de lire la valeur d'un angle par rapport à une référence.

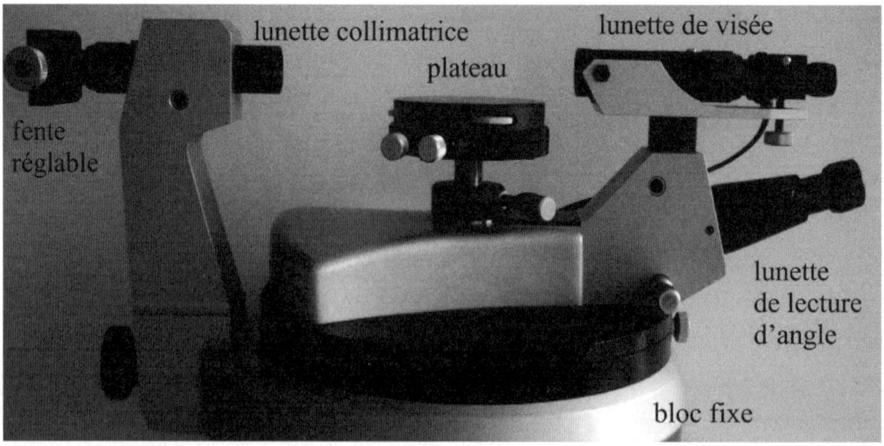

2) Réglages

a) Réglage de la lunette

Allumer l'ampoule de façon à avoir une source interne de lumière. Régler l'oculaire de la lunette à sa vue afin de voir net le réticule. Celui-ci doit être ajusté par l'intermédiaire de la bague sur lequel il est fixé pour apparaître comme une croix dont les deux marqueurs (fils noirs et fins) sont horizontal et vertical.

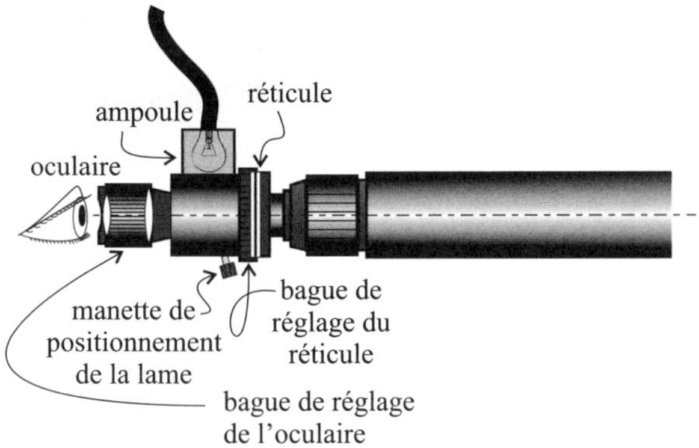

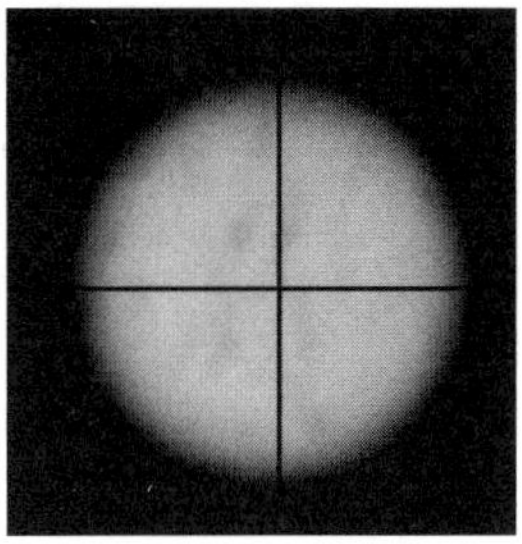

Réticule réglé correctement

Ensuite, il faut placer une surface réfléchissante perpendiculaire à l'axe de la lunette, sur le plateau. On pourra prendre soit une lame à faces parallèles, soit un petit miroir (ce qui est préférable) ou une des faces utiles d'un prisme. Positionner la manette de la lame semi-réfléchissante de façon à permettre au faisceau de lumière de « sortir » de la lunette. Régler la lunette, par l'intermédiaire de sa bague de réglage, pour obtenir une image nette du réticule, éventuellement décalée.

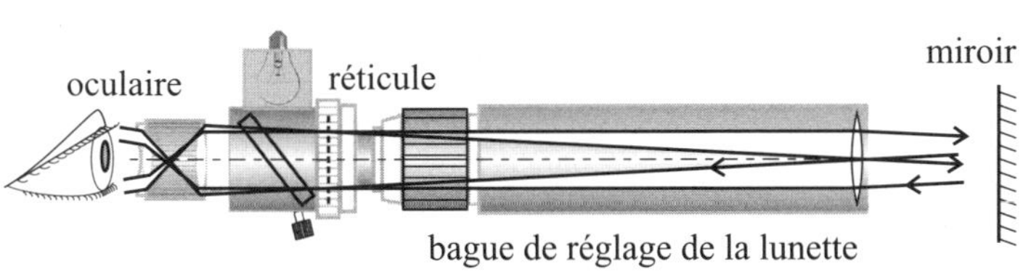

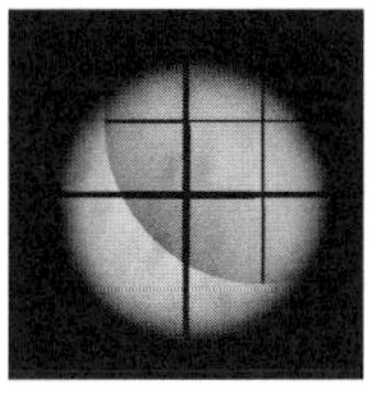

D'habitude, la vis de réglage d'horizontalité de la lunette n'est pas à retoucher (vis située sous la lunette au niveau du bloc contenant la lame semi-réfléchissante). Le décalage entre l'image directe du réticule et celle correspondant à la réflexion sur le miroir est dû à l'absence d'horizontalité du plateau.

b) Réglage de l'horizontalité du plateau (hors programme)

Il est souvent fait dans le cadre des concours (car non exigible du point de vue des programmes). Nous donnons rapidement quelques éléments de la méthode.

Il faut positionner le prisme (ou la lame réfléchissante) comme indiqué sur la figure. La face utile est celle qui se trouve en face (perpendiculaire) à la lunette.

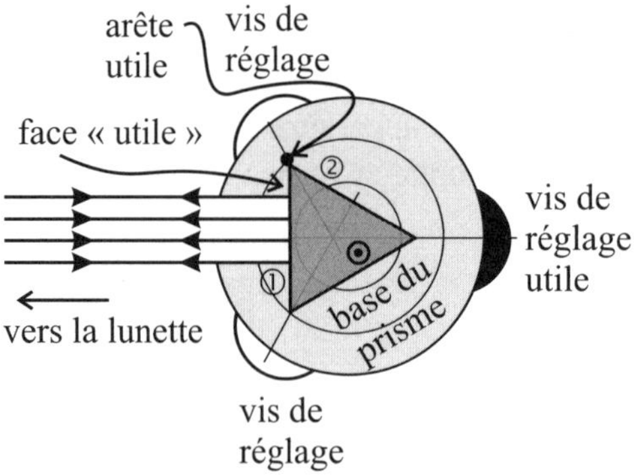

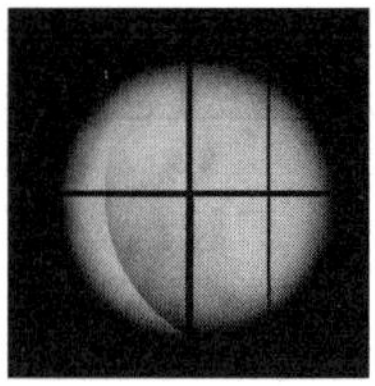

réglage correct

Il faut ensuite agir sur la vis de réglage (du plateau) située à l'opposé à la face réfléchissante afin de ramener l'image et le réticule de sorte que les fils horizontaux se superposent. Faites pivoter le plateau de façon à positionner l'autre face (face ②) perpendiculairement au faisceau issu de la lunette. Si l'image du réticule est telle que les fils horizontaux se superposent, le réglage est terminé, sinon il faut agir sur la vis de réglage opposée à cette face, et ainsi de suite...

À l'issue de ce réglage, l'arête utile est perpendiculaire au plan du plateau, l'axe de la lunette est parallèle au plan du plateau et cette dernière est réglée à l'infini.

c) Réglage du collimateur

Il est composé d'une fente dont la largeur est ajustable et d'une lunette réglable par l'intermédiaire d'une bague.

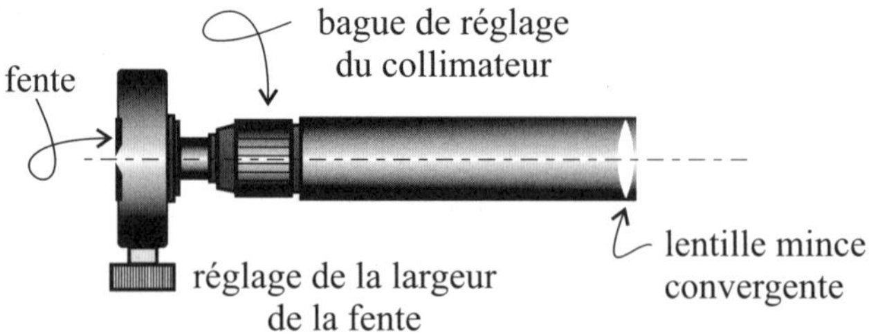

Il doit être éclairé par une source de lumière (blanche ou spectrale). Veiller à ce que la fente ne soit pas complétement fermée. Pour des raisons de sécurité n'utiliser pas une source de lumière trop lumineuse (lampe spectrale Hg haute pression par exemple) et régler ensuite la lunette du collimateur afin de voir nette l'image de la fente à travers la lunette (précédemment réglée). Ajuster la largeur de la fente de sorte que son image à travers la lunette soit suffisamment fine pour distinguer nettement les bords accidentés de la fente.

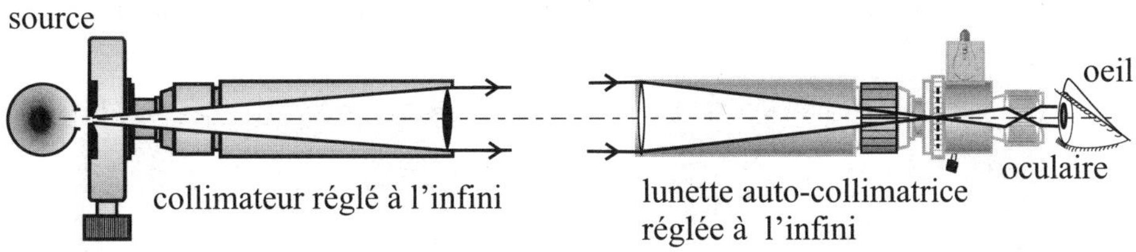

À ce stade, le goniomètre est réglé. L'image de la fente (du collimateur) éclairée par une source est rejetée à l'infini. La lunette fait de cette fente une image vue nette par un observateur (pour un œil normal n'accommodant pas) qui regarde à travers l'oculaire.

Conclusion : le goniomètre se règle en partant du plus près (notre œil) vers le plus loin (la lampe spectrale).

La largeur de la fente est ajustable à une valeur donnée sur les appareils les plus perfectionnés, la lecture sur la vis-vernier se fait comme indiqué sur la figure.

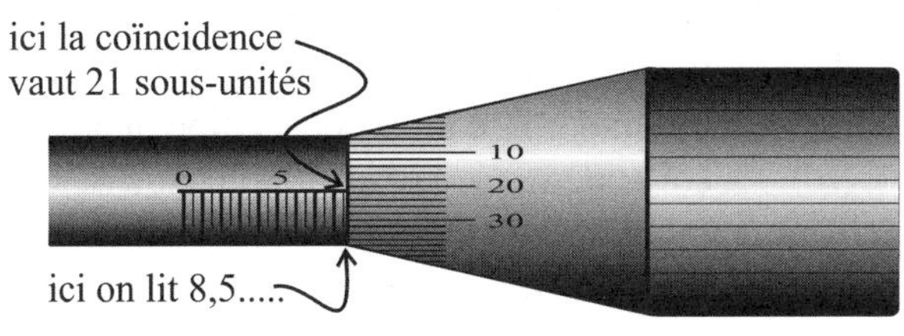

La largeur de la fente est de 8,71 mm

Sur la graduation axiale on lit : 8,50... dépassée. La coïncidence sur la partie rotative se fait pour une valeur de 21 graduations. La lecture finale est de : $8{,}50 + 0{,}21 = 8{,}71$ mm.

3) Lecture d'un angle

a) Cas du goniomètre utilisé dans cet ouvrage

Il s'agit d'un goniomètre de précision, la lecture d'un angle se fait par l'intermédiaire d'une lunette dont il faut régler l'oculaire afin de voir net les chiffres correspondants.

Le zéro est généralement fixé au niveau du collimateur. Une mesure directe (en l'absence de prisme ou de réseau sur le plateau) conduit à une valeur proche de 180°. On peut souvent s'affranchir de la connaissance de la position de ce zéro et effectuer des mesures relatives. La lecture se fait par coïncidence d'un trait principal sur une échelle secondaire graduée en minute d'angle, de 0 à 60 (voir figure). L'incertitude de lecture est donc de l'ordre de la minute d'angle avec ce type d'appareil.

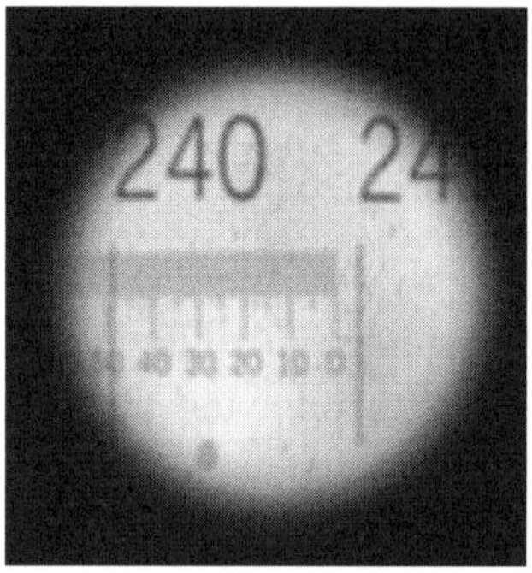

Ici, l'angle vaut 240°49′

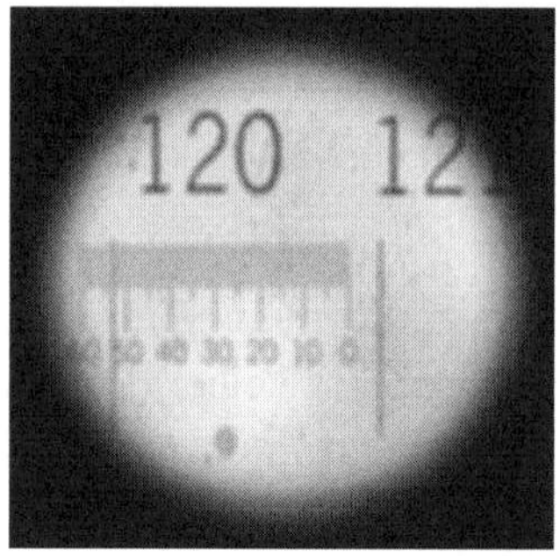

Ici, l'angle vaut 120°53′

b) Cas d'un vernier mécanique

Certains goniomètres sont équipés d'un vernier mécanique, une partie est fixe et l'autre mobile liée aux déplacements de la lunette. La lecture se fait en repérant la coïncidence entre deux traits des deux équipements (voir figure). Il existe différents type de vernier, sur la figure, une graduation de l'équipement mobile représente 6′ (un dixième de degré). La coïncidence se fait au 7e trait, soit 42′, l'angle total dont a été dévié l'équipement mobile est donc de 5°42′.

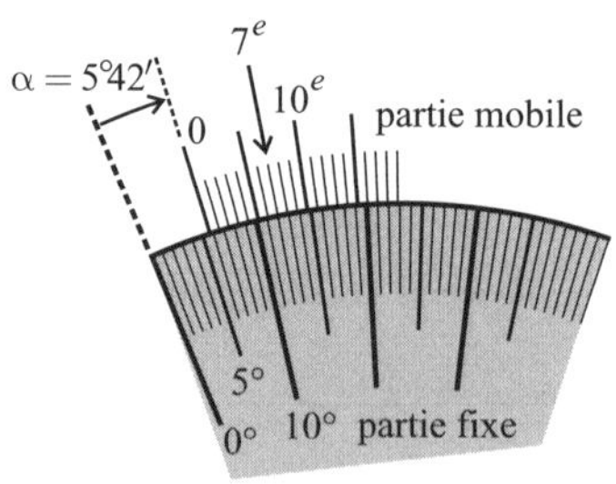

c) Conversion degré-radian

Les angles lus sur la plupart des appareils d'optique sont en degré et éventuellement de quelques minutes, 5°42′ dans l'exemple précédent. Il s'agit pour les calculs de convertir cet angle en radians :

$1° = 60'$, donc $42'$ représente une fraction de $\dfrac{42}{60} = 0{,}7$ degré

L'angle de $5°42'$ peut s'écrire : 5,7°.

$$1° = \frac{\pi}{180}\ \text{rad, donc } 5{,}7° = \frac{5{,}7 \times \pi}{180} = 9{,}95 \cdot 10^{-2}\ \text{rad.}$$

L'angle $5°42'$ vaut finalement : $9{,}95 \cdot 10^{-2}$ rad.

Remarque

Si la mesure est faite à $\pm 1'$, une minute valant $2{,}9 \cdot 10^{-4}$ rad, cela signifie que le résultat est donné à $\pm 3 \cdot 10^{-4}$ rad, soit $5°42' \pm 1' = 9{,}95 \pm 0{,}03 \cdot 10^{-2}$ rad.

4) Positionnement d'un réseau

Les déviations engendrées par un réseau sont aussi exploitées par un goniomètre. Cependant il faut que les traits du réseau soient parallèles à la fente source du collimateur. Pour ce faire, il faut que la direction des fentes du réseau soit parallèle à l'axe de rotation du plateau.

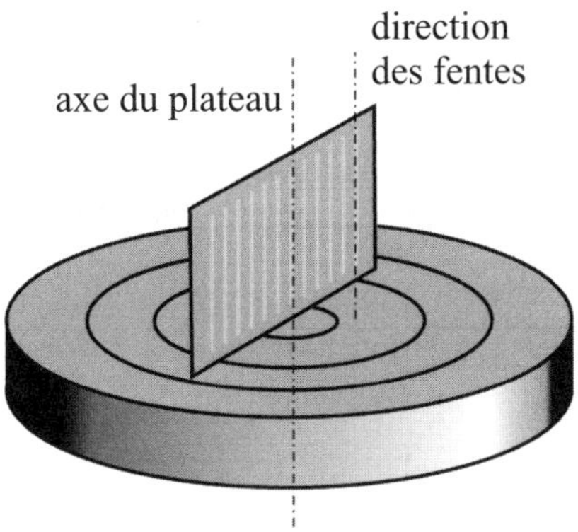

Dans un premier temps, on peut utiliser le réseau un peu comme une lame à faces parallèles pour régler la lunette à l'infini (comme précédemment avec le prisme) mais la réflexion n'est pas excellente et l'image du réticule est peu lumineuse comparée à celle donnée par un miroir ou la face d'un prisme.

Dans un deuxième temps, il faut placer un diaphragme circulaire de petite taille devant la fente du collimateur grande ouverte (ou bien limiter par deux post-it l'ouverture de la fente) pour la ramener à un « point » source. L'image vue à travers la lunette doit alors être un point lumineux (attention à utiliser une source de faible intensité pour des raisons de sécurité, jamais un laser !). On pose ensuite le réseau sur le plateau (dans l'alignement de la hauteur du triangle formé par les trois vis de réglage du plateau) et on observe, à travers la lunette, les points correspondant aux différents ordres diffractés par le réseau. Ces points s'alignent sur une droite, il faut régler les vis du plateau de sorte que ces points soient alignés sur le fil horizontal du réticule.

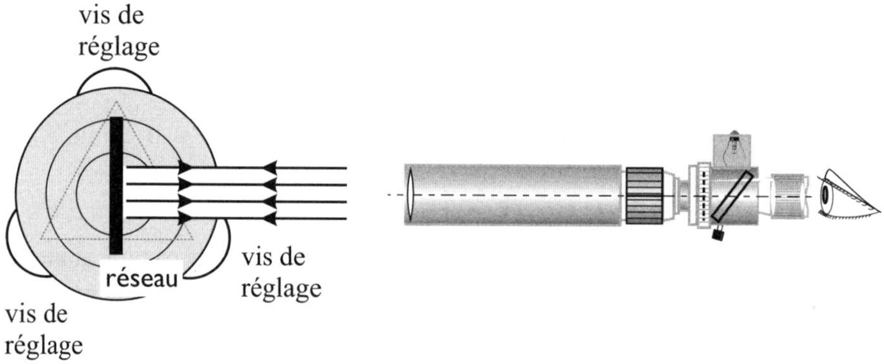

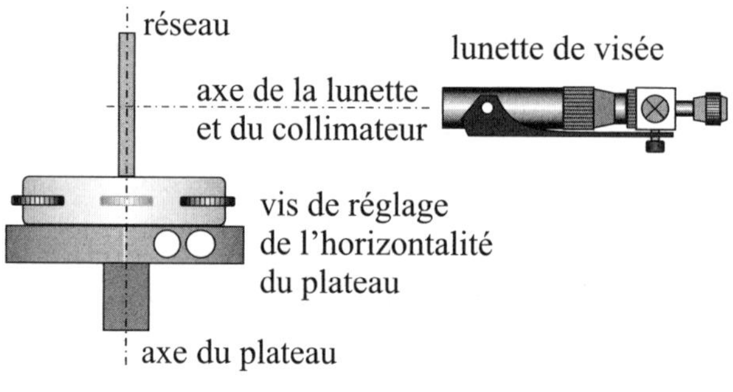

Remarque

Dans le cas des réseaux achetés à l'étranger (et quelquefois en France), les informations notées ou fournies par le constructeur sont en *lines per inch* (lpi), c'est-à-dire en nombre de traits par pouce. Un pouce vaut 2,54 cm, un réseau de 15000 lpi est constitué de 15000/25,4 = 590 traits par mm.

Régler un interféromètre de Michelson

6

L'interféromètre de Michelson est un dispositif optique qui produit des interférences par division d'amplitude. Son réglage doit être maitrisé afin de pouvoir effectuer des mesures.

Régler un interféromètre signifie que :

- la lame compensatrice est parallèle à la lame séparatrice ;
- les deux miroirs sont perpendiculaires ;
- l'épaisseur de la lame d'air est nulle.

I L'interféromètre de Michelson

1) Présentation

Il ne s'agit pas de refaire le cours ou le TP cours sur l'interféromètre de Michelson. L'objectif est de donner quelques indications particulières sur des méthodes de réglage ou de mesure attendues dans certains concours. Pour mémoire, l'interféromètre de Michelson est un dispositif à division d'amplitude, il est principalement composé :

- d'une lame semi-réfléchissante, dite « séparatrice », solidaire du reste de l'appareil et non ajustable ;
- d'une lame compensatrice, dont l'orientation est ajustable ;
- d'un miroir orientable et mobile en translation, « chariotable » ;
- d'un miroir orientable.

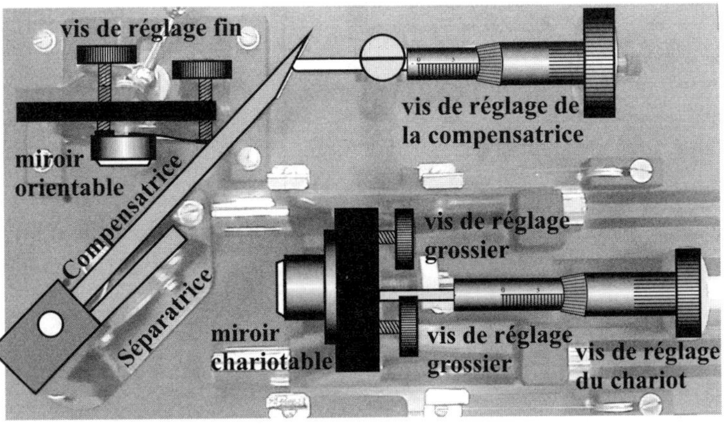

2) Réglages avec un laser

Cette démarche n'est pas très rigoureuse, mais elle permet un réglage rapide et acceptable de l'interféromètre. Elle s'appuie sur la très grande cohérence du laser.

Ajuster les vis de réglage fin en milieu de course, cela évite de se retrouver en butée en fin de réglage.

Le laser est disposé de telle sorte que le faisceau éclaire directement le miroir « chariotable » et on observe sur un écran, les images produites par la lame séparatrice, compensatrice et par les miroirs.

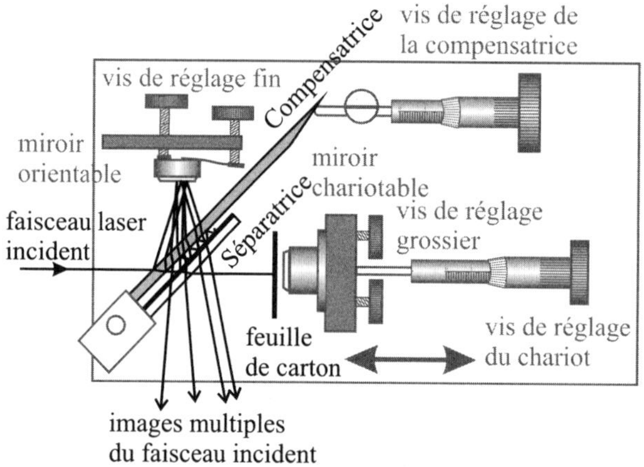

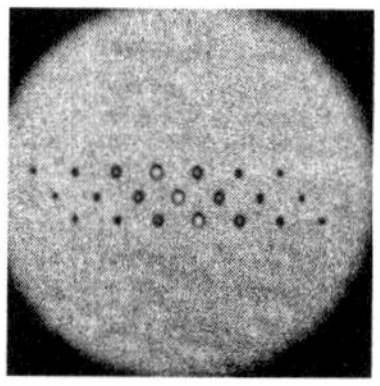

Images successives
du faisceau laser

Il faut alors régler l'orientation de la lame compensatrice de sorte que les points images soient regroupés au mieux.

Remarque 1

On peut aussi faire passer le faisceau laser uniquement par la compensatrice et la séparatrice et regrouper au mieux les points.

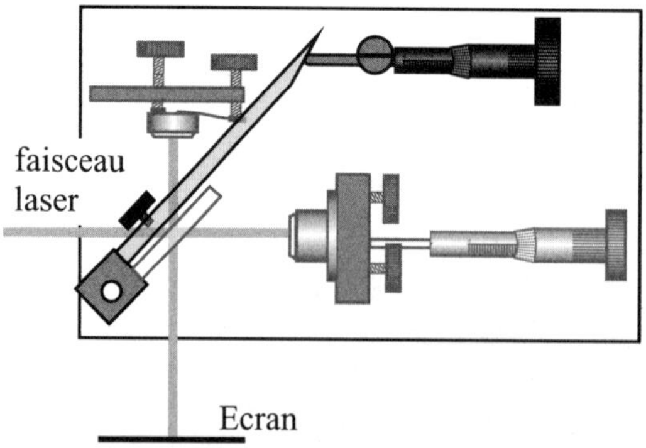

Réglage de la compensatrice

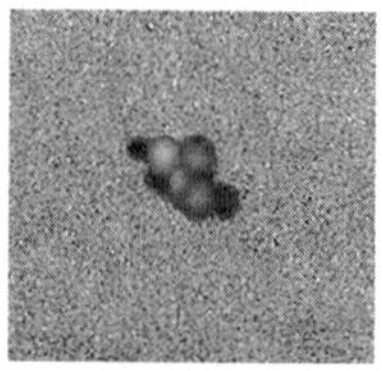

Regroupement au mieux
des points lumineux

Remarque 2

- généralement la compensatrice n'est pas à régler aux concours ;
- il est possible de régler la compensatrice en observant les anneaux. Si ceux-ci sont elliptiques, il faut agir sur les vis de réglage (de la compensatrice) pour les rendre circulaires.

Ce réglage peut être amélioré en déposant devant le miroir chariotable, un petit morceau de carton opaque afin de ne prendre en compte que les réflexions sur le miroir orientable et bien sûr celles sur la compensatrice et la séparatrice.

Ensuite, intercaler, à la sortie du laser, un objectif de microscope afin d'élargir le faisceau. Ajuster les vis de réglage grossier du miroir « chariotable » afin de superposer au mieux les deux tâches visibles sur l'écran. À ce stade, des interférences doivent apparaître, ceci est dû à la grande cohérence du laser.

Les deux taches décalées

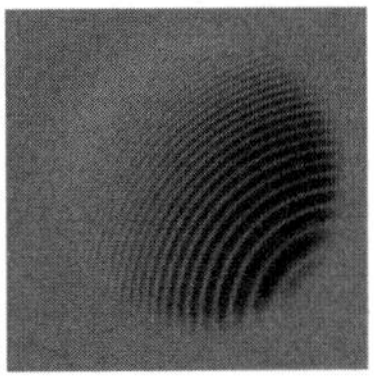

Les deux taches superposées

Ces franges d'interférences peuvent être rectilignes, courbées ou circulaires. Cela dépend de « l'état » du Michelson au moment du réglage. Si l'interféromètre est déréglé, il présente à la fois une lame d'air et un coin d'air. On ne verra que des arcs de cercles.

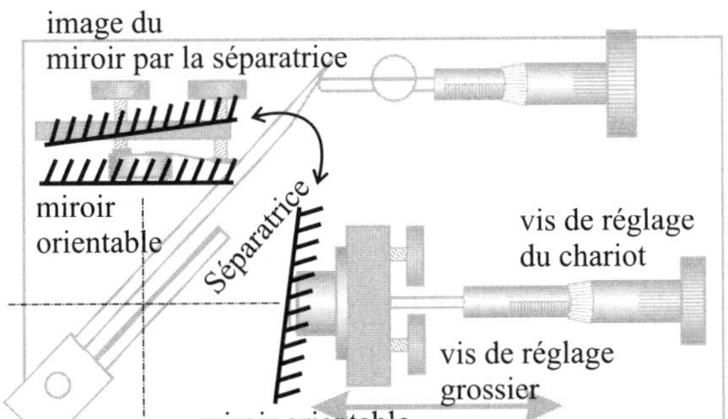

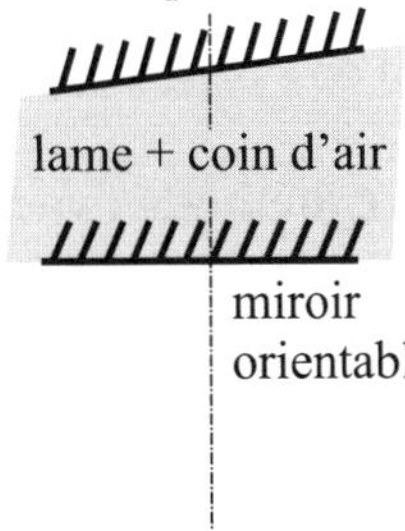

Ensuite, il faut ajuster les vis de réglage grossier de sorte à faire apparaitre des cercles concentriques centrés au milieu de la zone d'observation (sur l'écran). En fait, on réduit le coin d'air, l'interféromètre est grossièrement réglé en lame d'air.

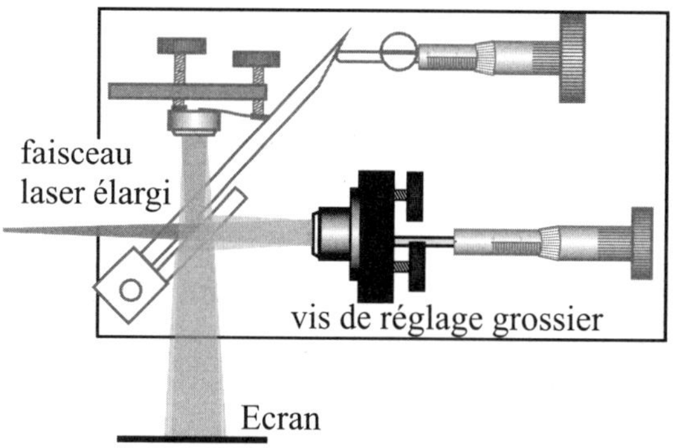

« Charioter » ou déplacer le miroir parallèlement à lui-même

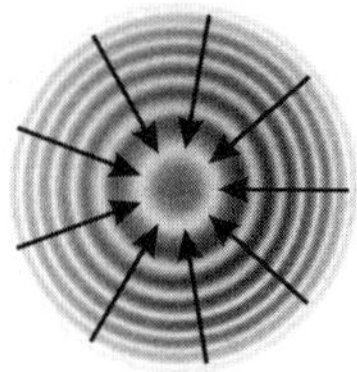

Les anneaux semblent « rentrer » et l'interfrange augmente

Les vis de réglage sont au nombre de deux par miroir, elles permettent de l'orienter, soit en lui donnant un angle dans le plan vertical, soit en lui donnant un angle dans le plan horizontal.

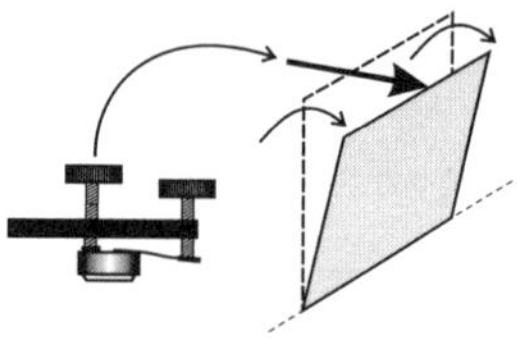

Vis de réglage permettant d'orienter le miroir autour d'une arête horizontale

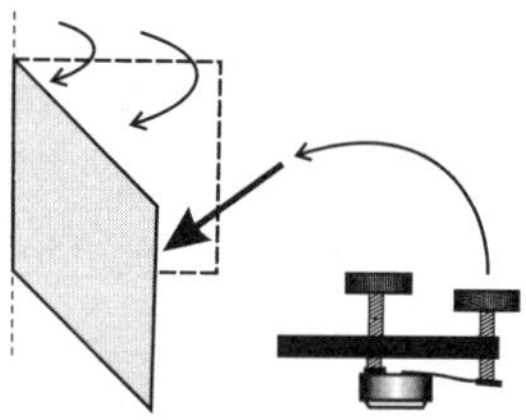

Vis de réglage permettant d'orienter le miroir autour d'une arête verticale

Agir ensuite sur la vis de chariotage, afin d'augmenter l'interfrange (faire en sorte que les anneaux semblent rentrer) et de ce fait diminuer la largeur de lame d'air. Il est possible qu'il faille réajuster les vis de réglage de l'orientation du miroir au cours du chariotage (l'effet du coin d'air n'est plus négligeable devant celui de la lame). À la fin de l'opération, l'écran présente une couleur rouge à peu près uniforme.

Autre méthode : une fois les arcs de cercles visibles, il suffit alors de charioter pour que les portions d'anneaux « rentrent » (les faire évoluer vers leur centre de courbure situé hors de l'écran) jusqu'à obtenir des franges rectilignes. Puis, agir sur le réglage grossier afin d'augmenter l'interfrange, puis sur le réglage fin pour finalement obtenir une couleur rouge uniforme sur l'écran.

Remplacer le laser par une lampe à vapeur de mercure (par exemple) et affiner le réglage au mieux jusqu'à obtention d'une teinte uniforme.

Remplacer la lampe spectrale par une lampe à incandescence classique (blanche) et charioter de façon extrêmement fine pour observer des franges colorées.

L'interféromètre est réglé au contact optique.

Une fois le contact optique obtenu, nous recommandons de noter la valeur lue sur le vernier correspondant à cette position. Il permettra au candidat faisant une mauvaise manipulation de la retrouver rapidement.

3) Réglage sans laser

Bien souvent, les examinateurs demandent aux candidats de régler l'interféromètre sans utiliser le laser. Il faut alors éclairer un petit diaphragme (par une source pas trop intense) qui joue le rôle d'un objet que l'on va observer à l'œil (donc jamais de laser ! ! !).

Dans la plupart des concours, le diaphragme (et la source) est déjà installé et son axe est perpendiculaire à la lame séparatrice.

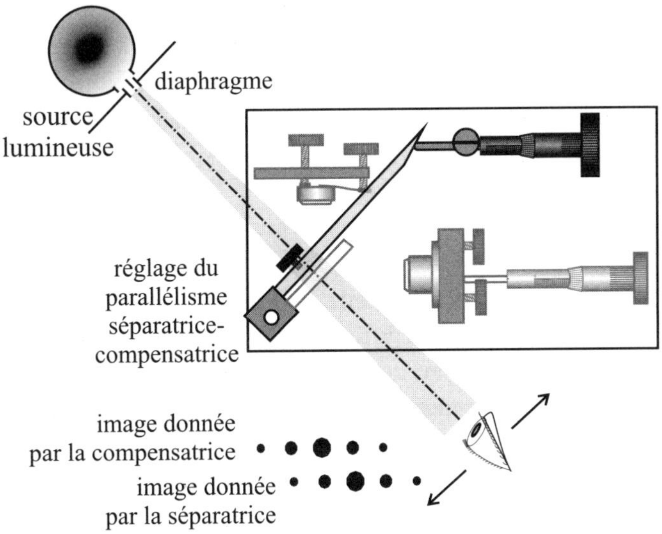

Il faut regarder à l'œil et ajuster les deux vis d'orientation de la compensatrice afin de diminuer les réflexions multiples et de n'observer, à terme, qu'une seule image du diaphragme, la compensatrice est alors parallèle à la séparatrice.

- **Réglage grossier des miroirs :**

On garde le même montage mais l'axe du faisceau est normal au miroir chariotable. On observe alors (toujours à l'œil) l'image du diaphragme par les deux miroirs. Il faut alors ajuster les vis de réglage grossier pour ne voir qu'une seule image du trou. Si la source est trop intense, il faut intercaler un dépoli entre le diaphragme et la source (attention aux yeux !).

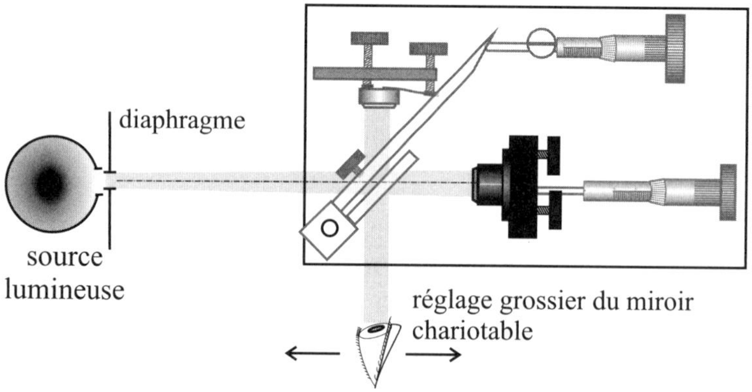

À ce stade, si la source lumineuse est suffisamment cohérente (lampe spectrale) des interférences doivent être visibles. Il faut ensuite ajuster les vis d'orientation du miroir afin que les interférences soient des anneaux centrés sur la zone d'observation.

La procédure est la même que pour le laser, il faut ensuite charioter (faire rentrer les anneaux) de sorte que l'interfrange augmente. Pour être sûr que les anneaux sont localisés à l'infini (réglage en lame d'air), il faut déplacer son œil horizontalement et verticalement (test oui-oui, non-non) et s'assurer que l'apparence des anneaux ne change pas (couleur du centre et interfrange).

- **Test oui-oui / non-non :**

Lorsque l'observateur déplace son œil, il observe des anneaux localisés à l'infini, mais dont les points sources sont différents. Si les miroirs sont parallèles, la distance entre les points sources produisant les interférences reste constante au cours du déplacement de l'œil, les anneaux gardent une même apparence, c'est l'objectif à atteindre.

Par contre, si les miroirs ne sont pas rigoureusement parallèles, la distance entre les points sources varie en fonction de la position de l'œil, donc l'apparence des anneaux aussi. Si cette modification est observée lorsqu'on déplace sa tête horizontalement (test non-non) cela signifie qu'il y a un léger coin d'air dont l'arête est verticale, il faut agir sur la vis de réglage située à hauteur du diamètre horizontal (à droite) du miroir que l'on regarde. Par contre, si cette modification est observée lorsqu'on déplace sa tête verticalement (test oui-oui) cela signifie qu'il y a un léger coin d'air dont l'arête est horizontale, il faut agir sur la vis de réglage située à hauteur du diamètre vertical (en haut) du miroir que l'on regarde.

À ce stade, on peut remplacer l'œil par un écran (éventuellement dans le plan focal d'une lentille convergente si la source est trop étendue). Ensuite, on chariote jusqu'à ne plus voir qu'une teinte uniforme. Pour recentrer les anneaux au cours de l'opération, il faut éventuellement ajuster les vis de réglage fin.

Remplacer la lampe spectrale par une lampe à incandescence classique (blanche) et charioter de façon extrêmement fine pour observer des franges colorées.

L'interféromètre est réglé au contact optique. Les miroirs sont alors perpendiculaires et situés à distance égale l'un de l'autre (à la longueur d'onde moyenne du rayonnement près).

Remarque

Nous avons donné, sous forme synthétique, une autre méthode de réglage de l'interféromètre en fin de chapitre.

4) Passage coin d'air-lame d'air

- **Réglage en coin d'air**

Une fois le contact optique établi, pour passer en réglage coin d'air, il faut agir sur les vis de réglage fin, de sorte que le miroir orientable présente un petit angle par rapport à la situation précédente. Les franges sont alors rectilignes et localisées sur le coin d'air si la source est étendue. Les franges sont parallèles à l'arête du coin d'air. Plus l'angle est important, plus l'interfrange est faible.

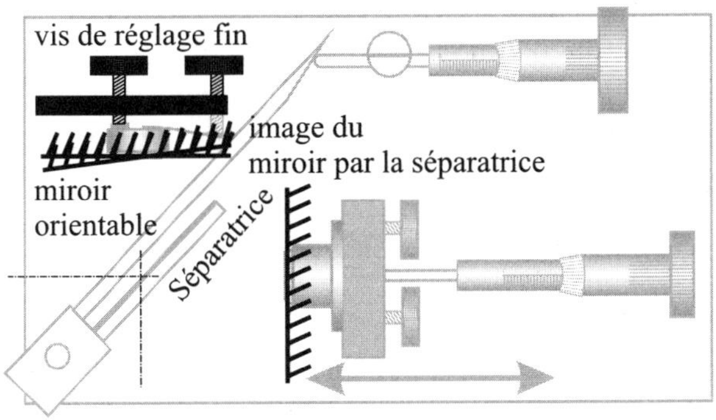

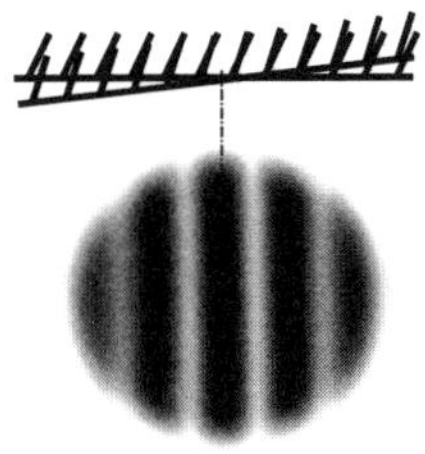

- **Réglage en lame d'air**

À partir du contact optique, pour passer en réglage lame d'air, il faut agir sur la vis de déplacement du chariot, sans toucher au miroir orientable. Si on chariote, on doit voir les anneaux se former (et « sortir » puisqu'on s'écarte du contact optique). La lampe à vapeur de sodium est particulièrement adaptée à cette situation, on voit les anneaux se former, l'interfrange diminuer ainsi que le contraste (à cause du doublet). Si on continue à augmenter l'épaisseur de la lame d'air, on doit voir un brouillage des anneaux puis, au-delà, le contraste augmente à nouveau, etc. Une des applications consiste à déterminer la différence de longueur d'onde entre les deux raies du doublet à partir de la mesure de l'épaisseur de la lame d'air pour plusieurs brouillages.

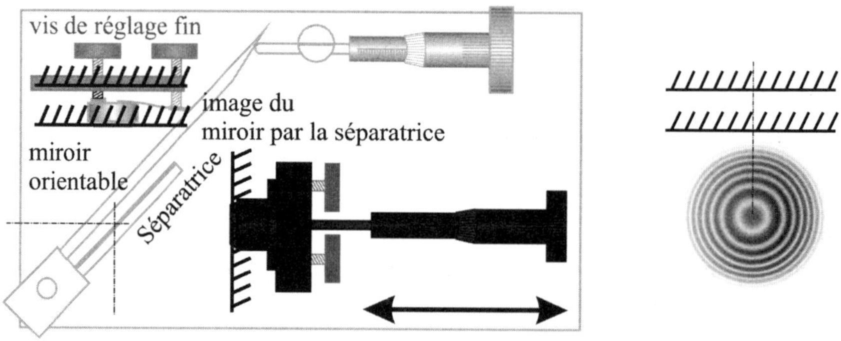

5) Rôle du condenseur

Pour réaliser des franges d'égale inclinaison, par exemple, il faut une source qui présente une dispersion maximale et une intensité lumineuse notable. Pour ce faire, on intercale un condenseur entre la source et l'entrée de l'interféromètre.

Un condenseur est un dispositif optique de courte focale, 6 à 8 cm, souvent composé de deux lentilles plan-convexe. Cette association permet de collecter un maximum d'intensité lumineuse provenant de la source et de la concentrer dans une zone réduite de l'axe optique (centrée sur le foyer du condenseur). L'association de deux lentilles plan-convexe est celle qui réduit au maximum les distorsions liées au diamètre important des lentilles. On le place à l'entrée de l'interféromètre (accolé) et on évite de le déplacer durant le TP. On pourra placer un verre anti-calorique entre le condenseur et l'interféromètre (si celui-ci n'en a pas).

- **Observation des franges d'égale inclinaison, position du condenseur**

L'interféromètre est réglé en lame d'air.

Placer le condenseur contre l'interféromètre et disposer la lampe spectrale de façon à voir sur les miroirs l'image de l'ampoule de la lampe spectrale. Dans ce cas, l'intensité lumineuse et l'ouverture angulaire du faisceau est importante.

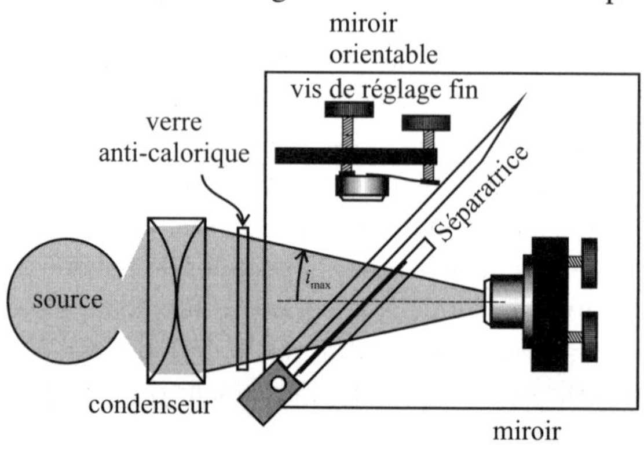

Les interférences sont des anneaux localisés à l'infini pour une source large. On les observe sur un écran placé dans le plan focal image d'une lentille mince convergente. Le rayon de l'anneau lumineux d'ordre p est donné par la relation suivante : $r_p = f'\sqrt{2}\sqrt{1 - \frac{p}{p_0}}$, ou p_0 est l'ordre d'interférence au centre. Il est judicieux de choisir une lentille convergente de distance focale importante. L'angle sous lequel est vu l'anneau brillant de plus grand rayon vaut : $i_{\max} = \frac{r_{\max}}{f'}$, on a donc intérêt à utiliser un condenseur qui produit un faisceau fortement convergent.

Dans la pratique, on peut placer une lentille de distance focale $f' = 1$ m, à la sortie immédiate de l'interféromètre, puis un écran dans son plan focal image.

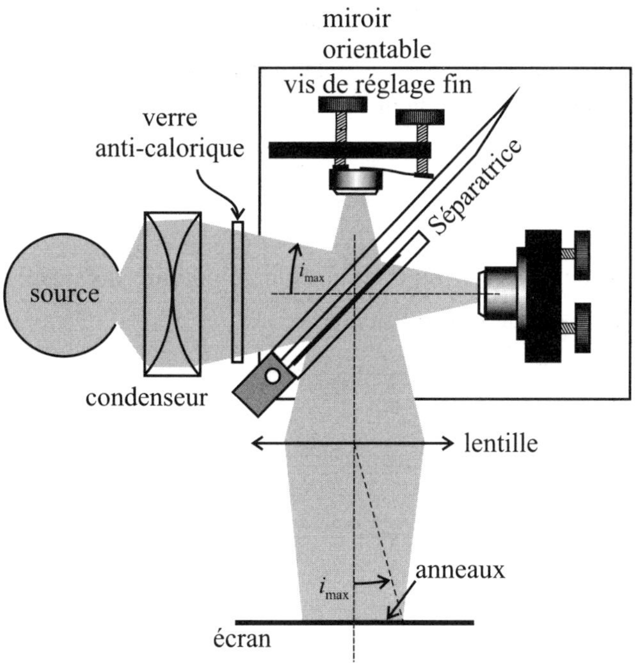

- **Observation des franges d'égale épaisseur, position du condenseur**

À partir du réglage précédent, il faut charioter et revenir au contact optique. L'écran est toujours dans le plan focal image de la lentille, déplacer la source (lampe spectrale) afin d'observer l'image de l'ampoule sur l'écran. Le faisceau qui éclaire les miroirs est alors à peu près parallèle, sa divergence est uniquement due à la taille de la source.

À ce stade, remplacer la lentille de focale $f' = 1$ m par une lentille de distance focale $f' = 0{,}25$ m et déplacer l'écran de façon à voir net les bords des miroirs.

Ajuster l'une des vis de réglage fin du miroir orientable de sorte à observer les franges rectilignes.

Pour une source étendue, en coin d'air, les interférences sont localisées sur les miroirs, c'est la raison pour laquelle nous avons fait l'image nette des bords des miroirs sur l'écran, le coin d'air et l'écran sont conjugués par l'intermédiaire de la lentille.

À partir d'une mesure de l'interfrange sur l'écran, il est possible de déduire l'angle que nous avons imposé au miroir orientable.

Notons $d_{\text{mes}} = n\ i'$, la valeur de n interfranges mesurées sur l'écran. La lentille fait l'image des interférences produites sur le coin d'air, son grandissement vaut :

$$|\gamma| = \frac{d_{\text{lentille}\rightarrow\text{écran}}}{d_{\text{lentille}\rightarrow\text{miroir}}}.$$

La lentille convergente de focale $f' = 0{,}25$ m permet d'obtenir un grandissement de quelques unités sans encombrement excessif. L'interfrange au niveau du coin d'air vaut :

$$i = \frac{d_{\text{mes}}}{|\gamma|\ n}$$

Elle vaut encore $i = \dfrac{\lambda}{2\theta}$ (se reporter au cours d'optique physique) où θ est l'angle que nous avons imposé au miroir orientable.

Exemple de procédure de réglage

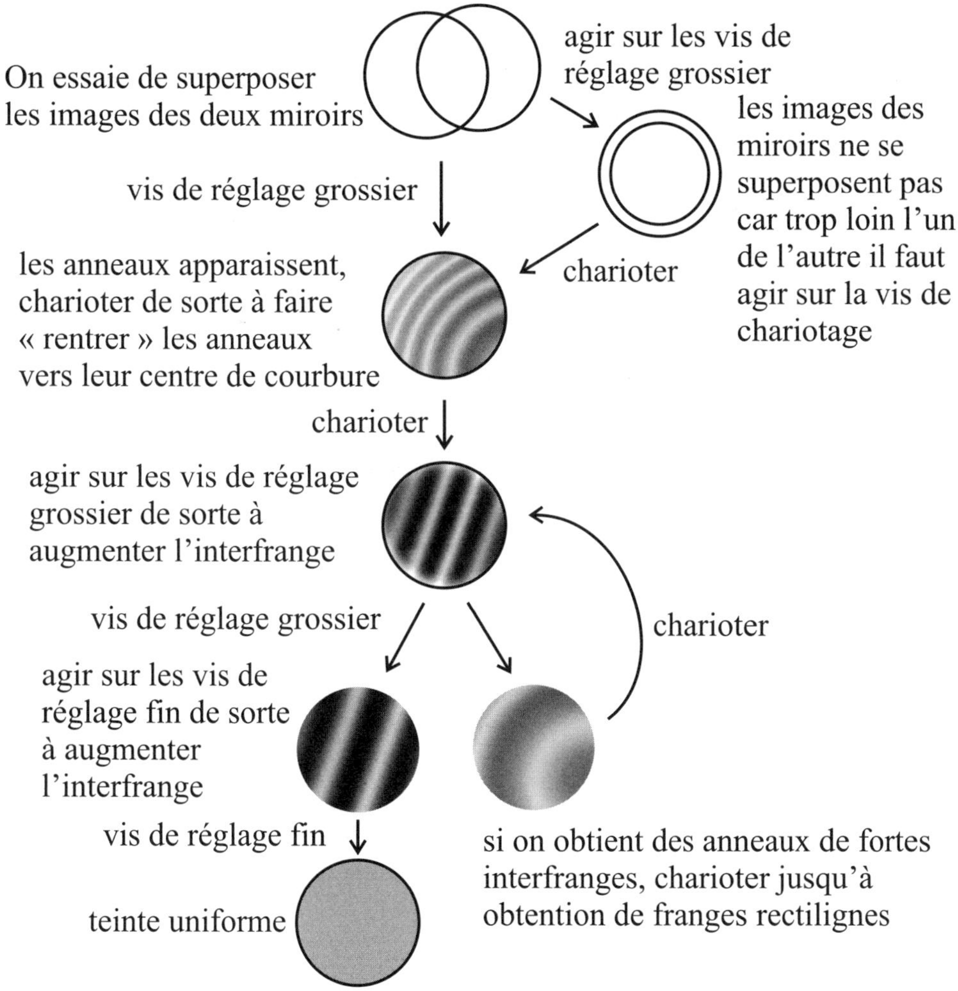

Remarque

Cette procédure suppose que la lame compensatrice est correctement réglée. Dans le cas contraire, celle-ci peut se régler à partir d'une figure d'interférences en anneaux. Si les anneaux ne sont pas rigoureusement circulaires, il faut agir sur les vis réglage de la compensatrice afin qu'ils le deviennent.

7 QUELQUES ORDRES DE GRANDEUR

Il est primordial, pour un étudiant en Sciences, de connaître quelques ordres de grandeurs. Cette compétence est donc évaluée dans le cadre des concours, notamment pour les épreuves orales et pour les TP. En effet, les examinateurs des deux épreuves vérifient quasi systématiquement l'aptitude d'un candidat à déterminer et exploiter l'ordre de grandeur des variables qu'ils présentent. Il est indispensable d'avoir les idées claires sur les valeurs des grandeurs physiques qui sont mesurées pendant l'épreuve de TP.

I ÉLECTRONIQUE

1) Composants classiques

Résistance	$1\ \Omega < R < 1\ \text{M}\Omega$
Inductance	$10\ \text{mH} < L < 1\ \text{H}$
Impédance d'une bobine 1000 spires(1)	$L \approx 50$ mH et $R \approx 10\ \Omega$(2)
Capacité	$1\ \text{nF} < C < 1\ \text{mF}$(3)
Tension seuil d'une diode à jonction	$U_{S;Si} \approx 0{,}6$ V et $U_{S;Ge} \approx 0{,}3$ V(4)
Résistance dynamique	$r_{d(direct)} < 10\ \Omega$ et $r_{d(inverse)} \approx 100\ \text{M}\Omega$
Tension Zener	$U_Z \approx 5$ V
Constante d'un multiplieur	$0{,}1\ \text{V}^{-1}$

(1) Sans noyau de fer et en statique.
(2) Pour avoir une idée de l'impédance d'une bobine ayant un nombre différent de spires par exemple $1000 \times n$ spires : $L \approx 50 \times n^2$ mH et $R \approx 10 \times n\ \Omega$.
(3) Il existe des condensateurs chimiques de capacités plus grandes, mais rarement utilisées en TP.
(4) La tension seuil dépend de la nature du semi-conducteur : Silicium ou Germanium.

2) Amplificateur linéaire intégré (ALI)

Gain statique	$\mu_0 \approx 10^5$
Fréquence de coupure	$f_C \approx 10$ Hz
Tensions de saturation	$V_{sat^+} \approx -V_{sat^-} \approx 15$ V(1)
Courant de saturation	$I_{sat} \approx 20$ mA(2)
Tension de décalage	$\lvert V_d \rvert \leqslant 10$ mV
Courants de polarisation	$i_+ \approx i_- \approx 10$ nA(3)
Vitesse de balayage limite	$\sigma \approx 1\ \text{V}/\mu\text{s}$(4)

(1) Les tensions de saturations sont en fait légèrement inférieures aux tensions d'alimentation de l'ALI $V_{alim} = 15$ V.
(2) Cette limitation est une protection interne de la part du constructeur pour éviter de détériorer le composant par effet thermique.
(3) Dépend de façon importante du type d'ALI (µ741 ou TL081). La valeur pour un ALI type TL081 est environ mille fois plus petite.
(4) De même le TL081 plus performant, permet de gagner un facteur 10 pour la vitesse de balayage.

3) Matériel

Amplitude de sortie d'un GBF	$0 < U_m < 12$ V
Offset d'un GBF (tension de décalage)	-10 V $< U_0 < 10$ V
Résistance de sortie d'un GBF	$R_g = 50\ \Omega$
Plage de fréquences d'un GBF	$0 < f < 5$ MHz
Impédance caractéristique d'un câble coaxial	$Z_C = 50\ \Omega$
Impédance d'entrée d'un oscilloscope	$R_e \approx 1$ MΩ en parallèle avec $C_e \approx 10$ pF
Résistance interne d'un voltmètre	$R_i \approx 10$ MΩ
Résistance interne d'un ampèremètre	Elle dépend fortement du calibre utilisé : Pour le calibre A, $R_i \leqslant 1\ \Omega$ Pour le calibre µA, $R_i \approx 1$ kΩ

II OPTIQUE

1) Généralités

Domaine du visible	Violet = 400 nm $\leqslant \lambda \leqslant$ Rouge = 750 nm
Indice du vide	1
Indice de l'air	$n - 1 \approx 3\ 10^{-4}$ (1)
Indice du verre	$n \approx 1{,}5$ avec pour les flint $n \approx 1{,}57$ à $1{,}66$

(1) L'indice de l'air suit approximativement la loi de Gladstone $(n - 1)\ T \approx 0{,}082$ K

2) Sources lumineuses

Longueur d'onde du laser Hélium-Néon	$\lambda = 632{,}8$ nm
Longueur de cohérence du laser	$L_c \approx 1$ m
Raie verte du Mercure Hg	$\lambda = 546{,}1$ nm
Doublet jaune du Sodium Na	$\lambda_1 = 589{,}0$ nm et $\lambda_2 = 589{,}6$ nm donc $\Delta\lambda = 0{,}6$ nm
Doublet jaune du mercure Hg	$\lambda_1 = 577$ nm et $\lambda_2 = 579{,}1$ nm donc $\Delta\lambda = 2{,}1$ nm
Longueur de cohérence d'une raie d'une lampe spectrale	$L_c \approx 5$ cm
Longueur de cohérence d'une source de lumière blanche classique	$L_c \approx 1$ µm

3) Œil

Pouvoir séparateur	$\varepsilon \approx 1' \approx 1{,}7\ 10^{-2\circ} \approx 3\ 10^{-4}$rad
Œil emmétrope	Vision nette de 25 cm à l'∞
Temps de réponse	0,1 s

4) Matériel

Graduation d'un banc optique	1 mm
Graduation d'un goniomètre	$\varepsilon \approx 1' \approx 1{,}7\ 10^{-2} \approx 3\ 10^{-4}$rad(1)
Graduation de la vis micrométrique d'un interféromètre de Michelson	0,01 mm
Écart entre deux annulations successives du contraste avec un interféromètre de Michelson pour une source Sodium	0,29 mm(2)
Écart entre deux annulations successives du contraste avec un interféromètre de Michelson pour une source Mercure	0,08 mm(2)
Distance focale d'un condenseur	6 à 8 cm
Distance focale des lentilles courantes	10 cm $< f' <$ 1 m

(1) Sur les verniers optiques, il est possible d'accéder à la demi-minute d'angle.
(2) De cette mesure il est possible de connaître l'écart entre les deux longueurs d'onde du doublet (jaune) par $\Delta e = \dfrac{\lambda^2}{2\Delta\lambda}$.

III Divers

Fréquence de résonance d'un capteur d'ultrasons	$f_0 \approx 40$ kHz
Longueur d'onde dans l'air d'une onde ultrasonore (1)	$\lambda_{air} \approx 8{,}5$ mm
Longueur d'onde dans l'eau d'une onde ultrasonore (1)	$\lambda_{eau} \approx 3{,}8$ cm
Célérité du son dans l'air (1)	$c \approx 340$ m s^{-1}
Célérité d'une onde électromagnétique dans un câble coaxial	$c \approx 2\ 10^8$ m s^{-1}
Composante horizontale du champ magnétique terrestre	$B_h \approx 20$ µT

(1) À température ambiante.

Partie 2

Électricité

ÉTUDE DE FONCTIONS LOGIQUES

8

Concours : Centrale

Objectif du TP : Étude de quelques opérations binaires simples. Réalisation d'une fonction donnée à partir de quelques opérateurs étudiés dans le cadre du TP.

Matériel : Classique d'électronique.

ÉNONCÉ

1) Proposer et réaliser un montage qui permette de tracer la caractéristique $i = f(u)$ d'une diode réelle. Proposer une modélisation de cette diode par des composants idéaux (résistance, source de tension...).

2) On considère le montage (déjà fait) suivant :

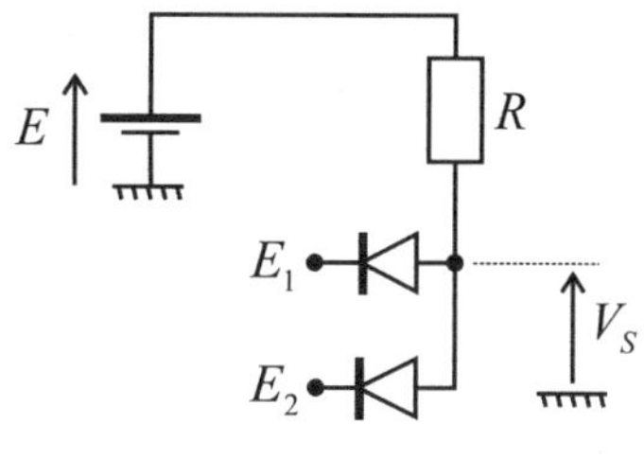

Ce montage est noté C491. Dans tous les cas $E = 10$ V et dans notre cas, la résistance R est de l'ordre de 1 kΩ à 5 kΩ. Pour des valeurs de E_1 et de E_2 fixées à 0 ou à 5 V, relever les valeurs de S_E correspondantes dans un tableau. Quelle opération réalise le montage ?

3) On considère maintenant le montage suivant :

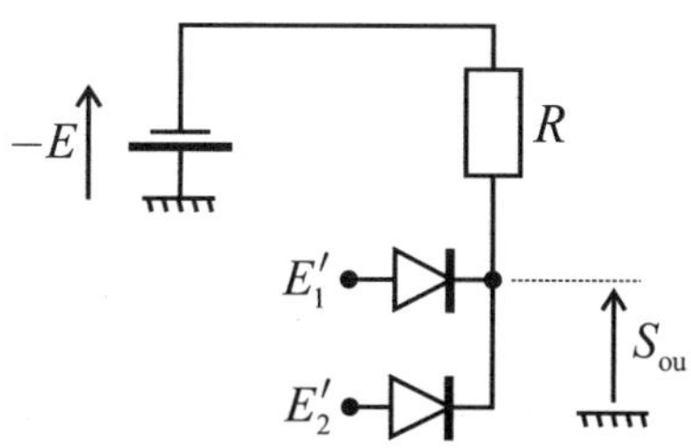

Ce montage est noté C492. Pour des valeurs de E'_1 et de E'_2 fixées à 0 ou 5 V, relever les valeurs de S_{ou} correspondantes dans un tableau. Quelle opération réalise ce montage ?

4) Les deux montages précédents sont associés de telle sorte que la sortie S_{ou} du montage C492 soit connectée à l'entrée E_1 du montage C491, puis en reliant la sortie S_E du montage C491 à l'entrée E'_1 du montage C492. Prévoir pour chacune des trois entrées l'état de la sortie S_{ou} ou S_E. Expliquer les différences observées entre l'état attendu et l'état observé.

5) Une plaquette réalisant les fonctions logiques de base est fournie au candidat. Il est demandé de vérifier la fonction associée à chaque symbole. Réaliser un montage (à partir de ces symboles) qui réalise la fonction suivante :

$$\begin{cases} S = 1 & \text{si} \quad E_1 = E_2 = E_3 \\ S = 0 & \text{dans le cas contraire} \end{cases}$$

Proposition de solution

Commentaires : un TP qui peut surprendre, puisqu'il s'agit d'électronique logique, discipline non enseignée dans nos classes. Néanmoins, l'énoncé est suffisamment progressif pour permettre à un étudiant de CPGE de réaliser les montages demandés et de les interpréter.

1) Caractéristique du dipôle :

On considère le dipôle suivant :

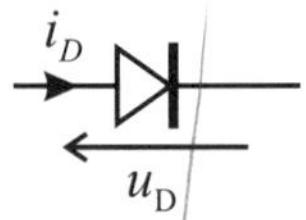

Il s'agit de relever l'intensité du courant qui traverse la diode en fonction de la tension à ses bornes.

Pour ce faire on réalise le montage suivant :

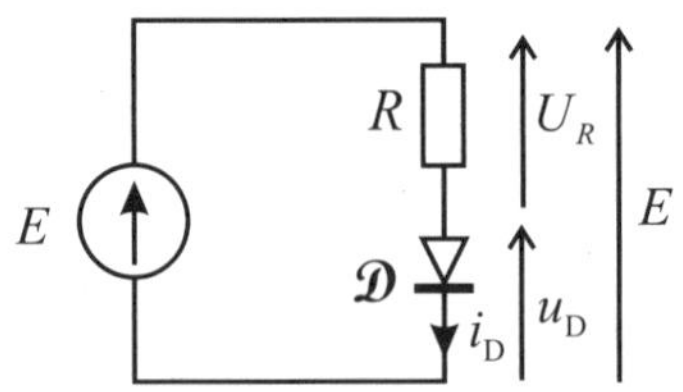

La tension E est délivrée par une alimentation stabilisée allant de -20 V à $+20$ V. La diode est une diode classique de type 1N4004 ou 1N4148. La résistance vaut $R = 1$ kΩ afin de limiter le courant qui traverse la diode à 20 mA. On relève, grâce à un voltmètre, la tension aux bornes de la diode et de la résistance pour une tension d'alimentation E variant de -20 V à $+20$ V. Avec le choix de $R = 1$ kΩ, la valeur de la tension aux bornes de la résistance correspond à la valeur de l'intensité qui la traverse (ainsi que dans la diode) exprimée en mA. On reporte sur papier millimétré et on trace la caractéristique de la diode $i_D = f(u_D)$.

Caractéristique d'une diode

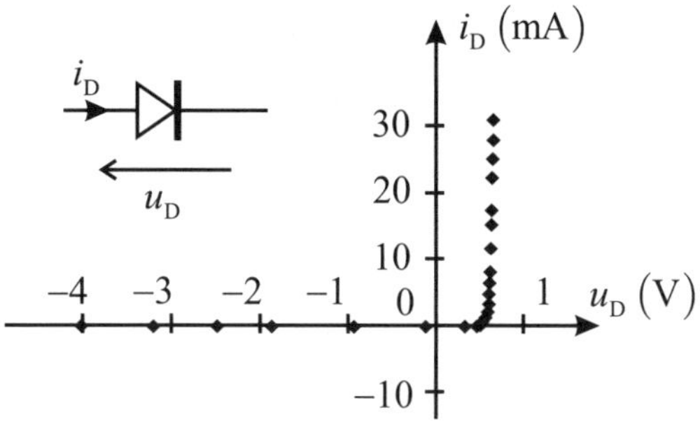

À partir de cette caractéristique réelle, on peut modéliser le comportement de la diode en considérant que celle-ci conduit si la tension u_D qui lui est appliquée est supérieure à une tension limite, appelée tension de seuil et notée u_{seuil}. Dans ce cas, elle est dite passante. Dans le cas contraire, elle ne conduit pas, le courant qui la traverse est nul, elle est dite bloquée. La caractéristique correspondant à ce modèle est :

Modèle de la caractéristique d'une diode

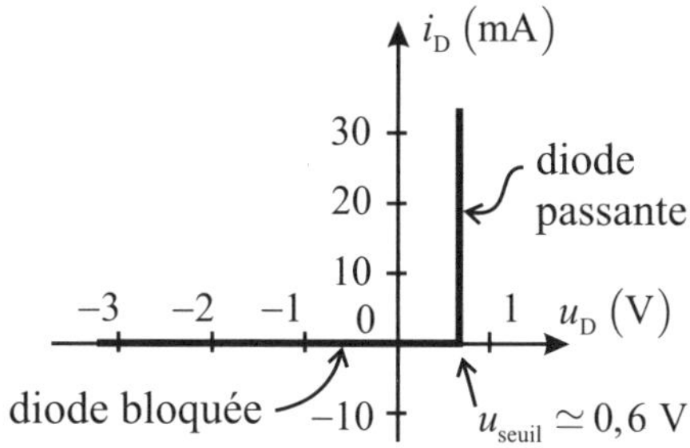

Dans ce cadre, la diode se modélise selon :

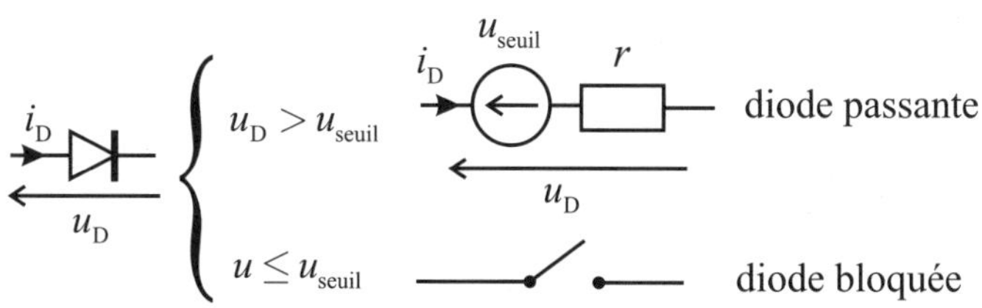

La résistance dynamique r de la diode en mode passant est faible comparée aux valeurs de résistances habituellement utilisées : elle est de l'ordre de quelques ohms. La chute de tension à ses bornes est souvent négligée.

2) Il y a deux entrées avec chaque fois deux possibilités (0 ou 5 V), il faut donc étudier quatre cas :

- Lorsque les deux entrées sont au potentiel nul, les deux diodes sont soumises à la même tension supérieure à la tension de seuil, la situation est symétrique, elles conduisent toutes les deux. Le modèle équivalent d'une diode est alors celui d'une source de tension (la résistance étant négligée). Le schéma équivalent est alors le suivant :

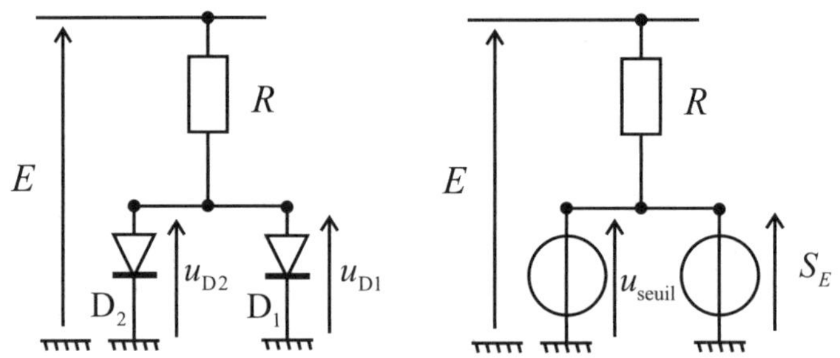

La tension de sortie est égale à la tension de seuil des diodes.

- Lorsque les tensions des entrées sont toutes les deux à 5 V, la situation est encore symétrique, les deux diodes conduisent puisque la différence de potentiel à leurs bornes est supérieure à la tension de seuil. La tension de sortie est de l'ordre de 5 V à laquelle on doit ajouter la tension de seuil des diodes. Le schéma équivalent est le suivant :

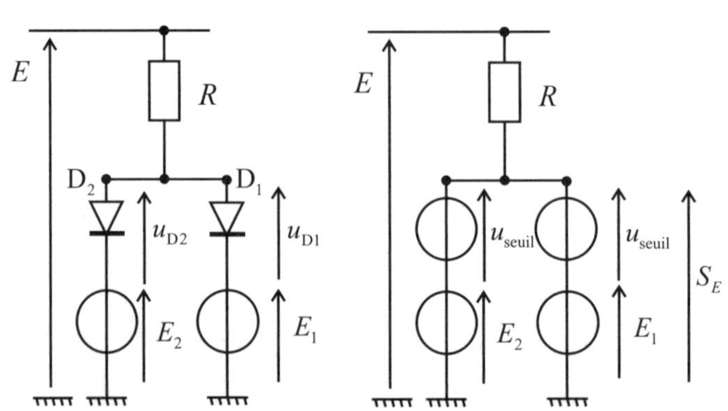

- Lorsque l'une des entrées est au potentiel nul et l'autre au potentiel de 5 V, la situation n'est plus symétrique. Envisagions le cas où l'entrée $E_1 = 5$ V et l'entrée $E_2 = 0$ V. Les deux diodes sont soumises à une différence de potentiel supérieure à la tension de seuil, elles devraient donc être passantes toutes les deux, le schéma équivalent serait alors le suivant :

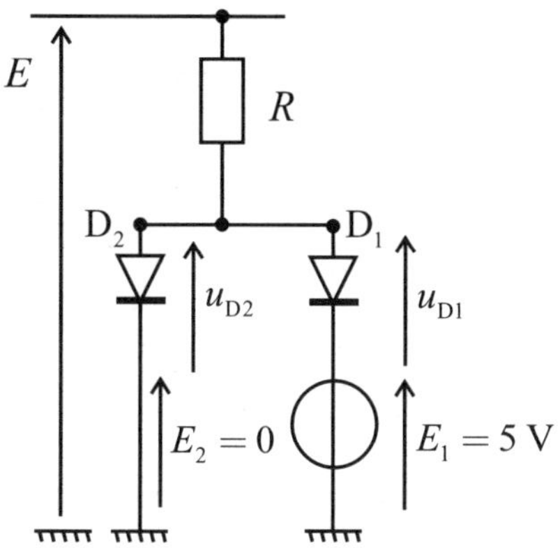

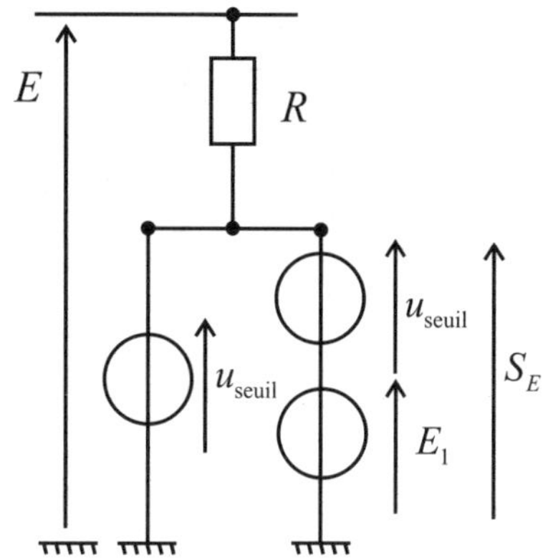

En sortie, la tension serait : $S_E = u_{\text{seuil}} = u_{\text{seuil}} + E_1$, ce qui est impossible puisque $E_1 \neq 0$. Les diodes ne peuvent pas être passantes toutes les deux.

Envisageons le cas où la diode D_1 est passante et la diode D_2 bloquée. Le schéma équivalent serait alors le suivant :

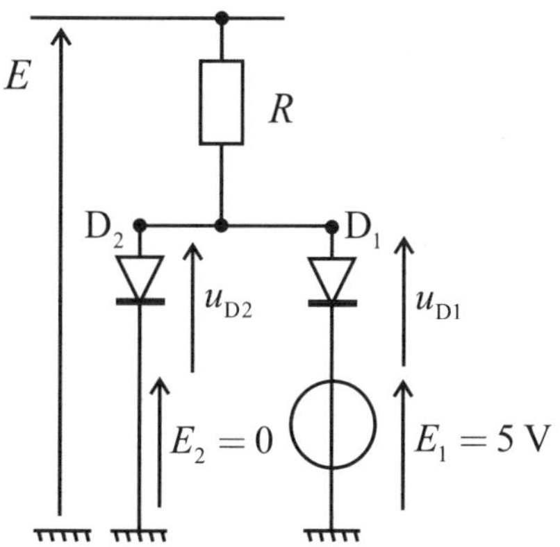

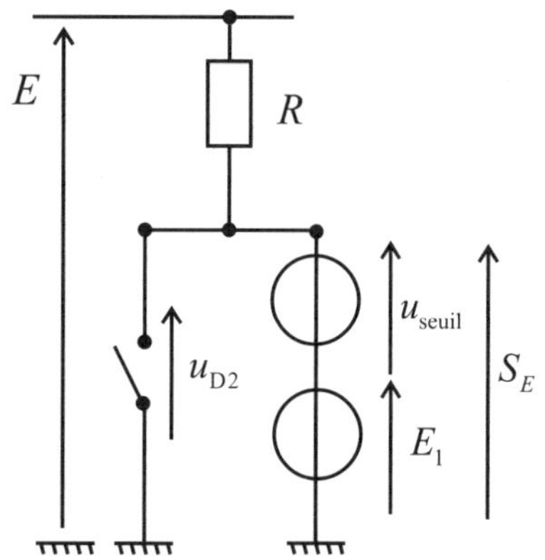

En sortie nous aurions $S_E = u_{D_2} = u_{\text{seuil}} + E_1$, ce qui signifierait que la tension aux bornes de la diode D_2 serait supérieure à sa tension de seuil, D_2 doit donc être passante. Ce cas est impossible.

Envisageons le cas où la diode D_1 est bloquée et la diode D_2 passante. Le schéma équivalent serait alors le suivant :

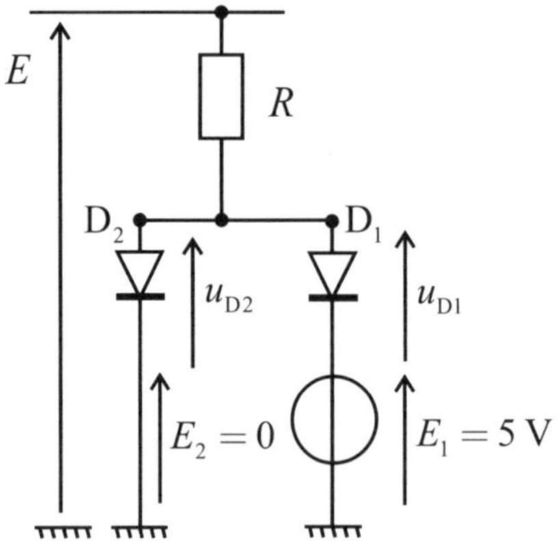

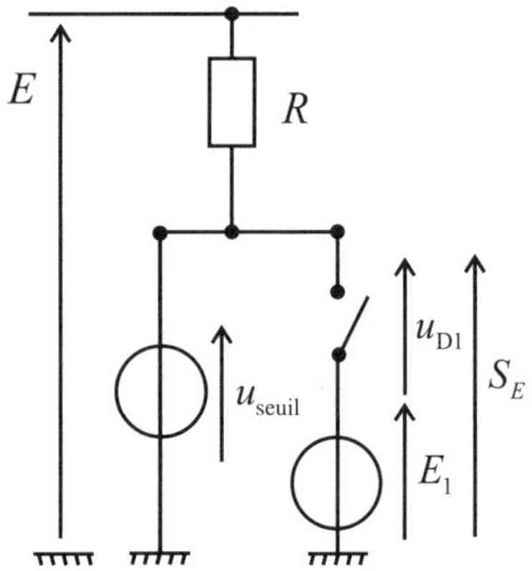

En sortie nous aurions : $S_E = u_{seuil} = u_{D_1} + E_1$, la tension aux bornes de la diode D_1 vaut $u_{D_1} = u_{seuil} - E_1 < 0$, D_1 doit donc être bloquée, ce qui est le cas. Cette situation est la bonne.

- Dernier cas, l'entrée $E_1 = 0$ V et l'entrée $E_2 = 5$ V. Ce cas est similaire au précédent, les rôles des entrées diodes étant permutés. D_1 doit être passante puisqu'elle est soumise à la plus grande différence de potentiel et D_2 doit être bloquée puisqu'elle sera alors soumise à une tension négative.

Les résultats expérimentaux sont consignés dans le tableau suivant :

E_1	E_2	S_E
5,0 V	5,0 V	5,7 V
5,0 V	0 V	0,7 V
0 V	5,0 V	0,7 V
0 V	0 V	0,7 V

En attribuant le niveau logique 0 aux tensions de l'ordre de 0,6 V et le niveau logique 1 aux tensions de l'ordre de 5,5 V, on obtient le tableau logique suivant :

E_1	E_2	S_E
1	1	1
1	0	0
0	1	0
0	0	0

La fonction logique réalisée est la fonction ET, c'est-à-dire que la sortie est à l'état logique 1 si les entrées E_1 et E_2 sont à l'état 1. Cette fonction se traduit par l'équation suivante : $S_E = E_1 \cdot E_2$. Le symbole utilisé pour cette fonction est :

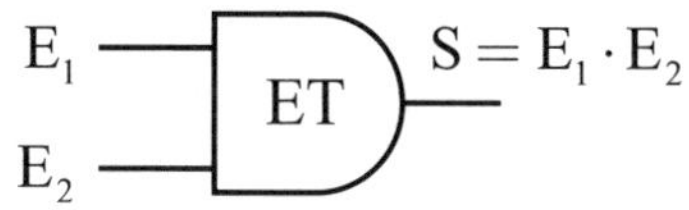

3) Pour le second montage, le sens des diodes est inversé et la tension $E = -10$ V. Lorsque les potentiels d'entrée sont nuls, les diodes conduisent (elles sont soumises à une tension positive) et la tension de sortie est de l'ordre de la tension de seuil des diodes.

Lorsqu'une entrée est au potentiel de 5 V, la diode correspondante est soumise à une plus forte tension que l'autre diode, elle conduit et la tension de sortie est de 5 V diminué de la valeur de la tension de seuil des diodes.

Lorsque les potentiels d'entrée sont de 5 V, les diodes conduisent (elles sont soumises à une tension positive) et la tension de sortie est de 5 V diminué de la valeur de la tension de seuil des diodes.

Pour le montage proposé on complète le tableau suivant :

E'_1	E'_2	S_{ou}
5 V	5 V	4,40 V
5 V	0 V	4,37 V
0 V	5 V	4,37 V
0 V	0 V	−0,66 V

En attribuant le niveau logique 0 à une tension de l'ordre de 0 V et le niveau logique 1 aux tensions de l'ordre de 4,4 V, on obtient le tableau logique suivant :

E'_1	E'_2	S_{ou}
1	1	1
1	0	1
0	1	1
0	0	0

La fonction logique réalisée est la fonction OU, c'est-à-dire que la sortie est à l'état logique 1 si l'entrée E_1 ou E_2 est à l'état 1. Cette fonction se traduit par l'équation suivante : $S_{ou} = E'_1 + E'_2$. Le symbole utilisé pour cette fonction est :

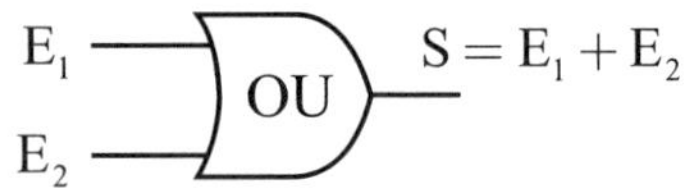

4) Cette fois les deux montages sont associés afin de réaliser des opérations plus complexes. Dans le première cas, il est proposé de relier la sortie de la fonction OU à l'une des entrées de la fonction ET. L'opération réalisée est alors la suivante : $S = \left(E_1' + E_2'\right) \cdot E_2$. Les résultats expérimentaux et théoriques attendus sont consignés dans le tableau suivant :

E_1'	E_2'	E_2	*S* exp.	*S* log. exp.	*S* log. théo.
0	0	0	0,18 V	0	0
0	0	1	0,17 V	0	0
0	1	0	0,68 V	0	0
0	1	1	5,05 V	1	1
1	0	0	0,7 V	0	0
1	0	1	5,05 V	1	1
1	1	0	0,7 V	0	0
1	1	1	5,02 V	1	1

Le montage réalise effectivement la fonction attendue.

Dans le second cas, il est proposé de relier la sortie de la fonction ET à l'une des entrées de la fonction OU. L'opération réalisée est alors la suivante : $S = (E_1 \cdot E_2) + E_2'$. Les résultats expérimentaux et théoriques attendus sont consignés dans le tableau suivant :

E_1	E_2	E_2'	*S* exp.	*S* log. exp.	*S* log. théo.
0	0	0	–0,55 V	0	0
0	0	1	4,37 V	1	1
0	1	0	–0,55 V	0	0
0	1	1	4,37 V	1	1
1	0	0	–0,55 V	0	0
1	0	1	4,37 V	1	1
1	1	0	–0,56 V	0	1
1	1	1	4,37 V	1	1

Le montage réalise effectivement la fonction attendue sauf dans l'avant dernier cas. Il faut insérer un montage suiveur entre les deux blocs (et, ou) pour réaliser la fonction attendue.

5) Sur une plaquette fournie, la plupart des fonctions de base sont représentées et accessibles. Toutes les fonctions sont associables. Il est demandé dans un premier temps de vérifier les fonctions logiques proposées (essentiellement pour se familiariser). Une fonction logique essentielle est la fonction NON, elle associe à un niveau logique 1 le niveau logique 0 et inversement. Son symbole est le suivant :

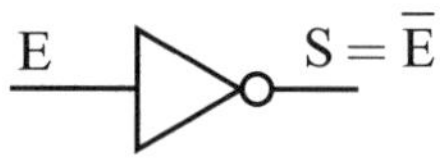

Il est demandé de construire une association de fonction telle que la sortie soit égale à 1 si les entrées sont toutes égales à 1 ou à 0. Cela signifie que la sortie S, vaut 1 si les entrées E_1 et E_2 et E_3 sont au niveau logique 1, soit $S = E_1 \cdot E_2 \cdot E_3$ ou si elle sont au niveau logique 0, donc la négation de la formulation précédente. Finalement, $S = (E_1 \cdot E_2 \cdot E_3) + \left(\overline{E}_1 \cdot \overline{E}_2 \cdot \overline{E}_3\right)$. C'est l'association de deux fonctions ET (dont on a pris la négation des entrées) par une fonction OU. L'association à réaliser est la suivante :

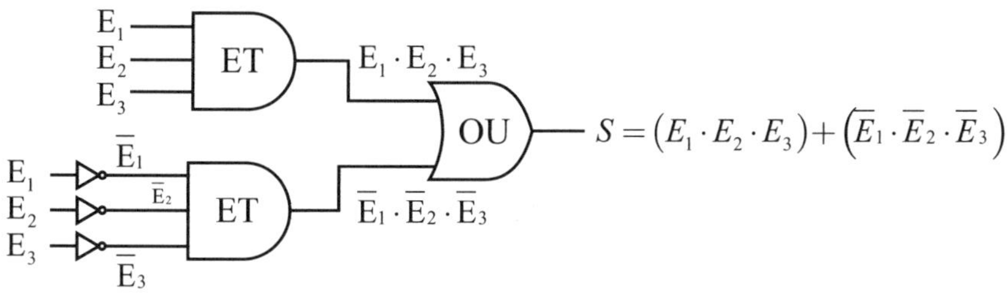

Les informations se traitent et se transmettent de façon numérique. Les fonctions développées dans ce TP représentent quelques-unes des fonctions élémentaires qui en permettent le traitement et la gestion de la transmission.

9 ÉLABORATION D'UNE SOURCE DE TENSION

Concours : Centrale

Objectif du TP : Étude d'une diode Zener présentée comme un dipôle inconnu Z et réalisation de différents montages stabilisateurs qui mettent en œuvre une diode Zener (le dipôle inconnu) et un tripôle inconnu.

Matériel : GBF, oscilloscope, multimètre, composants électroniques.

ÉNONCÉ

I ÉTUDE DU DIPÔLE INCONNU

1) Caractéristique du dipôle :

On considère le dipôle suivant :

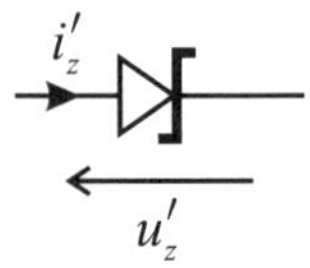

Dans tout le TP, la tension aux bornes du dipôle inconnu, la diode Zener, sera prise égale à $u_z = -u'_z$. La diode étant connectée en inverse, sa tension Zener est de 4,7 V.

Exprimer $i_Z = -i'_Z$ et $u_z = -u'_z$ en fonction des tensions U_1 et $U_2 = E$. Calculer la valeur de R pour que l'intensité ne dépasse pas 30 mA dans le dipôle avec une tension maximale de $E = 12$ V.

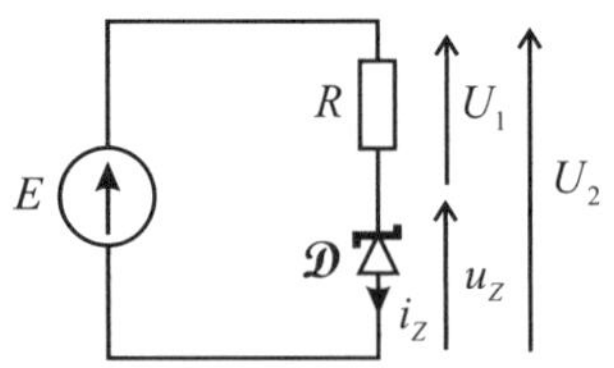

2) Tracer la caractéristique $i'_Z = f(u'_Z)$ en faisant varier $i_Z = -i'_Z$ de 0 à 30 mA. Ajuster la valeur de la résistance R calculée à la question 1) à l'aide de la boîte à décade.

3) Linéarisation. L'étude, dans cette question, se fera autour du point de fonctionnement : $i_Z = -i'_Z = 20$ mA. Le dipôle est modélisé par l'association série d'une source de tension et d'une résistance. Proposer des valeurs pour R_Z et E_Z.

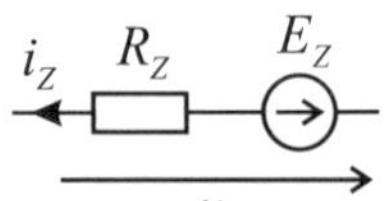

4) Déterminer la tension aux bornes de la diode V_{min} pour $i_{Z\ \text{min}} = 5$ mA et V_{max} pour $i_{Z\ \text{max}} = 30$ mA, ces intervalles correspondent au domaine d'utilisation de la diode Zener.

II Étude d'un premier montage stabilisé

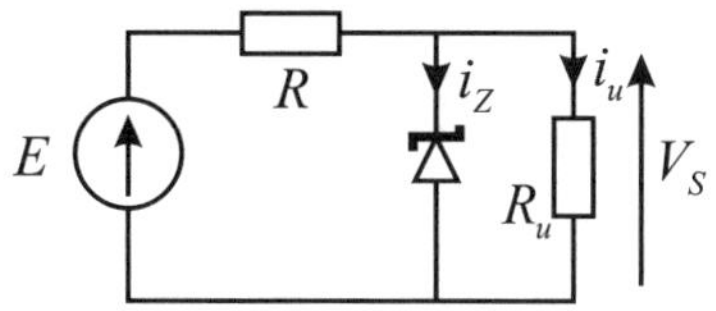

1) Tracer $V_S = f(i_u)$ lorsqu'on fait varier la résistance de charge R_u, la tension d'alimentation E étant fixée à 10 V. Interpréter l'allure de la courbe, calculer la résistance de sortie du dipôle générateur équivalent de Thévenin.

2) Tracer $V_S = f(E)$ lorsqu'on fait varier la tension d'alimentation E de 0 à 12 V, la résistance de charge R_u étant fixée à 12 kΩ. Interpréter l'allure de la courbe.

III Détermination du point de fonctionnement du montage

1) Déterminer graphiquement le point de fonctionnement puis le mesurer expérimentalement ($E = 10$ V, $R = 250\ \Omega$, $R_u = 12$ kΩ). Justifier l'allure de la courbe.

2) Comment varie le point de fonctionnement quand on fait varier la tension E, les résistances R et R_u étant constantes ?

3) Comment varie le point de fonctionnement quand on fait varier la résistance de charge, la tension E et la résistance R restant constantes ?

4) Dans quels domaines peut-on faire varier E et R_u tout en restant dans la zone de fonctionnement du dipôle ?

IV Fonctionnement avec le tripôle inconnu

Le montage est alors le suivant :

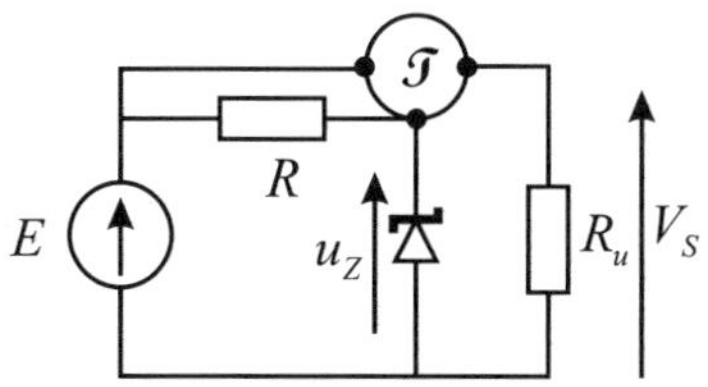

1) Tracer $V_S = f(i_u)$ en faisant varier R_u. Déterminer la résistance de sortie du montage.

2) Tracer $V_S = f(i_u)$ en faisant varier E de 0 à 12 V.

3) Comparer aux courbes de la partie II. Quel est le rôle du tripôle ?

Proposition de solution

Commentaires : ce TP pourra être exploité avant d'aborder le TP générateur de signaux triangulaires. Il propose de découvrir les propriétés de deux dipôles à travers l'analyse des montages proposés.

I Étude du dipôle

1) Il s'agit de tracer la caractéristique de la diode Zener de tension inverse $E_Z = -u'_Z = 4{,}7$ V, sa tension de seuil en polarisation directe reste de l'ordre de 0,6 V. Il faut accéder à l'intensité qui la traverse et à la tension à ses bornes. Un voltmètre aux bornes de la résistance R (boîte à décade) permet de connaître cette intensité par : $i'_Z = -i_Z = -\dfrac{U_1}{R}$ et la tension aux bornes du dipôle est obtenue par : $u'_Z = -u_Z = -(E - U_1)$. Il faut ajuster la résistance variable à $R = \dfrac{E_{\max} - u_{\text{seuil}}}{i_{\max}}$, $R = \dfrac{12-0{,}6}{0{,}03} = 380\ \Omega$ pour limiter le courant qui la traverse à 30 mA dans le sens direct et $R = \dfrac{12-4{,}7}{0{,}03} = 243 \simeq 250\ \Omega$ dans le sens opposé. On choisira une résistance de $R = 250\ \Omega$ mais on veillera à ne pas dépasser une tension de 7 V en direct.

2) Le tracé de la caractéristique se fait en reportant les points sur papier millimétré.

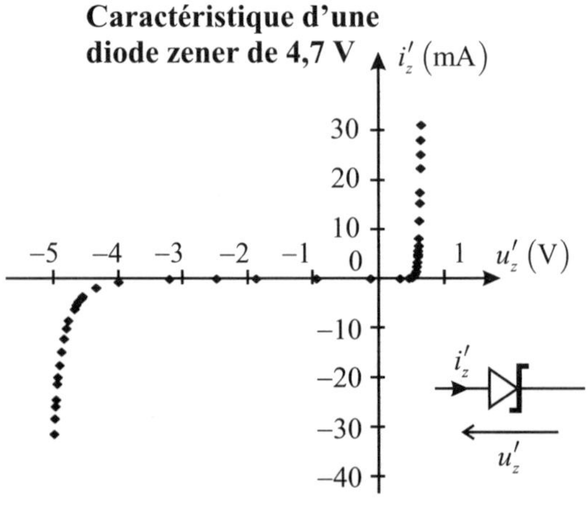

3) Il s'agit de modéliser la caractéristique de la diode par une droite autour du point de fonctionnement F correspondant à l'intensité $i_{Z,F} = -i'_{Z,F} = 20$ mA. La mesure de la pente locale conduit à une résistance équivalente de $R_Z = \dfrac{\Delta u_Z}{\Delta i_Z} \simeq 9{,}3\ \Omega$ et l'abscisse à l'origine des intensités vaut : $E_Z = -u'_Z \simeq 4{,}7$ V. Cette mesure a été faite en faisant un calcul de régression linéaire sur 6 points autour du point F.

Sur la figure suivante nous avons cerclé le point $F\left(u'_{Z,F},\ i'_{Z,F}\right)$, tracé la droite correspondant au modèle et représenté le modèle avec les notations et les conventions.

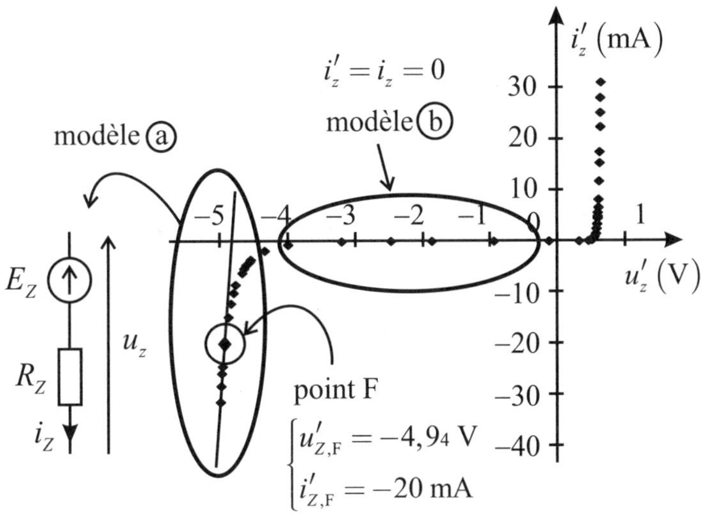

4) Lorsque la diode est polarisée en inverse et parcourue par un courant de l'ordre de 20 mA, la tension aux bornes du dipôle est alors donnée par : $u_Z = E_Z + R_Z\, i_Z$.

Les tension limites correspondant aux valeurs proposées par l'énoncé valent : $V_{\text{min}} \simeq 4{,}7$ V pour $i_Z = 5$ mA et à $V_{\text{max}} \simeq 5{,}0$ V pour $i_Z = 30$ mA. Ces valeurs fixent les limites de validité de l'utilisation du modèle proposé.

Remarque

Les valeurs proposées par l'énoncé sont cohérentes avec les performances des diodes Zener qui sont fournies le jour du concours. Dans notre cas, pour être compatible avec les valeurs de E_Z et de R_Z que nous avons déterminées, il faut limiter l'intensité minimale à 15 mA (et $V_{\text{min}} \simeq 4{,}8$ V) et l'intensité maximale à 25 mA (et $V_{\text{max}} \simeq 4{,}9$ V).

II ÉTUDE D'UN PREMIER MONTAGE STABILISÉ

1) On procède de même que pour le tracé de la caractéristique, on mesure au voltmètre les valeurs de la tension V_S que l'on reporte dans un tableau ainsi que les

valeurs de R_u. Dans une autre colonne on calcule $i_u = \frac{V_S}{R_u}$. La résistance R vaut $R = 250\ \Omega$ et la tension d'alimentation : $E = 10$ V.

Le graphe correspondant est le suivant :

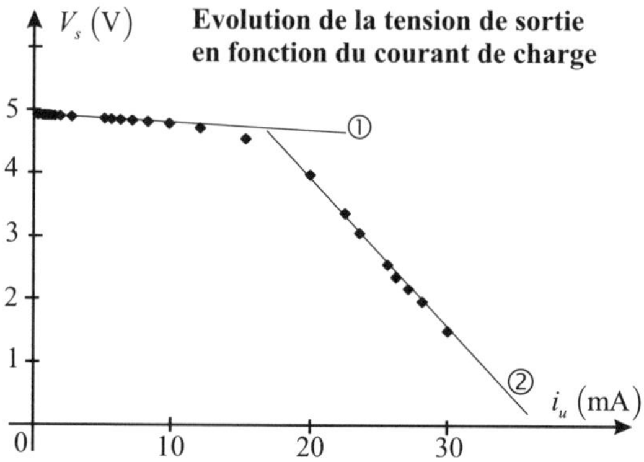

Deux cas limites se présentent :

- La résistance de charge R_u est importante (comparée à R_Z) et le courant qui la traverse est faible, dans ce cas, la quasi-totalité de l'intensité traverse la diode et le modèle utilisé pour la diode est le modèle (a) correspondant à une association Thévenin d'une source de tension E_Z et d'une résistance équivalente R_Z.

En l'absence de résistance de charge et dans le domaine de fonctionnement (a) de la diode, le montage est équivalent à :

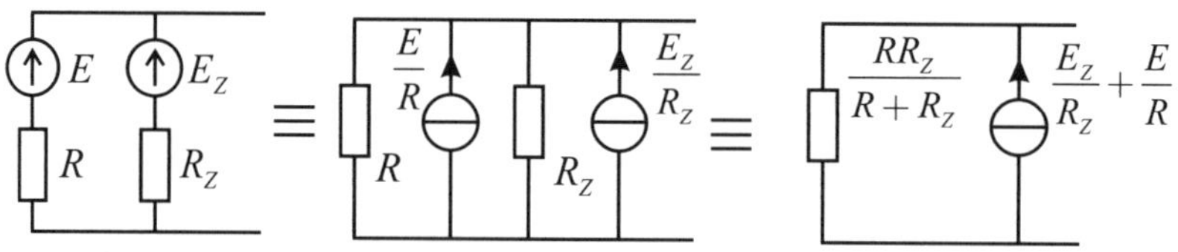

Pour finalement conduire à :

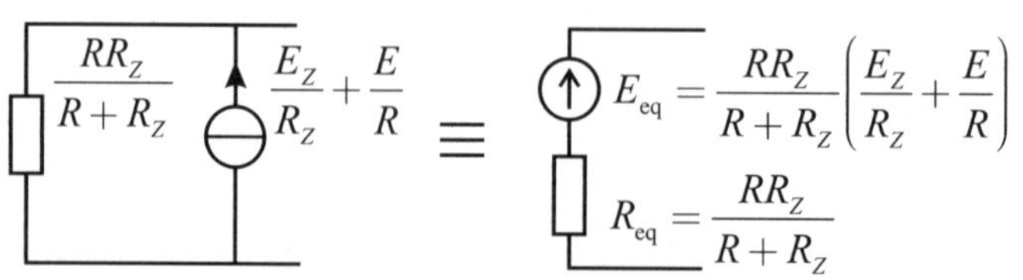

Avec, $E_{éq} = \frac{R}{R+R_z}E_z + \frac{R_z}{R+R_z}E$, $E_{éq} \simeq 4{,}9$ V et $R_{éq} = \frac{R\,R_z}{R+R_z} \simeq 9{,}0\ \Omega$;

Une fois la résistance de charge branchée, le montage est finalement équivalent à :

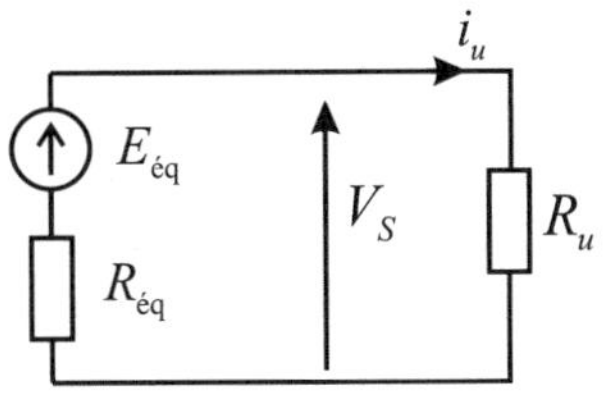

Le courant qui traverse R_u vaut : $i_u = \dfrac{E_{éq}}{R_{éq} + R_u}$ et la tension de sortie $V_S = E_{éq} - R_{éq}\, i_u$ (dans le domaine de fonctionnement (a) de la diode). C'est le cas limite correspondant à la droite ① sur le graphe expérimental.

• La résistance de charge est faible et la quasi-totalité de l'intensité la traverse. Dans ce cas, l'intensité qui traverse la Zener est quasi-nulle et le modèle utilisé pour la diode est celui d'un interrupteur ouvert, $i_Z = 0$ (modèle b).

Le schéma équivalent est le suivant :

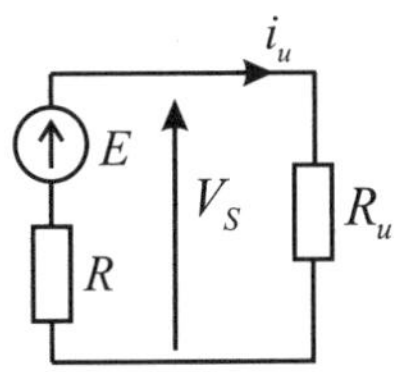

La tension de sortie évolue selon $V_S = E - R\, i_u$ droite de forte pente négative puisque la valeur de R est très supérieure à R_Z. C'est le cas limite correspondant à la droite ② sur le graphe expérimental.

Les valeurs expérimentales et théoriques sont consignées dans le graphe suivant :

	Pente ① modèle (a)	Ordonnée à l'origine (a)	Pente ② modèle (b)	Ordonnée à l'origine (b)
Théorie	–9,0 Ω	4,9 V	–250 Ω	10 V
Expérience	–9,3 Ω	5,0 V	–259 Ω	9,2 V
Écart (%)	3 %	2 %	3,5 %	8 %

Les écarts sont acceptables compte tenu du matériel utilisé, à l'exception de celui concernant l'ordonnée à l'origine de la droite ②. Cet écart est dû au nombre trop important de points pris pour construire la droite ②, notamment pour les faibles valeurs de i_u. Rappelons que ce modèle n'est valable que dans le cas limite où l'intensité qui traverse la diode est nulle.

2) Pour ce tracé, on mesure aux voltmètres les valeurs des tensions V_S et $E = 10$ V que l'on reporte directement sur papier millimétré. la résistance de charge est fixée à $R_u = 12$ kΩ.

Le graphe correspondant est le suivant :

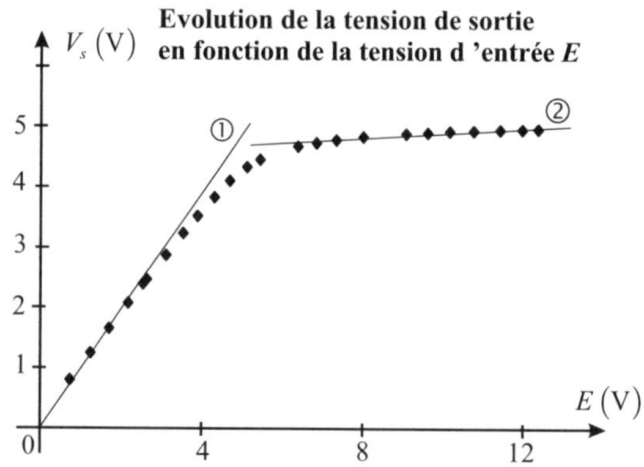

Deux cas limites se présentent :

• La tension de la source est faible comparée à la tension Zener E_Z et la diode Zener ne conduit pas, c'est le modèle (b) qui régit son comportement : $i_Z = 0$. Le montage équivalent est alors le suivant :

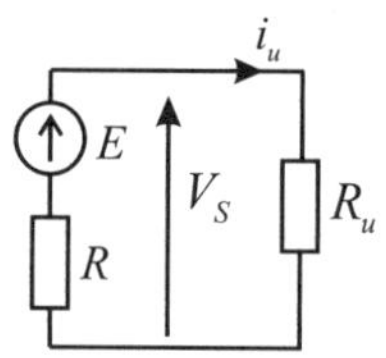

Le montage se ramène à un simple diviseur de tension et, $V_S = \dfrac{R_u}{R + R_u}E$, c'est le cas limite correspondant à la droite ①.

• La tension de la source de tension est importante comparée à la tension E_Z et la diode Zener conduit, le modèle à adopter est le modèle (a). Le schéma équivalent est le même que celui établi dans le montage précédent :

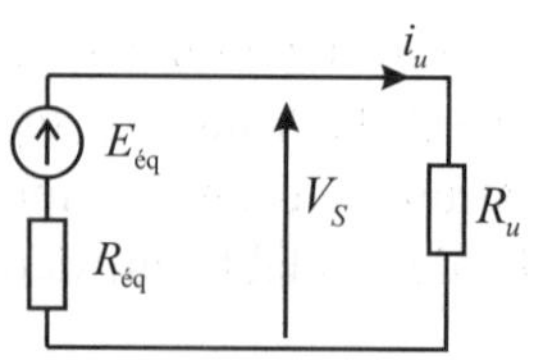

La tension de sortie vaut alors :

$$V_S = \frac{R_u}{R_{éq}+R_u}E_{éq} = \frac{R_u}{R_{éq}+R_u}\left(\frac{R}{R+R_z}E_z + \frac{R_z}{R+R_z}E\right) \simeq \frac{R}{R+R_z}E_z + \frac{R_z}{R+R_z}E$$

donc du type $V_S = V_{S0} + \alpha E$, ce qui correspond à la droite ② sur le graphe expérimental. Les applications numériques conduisent à $V_{S0} = 4{,}6$ V et le coefficient α vaut $3{,}6 \cdot 10^{-2}$ (ce qui assure la stabilisation en tension).

	Pente ① modèle (b)	Ordonnée à l'origine (b)	Pente ② modèle (a)	Ordonnée à l'origine (a)
Théorie	0,98	0	0,036	4,6 V
Expérience	0,96	0	0,037	4,5 V
Écart (%)	2 %	–	3 %	2 %

Les écarts observés sont acceptables compte tenu de la qualité des composants et du matériel utilisé.

III Point de fonctionnement

1) Il s'agit de confronter séparément les modèles équivalents et celui de la résistance de charge. D'une part, $V_S = E_{éq} - R_{éq}\, i_u$ et d'autre part, $V_S = R_u\, i_u$. D'un point de vue théorique, on doit s'attendre à :

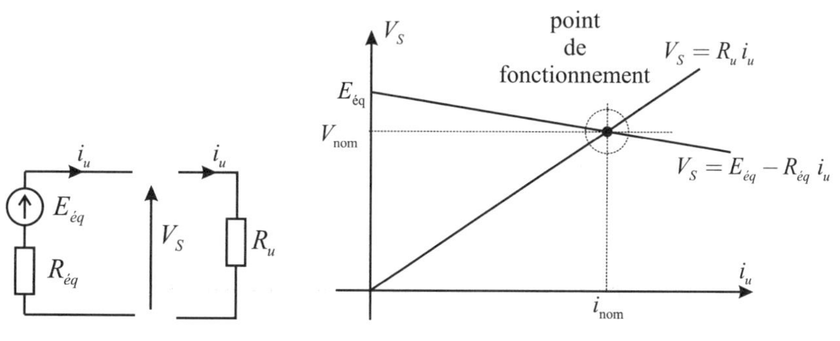

L'application numérique du modèle conduit à $V_S = 4{,}9 – 9{,}0\, i_u$ et $V_S = 12 \cdot 10^3\, i_u$. Les coordonnées attendues du point d'intersection sont : $i_{nom} = 0{,}41$ mA et $V_{nom} = 4{,}9$ V.

À partir du relevé expérimental de $V_S = f(i_u)$ lorsque la diode conduit (la droite ① de la question 1) du paragraphe précédent) que l'on reproduit sur papier millimétré et sur lequel on trace la droite $V_S = R_u\, i_u$ pour la valeur de $R_u = 12$ kΩ. Le graphe est le suivant :

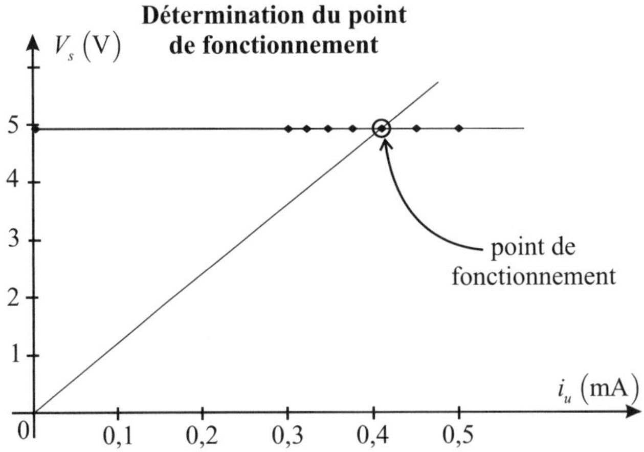

La lecture des coordonnées du point de fonctionnement confirme la validité du modèle de la diode dans ce domaine puisqu'on lit : $V_{\text{nom}} = 4{,}92$ V et $i_{\text{nom}} = 0{,}41$ mA.

2) Lorsque la tension E varie, la tension équivalente $E_{\text{éq}}$ varie selon $E_{\text{éq}} = \dfrac{R}{R+R_z}E_z + \dfrac{R_z}{R+R_z}E$. Cette tension équivalente se déplace alors le long de l'axe des ordonnées, les droites $V_S = E_{\text{éq}} - R_{\text{éq}}\, i_u$, sont parallèles entres elles. Le point de fonctionnement évolue selon le graphe suivant :

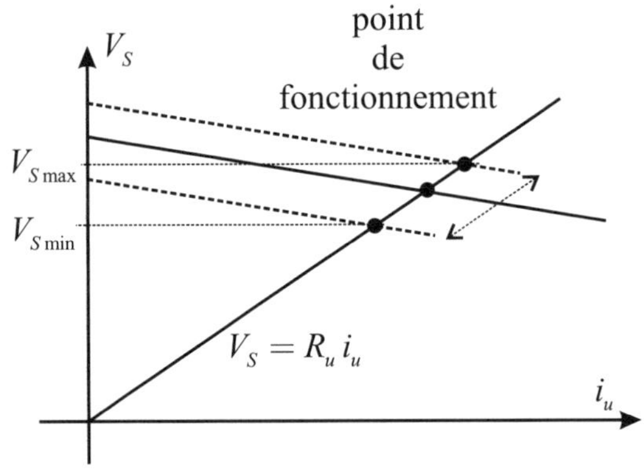

Pour que le dipôle fonctionne dans les conditions attendues, il faut que la tension à ses bornes soit comprise entre : $V_{S\,\min} = 4{,}8$ V et $V_{S\,\max} = 4{,}9$ V, ce qui conditionne les limites de la tension d'alimentation à $E_{\min} = 5{,}5$ V et $E_{\max} = 8{,}3$ V.

Les valeurs expérimentales constatées sur le graphe $V_S = f(E)$ valent $E_{\text{min, exp}} \simeq 7$ V et $E_{\text{max,exp}} \simeq 9{,}5$ V.

Les valeurs de $E_{\min}$ et $E_{\max}$ sont calculées à partir du modèle de la caractéristique linéarisée de la diode Zener. Ce modèle est valable lorsqu'on ne s'écarte pas trop du point F ce qui n'est pas le cas des valeurs extrêmes $E_{\min}$ et $E_{\max}$.

3) Si la résistance de charge varie, en gardant E fixée, c'est cette fois la pente de l'autre droite qui varie, l'évolution du point de fonctionnement est alors représenté par :

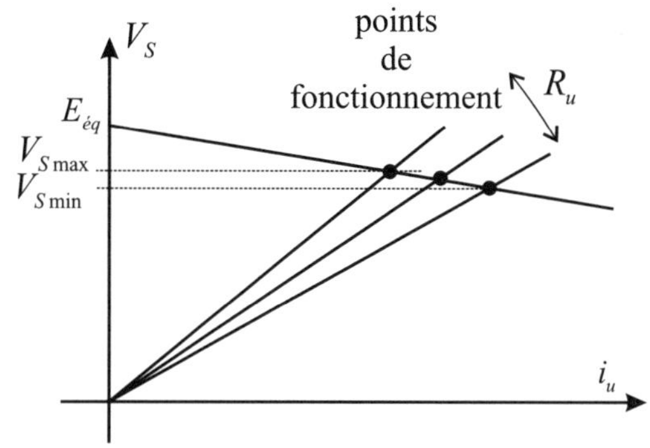

Pour une tension d'alimentation de 10 V, le modèle adopté conduit à $V_S = 4{,}9 - 9{,}0\ i_u$ (question II.1), il suffit donc que $R_u > 430\ \Omega$ pour que $V_S > V_{min}$. Il n'y a pas de résistance de charge maximale à définir puisque, même si $i_u = 0$, $V_S = V_{max}$.

Sur la courbe expérimentale $V_S = f(i_u)$ on relève que la valeur expérimentale de R_u correspondant à la limite $V_{S\,min} = 4{,}8$ V est de 500 Ω. À vide, la valeur maximale de la tension est $V_{S\,max} = 4{,}93$ V. Ces résultats sont donc compatibles avec le modèle proposé.

4) Il faut maintenant tenir compte des deux facteurs d'évolution E et R_u. À partir des deux graphes précédents, il est possible de limiter à la fois la valeur de la résistance de charge R_u et celle de la tension d'alimentation E. La zone grisée représente l'ensemble des points de fonctionnement accessibles dans ces conditions.

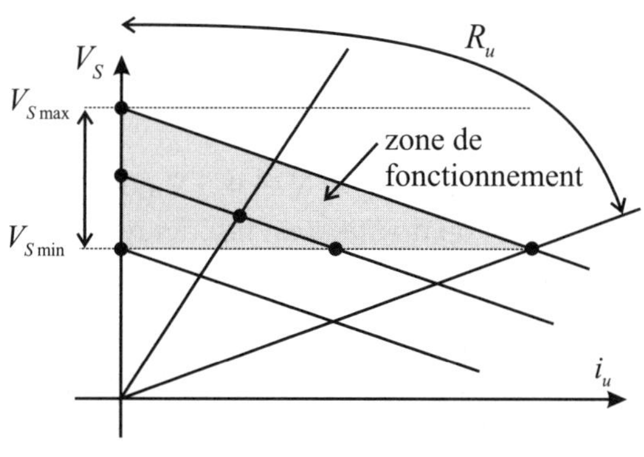

Pour la valeur maximale de E, $E_{max} = 8{,}3$ V, la tension V_S évolue selon $V_S = 4{,}9-9{,}0\,i_u$, la valeur maximale de la résistance de charge est « infinie » et la valeur minimale vaut $R_u = 440\ \Omega$.

Pour la minimale de $E_{min} = 5{,}5$ V, la tension V_S évolue selon $V_S = 4{,}8-9{,}0\ i_u$, la valeur maximale et minimale de la résistance de charge est « infinie », c'est la valeur limite minimale de la tension d'alimentation. Dans ce dernier cas le montage ne peut fonctionner qu'à vide !

IV Fonctionnement avec le tripôle inconnu

1) Le tripôle inconnu est un transistor, dont la tension de base est commandée par la diode Zener. Un tripôle inconnu commandé par un dipôle inconnu ! Pour nos étudiants il faudrait une épôle... Les expériences proposées ont été réalisées avec un transistor 2N1711. La résistance de base valant toujours 250 Ω.

Sans connaître aucun des dipôles a priori il est possible d'interpréter les courbes obtenues. Le tracé de $V_S = f(i_u)$ conduit à une courbe qui a la même allure que celle obtenue dans la partie II, mais avec un palier quasi-horizontal. Le tripôle inconnu ramène donc la résistance de sortie du modèle équivalent à une valeur quasi-nulle.

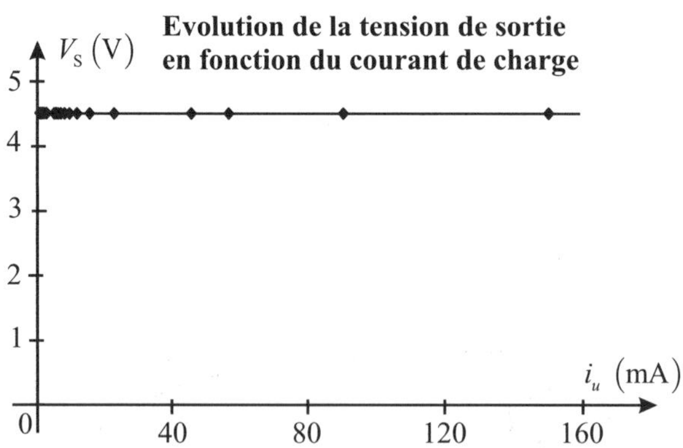

La tension de sortie évolue entre 4,496 V et 4,5 V pour des courants allant de 0 à 150 mA, la résistance de sortie du montage est inférieure à 0,1 Ω et permet de débiter des courants allant jusqu'à quelques A suivant le type de transistor.

2) Lorsqu'on fait varier la tension d'alimentation E, on retrouve une évolution analogue à celle obtenue pour la question II. 2. Le facteur de stabilisation est sensiblement le même que celui obtenu pour le montage Zener sans transistor.

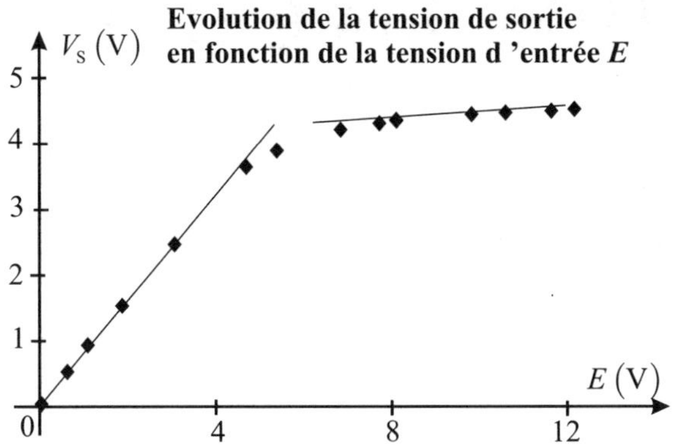

3) Le tripôle inconnu fonctionne un peu comme un amplificateur opérationnel connecté en suiveur de tension, il établit en sortie la tension aux bornes de la diode Zener et il ramène la résistance de sortie à une valeur voisine de zéro. Il permet de fournir toute la puissance nécessaire à la charge sans que la diode Zener ne soit perturbée.

10 ÉTUDE D'UN TRIPÔLE NON LINÉAIRE

Concours : Centrale

Objectif du TP : L'objet de ce TP consiste en l'étude d'une boîte noire ayant trois bornes notées B, C et E. Après avoir déterminé les caractéristiques statiques du tripôle, on cherchera les conditions d'utilisation, en régime dynamique, comme amplificateur.

Matériel :

- Une boîte mystérieuse présentant trois bornes B, C et E, un tripôle inconnu dont on cherche les caractéristiques. Le circuit est déjà monté sur une plaquette.
- Matériel classique d'électronique (multimètre, GBF, générateur de tension continue, oscilloscope...).

ÉNONCÉ

Un critère simple pour savoir si une « boîte noire » a un comportement linéaire ou non consiste à envoyer en entrée un signal sinusoïdal et de voir si en sortie, le signal est également sinusoïdal de même fréquence (mais éventuellement d'amplitude différente et déphasé). Si c'est bien le cas alors le système contenu dans la boîte est linéaire. Sinon il est non linéaire.

Nous allons étudier ici un tripôle non linéaire (étude statique) puis montrer dans l'étude dynamique qu'il est possible d'observer un comportement linéaire au voisinage d'un point de fonctionnement.

I ÉTUDE STATIQUE

Le montage à étudier est le suivant :

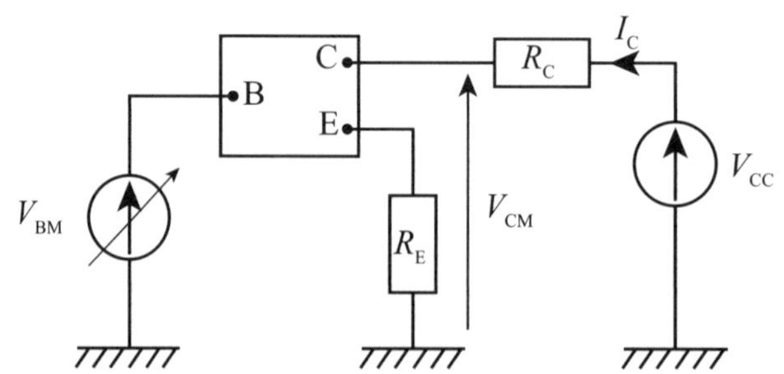

Le module BCE est une boîte possédant trois connections. Le candidat n'aura pas à se préoccuper de sa composition. Les résistances ont pour valeur $R_C = 1000\ \Omega$ et $R_E = 230\ \Omega$. La tension V_{CC} est maintenue à 10 V. V_{BM} est un générateur de tension continue dont on peut faire varier la valeur.

1) Donner un protocole expérimental permettant de déterminer les caractéristiques : $V_{CM} = f(V_{BM})$ et $I_C = f(V_{BM})$ en relevant une dizaine de valeurs de V_{BM} judicieusement choisies.

2a) Montrer que $V_{CM} = f(V_{BM})$ a la forme suivante :

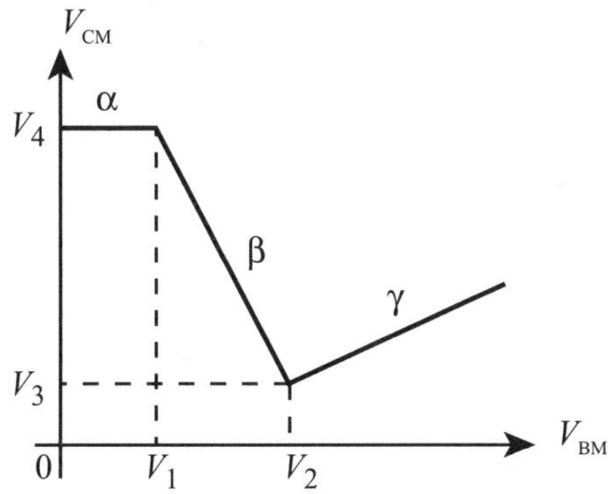

b) Donner les valeurs de V_1, V_2, V_3 et V_4 ainsi que les pentes α, β et γ. Vérifier que $V_4 = V_{CC}$.

c) Donner une relation entre V_{CC}, I_C, R_C et V_{CM}. En déduire l'allure de la courbe $I_C = f(V_{BM})$ et comparer au tracé.

II Étude dynamique

Le montage précédent est légèrement modifié :

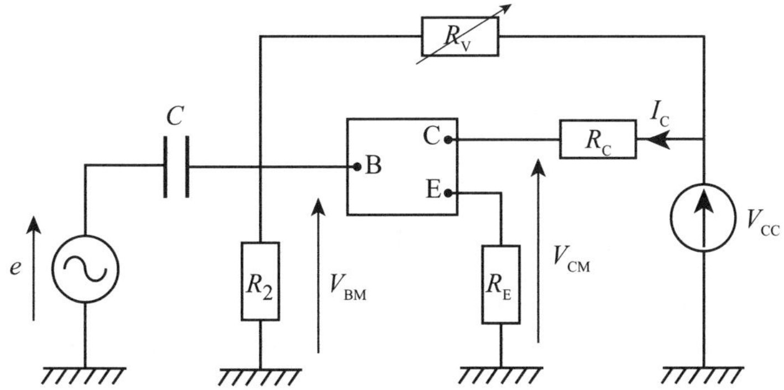

La résistance R_2 a pour valeur $R_2 = 230\ \Omega$.

1) Dans un premier temps, la branche comportant le condensateur C et le GBF d'amplitude e n'est pas connectée à B.

Vérifier expérimentalement qu'en faisant varier R_V on a :

$$V_1 < V_{BM} < V_2$$

Régler la résistance variable R_V pour avoir $V_{BM} = V_{BM_0} = \dfrac{V_1 + V_2}{2}$

2) On étudie maintenant le montage entier. Le générateur de tension e délivre une tension sinusoïdale d'amplitude $e_M = 0{,}9$ V à une fréquence $f = 1$ kHz. On admet que le condensateur de capacité $C = 100\ \mu$F joue le rôle de coupe-circuit aux basses fréquences et sépare le courant continu du courant alternatif ce qui permet d'affirmer que la tension d'entrée de la boîte vaut maintenant :

$$V_{BM}(t) = V_{BM_0} + e_M \cos(\omega t)$$

a) Montrer que $V_{CM}(t) = V_{CM_0} + s(t)$ où $s(t) = -A\, e(t)$ avec $e(t) = e_M \cos(\omega t)$. Identifier V_{CM_0} et A.

b) Montrer que pour que $V_{CM}(t)$ reste sinusoïdale il faut que $e_M \leqslant e_{M,max}$.

c) Tracer pour $e_M = 0{,}9$ V les courbes suivantes :

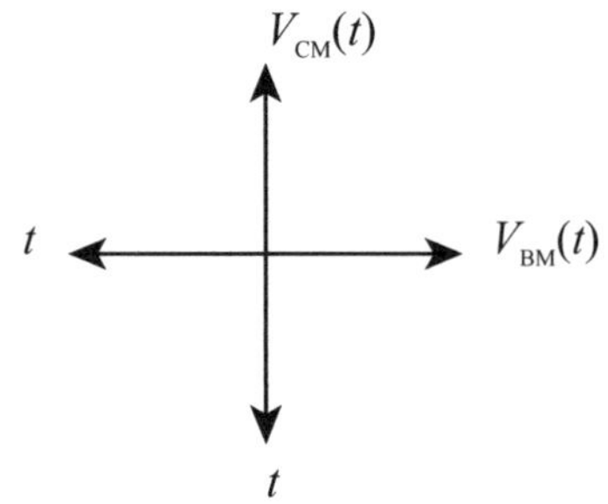

d) Vérifier que : $I_C = I_{C_0} + I_{CM} \cos(\omega t)$

e) Calculer la puissance du générateur.

3) Décrire les courbes $V_{BM}(t)$ et $V_{CM}(t)$ dans le cas où $e_M > e_{M,max}$. Que remarque-t-on en traçant $V_{CM}(t)$ en fonction de $V_{BM}(t)$ en mode Lissajous sur l'oscilloscope ?

PROPOSITION DE SOLUTION

Commentaires : il existe plusieurs TP aux concours dont le but consiste à étudier une « boîte noire ». La plupart du temps il s'agit d'un filtre et le candidat doit déterminer la nature, l'ordre, la pulsation centrale et le facteur de qualité le cas échéant. La difficulté de ce TP vient du comportement inconnu du composant de la boîte et il est donc délicat pour le candidat de comparer les résultats expérimentaux avec la théorie. Par ailleurs le graphe « 4 branches » que l'énoncé demande de tracer dans la partie II. peut dérouter.

I ÉTUDE STATIQUE

1) Pour faire l'étude demandée il faut utiliser voltmètres et ampèremètre de la façon suivante :

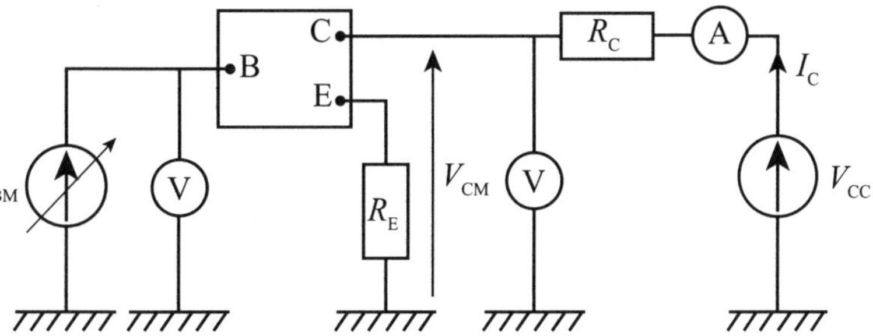

On commence par un rapide balayage de la tension V_{BM} pour vérifier d'une part que le montage est correct en observant si la tension V_{CM} suit bien les variations proposées par l'énoncé, et d'autre part pour en profiter pour déterminer les valeurs de V_1 et V_2 afin d'étaler convenablement les dix mesures.

2a) Le premier relevé de points est le suivant :

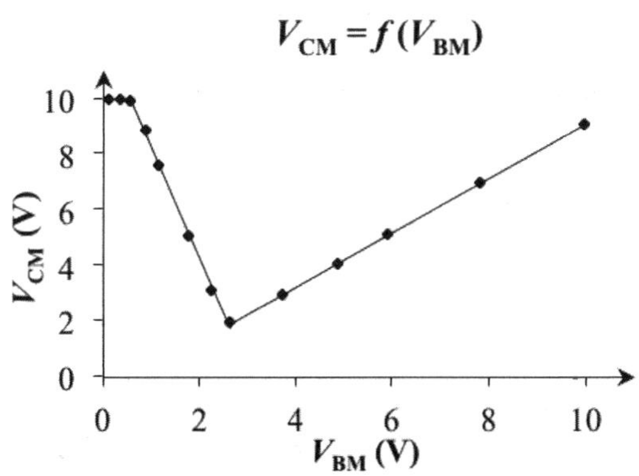

ce qui correspond bien à la courbe de l'énoncé.

b) Du graphe nous déduisons les valeurs des points particuliers (on garde pour l'instant deux chiffres après la virgule) :

$$V_1 \approx 0{,}56\ \text{V};\ V_2 \approx 2{,}63\ \text{V};\ V_3 \approx 1{,}94\ \text{V} \text{ et } V_4 \approx 9{,}96\ \text{V}$$

ainsi que les valeurs des pentes :

$$\alpha = 0\ ;\ \beta \approx -3{,}96 \text{ et } \gamma \approx 0{,}98.$$

Cela vérifie effectivement : $V_4 = V_{CC} \approx 10$ V.

c) Une loi des mailles donne immédiatement : $V_{CM} = V_{CC} - R_C I_C$.

- Pour $0 \leqslant V_{BM} \leqslant V_1$ alors $V_{CM} = V_{CC}$ donc $I_C = 0$.
- Pour $V_1 \leqslant V_{BM} \leqslant V_2$ alors $V_{CM} = \beta(V_{BM} - V_1) + V_{CC}$ d'où $I_C = -\dfrac{\beta}{R_C}(V_{BM} - V_1)$ avec $\beta < 0$. Sur l'intervalle $V_{BM} \in [V_1; V_2]$, I_C est une fonction croissante de pente $-\dfrac{\beta}{R_C}$.
- Pour $V_{BM} \geqslant V_2$ alors $V_{CM} = \gamma(V_{BM} - V_2) + V_3$ ce qui donne $I_C = -\dfrac{\gamma}{R_C}(V_{BM} - V_2) + \dfrac{V_{CC} - V_3}{R_C}$ avec $\gamma > 0$. Ainsi I_C est une fonction décroissante de pente $-\dfrac{\gamma}{R_C}$.

Finalement, on s'attend à trouver :

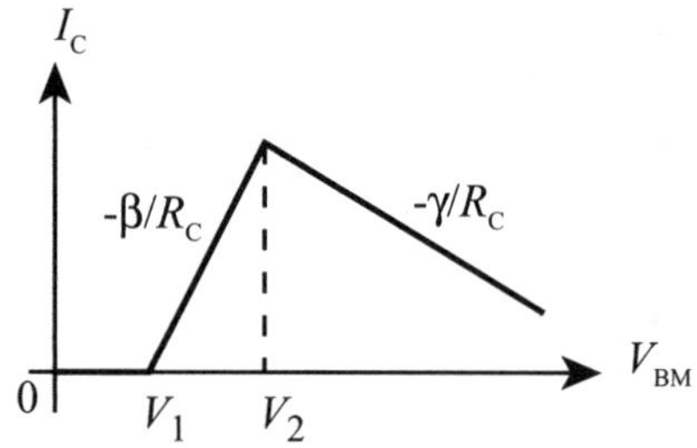

Les résultats expérimentaux confortent cette analyse :

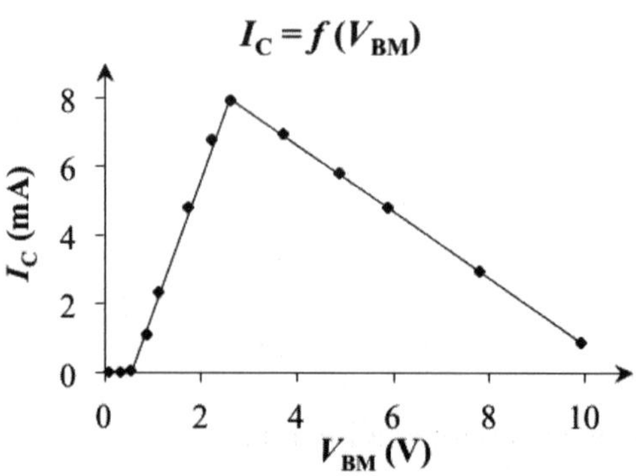

Les cassures du graphe ont lieu pour les mêmes valeurs de V_1 et V_2.

On observe aussi que :

- Pour $0 \leqslant V_{BM} \leqslant V_1$, le courant est nul $I_C = 0$;
- Pour $V_1 \leqslant V_{BM} \leqslant V_2$, le courant croît avec une pente $-\dfrac{\beta}{R_C} \approx 3{,}90\ 10^{-3}$ soit $\beta \approx -3{,}90$ ce qui est cohérent avec le graphe $V_{CM} = f(V_{BM})$;
- Pour $V_{BM} \geqslant V_2$, le courant décroît avec une pente $-\dfrac{\gamma}{R_C} \approx -0{,}96\ 10^{-3}$ soit $\gamma \approx 0{,}96$ valeur également très proche de la valeur précédemment mesurée.

Cette première étude (statique) étant terminée, il nous semble nécessaire de préciser le contenu de la « boîte noire » : dans un premier temps pour faire le lien entre les relevés expérimentaux et la théorie, mais aussi afin de permettre au lecteur de faire par lui-même ce TP. Il s'agit d'un transistor bipolaire T de type NPN. Même si cela n'est pas tout à fait correct, il peut être pratique de considérer le modèle simple (voire simpliste) équivalent à deux diodes de tension seuil $V_{seuil} = V_S \approx 0{,}6$ V.

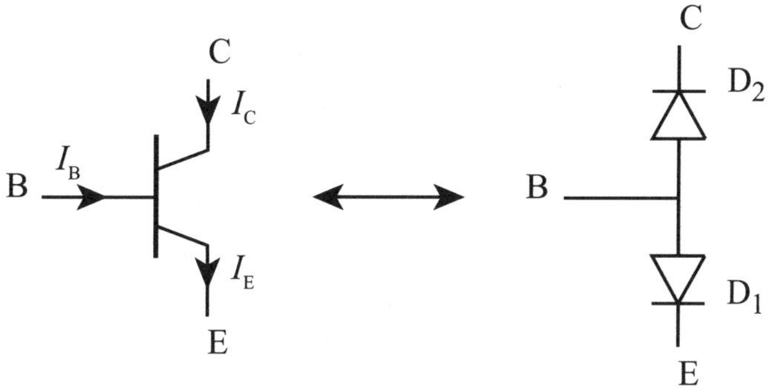

Les trois bornes ont B pour base, C pour collecteur et E pour émetteur.

La loi des nœuds donne : $I_C + I_B = I_E$. De plus, en dehors de l'état saturé (voir ci-dessous), les courants vérifient $I_C = \beta\, I_B$ avec β valant quelques centaines (aucun rapport avec le β de l'énoncé, qui est la valeur d'une pente de la caractéristique $V_{CM} = f(V_{BM})$...il s'agit là d'une notation habituelle pour le transistor). De ces deux relations, nous en déduisons alors que $I_C \approx I_E$ hors saturation.

Pour simplifier, le transistor possède trois états :

- État bloqué pour $V_{BE} < V_S \approx 0{,}6$ V : la diode D_1 est bloquée. $I_B = I_C = I_E = 0$ et le transistor est équivalent à un interrupteur ouvert.
- État saturé : les deux diodes sont passantes. Le courant collecteur $I_C > 0$ est indépendant du courant de base I_B et $V_{CE} \approx 0$ V. Le transistor est équivalent à un interrupteur fermé.

- État normal (amplification) : la diode D_1 est passante tandis que D_2 est polarisée en inverse. On a $V_{CE} > 0$. Le transistor agit comme un amplificateur de courant (puisque $I_C = \beta I_B$).
  Revenons sur les valeurs trouvées dans cette première partie du TP.
- Si $V_{BM} < V_S \approx 0{,}6$ V, le transistor est dans l'état bloqué donc $I_B = 0$ et $I_C = 0$. De la relation $V_{CM} = V_{CC} - R_C I_C$, nous en déduisons $V_{CM} = V_{CC}$.
  Par conséquent, $V_1 = V_S \approx 0{,}6$ V et $V_4 = V_{CC} \approx 10$ V, ainsi que $I_C = 0$.
- Si $V_{BM} > V_S \approx 0{,}6$ V alors on peut modéliser le transistor de la façon suivante :

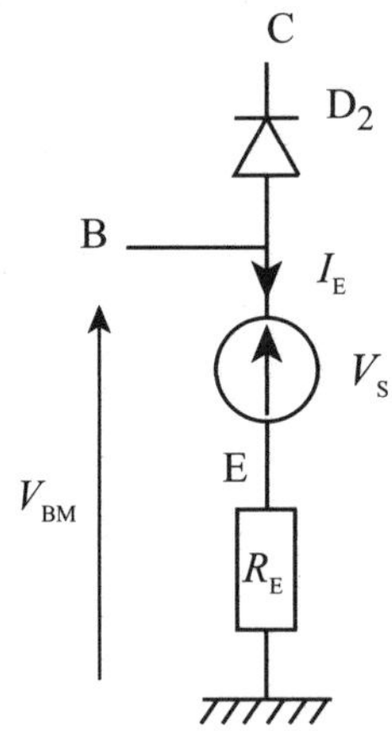

et $V_{BM} = V_S + R_E I_E$ d'où on tire $I_E = \dfrac{V_{BM} - V_S}{R_E}$ et comme $I_C \approx I_E$ alors

$$I_C = \frac{V_{BM} - V_S}{R_E}.$$

De plus $V_{CM} = V_{CC} - R_C I_C$ permet de trouver :

$$V_{CM} = V_{CC} - \frac{R_C}{R_E} \times (V_{BM} - V_S)$$

Ainsi la courbe $V_{CM} = f(V_{BM})$ est une droite de pente $-\dfrac{R_C}{R_E} = -\dfrac{1000}{230} \approx -4{,}3$, valeur assez proche de celle trouvée par l'expérience. Quant à la courbe $I_C = f(V_{BM})$, c'est une droite de pente $\dfrac{1}{R_E} = \dfrac{1}{230} \approx 4{,}3\ 10^{-3}$.
Cherchons jusqu'à quelles valeurs de $V_{BM} = V_2$ et $V_{CM} = V_3$, ces deux relations restent valables. Quand V_{BM} croît, le courant I_C augmente également, donc V_{CM} diminue. La diode D_2 va devenir passante pour $V_{BM} - V_{CM} = V_S$ soit en remplaçant la relation obtenue $V_{CM} = f(V_{BM})$ alors $V_2 = V_S + \dfrac{R_E}{R_C + R_E} V_{CC}$ soit $V_2 \approx 2{,}5$ V en accord avec l'expérience. La valeur de $V_{CM} = V_3$ correspondante vaut $V_3 = V_2 - V_S$ soit $V_3 \approx 1{,}9$ V.

- Au-delà de $V_{BM} = V_2$, $V_{CE} \approx 0$ (les deux tensions seuils se compensent, en pratique il peut rester une différence de potentiel de 0,2 V) et $V_{BM} - V_{CM} = V_S$ ou

$$V_{CM} = V_{BM} - V_S$$

$V_{CM} = f(V_{BM})$ est une droite de pente unitaire là où l'expérience donne $\gamma \approx 0{,}98$. Avec $V_{CM} = V_{CC} - R_C I_C$ toujours valable, on obtient

$$I_C = \frac{-V_{BM} + V_{CC} + V_S}{R_C}$$

La caractéristique $I_C = f(V_{BM})$ est une droite de pente $-\dfrac{1}{R_C} \approx -1{,}0\ 10^{-3}$ à comparer avec le résultat expérimental $-0{,}96\ 10^{-3}$ ce qui est très satisfaisant.

Finalement, les caractéristiques statiques sont pour $V_{CM} = f(V_{BM})$:

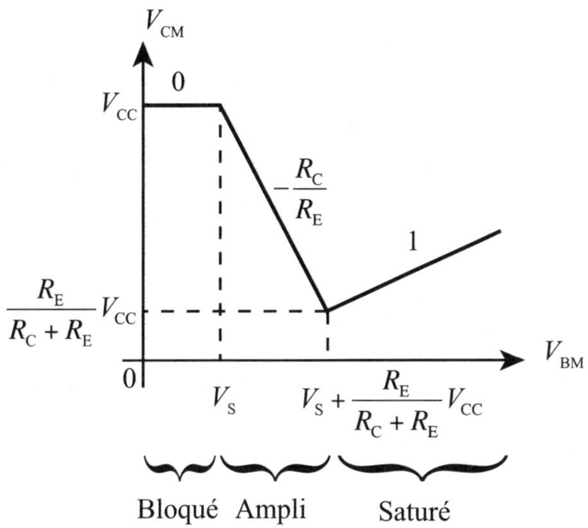

Et, pour $I_C = f(V_{BM})$:

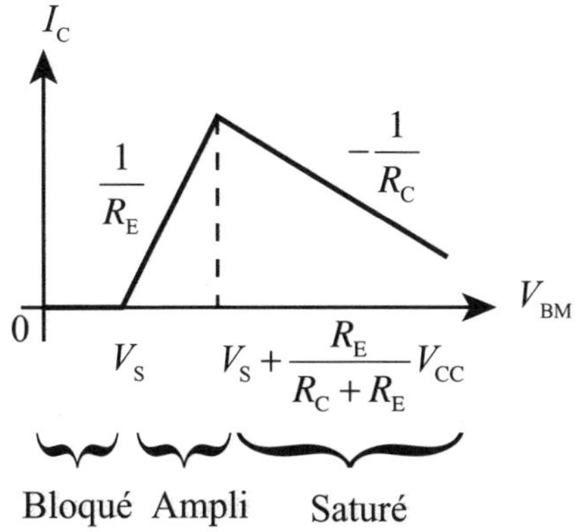

Bilan des résultats de la première partie :

	α	β	γ	V_1	V_2	V_3	V_4
Théorie	0	– 4,3	1	0,6 V	2,5 V	1,9 V	10 V
Expérience	0	– 4	0,98	0,56 V	2,63 V	1,94 V	9,96 V
Écart (%)	0	7	2	7	5	2	0,4

L'écart maximal entre la théorie et l'expérience est de l'ordre de 5 % ce qui est raisonnable en électronique.

II ÉTUDE DYNAMIQUE

1) Après avoir placé un voltmètre en dérivation de la résistance R_2, on vérifie qu'en modifiant la valeur de la résistance variable R_V, V_{BM} reste bien dans l'intervalle $[V_1; V_2]$. R_V est ensuite ajustée pour se placer au milieu du segment descendant, c'est-à-dire en $V_{BM} = V_{BM_0} = \dfrac{V_1 + V_2}{2} \approx 1{,}6$ V. Le voltmètre mesurant V_{CM} indique $V_{CM} = V_{CM_0} = 5{,}56$ V, ce qui correspond à la valeur du graphe $V_{CM} = f(V_{BM})$ en statique.

En pratique la résistance variable R_V est l'association en série d'une résistance de 1 kΩ et d'un potentiomètre de 2,2 kΩ.

2) **Remarque préliminaire :** l'énoncé réel du concours demande de travailler avec une amplitude $e_M = 0{,}4$ V afin d'être sûr de rester dans le domaine linéaire. Nous choisissons la valeur $e_M = 0{,}9$ V qui est l'une des plus grandes valeurs possibles sans qu'il y ait de saturations.

a) Le point de fonctionnement en statique correspond au point $S_0(V_{BM_0}, V_{CM_0})$ qui appartient à la branche de pente $\beta < 0$ de la caractéristique du tripôle.

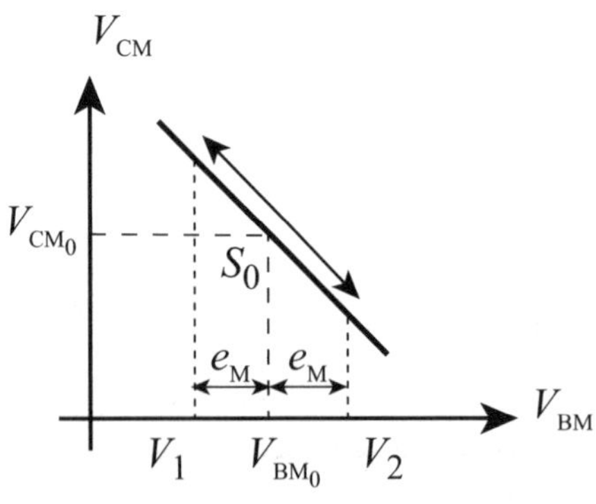

Si $V_{BM}(t)$ varie autour de ce point avec une amplitude e_M alors le point de fonctionnement évolue sur le segment et on a alors :

$$V_{CM}(t) = V_{CM_0} + \beta\, e(t)$$

Par conséquent :

- V_{CM_0} correspond à la tension V_{BM_0} de la caractéristique statique $V_{CM} = f(V_{BM})$. Comme on l'a vu $V_{CM_0} \approx 5{,}6$ V.
- $A = -\beta \approx 4{,}0$

b) Pour que le signal $V_{CM}(t)$ reste sinusoïdal il faut que le point de fonctionnement reste sur le segment $[V_1; V_2]$ c'est-à-dire que $e_M \leqslant V_2 - V_{BM_0} = V_{BM_0} - V_1$ soit $e_M \leqslant 1{,}0$ V.

c) Avant de présenter le graphe demandé, un peu déconcertant la première fois, nous présentons les courbes obtenues.

- $V_{BM}(t)$ et $V_{CM}(t)$ en mode DC (signaux entiers) :

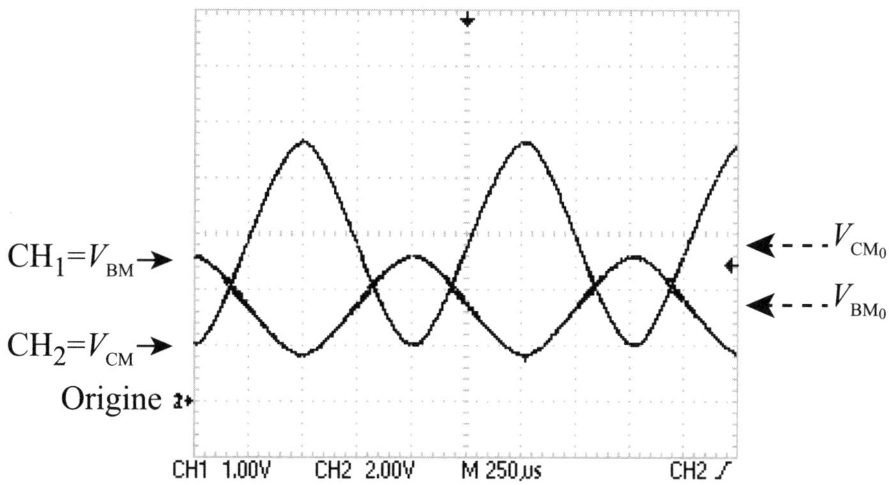

Nous lisons $V_{BM_0} \approx 1{,}6$ V et $V_{CM_0} \approx 5{,}6$ V.

- $V_{BM}(t)$ et $V_{CM}(t)$ en mode AC (suppression de la composante continue pour chaque signal) :

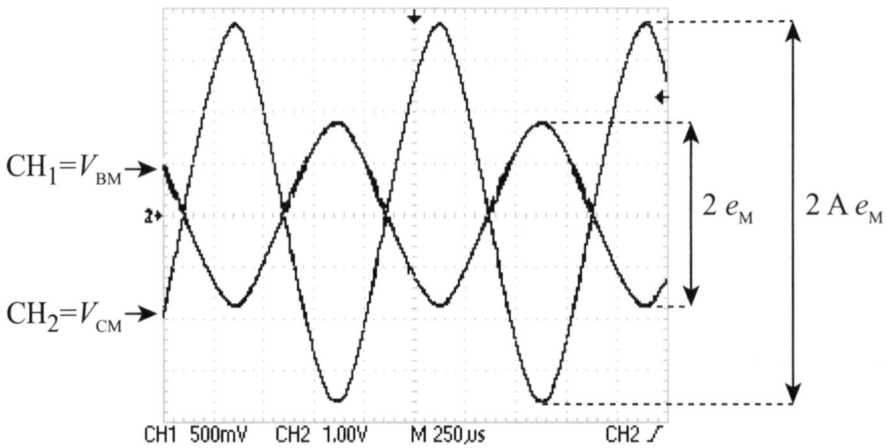

Les signaux sont en opposition de phase (justification du signe −) et $2 \times e_M \approx 1{,}80$ V et $2 \times A \times e_M \approx 7{,}30$ V. Par conséquent : $A \approx 4{,}05$ qui est bien le résultat attendu.

- $V_{BM}(t)$ et $V_{CM}(t)$ en mode AC observées en mode Lissajous (XY) :

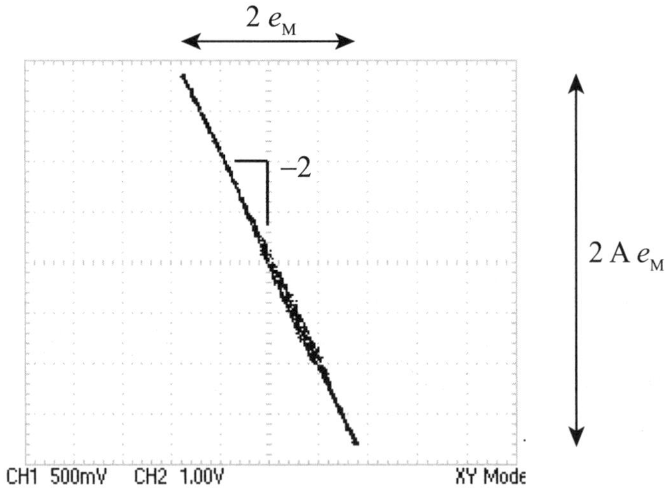

La droite a une pente de −2 ce qui, étant donné les échelles utilisées pour les deux signaux (double pour la voie 2 de la voie 1), correspond encore à $A \approx 4$.

Le graphe à quatre axes que nous demande de tracer l'énoncé est un condensé de tous ces oscillogrammes. Il faut bien faire attention à tracer les deux tensions (en mode temporel) en opposition de phase.

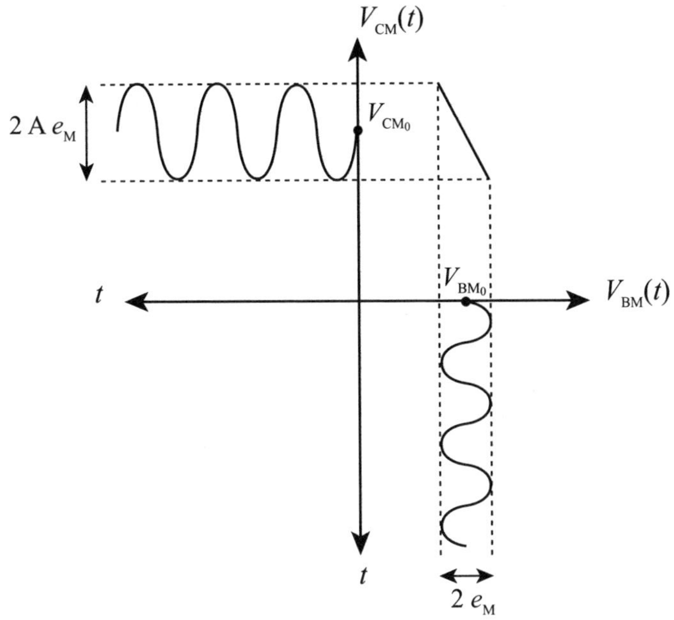

d) La relation suivante est toujours vérifiée : $I_C = \dfrac{V_{CC} - V_{CM}}{R_C}$ ce qui donne $I_C = \dfrac{V_{CC} - V_{CM_0}}{R_C} - \dfrac{A}{R_C} e_M \cos(\omega\, t)$ d'où par identification

$$I_{C_0} = \frac{V_{CC} - V_{CM_0}}{R_C} \approx 4{,}4 \text{ mA}$$

qui est le point situé au milieu du segment ascendant de la courbe $I_C = f(V_{BM})$, et

$$I_{CM} = -\frac{A}{R_C} e_M \approx 3{,}6 \text{ mA}.$$

e) La puissance moyenne fournie par le générateur a pour expression :

$$P = \frac{1}{T}\int_0^T V_{CC}\, i_C(t)dt = \frac{V_{CC}}{T}\int_0^T (I_{C0} + I_{CM}\cos(\omega\, t))\, dt \text{ soit } P = V_{CC}\, I_{C0} \approx 44 \text{ mW}.$$

3) On se place maintenant avec une amplitude du GBF de $e_M \approx 2{,}2$ V $> e_{M,max} = 1{,}0$ V. Le point de fonctionnement va « déborder » sur les segments de pentes α et γ de la caractéristique $V_{CM} = f(V_{BM})$: il va y avoir perte de linéarité. C'est effectivement ce que montre l'expérience avec le relevé ci-dessous :

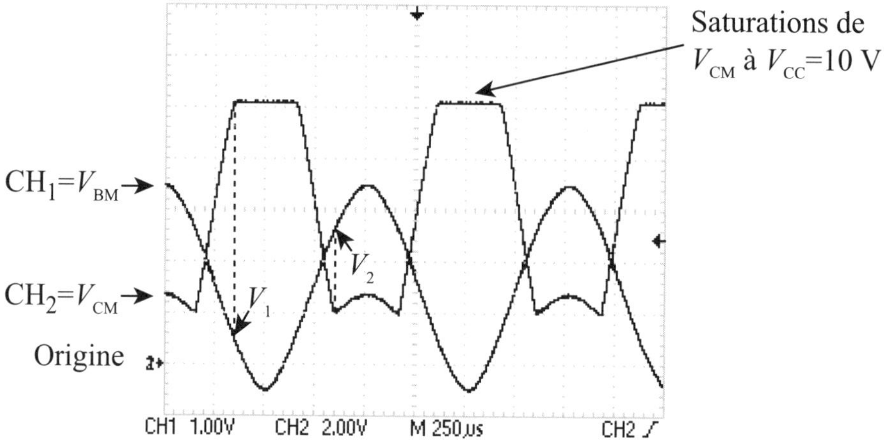

Pour une tension $V_{BM} < V_1 \approx 0{,}6$ V, la tension V_{CM} sature à 10 V. Pour $V_{BM} > V_2 \approx 2{,}6$ V, V_{CM} est à nouveau en phase avec V_{BM} conformément au signe positif de $\gamma \approx 1 > 0$.

En mode Lissajous, la courbe correspond à la caractéristique $V_{CM} = f(V_{BM})$ de la première partie. Nous avons rajouté sur l'oscillogramme les axes, les points remarquables et les pentes.

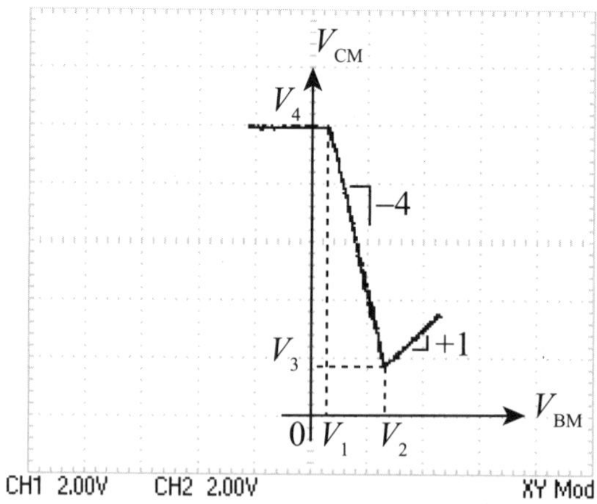

MONTAGE À TRANSFERT DE CHARGES OU POMPE À DIODES

11

Concours : Centrale

Objectif du TP : Réaliser et étudier le comportement d'un montage de type « transfert de charge » permettant d'obtenir, à partir d'une tension alternative $\pm E_0$, une tension continue d'une valeur $2\,E_0$ ou plus.

Matériel : Classique d'électronique.

ÉNONCÉ

I PREMIER MONTAGE

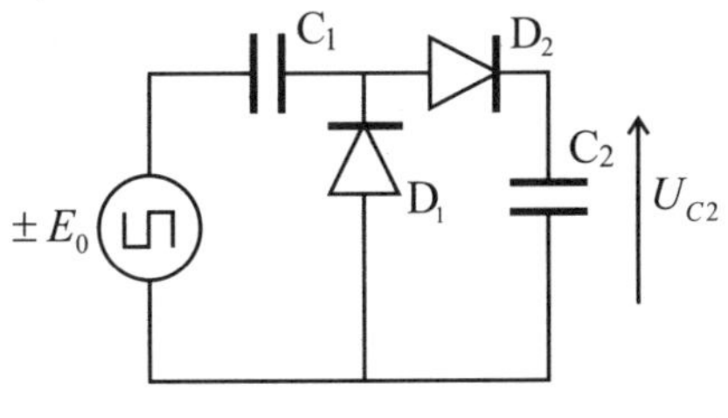

1) Étude Théorique

a) Régime transitoire

Durant la phase pendant laquelle le GBF délivre une tension $-E_0$, la diode D_1 est passante alors que la diode D_2 est bloquée. Durant la phase pendant laquelle le GBF délivre une tension $+E_0$, la diode D_1 est bloquée alors que la diode D_2 est passante. Les diodes sont supposées sans résistance interne mais elles présentent une tension de seuil notée U_S.

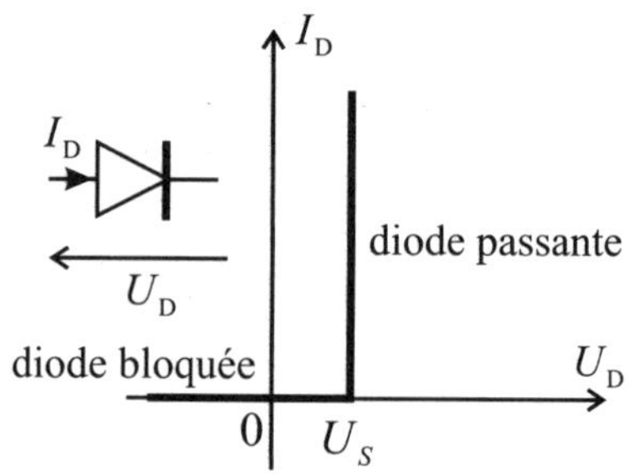

La tension de seuil est de l'ordre de 0,6 V pour une diode Silicium.

En notant $U_n = U_{C_2}(t \in [nT_0\ ;\ (n+1)T_0]$, établir une relation de récurrence sur U_n. Déterminer la valeur finale de U_{C_2}, ainsi que le temps nécessaire pour atteindre 95 % de la tension finale.

b) Régime permanent

Quelle est la valeur de U_{C_2} en régime permanent ? Quel est l'intérêt d'un tel montage ? On ajoute une résistance R en parallèle avec le condensateur C_2, tel que $2\pi f_0 R C_2 \gg 1$. Quelle est alors l'influence de cette résistance sur la tension U_{C_2} ? Quelles sont les équations vérifiées par la tension U_{C_2} durant les phases 1 et 2 ? On ne cherchera pas à résoudre ces équations.

2) Étude expérimentale

a) Régime transitoire

Observez à l'oscilloscope la tension U_{C_2}. Reportez sur papier millimétré le graphe visualisé ainsi que celui de la tension U_{D_1}.

Mesurez les cinq premières valeurs de U_{C_2} et comparez avec les valeurs théoriques.

b) Régime permanent

On ajoute une résistance R en parallèle avec C_2. Pour quatre valeurs de R comprises entre 200 Ω et 50 kΩ, on reportera dans un tableau les valeurs de $\langle U_{C_2} \rangle$. Tracez la caractéristique $\langle U_{C_2} \rangle = f(I_R)$ avec I_R l'intensité du courant dans la résistance R.

Déterminez la résistance R^* telle que, pour cette valeur de R, on ait $\langle U_{C_2} \rangle$ qui valle la moitié de sa valeur à vide.

Peut-on modéliser ce système par un générateur équivalent de Thévenin ? Si oui donnez ses caractéristiques.

On impose désormais $R = 500\,\Omega$. Visualisez à l'oscilloscope les tensions U_{C_2} et U_{D_1} et reportez-les sommairement sur le compte rendu. Expliquez l'allure des courbes.

II Second montage

À partir de l'analyse faite sur le premier montage ainsi que des courbes observées, étudier le comportement de ce circuit.

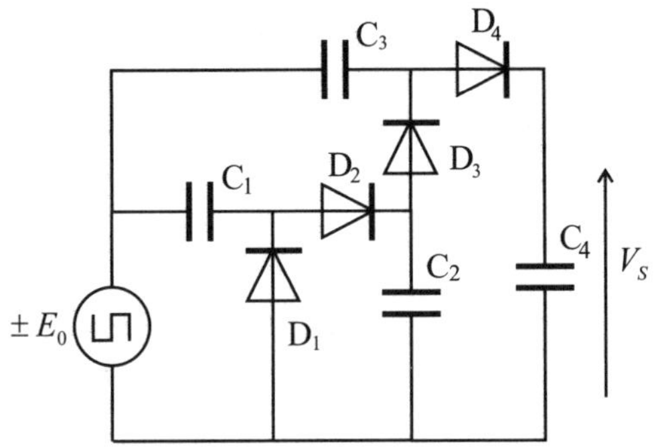

Proposition de solution

Commentaires : un TP relativement long et qui s'appuie essentiellement sur les propriétés des diodes. Le texte proposé ici a été modifié par rapport aux textes renvoyés par nos étudiants, nous avons rédigé un énoncé progressif, ce qui permet aux candidats qui découvrent la diode de pouvoir exploiter la totalité du texte. Certains montages sont tout prêts et le candidat doit « simplement » relever et interpréter le comportement de quelques grandeurs caractéristiques.

I Premier montage

1) Étude théorique

a) Régime transitoire

Le circuit est alimenté par un signal carré d'amplitude $\pm E_0$. Envisageons deux phases, la première durant laquelle la tension délivrée par le GBF vaut $-E_0$ et la seconde durant laquelle la tension vaut $+E_0$.

- **Première phase**

Durant cette phase, comme le dit l'énoncé proposé, la diode D_1 est passante et la diode D_2 est bloquée. En utilisant les indications de l'énoncé, le circuit se ramène au montage suivant :

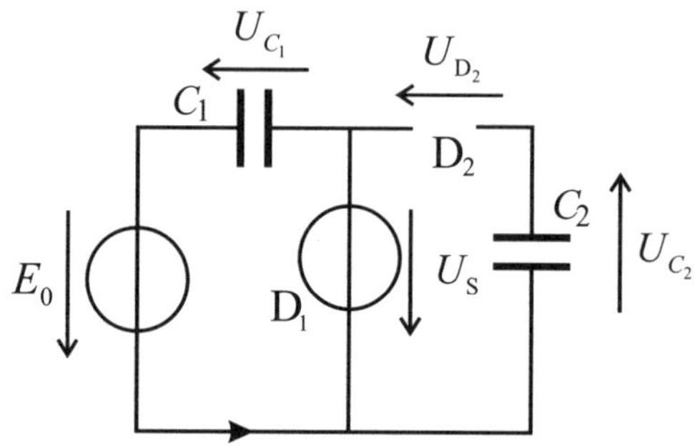

Le condensateur se charge à travers la diode D_1. La tension aux bornes de C_1 vaut alors : $U_{C_1} = E_0 - U_S$. La tension aux bornes de la diode D_1 vaut U_S puisqu'elle est passante. Durant cette phase, la tension aux bornes de C_2 reste constante (la diode D_2 est bloquée et ne permet aucun passage de courant), $U_{C_2} = U_{C_2}(0)$.

- **Seconde phase**

Durant cette phase, comme le dit l'énoncé proposé, la diode D_1 est bloquée et la diode D_2 est passante. En utilisant les indications de l'énoncé, le circuit se ramène au montage suivant :

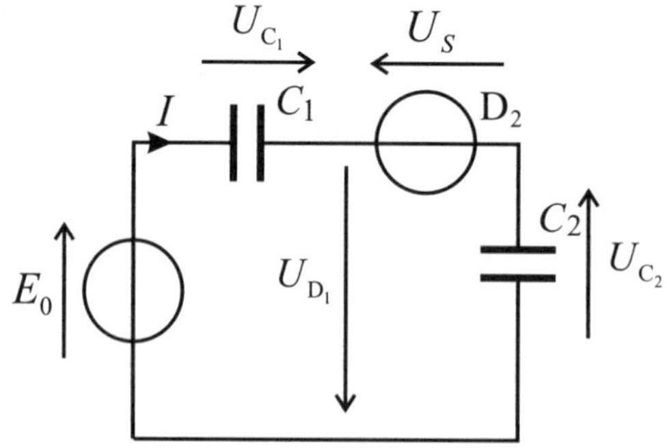

La tension aux bornes de la diode D_2 vaut U_S car elle est passante.

Durant cette phase, la charge du condensateur C_1 se transfère au condensateur C_2 à travers D_2. On peut écrire, $\dfrac{dq}{dt} = I = -C_1\dfrac{dU_{C_1}}{dt} = C_2\dfrac{dU_{C_2}}{dt}$.

Dans le cas particulier où $C_1 = C_2$, les variations de tension aux bornes des condensateurs sont opposées : $-\dfrac{dU_{C_1}}{dt} = \dfrac{dU_{C_2}}{dt}$, ou encore :

$$-\Delta U_{C_1} = \Delta U_{C_2}$$

De plus, la loi des mailles permet de relier les tensions aux bornes des condensateurs selon : $U_{C_1} = U_{C_2} - E_0 + U_S$.

- **Bilan au cours d'une période**

Au cours de la première phase, le condensateur C_1 s'est chargé sous $U_{C_1} = E_0 - U_S$ et le condensateur C_2 a conservé une tension constante.

Au cours de la seconde phase, le condensateur C_1 transfère ses charges au condensateur C_2 et les tensions varient selon : $-\Delta U_{C_1} = \Delta U_{C_2}$.

La tension aux bornes de C_1 varie de : $E_0 - U_S$ (correspondant à la tension de charge de la phase précédente) à $U_{C_1} = U_{C_2} - E_0 + U_S$. La variation est donc de :

$$\Delta U_{C_1} = (U_{C_2} - E_0 + U_S) - (E_0 - U_S)$$
$$\Delta U_{C_1} = U_{C_2} - 2(E_0 - U_S)$$

La tension aux bornes du condensateur C_2 a donc varié de :

$$\Delta U_{C_2} = -\Delta U_{C_1} = -U_{C_2} + 2(E_0 - U_S)$$
$$\Delta U = \Delta U_{C_2} = U_{C_2} - U_{C_2}(0) = -U_{C_2}(T) + 2(E_0 - U_S)$$

La tension aux bornes de C_2 vaut, en fin de période :

$$U_{C_2}(T) = \frac{U_{C_2}(0)}{2} + (E_0 - U_S)$$

Pour la première période de fonctionnement, $U_{C_2}(0) = 0$, la tension en fin de première période vaut : $U_1 = U_{C_2}(T) = E_0 - U_S$. Cette tension représente la tension initiale de la période suivante.

Au cours des périodes suivantes la tension aux bornes de C_2 évolue selon :

$$U_2 = U_{C_2}(2T) = \frac{(E_0 - U_S)}{2} + (E_0 - U_S) = (E_0 - U_S)\left(1 + \frac{1}{2}\right)$$

$$U_3 = \frac{\frac{(E_0 - U_S)}{2} + (E_0 - U_S)}{2} + (E_0 - U_S) = (E_0 - U_S)\left(\frac{1}{4} + \frac{1}{2} + 1\right)$$

$$U_n = (E_0 - U_S)\left(1 + \frac{1}{2} + \frac{1}{4} + \dots + \frac{1}{2^{n-1}}\right)$$

La tension à l'issue de n période vaut :

$$U_n = (E_0 - U_S)\left(\sum_{k=0}^{n-1} \frac{1}{2^k}\right) = 2(E_0 - U_S)\left(1 - \frac{1}{2^n}\right)$$

La tension finale vaut : $U_{C_2\,\text{finale}} = 2(E_0 - U_S)$. La tension telle que $U_n = \left(1 - \frac{1}{2^n}\right) \underbrace{2(E_0 - U_S)}_{U_{\text{finale}}} = 0,95 \times \underbrace{2(E_0 - U_S)}_{U_{\text{finale}}}$ est obtenue pour une valeur de n qui vérifie : $\left(1 - \frac{1}{2^n}\right) = 0,95$, soit $n = 4,3$. Pour $n = 5$, la tension aux bornes de C_2 vaut $U_5 = 0,97 \times 2(E_0 - U_S)$. Le temps nécessaire pour atteindre 95 % de la tension finale est de 5 périodes.

b) Régime permanent

Le régime permanent est atteint lorsque la tension aux bornes de C_2 ne varie plus, c'est-à-dire lorsque $n \to \infty$. La tension finale vaut : $U_{C_2\,\text{finale}} = 2(E_0 - U_S)$, elle correspond au régime permanent. Ce montage permet d'obtenir une tension continue d'une valeur double de celle de l'amplitude du signal carré délivré par le GBF.

L'ajout d'une résistance R, aux bornes du condensateur C_2 permet sa décharge. Pendant la première demi-période, le condensateur se décharge dans cette résistance :

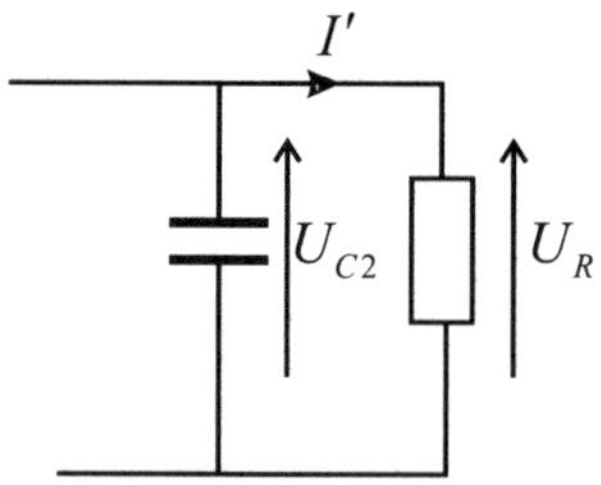

L'équation différentielle est alors : $U_{C_2} + RC_2\,\dot{U}_{C_2} = 0$, elle traduit une décharge exponentielle de la tension aux bornes de C_2 à travers R. Si cette résistance est telle que : $RC_2 \gg \frac{1}{2\pi f_0} = \frac{T_0}{2\pi}$, le condensateur ne se décharge quasiment pas durant cette phase.

Durant la demi-période suivante, la diode D_1 est bloquée, la diode D_2 est passante, la situation est alors la suivante :

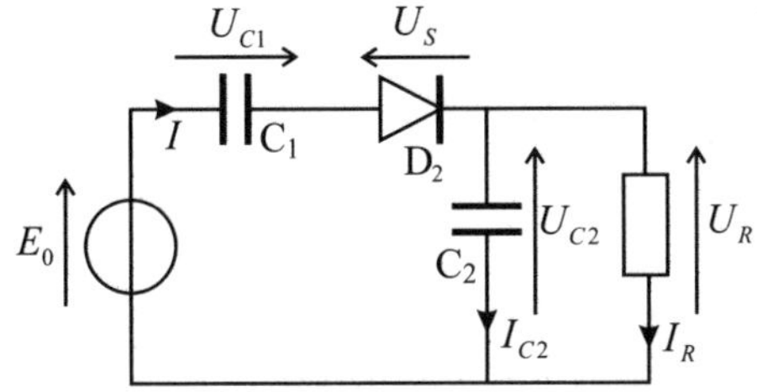

La loi des nœuds permet d'écrire : $I = I_{C_2} + I_R$, ou encore $-C_1\dfrac{dU_{C_1}}{dt} = C_2\dfrac{dU_{C_2}}{dt} + \dfrac{U_{C_2}}{R}$. Puisque $C_1 = C_2$, $-\tau\dfrac{dU_{C_1}}{dt} = \tau\dfrac{dU_{C_2}}{dt} + U_{C_2}$ avec $\tau = RC$. Dans le cas où $2\pi f_0 RC \gg 1$, le courant I_R est négligeable devant le courant I_{C_2}, on se retrouve dans la situation précédente.

Remarque

Même en l'absence de résistance de charge, la tension aux bornes de C_2 n'est pas rigoureusement constante. Ceci est dû au fait que ce condensateur n'est pas parfait et qu'il se décharge un peu à travers sa résistance de fuite. En effet, on peut voir la capacité C_2 comme l'association d'un condensateur parfait (sans résistance de fuite) et d'une résistance R_f en parallèle avec ce dernier. La tension est peu perturbée si la constante de temps $\tau = R_f C_2$ est très grande devant la période du signal d'entrée, le condensateur n'a pas le temps de se décharger.

2) Étude expérimentale

a) Régime transitoire

Les enregistrements de l'évolution de la tension U_{C_2} aux cours de 5 périodes et de la tension aux bornes de la diode D_1, confirment l'analyse faite dans la partie théorique.

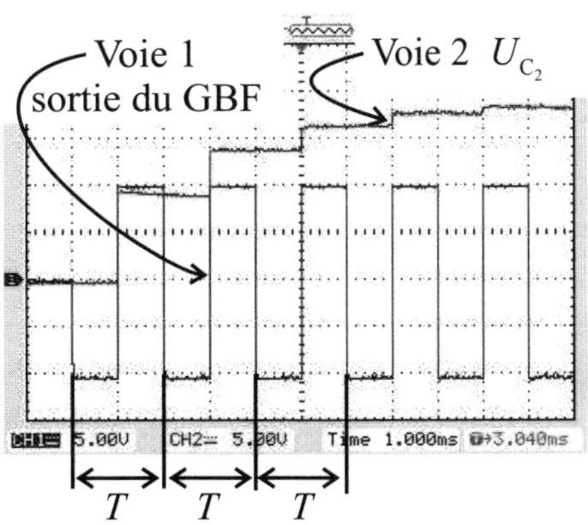

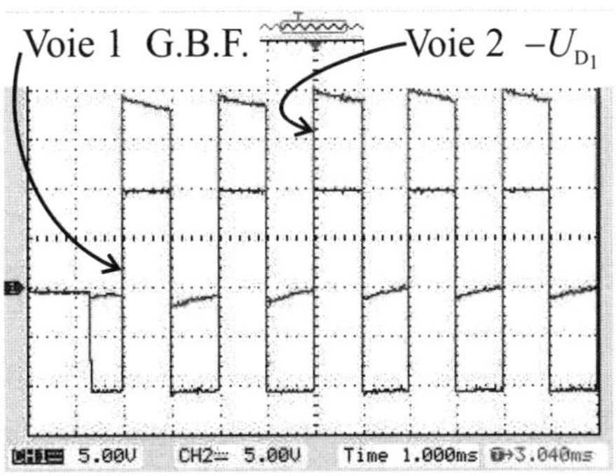

Tension aux bornes de D_1

- **Évolution de U_{C_2} durant 5 périodes**

La tension aux bornes de la diode D_1, correspond à ce qui était prévu : elle est conductrice quand le GBF délivre une tension négative et elle est bloquée dans l'autre cas.

Les valeurs de la tension aux bornes de D_1 sont consignées dans le tableau suivant :

n	u_n théo. (V)	u_n exp. (V)
1	9,4	9,5
2	14,1	14
3	16,5	16,5
4	17,6	17,5
5	18,2	18,2

Les résultats expérimentaux sont en accord avec le modèle théorique étudié.

b) Régime permanent

- **Étude à vide**

Celui-ci s'établit autour de la valeur : $U_{C_2} = 2(E_0 - U_S)$, ce que confirme l'enregistrement suivant :

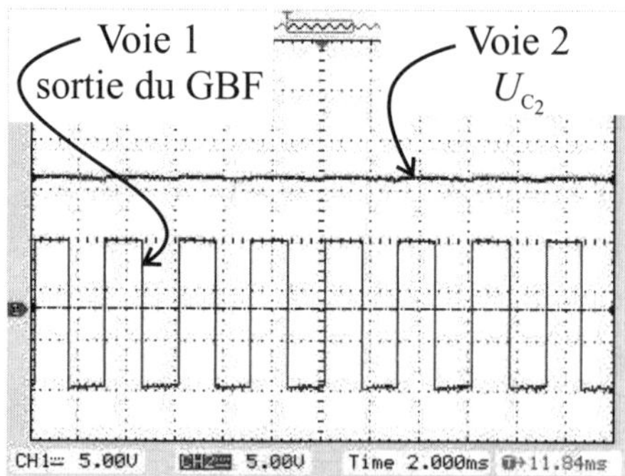

En l'absence de charge, le régime permanent s'établit autour de $U_{C_2} \simeq 13\,\text{V}$. L'amplitude de la tension délivrée par le GBF est ici de 7,0 V. Avec une tension de seuil de l'ordre de 0,6 V, la valeur attendue en régime permanent est de $U_{C_2} = 12,8\,\text{V}$, l'écart est acceptable compte tenu des approximations faites (tension de seuil) et de la précision de lecture.

Une tension double de l'amplitude E_0 est obtenue grâce à ce montage (à la tension de seuil des diodes près).

- **Étude en charge**

Pour différentes valeurs de la résistance de charge, les résultats sont consignés dans le tableau suivant :

R	∞	50 kΩ	20 kΩ	10 kΩ	4,7 kΩ	1 kΩ	200 Ω
$\langle U_{C2} \rangle$ V	18,7	13,4	9,24	6,52	3,67	0,95	0,20
$\langle I_R \rangle$ mA	0	0,268	0,46	0,652	0,78	0,95	1,0

Le tracé correspondant est le suivant :

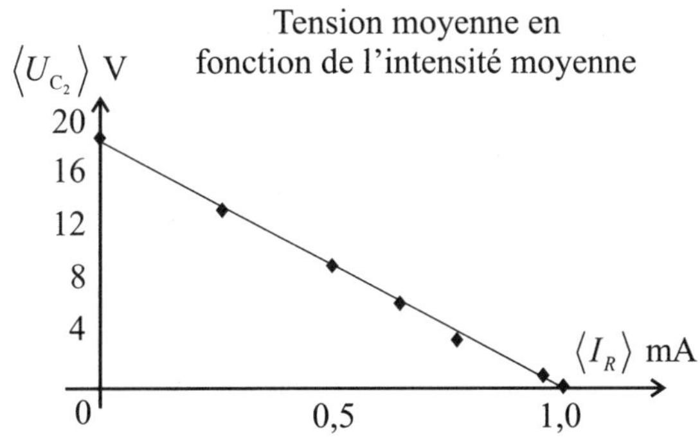

Les points s'alignent sur une droite, le coefficient de corrélation est voisin de l'unité, ce qui valide le modèle linéaire. La pente donne la « résistance interne » du montage qui vaut ici : $18,2$ kΩ.

Pour une résistance $R*$, d'une valeur de 18,2 kΩ la valeur de la tension aux bornes de C_2 est de moitié de sa valeur à vide.

En théorie, il n'est pas possible de modéliser ce montage par un modèle de Thévenin, les diodes étant des éléments non linéaires. Cependant, sur un nombre de période entier, le comportement moyen du montage est linéaire, il est donc modélisable par un générateur équivalent de Thévenin. La tension de la source équivalente est la tension à vide ($2(E_0 - U_S) \simeq 18,5$ V) et la résistance équivalente correspond à la pente lue sur le graphe précédent soit, 18,2 kΩ.

Remarque

Les condensateurs se chargent et se déchargent à chaque demi-alternance, ce comportement est équivalent à celui d'une résistance traversée par une intensité :

$$i = \frac{\Delta q}{T_0} = \frac{CE_0}{T_0}$$

ce qui correspond à une résistance :

$$R_{eq} = \frac{T_0}{C} = \frac{1}{f_0 C}$$

L'ensemble est donc équivalent à un montage linéaire.

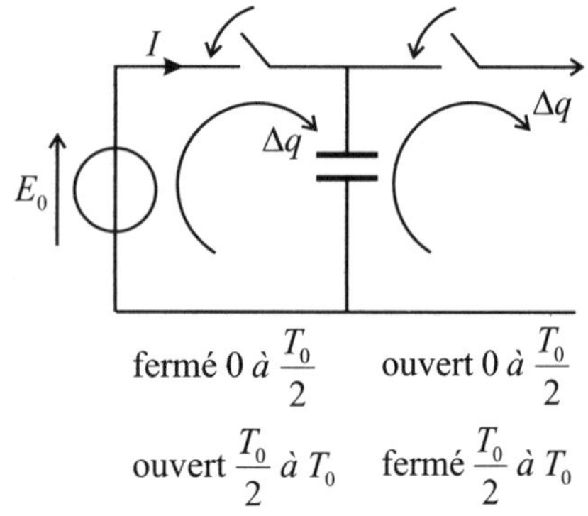

La résistance de charge vaut 500 Ω. Les tensions relevées aux bornes de C_2 et aux bornes de D_1 ont l'allure suivante :

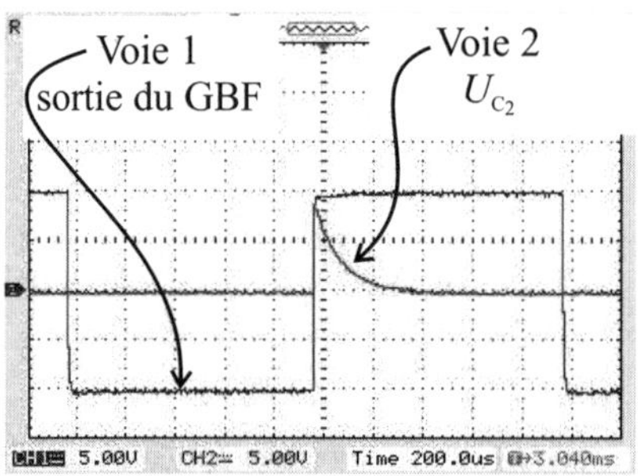

Tension aux bornes de C_2

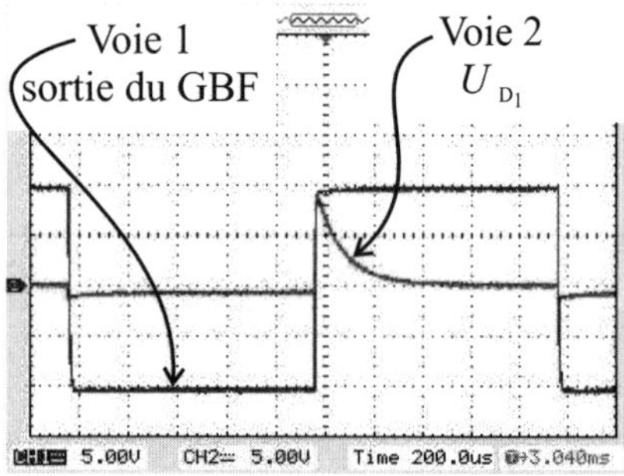

Tension aux bornes de D_1

En régime permanent établi, ces courbes sont sensiblement les mêmes (à la tension de seuil de D_1 près), le courant qui circule à travers la résistance de charge est bien celui qui traverse la diode D_1 et qui charge le condensateur C_1, pendant l'alternance négative. Il y a simplement transfert de charge du générateur à la résistance.

II ÉTUDE DU SECOND MONTAGE

En analysant la structure de ce montage, on identifie deux fois la cellule de base, étudiée précédemment. Une première cellule composée de C_1, C_2, D_1 et D_2 et une seconde, composée de C_3, C_4, D_3 et D_4.

Première phase

Pendant la première demi-période, la tension délivrée par le générateur vaut $-E_0$. Dans ce cas les diodes D_1 et D_3 sont conductrices alors que les diodes D_2 et D_4 ne le sont pas. Le générateur charge alors le condensateur C_1. La conduction de la diode D_3 permet le transfert de charge du condensateur C_2 au condensateur C_3, représenté par l'intensité I_2.

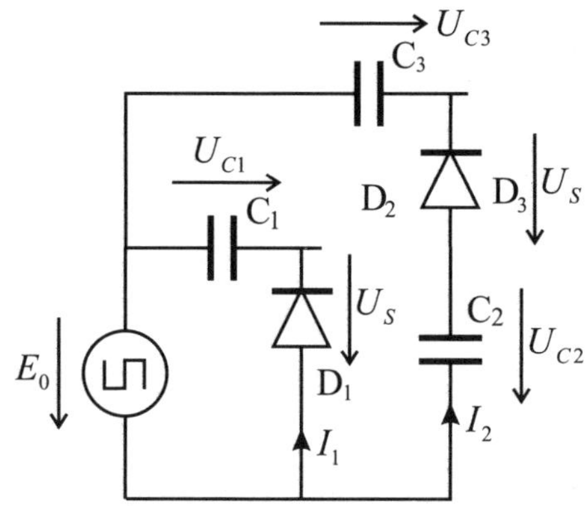

La tension aux bornes de C_1 vaut alors : $U_{C_1} = E_0 - U_S$.

Seconde phase

Au cours de la seconde demi-période, la tension délivrée par le générateur vaut $+E_0$.

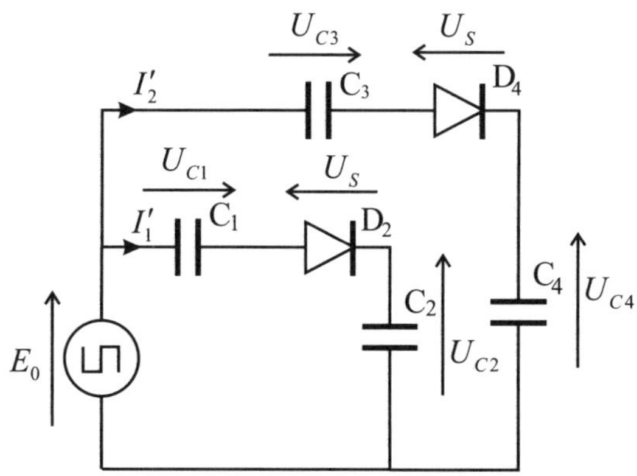

Dans ce cas les diodes D_2 et D_4 sont conductrices alors que les diodes D_1 et D_3 ne le sont pas. Le générateur charge alors tous les condensateurs. Le montage apparaît alors comme constitué de deux branches identiques connectées en parallèle. Durant cette phase, la charge du condensateur C_1 est partiellement transférée au condensateur C_2 (représenté par I'_1), la charge du condensateur C_3 est partiellement transférée au condensateur C_4 (représenté par I'_2).

La tension aux bornes du condensateur C_2, évolue jusqu'à $U_{C_2} = 2(E_0 - U_S)$, celle du condensateur C_4 va évoluer jusqu'à $U_{C_2} = 4(E_0 - U_S)$.

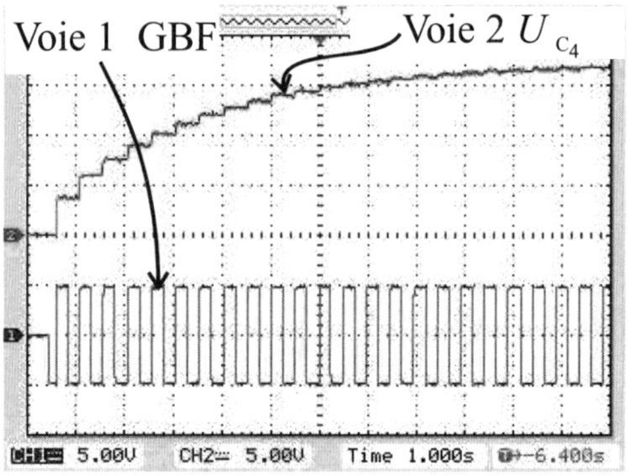

L'enregistrement expérimental confirme cette analyse, la tension finale relevée est d'environ 17,5 V, correspondant à $4 \times (5 - 0{,}6) = 17{,}6$ V.

Ce type de montage est utilisé pour obtenir des tensions élevées, mais il ne permet pas, hélas, d'alimenter une charge avec une intensité importante.

ÉTUDE D'UN CIRCUIT RC

12

Concours : Centrale

Objectif du TP : Faire le lien entre un circuit RC et la fonction retard, puis déterminer la fonction de transfert d'un système linéaire à partir de sa réponse impulsionnelle.

Matériel : Classique d'électronique et une boîte sans nom notée BSN.

ÉNONCÉ

I ÉTUDE DE LA BOÎTE RC

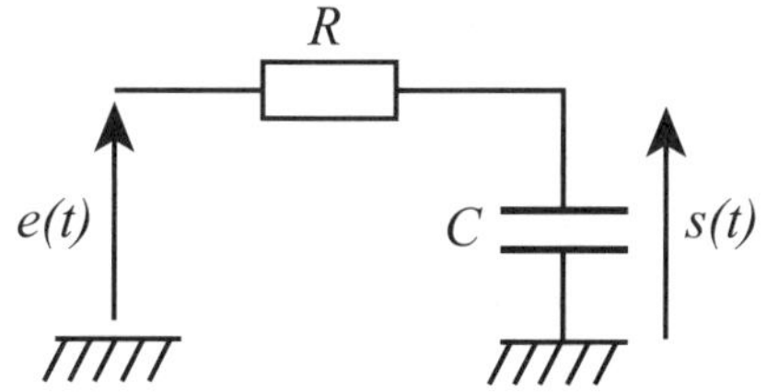

1) Montrer que $s(t)$ vérifie : $s'(t) + a\ s(t) = b\ e(t)$

2) Le circuit est alimenté par un échelon d'amplitude $E = 10$ V. Quelle est l'expression de $s(t)$?

3) Réaliser le montage et tracer précisément la réponse temporelle $s(t)$ sur un papier millimétré.

4) Quelles méthodes connaissez-vous pour mesurer $\tau = RC$?

5) Appeler l'examinateur et expliquer votre choix de l'une ou l'autre méthode. D'après votre mesure de τ, si $C = 1{,}0\ \mu$F, donner la valeur de R.

6) Analyse fréquentielle : tracer le diagramme de Bode (en gain et en phase) pour $f \in [0{,}5\ ;\ 20\ \text{Hz}]$.

7) Quelle est la bande passante de ce filtre ?

8) Tracer les diagrammes asymptotiques et les justifier par des arguments théoriques.

II ÉTUDE DE LA BOÎTE SANS NOM (BSN)

Le candidat dispose d'un boîtier inconnu, que l'on nomme BSN, avec une entrée et une sortie.

1) Tracer en échelle linéaire le gain et la phase (en degré) en fonction de la fréquence. En déduire la fonction de transfert.

2) Alimenter la BSN avec une tension échelon de 10 V en entrée, et tracer la réponse $s(t)$. Que remarque-t-on ?

3) En déduire l'expression de la sortie en fonction de l'entrée. Nommer BSN.

4) Faire une comparaison avec le circuit RC. Sur quelle plage de fréquence a-t-on un comportement semblable des deux montages ?

III RÉPONSE IMPULSIONNELLE

Le circuit RC de la partie I. est maintenant alimenté par une entrée dont l'allure est la suivante :

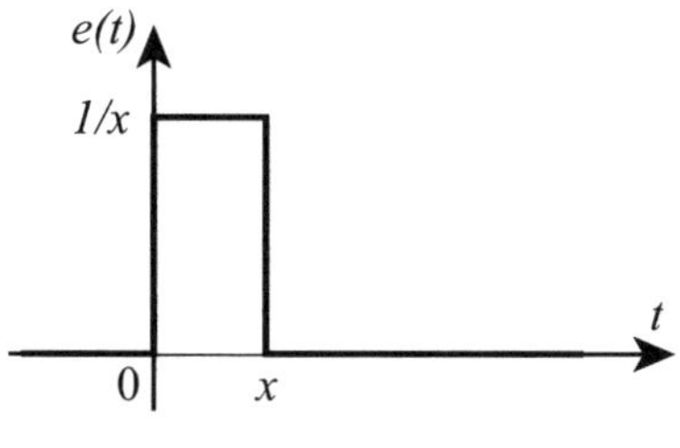

1) Déterminer la sortie $h_x(t)$.

2) Calculer $\lim_{x \to 0} h_x(t) = h(t)$

$h(t)$est appelée réponse impulsionnelle.

3) Calculer $\underline{H}(f) = \int_0^{+\infty} h(t)\, e^{-j2\pi ft} dt$ appelée transformée de Fourier de la fonction $h(t)$.

Tracer le diagramme de Bode de $\underline{H}(f)$et le comparer à celui du circuit RC.

PROPOSITION DE SOLUTION

Commentaires : il s'agit d'un TP assez simple mais plutôt long car il y a beaucoup de graphes à tracer.

I ÉTUDE DE LA BOÎTE RC

1) Le courant traversant la résistance et le condensateur, a pour expression $i = C\dfrac{ds}{dt}$.
La loi des mailles donne $e(t) = s(t) + R\,i$ soit :

$$s'(t) + \frac{1}{\tau}s(t) = \frac{1}{\tau}e(t)$$

en posant $\tau = RC$ temps caractéristique du circuit RC, on obtient finalement $a = b = \dfrac{1}{\tau}$.

2) Si la tension d'entrée est un échelon de tension d'amplitude E, l'équation différentielle devient :

$$s'(t) + \frac{1}{\tau}s(t) = \frac{1}{\tau}E$$

La solution générale de cette équation est $s_g(t) = \mathrm{A}e^{-\frac{t}{\tau}}$ et la solution particulière $s_p = E$ donc $s(t) = E + \mathrm{A}e^{-\frac{t}{\tau}}$.

Le condensateur est initialement déchargé, soit $s(t = 0^-) = 0$. La tension étant continue aux bornes d'un condensateur (par continuité de l'énergie) nous avons donc également $s(t = 0^+) = 0$ d'où $0 = E + \mathrm{A}$.

Finalement :

$$s(t) = E\left(1 - e^{-\frac{t}{\tau}}\right)$$

3) Le circuit est alimenté par un signal créneau de très faible fréquence (inférieure à 1 Hz) auquel nous avons ajouté une tension offset pour que la tension varie de 0 à 10 V.

Réponse indicielle du circuit RC

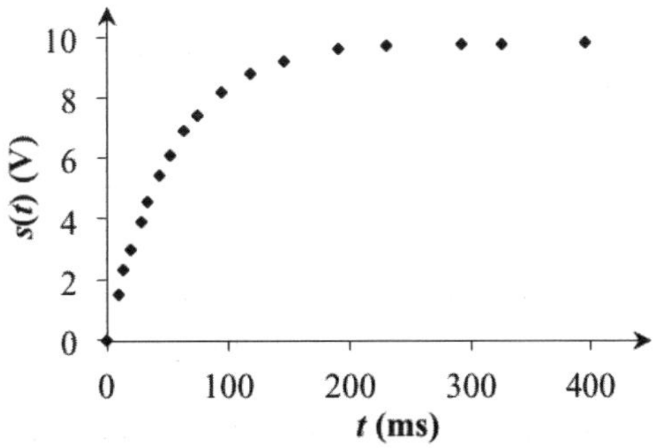

À l'aide des curseurs de l'oscilloscope, la courbe est relevée point par point.

4) Il y a deux méthodes possibles pour évaluer le temps caractéristique τ.

- **Tangente à l'origine**

L'intersection de la tangente à l'origine et de la valeur finale a lieu à l'instant τ. En effet l'équation de la tangente à l'origine s'écrit : $s_{\text{tang}}(t) = s'(0)\,t + s(0)$

Ici, $s(0) = 0$ et $s'(0) = \dfrac{E}{\tau}$ donc $s_{\text{tang}}(t) = E\dfrac{t}{\tau}$. Il est alors évident que cette droite a pour valeur $s_{\text{tang}} = E$ pour le temps τ.

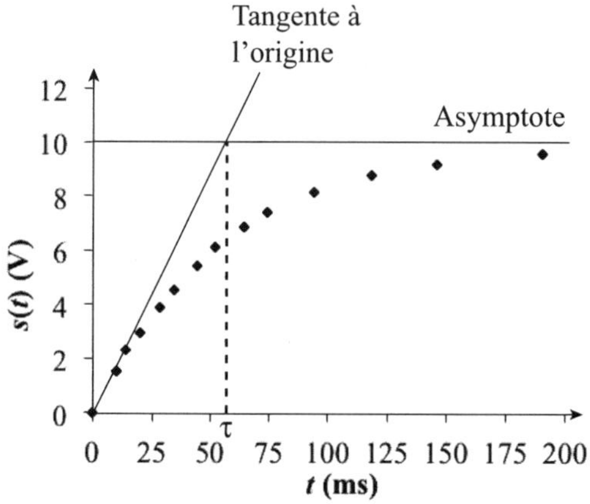

- **Valeur de $s(\tau)$**

$s(\tau) = E(1 - \dfrac{1}{\text{e}}) \approx 0{,}63\ E$: en repérant avec les curseurs de l'oscilloscope le temps au bout duquel la tension correspond à 63 % de la valeur finale, on peut déduire le temps τ.

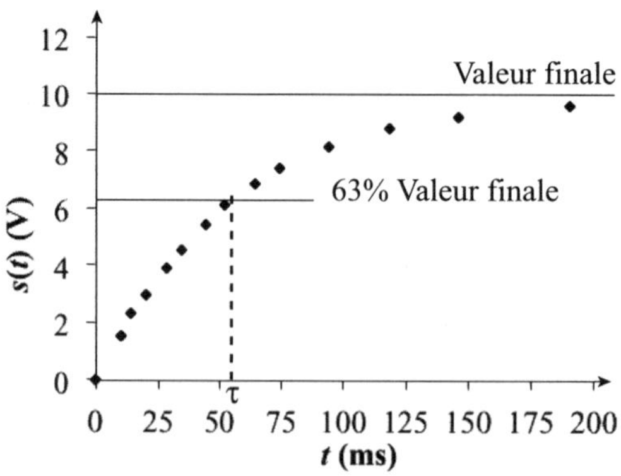

5) La seconde méthode est plus précise car il est difficile d'apprécier clairement la position d'une tangente. Nous trouvons :

$$\tau \approx 56 \text{ ms}$$

d'où on déduit :

$$R \approx 56\ \mathrm{k}\Omega$$

6) De l'équation différentielle il est possible de connaître la fonction de transfert en utilisant la correspondance $\frac{d}{dt} \Leftrightarrow j\omega$. Ce qui conduit à la relation $j\,\omega\,\underline{s} + \frac{1}{\tau}\underline{s} = \frac{1}{\tau}\underline{e}$ d'où finalement nous déduisons :

$$\underline{\mathrm{H}}(j\omega) = \frac{\underline{s}}{\underline{e}} = \frac{1}{1 + j\frac{\omega}{\omega_0}}$$

en posant $\omega_0 = \frac{1}{\tau} = \frac{1}{RC}$.

C'est un filtre passe-bas du premier ordre (classique) ce que confirment les diagrammes de Bode en gain et en phase.

Diagramme de Bode pour la gain

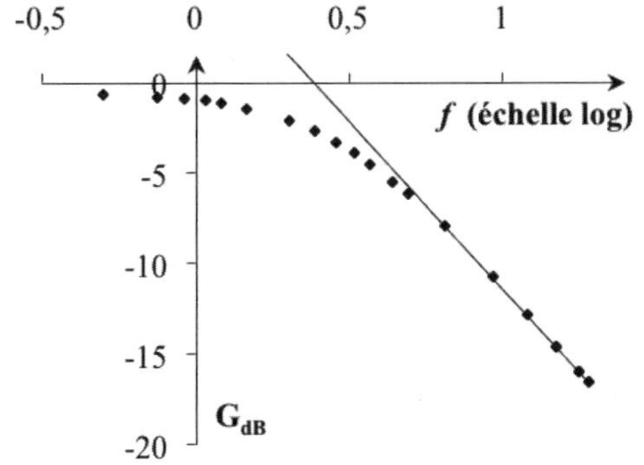

L'asymptote pour les hautes fréquences a une pente de $-18{,}5$ dB par décade, assez proche de la valeur théorique de -20 dB par décade. Le gain statique vaut 1.

La phase varie bien entre 0 et $-\frac{\pi}{2}$.

Diagramme de Bode pour la phase

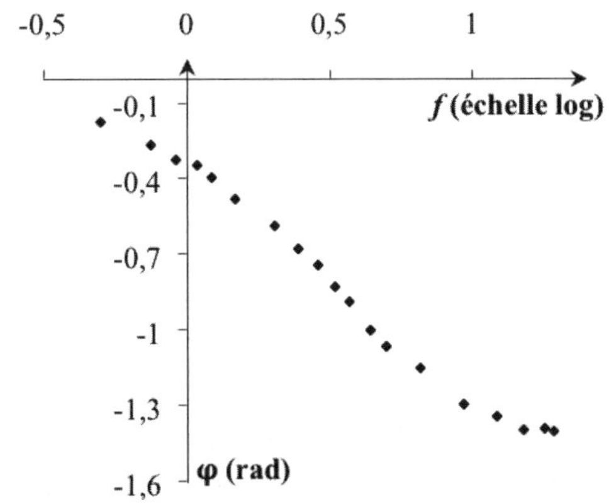

7) Des courbes précédentes nous pouvons déduire de différentes manières la bande passante :

- repérage de la fréquence telle que $G_{dB}(f_c) = G_{dB,Max} - 3$ dB ;
- repérage de la fréquence correspondant à l'intersection de l'asymptote et l'axe des abscisses ;
- repérage de la fréquence où le déphasage est $\varphi(f_c) = -\dfrac{\pi}{4}$.

Les différentes mesures sont cohérentes et la largeur de la bande passante obtenue vaut [0 ; 2,7 Hz].

8) Les asymptotes ont déjà été tracées sur le graphe donnant le diagramme de Bode en gain.

Aux hautes fréquences ($\omega \gg \omega_0$) :

$$\underline{H}(j\omega) \approx \frac{1}{j\dfrac{\omega}{\omega_0}}$$

et l'équation de l'asymptote est $G_{dB,asymp} = 20\ \log \omega_0 - 20\ \log \omega$. Celle-ci coupe l'axe des abscisses en $\omega = \omega_0$.

II ÉTUDE DE LA BOÎTE SANS NOM (BSN)

1) En échelle linéaire le gain et la phase de la BSN en fonction de la fréquence sont représentés ci-dessous :

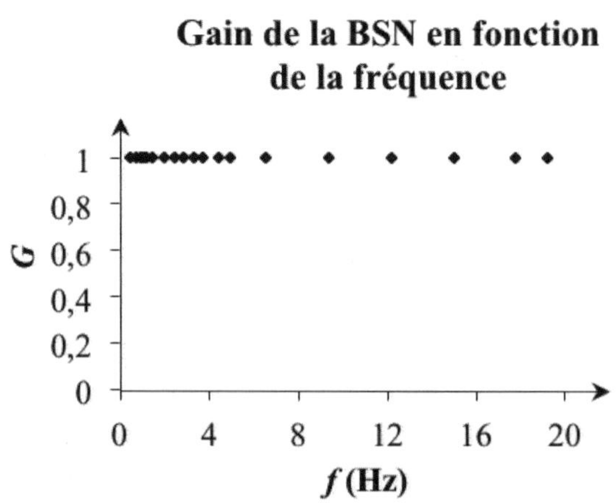

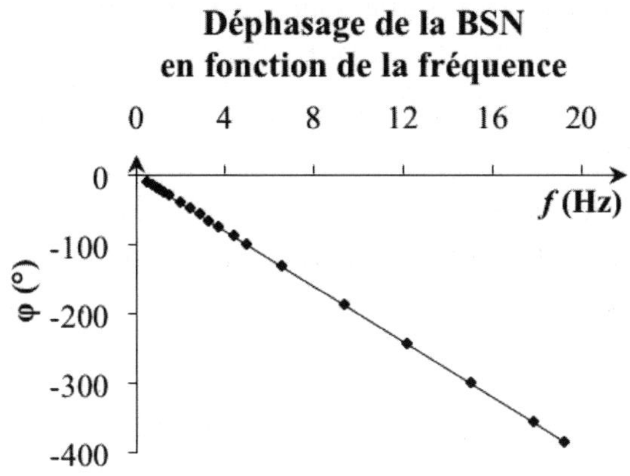

Les graphes montrent que :

$$G(f) \approx 1,\ \forall f \in [0{,}5\ ;\ 20\text{ Hz}]$$

$$\varphi(f) \approx -20\,f$$

On reconnaît les caractéristiques d'un bloc retard dont la fonction de transfert est :

$$\underline{H}_{\text{ret}}(j\omega) = e^{-j\,\omega\,\tau'}$$

avec τ' le retard temporel tel que $\varphi(\text{rad}) = -\omega\,\tau'$ soit

$$\varphi(°) = -2\,\pi f\,\tau'\,\frac{180}{\pi} = -360\,\tau' f$$

Par conséquent $\tau' \approx \dfrac{20}{360} \approx 55{,}5$ ms

Remarque

Ne disposant pas d'un bloc retard, les expériences présentées ont été réalisées à l'aide d'un logiciel de simulation dédié aux montages électroniques à partir des données numériques rapportées par les candidats.

2) La réponse indicielle est la suivante :

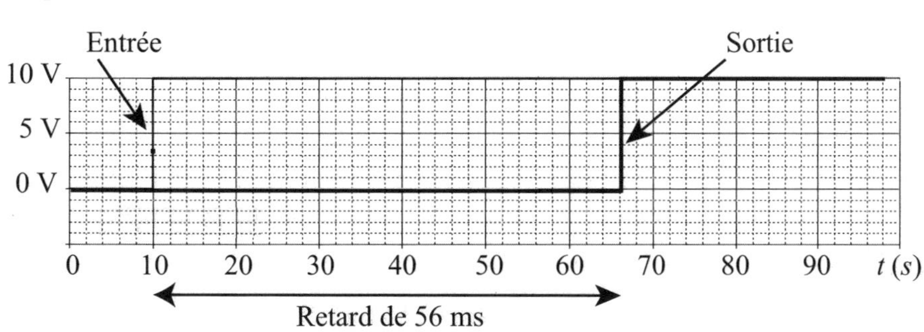

Les signaux d'entrée et de sortie sont identiques mais décalés dans le temps d'environ 56 ms. Il s'agit bien d'un bloc retard.

3) La réponse indicielle conforte l'analyse harmonique : entrée et sortie sont reliées par la relation $s(t) = e(t - \tau)$.

4) Les déphasages des deux blocs, BSN et *RC*, sont quasi-identiques jusqu'à 2 Hz donc grossièrement sur la largeur de la bande passante du filtre *RC*.

Cela peut se justifier en remarquant que $e^{-j\omega\tau'} \approx 1 - j\omega\tau'$ en se limitant à l'ordre 1, pour $\omega\tau' \ll 1$. Or,

$$1 - j\omega\tau' \approx \frac{1}{1 + j\omega\tau'} \text{ à l'ordre 2 près,}$$

ce qui correspond à la fonction de transfert du circuit *RC* avec par ailleurs $\tau \approx \tau' \approx 56$ ms.

De plus la condition de validité des développements limités effectués s'écrit : $\omega\tau' \ll 1$ soit $2\pi f\tau' \ll 1$. En traduisant l'inégalité « très inférieure » par au moins un facteur 10, cela donne :

$f < \dfrac{1}{20\pi\tau'} \approx 3{,}5$ Hz ce qui est cohérent avec l'expérience.

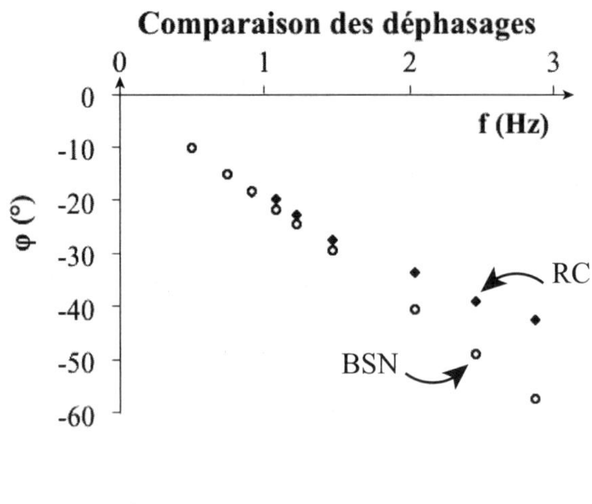

III Réponse impulsionnelle

1) L'équation différentielle du circuit *RC* étant linéaire, le théorème de superposition peut s'appliquer. L'entrée $e(t)$ proposée est décomposée en deux signaux créneaux suivants :

$$e(t) = e_1(t) + e_2(t)$$

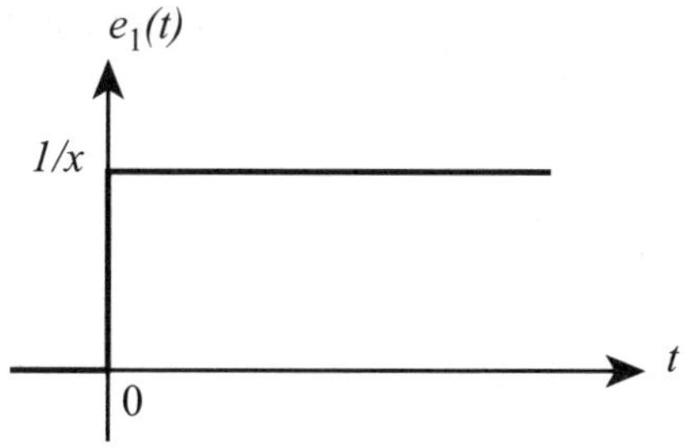

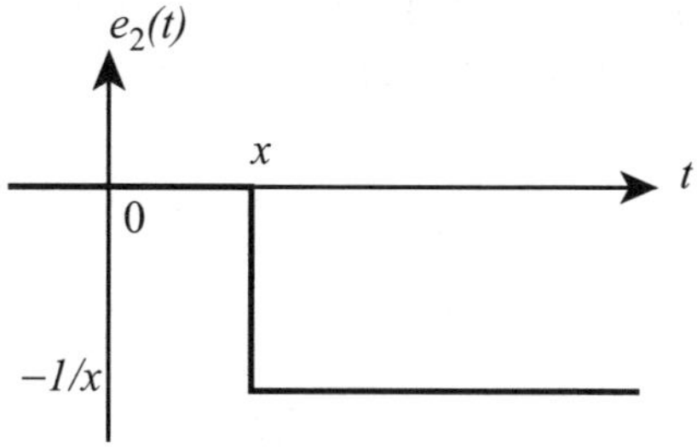

La réponse $h_{x,1}(t)$ correspondant à $e_1(t)$ est d'après le paragraphe I. :

$$h_{x,1}(t) = \frac{1}{x}(1 - e^{-\frac{t}{\tau}})$$

de même la réponse $h_{x,2}(t)$ correspondant à $e_2(t)$ est :

$$h_{x,2}(t) = -\frac{1}{x}(1 - e^{-\frac{(t-x)}{\tau}})$$

Par conséquent $h_x(t) = h_{x,1}(t) + h_{x,2}(t) = e^{-\frac{t}{\tau}} \dfrac{(e^{\frac{x}{\tau}} - 1)}{x}$

2) Connaissant le développement limité de la fonction exponentielle au voisinage de 0 :
$e^{\frac{x}{\tau}} \approx 1 + \dfrac{x}{\tau} + ...$, on obtient la limite de $h_x(t)$ pour x tendant vers 0 :

$$h(t) = \frac{e^{-\frac{t}{\tau}}}{\tau}$$

Il est très difficile techniquement de réaliser en TP une impulsion infiniment fine : une largeur temporelle de 50 ns est typiquement ce que l'on peut obtenir de mieux avec du matériel classique. Nous avons testé les calculs précédents à l'aide du logiciel de simulation Anharm. La sortie est celle attendue (voir ci-dessous) :

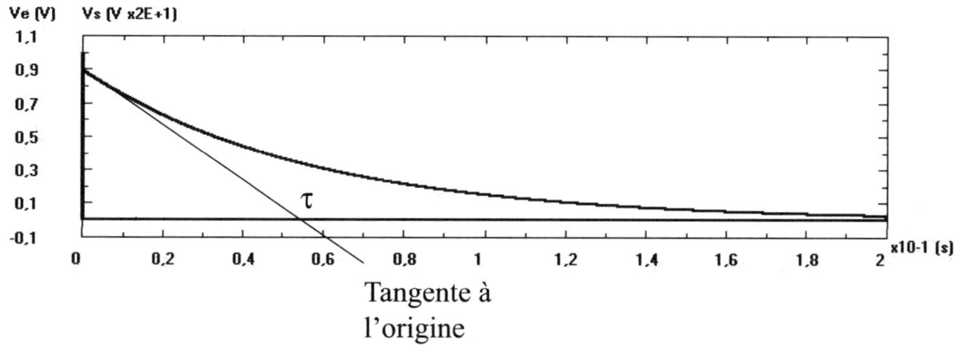

L'intersection de la tangente à l'origine et l'axe des abscisses (asymptote aux temps longs) donne le temps caractéristique $\tau \approx 55$ ms.

3) Calculons $\underline{H}(f) = \int_0^{+\infty} h(t)\, e^{-j2\pi f t} dt = \frac{1}{\tau} \int_0^{+\infty} e^{-\frac{t}{\tau}}\, e^{-j2\pi f t} dt$

$\underline{H}(f) = \frac{1}{\tau} \times \frac{-1}{\frac{1}{\tau} + j2\pi f} \left[e^{-\left(\frac{t}{\tau} + j2\pi f t\right)} \right]_0^{+\infty}$ et finalement

$$\underline{H}(f) = \frac{1}{1 + j2\pi f \tau}$$

Comme $\omega = 2\pi f$ et $\tau = \frac{1}{\omega_0}$, on obtient $\underline{H}(f) = \frac{1}{1 + j\frac{\omega}{\omega_0}}$

Conclusion : la transformée de Fourier de la réponse impulsionnelle coïncide avec la fonction de transfert d'un système linéaire.

Avantages :

- Faible coût (car l'impulsion est très brève).
- Obtention quasiimmédiate de la fonction de transfert (par une « simple » transformée de Fourier).

Inconvénient :

- Difficulté de la mise en œuvre d'une impulsion très fine.

Les diagrammes de Bode de H(f) et du circuit RC sont bien sûr identiques.

13 DÉTERMINATION D'UN COEFFICIENT D'INDUCTANCE MUTUELLE

Concours : Centrale.

Objectif du TP : Mesurer les inductances propres et mutuelles de deux circuits couplés.

Matériel : En plus du matériel classique d'électronique, le candidat dispose d'une plaquette avec deux bobines couplées par mutuelle.

ÉNONCÉ

Le transformateur étudié est modélisé de la façon suivante :

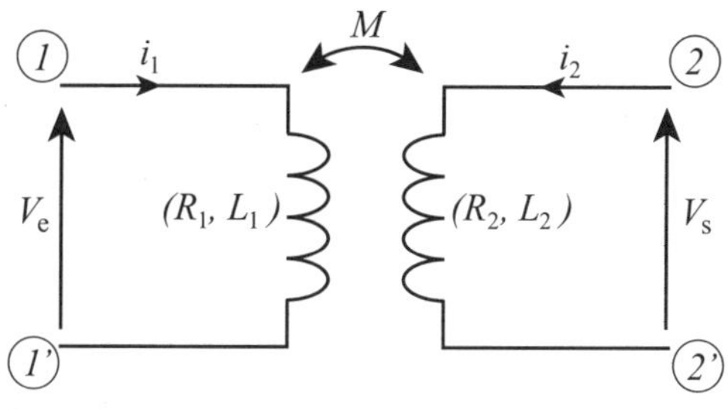

On rappelle les relations du transformateur :

$$V_e = R_1\,i_1 + L_1\frac{di_1}{dt} + M\frac{di_2}{dt} \text{ et } V_s = R_2\,i_2 + L_2\frac{di_2}{dt} + M\frac{di_1}{dt}$$

I MESURE DIRECTE DE M

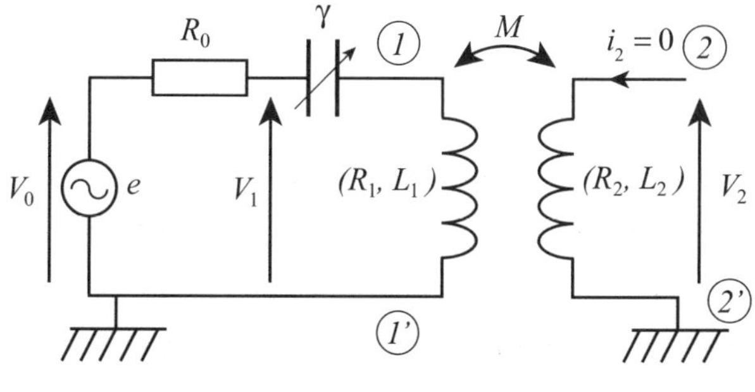

Le GBF est ajusté à une fréquence d'environ 1,0 kHz et la résistance R_0 a pour valeur 1,0 kΩ.

1) Donner les expressions complexes de $\underline{V_1}$ et $\underline{V_2}$ en fonction de $\underline{V_0}$.

Montrer qu'il existe une valeur γ_0 de γ telle que V_0 et V_1 soient en phase. Exprimer alors $\underline{V_1}$ et $\underline{V_2}$ avec cette condition.

2) Montrer que la connaissance de R_0, γ_0, $|\underline{V_1}|$, $|\underline{V_2}|$ et $|\underline{V_0}|$ permet de déterminer L_1, R_1 et M.

3) Réaliser le montage et faire les mesures.

4) De même déterminer les valeurs de M, L_2 et R_2.

II Mesure indirecte de M

Considérons le montage suivant :

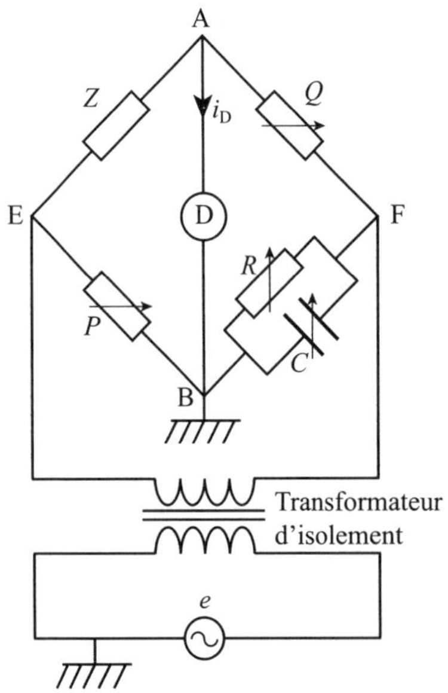

- Dans ce circuit Z est un dispositif constitué d'une résistance R_i et d'une inductance L_i. On cherche à déterminer cette impédance.
- P, Q et R sont des résistances variables.
- C est un condensateur de capacité variable.
- D est un détecteur de tension nulle, ici un oscilloscope.

1) Justifier la nécessité d'utiliser un transformateur d'isolement pour ce montage.

2) Donner les relations qui existent entre les résistances R_i, les inductances L_i, P, Q, R et C lorsque le dispositif est équilibré, c'est-à-dire $V_A = V_B$.

3) Les valeurs de P et Q sont imposées. Montrer qu'en réglant R et C on peut obtenir les valeurs des R_i et L_i.

4) Réaliser le montage et déterminer L_1 et R_1. Faire de même avec L_2 et R_2.

5) Les bornes 1' et 2 sont reliées. Déterminer l'impédance équivalente notée $Z_{12'}$ vue par les bornes 1 et 2'.

6) Les bornes 1' et 2' sont maintenant reliées. Déterminer l'impédance équivalente notée Z_{12} vue par les bornes 1 et 2.

7) Utiliser le montage précédent pour mesurer $\underline{Z}_{12'}$ et $\underline{Z}_{12}$.

8) En déduire l'inductance mutuelle M et comparer au I.

PROPOSITION DE SOLUTION

Commentaires : il s'agit d'un sujet peu compliqué à condition de connaître la condition d'équilibre d'un pont de Wheatstone (en fait un pont de Maxwell) et qu'on fasse preuve d'un peu de patience pour l'équilibrer.

Le matériel utilisé est un « transformateur démontable » constitué de deux bobines, l'une de 250 spires au primaire et l'autre de 500 spires au secondaire, couplées par l'intermédiaire d'un matériau ferromagnétique dont la fonction principale est de canaliser les lignes de champ magnétique et de ce fait, de limiter les pertes magnétiques.

I MESURE DIRECTE DE M

1) Le secondaire est ouvert : aucun courant ne circule c'est-à-dire $i_2 = 0$. La formule du pont diviseur de tension donne ainsi :

$$\frac{\underline{V_0}}{R_0 + \frac{1}{j\gamma\omega} + R_1 + jL_1\omega} = \frac{\underline{V_1}}{\frac{1}{j\gamma\omega} + R_1 + jL_1\omega} \text{ soit : } \frac{\underline{V_1}}{\underline{V_0}} = \frac{R_1 + j\left(L_1\omega - \frac{1}{\gamma\omega}\right)}{R_0 + R_1 + j\left(L_1\omega - \frac{1}{\gamma\omega}\right)}$$

De plus : $V_2 = M\frac{di_1}{dt}$ donc en complexe $\underline{V_2} = jM\omega\underline{i_1}$. Comme on a :

$$\underline{V_0} = \left[(R_0 + R_1) + jL_1\omega + \frac{1}{j\gamma\omega}\right]\underline{i_1}$$

on obtient finalement : $\dfrac{\underline{V_2}}{\underline{V_0}} = \dfrac{jM\omega}{(R_0 + R_1) + j\left(L_1\omega - \frac{1}{\gamma\omega}\right)}$

$\underline{V_0}$ et $\underline{V_1}$ sont en phase pour $L_1\,\omega - \dfrac{1}{\gamma_0\omega} = 0$ ou encore $L_1\gamma_0\omega^2 = 1$.

À cette condition, les tensions vérifient : $\dfrac{\underline{V_1}}{\underline{V_0}} = \dfrac{R_1}{R_1 + R_0}$ et $\dfrac{\underline{V_2}}{\underline{V_0}} = \dfrac{j\omega M}{R_0 + R_1}$.

2) Pour une fréquence f donnée du GBF (ici 1 kHz), il existe une unique valeur γ_0 de la capacité du condensateur rendant le déphasage nul entre les tensions V_0 et V_1.

On obtient alors $L_1 = \dfrac{1}{\gamma_0\omega^2} = \dfrac{1}{\gamma_0 4\pi^2 f^2}$

R_0 étant connue, la connaissance de $\left|\underline{V_1}\right|$ et de $\left|\underline{V_0}\right|$ permet d'accéder à R_1 :

$$R_1 = R_0\frac{\left|\underline{V_1}\right|}{\left|\underline{V_0}\right| - \left|\underline{V_1}\right|}$$

Puis connaissant $|V_2|$, on a : $M = \dfrac{R_0 + R_1}{\omega}\dfrac{\left|\underline{V_2}\right|}{\left|\underline{V_0}\right|}$ soit $M = \dfrac{R_0}{2\pi f}\dfrac{\left|\underline{V_2}\right|}{\left|\underline{V_0}\right| - \left|\underline{V_1}\right|}$

3) On commence par déterminer les propriétés du circuit primaire correspondant à la bobine de 250 spires. Le secondaire (bobine de 500 spires) est directement relié à l'oscilloscope dont l'impédance d'entrée est grande devant les impédances mises en jeu dans le circuit assurant ainsi un courant de secondaire nul.

Les mesures à l'oscilloscope pour les tensions, puis au fréquencemètre pour la fréquence f, et finalement à l'ohmmètre pour la résistance R_0 donnent :

$f = 999{,}5$ Hz ; $R_0 = 1002\ \Omega$; $\left|\underline{V_0}\right| = 5{,}20$ V ; $\left|\underline{V_1}\right| = 0{,}348$ V ; $\left|\underline{V_2}\right| = 2{,}90$ V et $\gamma_0 \approx 0{,}472\ \mu$F.

On observe bien les tensions V_0 et V_1 en phase et les tensions V_0 et V_2 en quadrature (déphasage de $\frac{\pi}{2}$).

D'où les résultats suivants :

$$L_1 \approx 53{,}7 \text{ mH} \ ;\ R_1 \approx 71{,}9\ \Omega \text{ et } M \approx 95{,}4 \text{ mH}$$

On inverse ensuite les rôles des circuits primaires et secondaires et l'on obtient cette fois-ci, avec les mêmes valeurs pour la fréquence f et la résistance R_0 :

$$\left|\underline{V_0}\right| = 5{,}20 \text{ V} \ ;\ \left|\underline{V_1}\right| = 1{,}50 \text{ V} \ ;\ \left|\underline{V_2}\right| = 2{,}48 \text{ V et } \gamma_0 \approx 93{,}4 \text{ nF.}$$

Donnant comme résultats :

$$L_2 \approx 272 \text{ mH} \, ; \, R_2 \approx 406 \, \Omega \text{ et } M \approx 106 \text{ mH}$$

Analyse des résultats :

- Les deux mesures donnent une valeur voisine pour l'**inductance mutuelle** M :

$$M \approx 100 \pm 5 \text{ mH}$$

- La **mesure des résistances** à l'ohmmètre donne pour le circuit primaire : $R_1 = 2{,}8 \, \Omega$ et pour le circuit secondaire : $R_2 = 4{,}8 \, \Omega$. Cela correspond à peu près aux données constructeur.

Ces valeurs sont très différentes de celles que l'on mesure à l'aide d'un multimètre, ce qui est prévisible. En effet, les mesures réalisées à l'ohmmètre correspondent aux grandeurs statiques c'est-à-dire à fréquence nulle alors que les grandeurs mesurées dans ce TP le sont à une fréquence de 1 kHz.

Dans un conducteur, plus la fréquence augmente et plus les courants sont confinés près de l'interface conducteur-air (pour le cas qui nous concerne) : c'est l'effet de peau. La profondeur de peau vaut $\delta = \sqrt{\dfrac{2}{\mu_0 \, \sigma \, \omega}}$ où σ est la conductivité du matériau conducteur (ici le cuivre constituant le fil électrique) et μ_0 la perméabilité magnétique du vide, pour une géométrie semi-infinie. Plus la fréquence augmente, et plus cette profondeur de peau est petite : les courants circulent plus difficilement puisqu'ils ont moins de place ce qui augmente la résistance.

On peut même montrer que la résistance d'une bobine est de la forme :

$$R_L(\omega) = a + b \, \omega^2$$

Les écarts entre la valeur mesurée en régime statique et celle mesurée en régime variable sont donc importants lorsque la fréquence augmente.

On évite d'utiliser des bobines dans les circuits électriques essentiellement pour deux raisons :

- gêne stérique à une époque où l'on recherche la compacité des circuits (circuits intégrés) ;
- dépendance de la résistance de la bobine avec la fréquence.

- Le **coefficient d'inductance** propre d'une bobine est proportionnel au carré du nombre de spires : ce résultat (établi en cours) vient du fait que si une spire crée un champ magnétique, N spires créent un champ magnétique N fois plus grand. Le flux de ce champ à travers les N spires vaut donc N^2 fois le flux à travers une seule spire.

Ici on peut noter que le rapport des inductances $\frac{L_2}{L_1} = \frac{272}{53{,}7} \approx 5$ est « proche » de $\left(\frac{500}{250}\right)^2 = 4$ correspondant au rapport du carré des nombres de spires des deux bobines. La différence entre ces deux nombres correspond aux incertitudes de mesures et d'évaluation du déphasage nul entre les tensions V_0 et V_1, ainsi qu'à l'imprécision de la donnée constructeur à propos du nombre de spires de chaque bobine.

- Lorsque deux circuits magnétiques sont couplés par mutuelle, on introduit le facteur de couplage : $k = \frac{|M|}{\sqrt{L_1 L_2}}$ qui permet de quantifier l'importance du couplage entre les deux circuits. k est compris entre 0 et 1 :

$k = 0$ correspond à un couplage lâche où aucune ligne de champ magnétique traversant un des deux circuits ne traverse l'autre circuit.

$k = 1$ correspond à un couplage serré où toutes les lignes de champ magnétique traversant un des deux circuits traversent également l'autre circuit. C'est la situation que l'on recherche pour un transformateur.

Ici, cela donne :

$$k \approx \frac{100}{\sqrt{272 \times 53{,}7}} \approx 0{,}83$$

Le couplage est donc plutôt bon sachant que pour ce type de transformateur « démontable » de lycée, les fuites magnétiques sont de l'ordre de 15 %.

II Mesure indirecte de M

1)

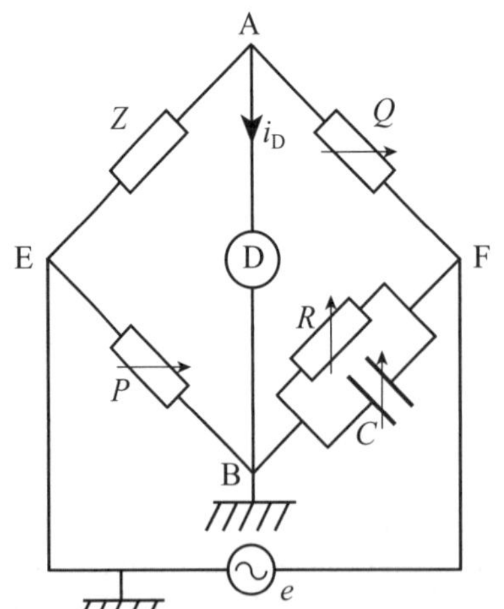

Comme on le voit sur le schéma ci-contre, sans transformateur d'isolement il y aurait deux masses situées à deux endroits différents du circuit ce qui engendrerait des court-circuits de dipôles ou du GBF.

Le transformateur d'isolement utilise une des propriétés d'un transformateur : l'isolation galvanique. Son rapport de transformation vaut 1.

2 et 3) Le montage proposé est une variante du pont Wheatstone et se nomme pont de Maxwell.

Appelons $\underline{Z'}$ l'impédance complexe équivalente de la résistance variable R en parallèle avec le condensateur de capacité variable C : $\underline{Z'} = \dfrac{R}{1 + jRC\omega}$.

Le théorème de Millman appliqué au point A s'écrit : $\underline{V_A} = \dfrac{\frac{\underline{V_E}}{\underline{Z}} + \frac{\underline{V_F}}{Q}}{\frac{1}{\underline{Z}} + \frac{1}{Q}}$.

De même au point B :

$\underline{V_B} = \dfrac{\frac{\underline{V_E}}{P} + \frac{\underline{V_F}}{\underline{Z'}}}{\frac{1}{P} + \frac{1}{\underline{Z'}}} = 0$ (puisque B est relié à la masse) ce qui donne : $\underline{V_F} = -\dfrac{\underline{Z'}}{P}\underline{V_E}$.

De plus, $\underline{e} = \underline{V_E} - \underline{V_F}$ d'où $\underline{e} = \underline{V_E}\left(1 + \dfrac{\underline{Z'}}{P}\right)$.

En remplaçant dans l'expression du potentiel $\underline{V_A}$ on a finalement :

$$\underline{V_{AB}} = \underline{e}\,\frac{PQ - \underline{Z}\,\underline{Z'}}{(P + \underline{Z'})\,(Q + \underline{Z})}$$

La condition d'équilibre du pont est alors : $PQ = \underline{ZZ'}$ facilement mémorisable en écrivant que le produit des impédances symétriques par rapport à l'oscilloscope est identique.

L'impédance inconnue $\underline{Z}$ est l'association en série d'une résistance R_i et d'une bobine d'inductance L_i : il s'agit bien sûr d'une des deux bobines composant le transformateur en l'absence de couplage (secondaire ouvert) mais en gardant le matériau ferromagnétique. Ainsi puisque $\underline{Z} = R_i + jL_i\,\omega$, la condition d'équilibre du pont s'écrit :

$PQ = \left(R_i + jL_i\,\omega\right)\dfrac{R}{1 + jRC\omega}$ et en séparant partie réelle et partie imaginaire, on obtient les deux relations suivantes :

$$R_i = \frac{PQ}{R} \text{ et } L_i = PQC$$

4) Les valeurs des résistances P et Q sont fixées : $P = Q = 1{,}0\ \mathrm{k\Omega}$. La connaissance de R et de C suffit pour déterminer pleinement R_i et L_i.

L'équilibrage du pont demande un peu de méthode. Il convient notamment :

- d'avoir un ordre de grandeur des valeurs recherchées. Le fait d'avoir déjà mesuré les résistances R_i et les inductances L_i par la méthode directe (du I.) doit permettre de gagner du temps ;

- d'agir à tour de rôle sur la résistance variable R puis sur le condensateur de capacité C : on règle R pour voir V_{AB} minimale à l'oscilloscope puis on règle C pour tenter de diminuer cette tension davantage, puis à nouveau on modifie R et ainsi de suite.

Avec le premier circuit $(R_1,\ L_1)$, on trouve $R \approx 13{,}5$ kΩ et $C \approx 56,7$ nF ce qui donne :

$$R_1 \approx 74\ \Omega \text{ et } L_1 \approx 56,7 \text{ mH}$$

Avec le second circuit $(R_2,\ L_2)$, on a $R \approx 2{,}59$ kΩ et $C \approx 0{,}267$ µF d'où :

$$R_2 \approx 385\ \Omega \text{ et } L_2 \approx 267 \text{ mH}$$

Les résultats obtenus avec cette deuxième méthode sont cohérents avec les mesures précédentes.

5) Le branchement est le suivant (vue de dessus) :

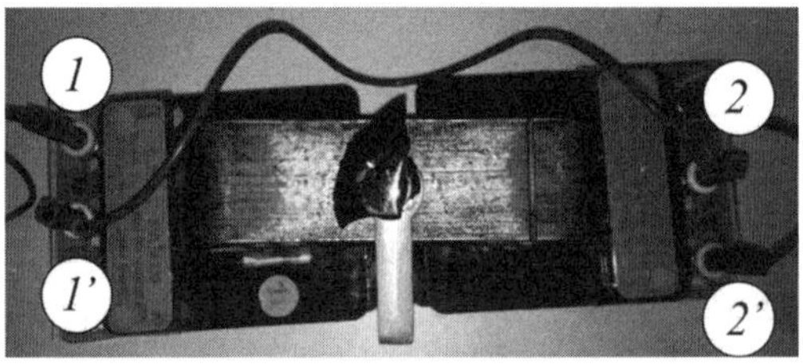

Par rapport au modèle du premier schéma, la condition supplémentaire $i_1 = i_2$ est vérifiée.

La tension entre les bornes 1 et 2' vaut $V_{12'} = V_e + V_s$ ce qui donne en notation complexe et en tenant compte de la relation entre les courants :

$\underline{V_{12'}} = \left[R_1 + R_2 + j\,\omega\left(L_1 + L_2 + 2\,M\right)\right]\ \underline{i_1}$ d'où l'expression de l'impédance vue entre les bornes 1 et 2' : $\underline{Z_{12'}} = R_1 + R_2 + j\,\omega\left(L_1 + L_2 + 2\,M\right)$

6) Le branchement est cette fois-ci (toujours en vue de dessus) :

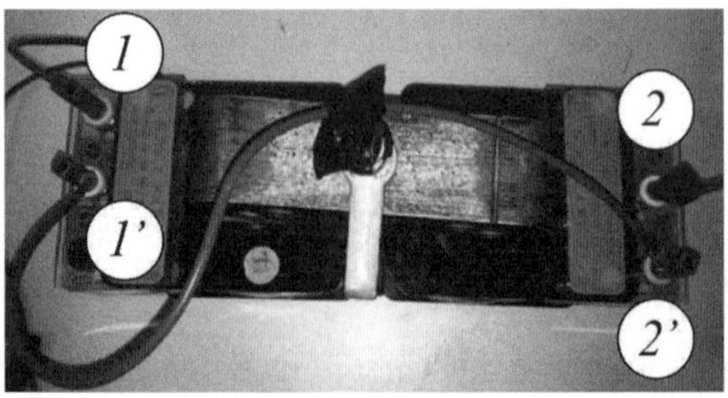

La relation entre les courants donne $i_1 = -i_2$.

La tension entre les bornes 1 et 2 vaut $V_{12} = V_e - V_s$ et de la même manière on obtient la tension en notation complexe : $\underline{V_{12}} = \left[R_1 + R_2 + j\,\omega\left(L_1 + L_2 - 2M\right)\right]\, \underline{i_1}$ puis l'impédance recherchée : $\underline{Z_{12}} = R_1 + R_2 + j\,\omega\left(L_1 + L_2 - 2M\right)$

7) L'impédance inconnue $\underline{Z}$ du pont de Maxwell est remplacée par l'une ou l'autre des impédances $\underline{Z_{12'}}$ ou $\underline{Z_{12}}$.

Pour $\underline{Z_{12'}}$ le pont est équilibré pour $R \approx 2150\ \Omega$ et $C \approx 0{,}512\ \mu\text{F}$ ce qui donne :

$$R_1 + R_2 \approx 465\ \Omega \text{ et } L_1 + L_2 + 2M \approx 512 \text{ mH}$$

Pour $\underline{Z_{12}}$ les valeurs obtenues sont $R \approx 2075\ \Omega$ et $C \approx 0{,}125\ \mu\text{F}$ amenant à :

$$R_1 + R_2 \approx 482\ \Omega \text{ et } L_1 + L_2 - 2M \approx 125 \text{ mH}$$

8) Les valeurs des résistances obtenues dans les questions précédentes sont compatibles avec ces mesures et nous en déduisons l'inductance mutuelle par soustraction des parties imaginaires des deux impédances complexes (sans avoir à remplacer les valeurs mesurées des inductances propres) :

$$\left(L_1 + L_2 + 2M\right) - \left(L_1 + L_2 - 2M\right) = 4M \approx 512 - 125 = 387 \text{ mH}$$

$$M \approx 97 \text{ mH}$$

Conclusion : les deux méthodes donnent des résultats cohérents pour les différentes variables mesurées. On peut néanmoins préférer la méthode directe qui a l'avantage d'être rapide et sans doute plus précise car l'appréciation d'un déphasage nul est plus évident que celle d'un minimum de tension.

14 DÉFAUTS DES ALI RÉELS

Concours : Centrale et Mines.

Objectif du TP : Étudier les différents défauts d'un ALI réel de façon qualitative et quantitative.

Matériel : Plusieurs boîtes contiennent les circuits avec ALI déjà montés, en plus du matériel classique d'électronique.

ÉNONCÉ

I MONTAGE INVERSEUR

1) Fonction de transfert

Le montage étudié dans cette partie est le suivant :

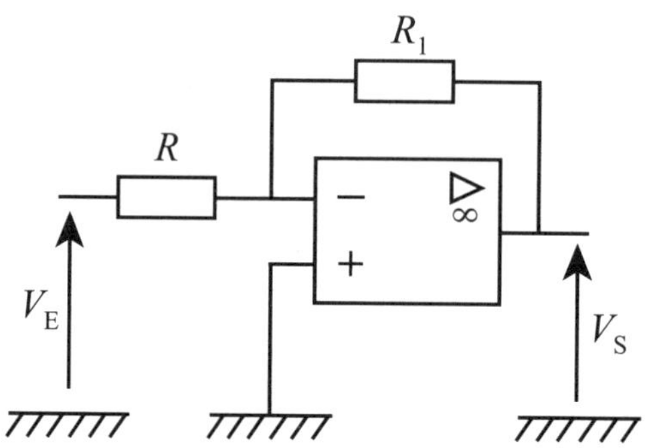

Avec $R = 10\ \text{k}\Omega$ et $R_1 = 100\ \text{k}\Omega$.

a) Établir l'expression de V_S/V_E en fonction de R et de R_1.

b) Vérifier cette valeur.

c) Calculer l'incertitude sur cette valeur sachant que l'incertitude relative sur chaque résistance est de 5%.

2) Tension de décalage

Relier maintenant l'entrée à la masse après avoir « supprimé » le GBF.

a) Que vaut théoriquement V_S avec ce montage ?

b) Qu'en est-il expérimentalement ? Mesurer la valeur de V_S.

c) Les défauts de l'ALI sont pris en compte avec la modélisation ci-dessous :

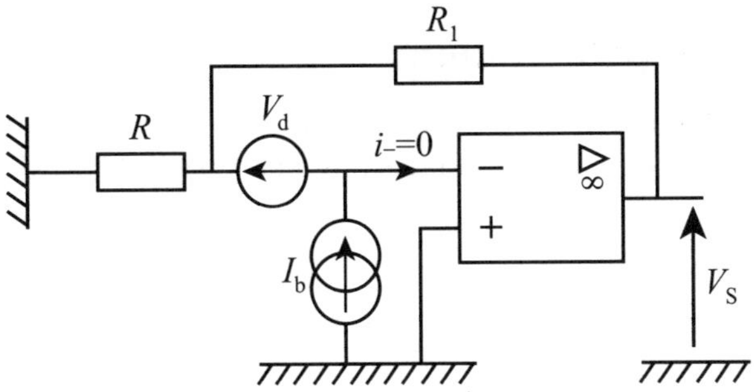

Calculer V_S dû uniquement à V_d quand $I_b = 0$, noté $V_S\,[V_d]$. De même, calculer $V_S\,[I_b]$.

d) En déduire V_S.

e) Calculer numériquement $V_S\,[I_b]$ sachant que $I_b = 30$ pA.

f) En déduire V_d.

II MONTAGE INTÉGRATEUR

Le circuit étudié est à présent :

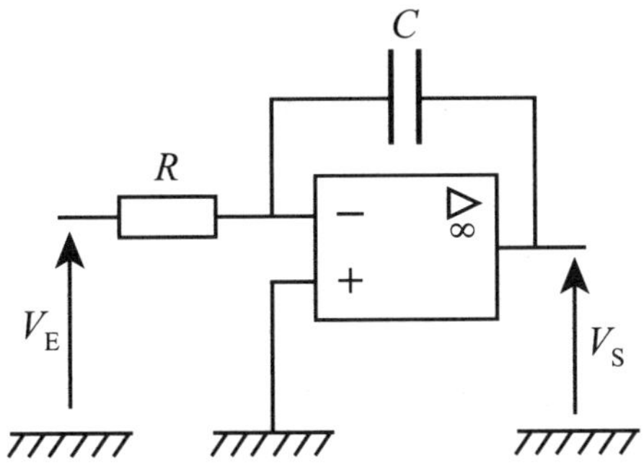

avec $R = 100$ kΩ et $C = 100$ nF. La tension d'entrée V_E est une tension constante inférieure à 1 V.

1) Fonction principale

a) En ne considérant ni V_d ni I_b que vaut $V_S(t)$?

b) Observer expérimentalement et tracer soigneusement $V_S(t)$.

c) Vérifier la validité de l'étude théorique en observant la vitesse d'évolution de la tension de sortie $V_S(t)$.

2) Courant de polarisation

La tension d'entrée ainsi que la résistance R sont retirées du montage précédent et l'on tient compte désormais des défauts liés à la tension de décalage et aux courants de polarisation.

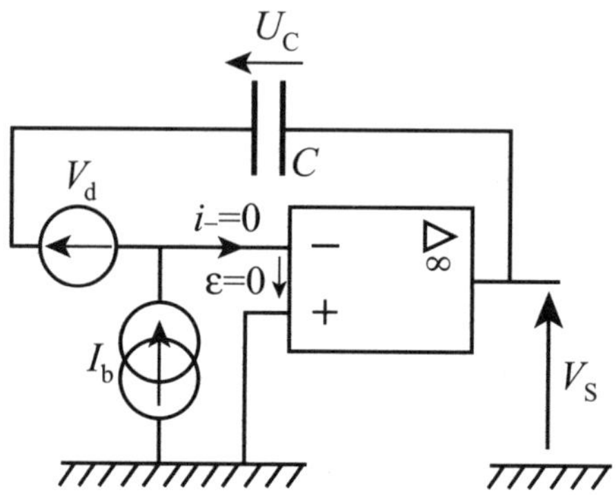

a) Exprimer $V_S(t)$.

b) Observer expérimentalement l'évolution de $V_S(t)$ et la tracer. En déduire la valeur de I_b.

c) La résistance R est à nouveau placée à l'entrée de l'ALI et reliée à la masse.

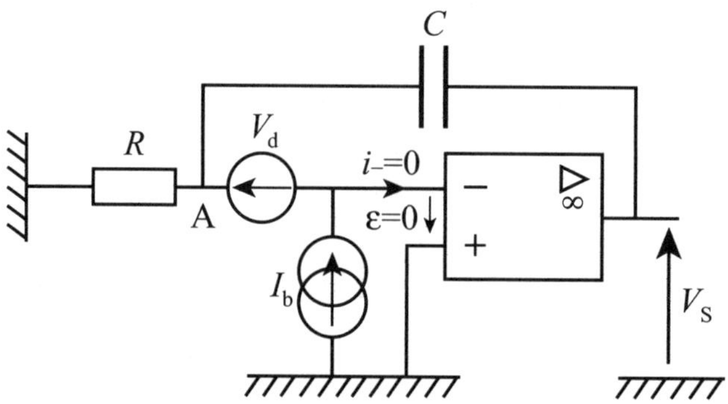

Exprimer $V_S(t)$ puis observer expérimentalement son évolution. En déduire la tension de décalage V_d pour cet ALI.

III MONTAGE NON-INVERSEUR

Pour finir, le circuit étudié est :

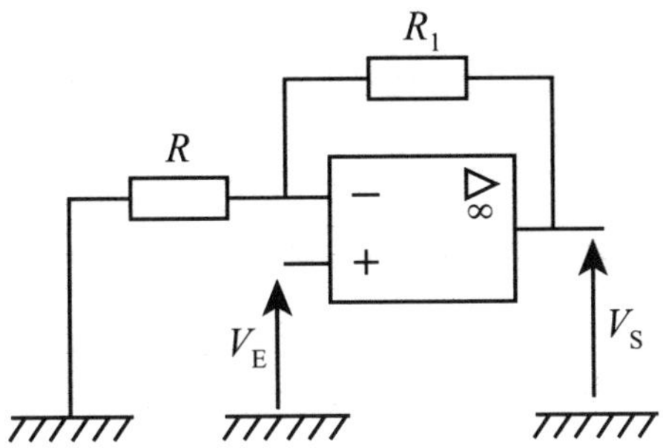

1) Amplificateur linéaire intégré idéal

a) Exprimer le gain de ce montage en fonction de R et R_1.

b) Donner l'impédance d'entrée et l'impédance de sortie de ce montage.

2) Vitesse de balayage limite

Le signal d'entrée est dorénavant sinusoïdal. Les résistances valent $R = 10$ kΩ et $R_1 = 100$ kΩ pour cette question. Pour une fréquence donnée f, déterminer expérimentalement la valeur maximale de la tension de sortie, notée $V_{S,Max}$, avant que celle-ci ne devienne légèrement triangulaire. Tracer alors $V_{S,Max}$ en fonction de la fréquence f. En déduire la vitesse de balayage limite, ou slew-rate, définie par $\sigma = \left(\frac{dV_S}{dt}\right)_{Max}$.

3) Gain fini de type passe-bas d'ordre 1

Le gain de l'ALI n'est plus considéré comme infini et dépend de la pulsation sous de la forme :

$$\underline{\mu}(j\omega) = \frac{\mu_0}{1 + j\frac{\omega}{\omega_0}} = \frac{\underline{V_S}}{\underline{\varepsilon}}$$

avec $\mu_0 \approx 10^5, f_0 = \frac{\omega_0}{2\pi} \approx 10$ Hz et $\varepsilon = V^+ - V^-$ la tension différentielle.

a) Exprimer $\frac{\underline{V_S}(j\omega)}{\underline{V_E}(j\omega)}$. Quelle est la nature de ce filtre ? Donner le gain statique ainsi que la pulsation de coupure. Quelle relation lie ces deux grandeurs ?

b) Tracer sur un même graphe les diagrammes de Bode pour le gain dans les deux cas :

- $R = 10\ \text{k}\Omega$ et $R_1 = 100\ \text{k}\Omega$;
- $R = 10\ \text{k}\Omega$ et $R_1 = 1\ \text{M}\Omega$.

En déduire « tout ce qui est intéressant » (formulation du sujet de concours ramenée par de nombreux élèves).

PROPOSITION DE SOLUTION

Commentaire : il s'agit d'un TP assez long qui nécessite une bonne connaissance des défauts et limitations d'un ALI ainsi que des ordres de grandeur.

I MONTAGE INVERSEUR

1) Fonction de transfert

a) Le théorème de Millman appliqué sur l'entrée inverseuse donne :

$$V^- = \frac{\dfrac{V_S}{R_1} + \dfrac{V_E}{R}}{\dfrac{1}{R_1} + \dfrac{1}{R}}$$

et par ailleurs $V^+ = 0$. La rétroaction permet le régime linéaire et l'ALI étant considéré parfait, nous en déduisons que $V^- = V^+$ ce qui conduit au résultat classique :

$$\frac{V_S}{V_E} = -\frac{R_1}{R}$$

b) Le signal d'entrée est un sinus d'amplitude inférieure à 1 volt. L'observation à l'oscilloscope donne bien deux signaux en opposition de phase :

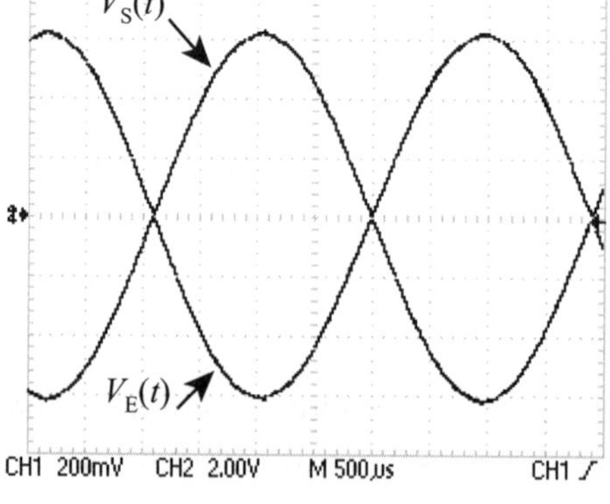

La mesure de l'amplitude du signal d'entrée et du signal de sortie permet d'obtenir le gain du montage inverseur :

$$\frac{V_S}{V_E} \approx -\frac{4{,}33}{0{,}429} \approx -10{,}1$$

c) L'utilisation de la différentielle logarithmique permet de connaître l'incertitude de ce gain :

$$G = \left|\frac{V_S}{V_E}\right| = \frac{R_1}{R} \text{ donc } \frac{dG}{G} = \frac{dR_1}{R_1} - \frac{dR}{R} \text{ soit } \frac{\Delta G}{G} = \sqrt{\left(\frac{\Delta R_1}{R_1}\right)^2 + \left(\frac{\Delta R_2}{R_2}\right)^2} \simeq 7\ \%$$

et finalement l'incertitude sur le gain est de 7 %.

2) Tension de décalage

a) D'après l'étude précédente, nous nous sommes ramenés au cas $V_E = 0$ et donc théoriquement :

$$V_S = 0 \text{ V}$$

b) Expérimentalement il y a une tension continue de faible valeur et la mesure donne :

$$V_S \approx -35 \text{ mV}$$

c) En remplaçant le générateur de courant par un interrupteur ouvert, le circuit devient :

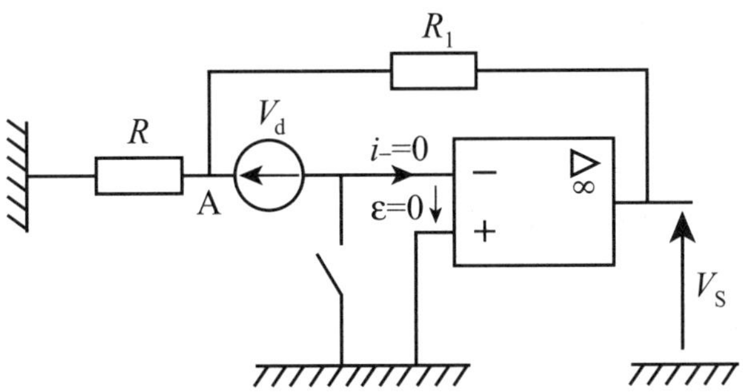

Au point A, $V_A = V_d$ et on obtient alors par un pont diviseur de tension :

$$V_S\,[V_d] = V_d\left(1 + \frac{R_1}{R}\right)$$

De même « en annulant » le générateur de tension V_{d} le circuit est modifié selon :

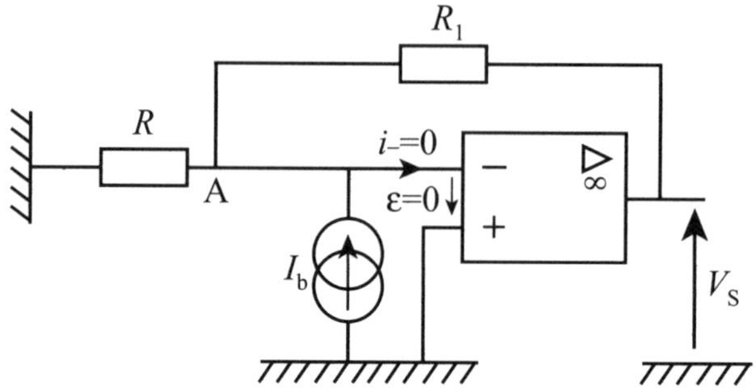

Cette fois-ci $V_{\mathrm{A}} = 0$ et la résistance R_1 est parcourue par le courant I_{b}, et par conséquent :

$$V_{\mathrm{S}}\,[I_{\mathrm{b}}] = -R_1\,I_{\mathrm{b}}$$

d) Le montage est linéaire : on peut donc appliquer le théorème de superposition et on obtient finalement :

$$V_{\mathrm{S}} = V_{\mathrm{d}}\left(1 + \frac{R_1}{R}\right) - R_1\,I_b$$

e) L'application numérique donne $V_{\mathrm{S}}\,[I_{\mathrm{b}}] \approx -3\ \mu\mathrm{V}$ donc une valeur bien inférieure à celle mesurée. La tension de décalage est la principale responsable de cette différence entre la théorie et l'expérience.

Remarque

La faible valeur du courant de polarisation que propose l'énoncé indique qu'il s'agit d'un ALI de type TL081.

f) Nous en déduisons finalement :

$$V_{\mathrm{d}} \approx -3\ \mathrm{mV}$$

valeur classique pour un ALI (inférieure à 10 mV en valeur absolue).

II Montage intégrateur

1) Fonction principale

a) Ce calcul a déjà été fait pour le montage inverseur : il suffit de raisonner en terme d'impédances (et donc en régime sinusoïdal) et de remplacer R_1 par $\frac{1}{jC\omega}$:

$$\frac{\underline{V_{\mathrm{S}}}}{\underline{V_{\mathrm{E}}}} = -\frac{1}{jRC\omega}$$

puis repasser ensuite dans le domaine temporel en utilisant l'équivalence :

$$\frac{1}{j\omega} \Leftrightarrow \int dt$$

d'où :

$$V_S(t) = V_S(0) - \frac{1}{RC}\int_0^t V_E(u)du$$

Avec une tension d'entrée constante ainsi qu'une tension de sortie initiale nulle, cela donne finalement :

$$V_S(t) = -\frac{V_E}{RC}\,t$$

b) Pour être certain d'imposer $V_S(0) = 0$ V, il faut court-circuiter le condensateur à l'aide d'un interrupteur (initialement fermé !), que l'on ouvre à l'instant $t = 0$. En choisissant une tension d'entrée positive, la visualisation à l'oscilloscope donne :

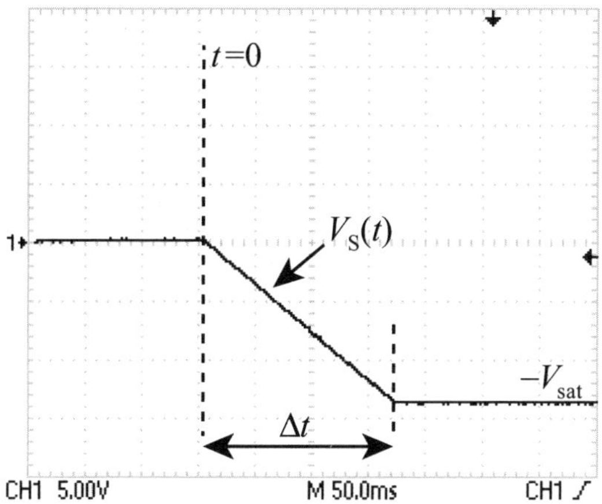

La tension de sortie décroît linéairement (puisque $V_E > 0$), jusqu'à être limitée par la tension de saturation négative $-V_{sat}$ de l'ALI.

c) La tension d'entrée, mesurée à l'aide d'un voltmètre, vaut $V_E \approx +815$ mV et la tension de sortie atteint la saturation, par valeur négative, au bout d'une durée $\Delta t \approx 170$ ms. Le calcul de ce temps de saturation donne pour $-V_{sat} \approx -14$ V :

$$\Delta t = RC\frac{V_{sat}}{V_E} \approx 100 \cdot 10^3 \times 100 \cdot 10^{-9} \times \frac{14}{0{,}815} \approx 172 \text{ ms}$$

c'est-à-dire la valeur expérimentale à 1% près, ce qui est satisfaisant.

2) Courant de polarisation

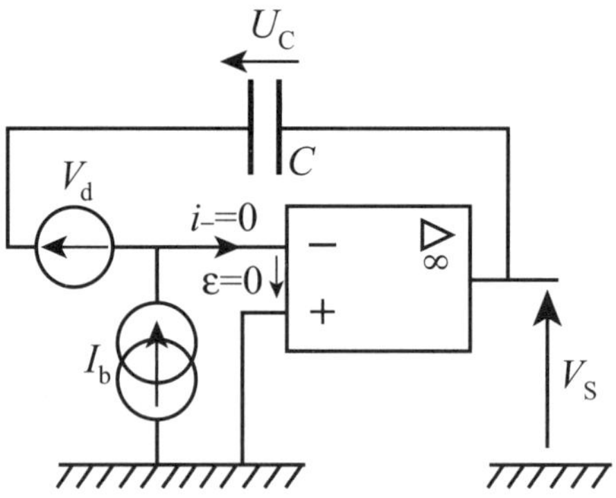

a) Une loi des mailles donne $V_S + U_C = V_d$ avec $I_b = C\,\frac{dU_C}{dt}$ soit :

$$V_S(t) = V_d - \frac{I_b}{C}t$$

à une constante d'intégration près.

b) Le signal de sortie dérive jusqu'à la saturation comme précédemment.

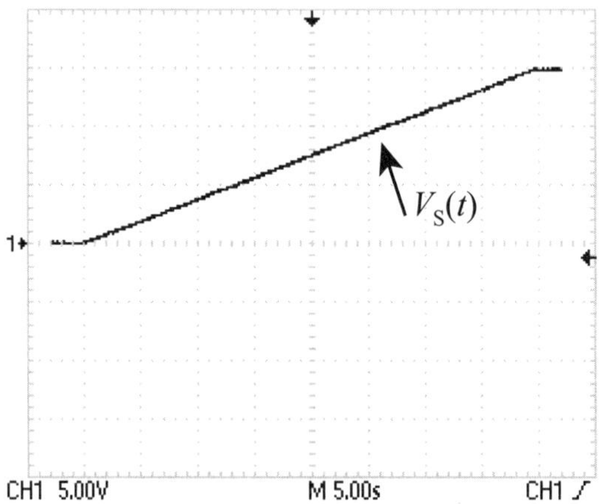

De nouveau, seule la pente nous intéresse. La mesure indique que la tension de sortie évolue de 11 V en 30 s. Nous en déduisons finalement que $-\frac{I_b}{C}\,\Delta t \approx -11$ V ce qui donne

$$I_b \approx -37 \text{ nA}$$

Remarque
L'ALI utilisé dans cette partie est de type μA741. Ses défauts sont plus importants que ceux de type TL081, ce qui explique qu'il y a trois ordres de grandeurs de différence entre la valeur mesurée ici et la valeur proposée par l'énoncé au **I**.

c) On procède comme précédemment, en annulant tour à tour les sources (de tension V_d et de courant I_b) puis en utilisant le théorème de superposition (car le montage est linéaire). Ainsi on obtient pour $I_b = 0$:

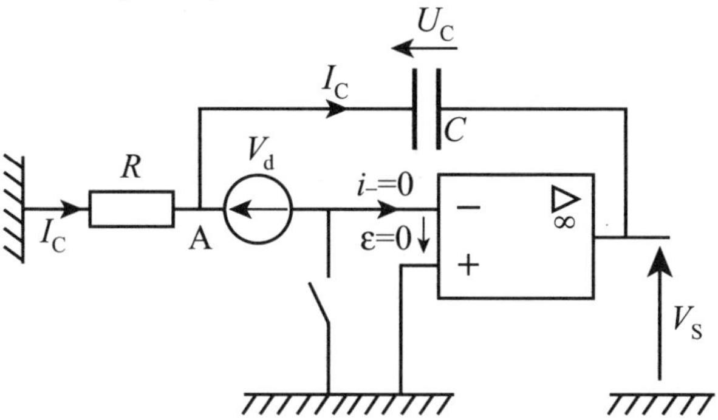

Une loi des mailles donne $V_S + U_C = V_d$. Or $V_A = V_d = -R\,I_C$ et $I_C = C\dfrac{dU_C}{dt}$.

Finalement nous obtenons $V_S\,[V_d] = V_d + \dfrac{V_d}{RC}t$ à une constante d'intégration près.

Pour $V_d = 0$:

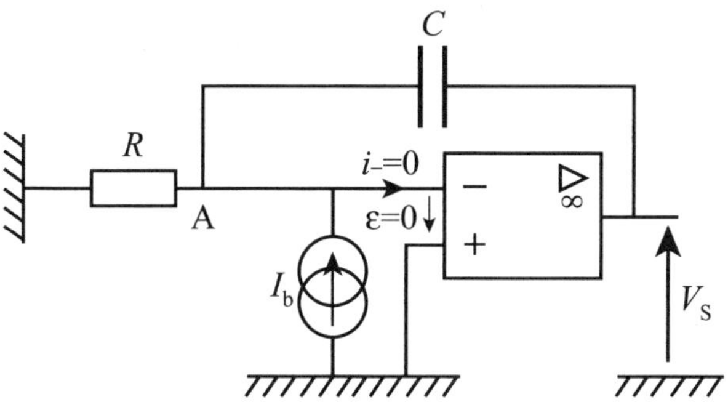

Le condensateur est parcouru par le courant I_b puisque le potentiel en A est nul (la résistance n'est traversée par aucun courant).

Donc $V_S = -U_C$ et $I_b = C\dfrac{dU_C}{dt}$ ce qui donne $V_S\,[I_b] = -\dfrac{I_b}{C}t$ à une constante additive près.

Finalement :

$$V_S(t) = \text{cste} + \frac{1}{C}\left(\frac{V_d}{R} - I_b\right)\,t$$

constante que l'on peut annuler en court-circuitant la sortie de l'ALI.

L'expérience permet effectivement d'observer une dérive du signal de sortie :

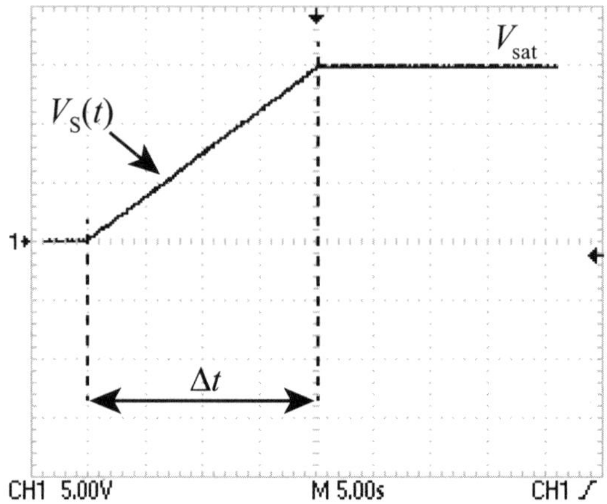

Au bout d'une durée $\Delta t \approx 20$ s, le signal de sortie passe de 0 V à $V_{sat} \approx 15$ V ce qui donne $\frac{1}{C}\left(\frac{V_d}{R} - I_b\right) = \frac{V_{sat}}{\Delta t}$ et connaissant $I_b \approx -37$ nA, on obtient la valeur de la tension de décalage :

$$V_d \approx +4 \text{ mV}$$

Comme l'ALI n'est plus le même qu'au paragraphe I., il n'y a aucune raison d'obtenir le même résultat. En valeur absolue, la tension de décalage reste inférieure à 10 mV.

III Montage non-inverseur

1) ALI idéal

a) La rétroaction assure le fonctionnement en régime linéaire (c'est en tout cas une condition nécessaire) et l'ALI étant idéal, les entrées inverseuse et non-inverseuse sont au même potentiel. On reconnaît une structure en pont diviseur de tension, ce qui permet de retrouver le résultat du cours :

$$G = \frac{V_S}{V_E} = 1 + \frac{R_1}{R}$$

b) L'impédance d'entrée de ce montage est définie par :

$$Z_E = \frac{V_E}{i^+}$$

Le courant traversant le générateur est le courant de l'entrée non-inverseuse. L'ALI étant idéal, les courants d'entrée sont nuls et donc :

$$Z_E = \infty$$

Remarque 1

Il ne faut pas confondre, « impédance d'entrée de l'ALI » (qui est infinie pour un ALI idéal) et « impédance d'entrée d'un montage à ALI » que l'on vient de calculer.

Remarque 2

Un raisonnement identique amènerait à $Z_E = R$ pour le montage inverseur de la première partie (bien que l'impédance d'entrée de l'ALI idéal soit toujours infinie).

Pour déterminer l'impédance de sortie, un argument simple permet de dire que si la tension de sortie est indépendante du courant de sortie (ou d'une résistance d'utilisation R_u que l'on placerait entre la sortie et la masse) alors l'impédance de sortie du montage ALI est nulle. En effet, le montage ALI est du point de vue de la sortie, équivalent à :

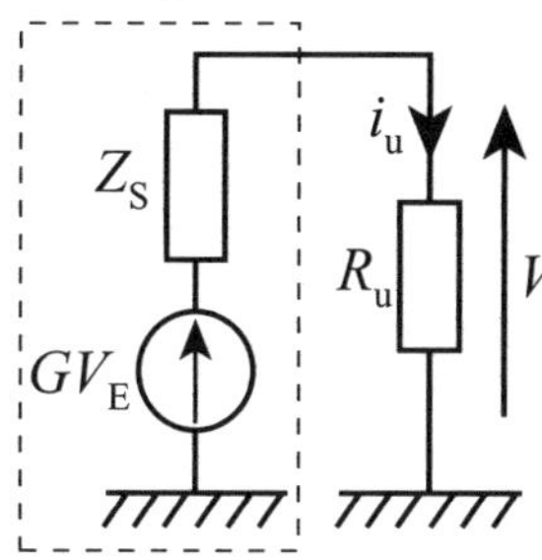

La tension de sortie s'obtient par la relation du pont diviseur de tension :

$$V_S = \frac{R_u}{R_u + Z_S} G V_E$$

Or comme $V_S = G\,V_E$ cela donne $Z_S = 0$.

2) Vitesse de balayage limite

Un ALI est limité en tension, en courant et en vitesse. Lorsque les variations de la tension de sortie sont trop rapides, le signal de sortie sature en vitesse et le signal devient partiellement triangulaire comme cela se voit sur l'oscillogramme suivant :

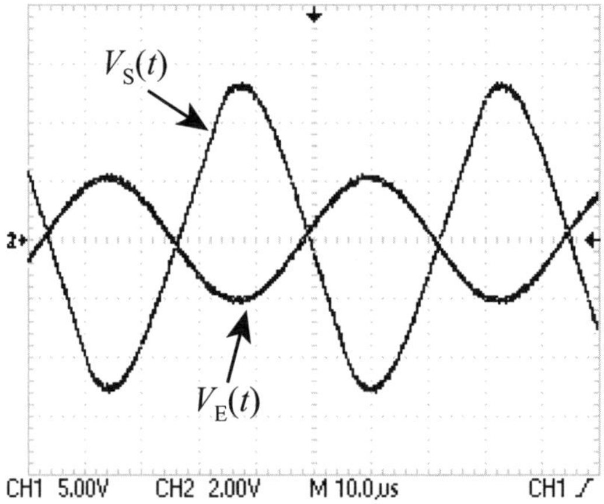

Les résultats expérimentaux figurent sur le graphe suivant :

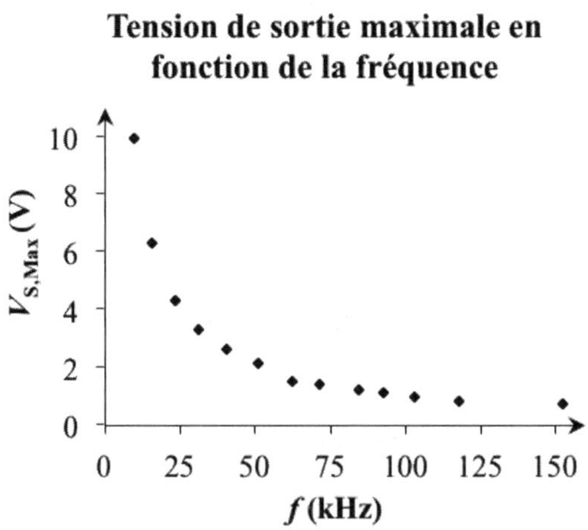

Pour pouvoir déterminer la vitesse de balayage limite il faut tracer $V_{S,Max}$ en fonction de $1/f$ afin de se ramener à une droite, en effet :

$$\sigma = \left(\frac{dV_S}{dt}\right)_{Max} = \omega\, V_{S,Max} = 2\,\pi f\, V_{S,Max} \text{ ce qui donne } V_{S,Max} = \frac{\sigma}{2\pi}\frac{1}{f}.$$

Tension de sortie maximale en fonction de 1/f

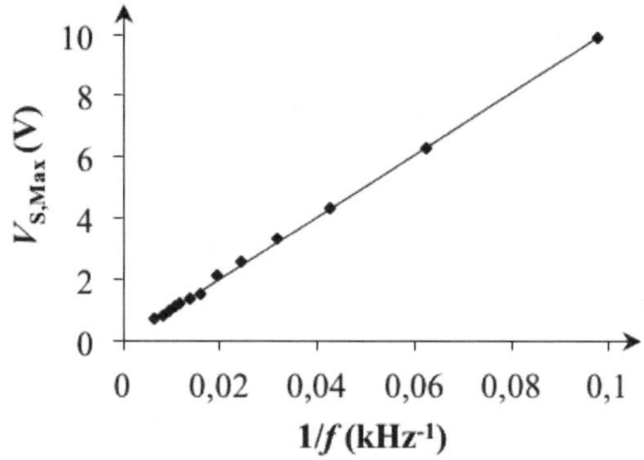

La courbe de tendance est une droite de coefficient directeur $1{,}0\ 10^5\ \mathrm{V\,s^{-1}}$ ce qui donne

$$\sigma \approx 0{,}6\ \mathrm{V/\mu s}$$

C'est l'ordre de grandeur attendu pour un ALI de type μA 741. La vitesse de balayage limite serait environ dix fois plus importante pour un ALI de type TL081.

3) Gain fini de type passe-bas d'ordre 1

a) On $V^+ = V_E$ et $V^- = \dfrac{R_1}{R_1+R_2}V_S$ donc $\underline{V_S} = \underline{\mu}(j\,\omega)\left(\underline{V_E} - \dfrac{R_1}{R_1+R_2}\underline{V_S}\right)$ soit :

$$\frac{\underline{V_S}}{\underline{V_E}} = \frac{\underline{\mu}}{1+\underline{\mu}\frac{R_1}{R_1+R_2}}$$

En remplaçant l'expression de $\underline{\mu}$ et après arrangement, cela devient :

$$\frac{\underline{V_S}(j\omega)}{\underline{V_E}(j\omega)} = \frac{\mu_0}{1+\mu_0\dfrac{R_1}{R_1+R_2}+j\dfrac{\omega}{\omega_0}} = \frac{H_0}{1+j\dfrac{\omega}{\omega_C}}$$

Il s'agit d'un filtre passe-bas du premier ordre dont les caractéristiques sont :

- gain statique $H_0 = \dfrac{\mu_0}{1+\mu_0\frac{R}{R+R_1}} \approx 1+\dfrac{R}{R_1}$ correspondant au gain de l'ALI idéal ;
- pulsation de coupure $\omega_C = \omega_0(1+\mu_0\dfrac{R}{R+R_1}) \approx \dfrac{\omega_0\,\mu_0}{H_0}$

Nous retrouvons ainsi la relation classique pour un montage non-inverseur :

« le produit du gain statique par la bande passante est une constante indépendante du jeu de résistances de l'ALI non-inverseur » puisque

$$H_0\omega_C = \mu_0\omega_0$$

b) Les diagrammes de Bode pour le gain dans les deux configurations demandées par l'énoncé sont représentés sur le graphe ci-dessous. Les cercles évidés correspondent au cas $R_1 = 1$ MΩ et les losanges pleins au cas $R_1 = 100$ kΩ.

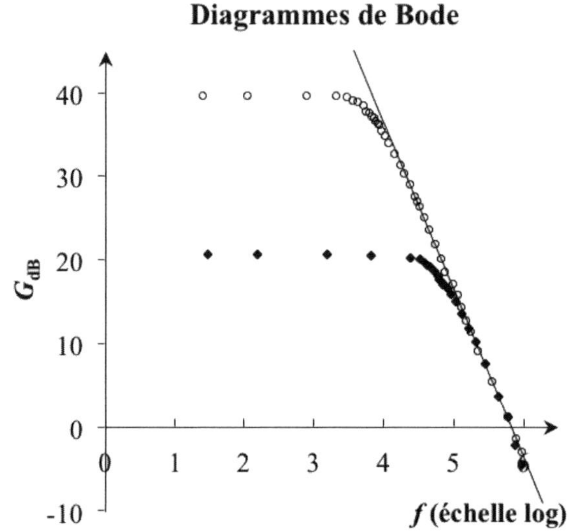

Commentaires :

- Les deux courbes correspondent à un filtre passe-bas du premier ordre. L'asymptote commune a en effet une pente de −20,1 dB/dec.
- Le comportement asymptotique pour les hautes fréquences des deux fonctions de transfert est le même : $\underline{H}(j\,\omega) \approx \frac{H_0}{j\frac{\omega}{\omega_C}} = \frac{\mu_0}{j\frac{\omega}{\omega_0}}$ expression qui est indépendante des résistance $(R\,;R_1)$ utilisé pour le montage non inverseur.
- Dans le premier cas ($R_1 = 100$ kΩ), nous mesurons :
  $G_1(\omega \to 0) = H_{0,1} \approx 10{,}7$ et $f_{C,1} \approx 63$ kHz
  ce qui donne pour le produit gain statique-bande passante $H_{0,1} \times f_{C,1} \approx 6{,}7\ 10^5$ Hz
  et dans le second ($R_1 = 1$ MΩ) :
  $G_2(\omega \to 0) = H_{0,2} \approx 96{,}4$ et $f_{C,2} \approx 7{,}7$ kHz
  Ceci implique un produit gain statique-bande passante de $H_{0,2} \times f_{C,2} \approx 7{,}4\ 10^5$ Hz.
  Finalement, à 5 % près, les deux montages permettent de vérifier la relation :

  $$\text{Gain statique} \times \text{fréquence de coupure} \approx 7\ 10^5\ \text{Hz}$$

  qui est raisonnablement proche de l'ordre de grandeur du produit $\mu_0 \times f_0$.

ANALYSE SPECTRALE D'UN SIGNAL

15

Concours : X-ENS et Mines

Objectif du TP : Trouver expérimentalement la décomposition en série de Fourier d'un signal créneau puis triangulaire.

Matériel : Classique d'électronique.

ÉNONCÉ

I MONTAGE ET FONCTION DE TRANSFERT

Considérons le montage suivant :

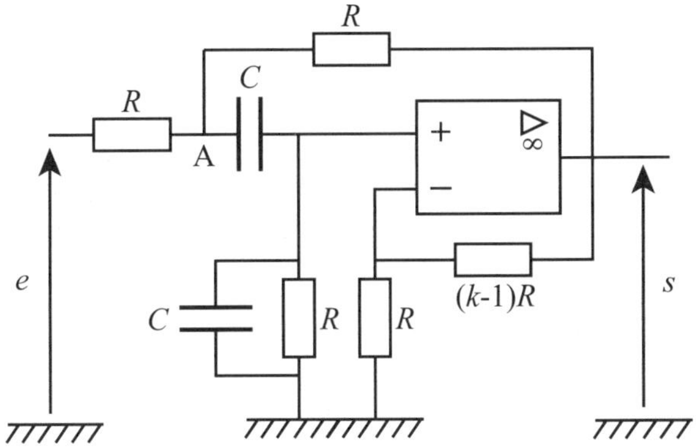

1) Donner la fonction de transfert sous la forme :

$$\underline{H}(j\omega) = H_0 \frac{2\,\xi \frac{j\,\omega}{\omega_0}}{1 + 2\,\xi \frac{j\,\omega}{\omega_0} + \left(\frac{j\omega}{\omega_0}\right)^2}$$

2) En déduire les expressions de H_0, ξ et ω_0 en fonction des données. Faire les applications numériques pour $R = 10\ \mathrm{k}\Omega$, $C = 100$ nF et $k \approx 4{,}97$.

3) De quel type de filtre s'agit-il ? Donner le facteur de qualité Q.

II DIAGRAMME DE BODE

Le candidat doit réaliser le montage sur une petite plaquette (voir Méthodologie).

1) Vérifier que le montage proposé est bien un filtre passe-bande.

L'examinateur demande ensuite d'effectuer une mesure de gain et de phase devant lui et d'expliquer les étapes amenant à leurs déterminations.

2) Tracer le diagramme de Bode en amplitude et en phase.

3) Déterminer expérimentalement H_0, Q et f_0 fréquence associée à la pulsation ω_0.

III ÉTUDE D'UN SIGNAL CRÉNEAU

1) Donner la décomposition en série de Fourier d'un signal créneau symétrique d'amplitude E_0.

2) Ce signal alimente le filtre étudié. Faire varier la fréquence du signal d'entrée $e(t)$ de 20 Hz à la fréquence centrale f_0. Tracer l'allure de l'amplitude du signal $s(t)$ en fonction de la fréquence. Interpréter.

3) Faire une étude plus précise et retrouver la dépendance de l'amplitude des harmoniques de $e(t)$ avec l'ordre de l'harmonique.

IV ÉTUDE D'UN SIGNAL TRIANGULAIRE

Sans aucun calcul, déterminer expérimentalement les amplitudes des différentes composantes de la décomposition en série de Fourier (les premières harmoniques).

PROPOSITION DE SOLUTION

Commentaires : Ce TP ne comporte pas de difficultés particulières mais il est assez long car il est demandé d'être très précis dans le tracé du diagramme de Bode.

I MONTAGE ET FONCTION DE TRANSFERT

1) Appliquons le théorème du pont diviseur de tension à l'entrée inverseuse de l'ALI :

$$\underline{V}^- = \frac{\underline{s}}{k}$$

Remarque

Souvent, reconnaître une structure pont diviseur de tension permet d'obtenir rapidement l'expression attendue ; le théorème de Millman conduit au même résultat mais la démarche est plus longue. Attention à l'utilisation excessive du théorème de Millman !

Puis, cette fois, le théorème de Millman au point A (voir schéma de l'énoncé) conduit à l'expression :

$$\underline{V_A} = \frac{\dfrac{\underline{s}}{R} + \dfrac{\underline{e}}{R} + \underline{V}^+ jC\omega}{\dfrac{1}{R} + \dfrac{1}{R} + jC\omega}$$

ainsi que sur l'entrée non-inverseuse de l'ALI :

$$\underline{V}^+ = \frac{\underline{V_A} jC\omega}{jC\omega + jC\omega + \dfrac{1}{R}}$$

L'ALI possède à la fois une réaction positive et négative ce qui n'assure pas nécessairement le régime linéaire de celui-ci. Faisons l'hypothèse qu'il fonctionne en régime linéaire afin que la notion de fonction de transfert ait un sens. L'ALI étant idéal nous avons donc la relation :

$$\underline{V}^+ = \underline{V}^-$$

En combinant les quatre relations précédentes, la fonction de transfert s'écrit :

$$\underline{H}(j\omega) = \frac{k\dfrac{RC}{2}j\omega}{1 + \dfrac{RC}{2}(5-k)j\omega + \dfrac{R^2C^2}{2}(j\omega)^2}$$

2) L'identification donne :

$H_0 = \dfrac{k}{5-k}$ pour le gain maximal, de valeur numérique $H_0 \approx 166$;

$\omega_0 = \dfrac{\sqrt{2}}{RC}$ la pulsation centrale, de valeur numérique $\omega_0 \approx 1414\ \text{rad s}^{-1}$;

$\xi = \dfrac{5-k}{2\sqrt{2}}$ le coefficient d'amortissement, valant $\xi \approx 0{,}011$.

Remarque

Les valeurs numériques sont très sensibles à la valeur de k. Pour obtenir $k \approx 4{,}97$ il faut placer plusieurs résistances en série et ajouter, petit à petit, des résistances de 100 Ω (sur plaquette il est difficile d'utiliser des boîtes de résistances). La valeur de 4,97 n'est pas une nécessité, mais il faut que k soit très proche de 5 sans en être supérieur, sinon le montage est instable. Avoir une valeur de k trop différente de 5 donnerait un facteur de qualité beaucoup plus petit que celui du montage proposé et donc un filtre passe-bande nettement moins sélectif.

3) On reconnaît la forme canonique d'un filtre passe-bande du second ordre. Le facteur de qualité se déduit du facteur d'amortissement par :

$$Q = \frac{1}{2\xi} \text{ soit } Q = \frac{\sqrt{2}}{5-k} \approx 47$$

C'est donc un filtre passe-bande très sélectif.

II DIAGRAMME DE BODE

1) Comme cela a été expliqué dans la partie méthodologie, pour vérifier que le filtre est de type passe-bande, il faut l'alimenter avec une tension assez faible (si il est actif et son gain est élevé), typiquement 1 V, et vérifier que le gain est très faible aux hautes et basses fréquences. Ensuite, l'observation se faisant en mode XY, il faut repérer la fréquence pour laquelle la figure est un segment et non plus une ellipse : c'est la fréquence centrale $f_0 = \dfrac{\omega_0}{2\pi}$.

Pour la mesure du gain et du déphasage, le lecteur est invité à se reporter à la partie méthodologie.

2) Le diagramme de Bode obtenu expérimentalement est conforme à l'étude théorique :

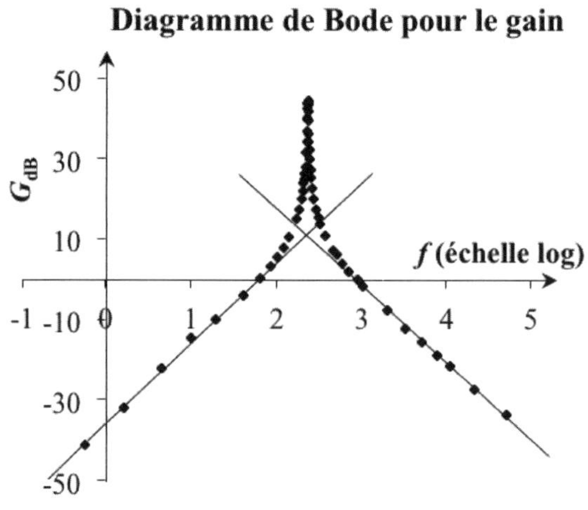

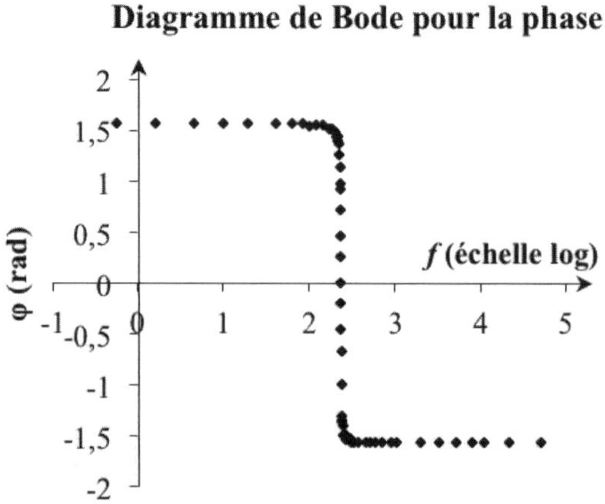

Il s'agit bien d'un diagramme de Bode d'un filtre passe-bande très sélectif. Les pentes des asymptotes (pour le gain) valent : +20,1 dB/dec aux basses fréquences et −19,2 dB/dec aux hautes fréquences.

3) La fréquence centrale f_0 est repérée en se plaçant en mode XY : on observe alors un segment de droite au lieu d'une ellipse. Nous mesurons :

$$f_0 \approx 229{,}8 \text{ Hz}$$

Le gain à cette fréquence, H_0, s'obtient en faisant le rapport de l'amplitude de la tension en sortie du filtre, s_m sur l'amplitude de la tension d'entrée, e_m. En raison de la très grande valeur de H_0 il faut utiliser les atténuateurs −20 dB du GBF pour éviter la saturation en tension à la sortie de l'ALI. Cela donne :

$$G(f_0) = H_0 \approx 168$$

Enfin le facteur de qualité se mesure à partir de la bande passante du filtre grâce à la relation :

$$Q = \frac{f_0}{\Delta f_{3\text{dB}}}$$

Il faut déterminer les fréquences f_{C_1} et f_{C_2} de part et d'autre de f_0, telles que $s(f_C) = \dfrac{s_m}{\sqrt{2}}$ ce qui donne ici $f_{C_1} \approx 228{,}0$ Hz et $f_{C_2} \approx 232{,}3$ Hz d'où $\Delta f_{3\text{dB}} \approx 4{,}5$ Hz et finalement :

$$Q \approx 51$$

La bande passante étant très étroite, cette mesure n'est sans doute pas la plus précise. Par ailleurs, régler la fréquence d'un GBF au dixième d'Hertz près n'est pas évident.

Une autre estimation du facteur de qualité peut être faite à partir du diagramme de Bode pour le gain. L'écart entre la position de l'ordonnée du maximum (en f_0) et l'ordonnée du point d'intersection des deux asymptotes vaut $-20 \log Q$. Graphiquement on obtient :

$$Q \approx 46$$

ce qui est plus proche de la valeur théorique attendue.

Bilan :

	H_0	f_0	Q	Pente asymptote
Théorie	166	228,3	47	+20 et −20 dB/dec
Expérience	168	229,8	51 et 46	+20,1 et −19,3 dB/dec
Écart en %	1	0,6	2	3

Les écarts entre la théorie et l'expérience sont inférieurs à 5% ce qui est suffisant en électronique.

III Étude d'un signal créneau

1) On considère une tension créneau de rapport cyclique 50 % dont le graphe est le suivant :

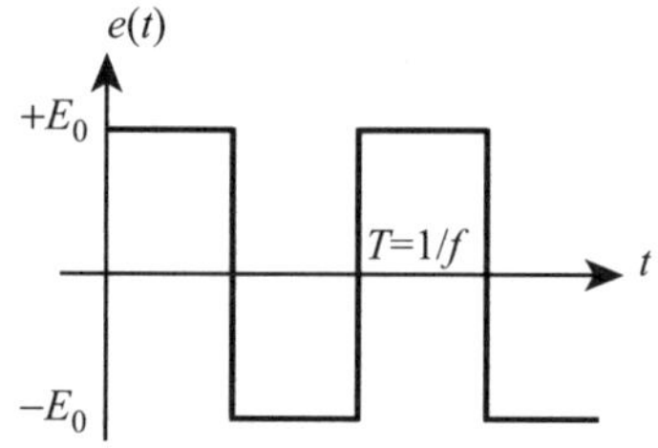

La décomposition en série de Fourier d'un signal créneau symétrique d'amplitude E_0 est $e(t) = \dfrac{4E_0}{\pi}\sum_0^{\infty}\dfrac{\sin\left[(2p+1)\omega t\right]}{2p+1}$.

2) La tension d'entrée imposée au filtre est un signal carré de fréquence supérieure à 250 Hz. En faisant décroitre la fréquence f de ce signal d'entrée, la tension de sortie devient pour la première fois sinusoïdale (à l'œil) à une fréquence proche de 230 Hz. Son amplitude est alors « importante ». Ensuite, lorsqu'on continue à faire décroitre la fréquence du signal d'entrée, un signal sans forme particulière et d'amplitude faible est visible à l'oscilloscope jusqu'à atteindre la fréquence de 77 Hz, puis un signal à nouveau d'amplitude très faible, jusqu'à 46 Hz. Le phénomène se reproduit jusqu'à environ une vingtaine de Hz.

L'allure de l'amplitude du signal de sortie en fonction de la fréquence est donnée sur le graphe suivant :

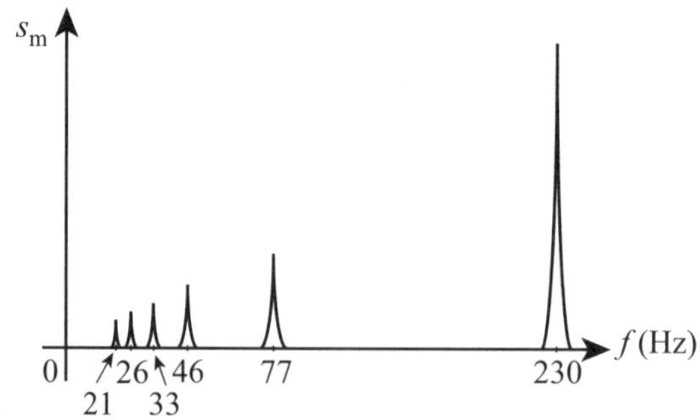

De façon plus précise, les résultats sont donnés dans le tableau ci-dessous pour un signal créneau symétrique de fréquence f et d'amplitude $E_0 \approx 60$ mV :

f (Hz)	230	77	46	33	26	21
s_m (V)	12,7	4,2	2,7	2	1,6	1,3

Remarque
La faiblesse de la valeur de l'amplitude du signal d'entrée peut surprendre, mais elle est nécessaire à cause de la forte valeur du gain du filtre actif étudié.

Interprétation :

Superposons le spectre du signal d'entrée (créneau) au gain du filtre passe-bande pour mieux comprendre ces résultats :

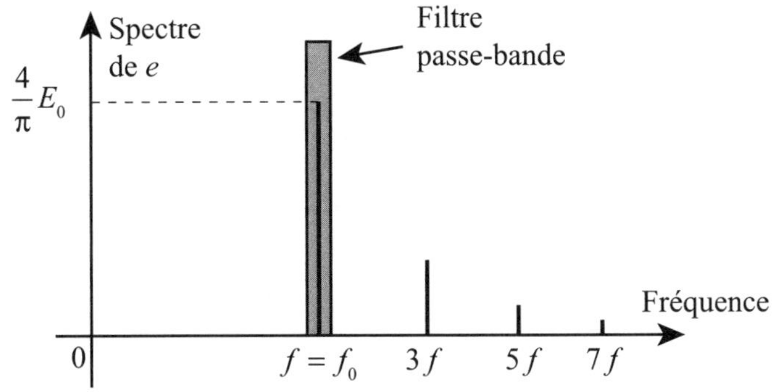

En alimentant le filtre avec un signal créneau de fréquence $f = f_0$, seul le fondamental appartient à la bande passante (très fine) et donc, seule cette composante sera transmise en sortie. Toutes les autres composantes seront fortement atténuées. On obtiendra finalement un signal sinusoïdal :

$$s(t) \approx \underbrace{H_0}_{\text{Gain du filtre à } f_0} \times \underbrace{\frac{4}{\pi} E_0 \sin(2\pi f_0 t)}_{\text{Expression du fondamental}}$$

Cette expression permet d'obtenir la valeur de l'amplitude de la tension de sortie correspondant au fondamental d'un signal créneau.

Pour obtenir l'amplitude des autres termes de la décomposition en série de Fourier il faudrait :

- soit modifier la valeur numérique de la fréquence centrale f_0 du filtre passe-bande en maintenant fixée la fréquence f du GBF de façon à avoir $f_0 = 3f$ puis $5f$, $7f$ etc... Cela nécessiterait de changer les composants du filtre ;
- soit de garder le filtre tel qu'il est et de modifier la fréquence f du GBF de façon à ce que la fréquence de l'harmonique de rang n coïncide avec la fréquence centrale f_0 du filtre. C'est le choix du TP.

Ainsi en choisissant par exemple la fréquence $f = \frac{f_0}{3} \approx 76{,}6$ Hz pour le signal créneau, l'harmonique de rang 3 est le seul à passer à travers le filtre.

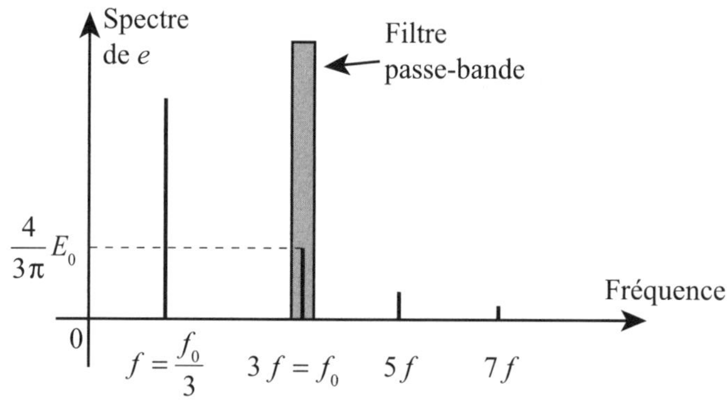

Le signal de sortie a alors pour expression :

$$s(t) \approx H_0 \times \frac{4}{3\pi} E_0 \sin(2\pi \times (3f) \times t) = H_0 \times \frac{4}{3\pi} E_0 \sin(2\pi f_0 t)$$

Il s'agit d'un signal sinusoïdal de fréquence f_0 dont l'amplitude permet de connaître la valeur de l'amplitude de l'harmonique de rang 3 de la décomposition en série de Fourier du signal créneau.

On peut aisément généraliser : en alimentant le filtre avec un signal créneau de fréquence $\frac{f_0}{2p+1}$ où $p = 0;\ 1;\ 2;\ 3...$on observera un signal sinusoïdal de fréquence f_0 dont l'amplitude est, à la constante H_0 près, celle de l'harmonique de rang $2p + 1$.

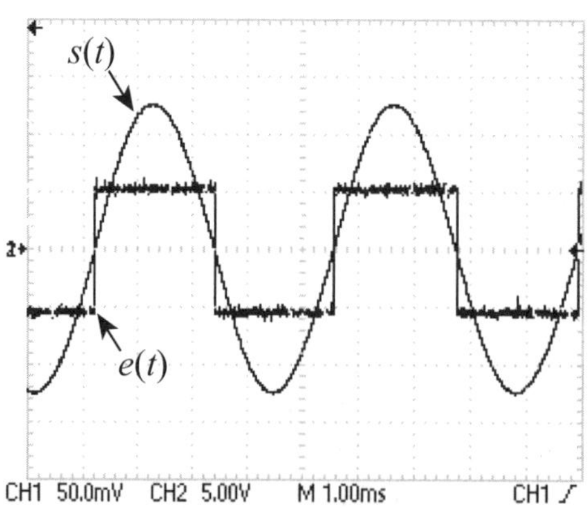

Signaux pour $f = f_0 \approx 230$ Hz

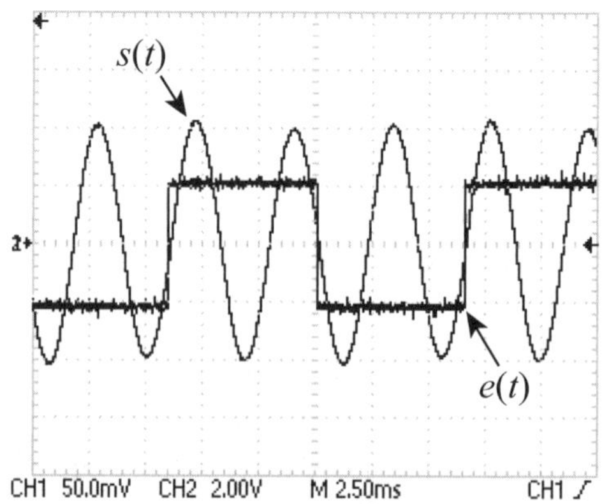

Signaux pour $f = \frac{f_0}{3} \approx 77$ Hz

Faisons la comparaison entre les fréquences théoriques et expérimentales (celles données auparavant étaient arrondies au Hz), exprimées en Hz :

Rang	1	3	5	7	9	11
Théorie	228,3	76,1	45,7	32,6	25,4	20,8
Expérience	230	77	45,6	32,9	25,5	21
Écart en %	0,7	1	0,2	1	0,4	1

La concordance est très bonne car les écarts entre la théorie et l'expérience sont inférieurs à 1%.

Remarque

Pour des raisons d'adaptation d'impédance, un montage suiveur a été intercalé entre le GBF et le filtre. Sans lui, le signal d'entrée observé à l'oscilloscope est déformé comme cela est visible sur l'image suivante :

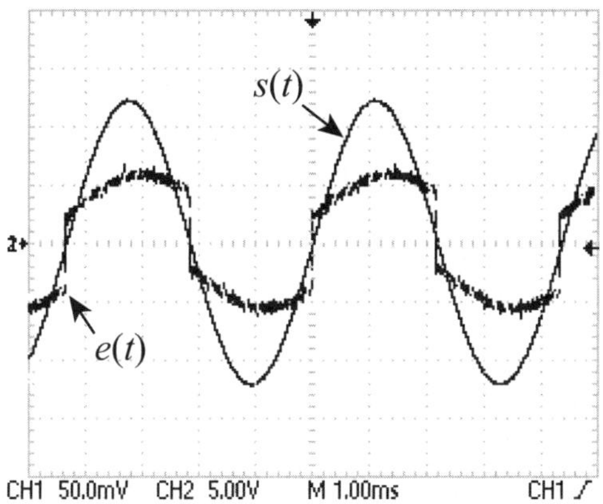

À la résonance, l'impédance d'entrée du filtre est assez faible, ce qui a une influence sur la tension aux bornes du GBF qui comporte une résistance interne de $R_g = 50\ \Omega$. En intercalant un montage suiveur, on obtient un générateur de tension idéal (de résistance nulle) de même valeur que le GBF, qui est insensible à la charge (voir Méthodologie).

3) Pour vérifier la loi de dépendance de l'amplitude de l'harmonique de rang $n = 2p + 1$ (seuls les harmoniques de rang impair interviennent), on peut tracer le logarithme de l'amplitude mesurée, que l'on écrit $s_{\mathrm{m,n}}$, en fonction du logarithme du rang n(ici égal à 1 ; 3 ; 5 ; 7 ; 9 et 11).

La courbe de tendance est une droite de pente $\approx -0{,}95$ à comparer avec la valeur théorique (-1). En effet, puisque $s_{\mathrm{m,n}} = H_0 \dfrac{4E_0}{\pi}\dfrac{1}{n}$ cela donne bien :

$$\log s_{\mathrm{m,n}} = \mathrm{cste} - \log n$$

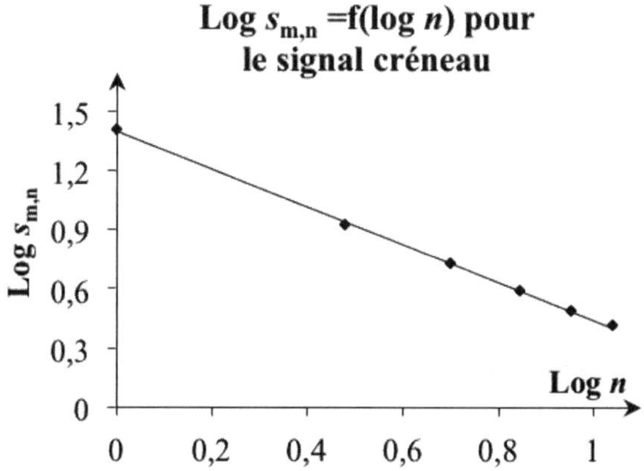

Pour vérifier que la décomposition en série de Fourier du signal créneau d'amplitude $E_0 \approx 60$ mV a été convenablement effectuée, nous avons tracé la somme des premiers termes (jusqu'au rang $n = 11$) avec les valeurs mesurées expérimentalement pour une fréquence du signal créneau $f = f_0 \approx 230$ Hz soit :

$$cr_{11}(t) = \frac{1}{168}\,[12{,}7\ \sin(\omega_0\, t) + 4{,}2\ \sin(3\,\omega_0\, t) + \cdots + 1{,}3\ \sin(11\,\omega_0\, t)]$$

Le facteur $1/168$ correspond à $1/H_0$ et $\omega_0 = 2\pi f_0$ est la pulsation.

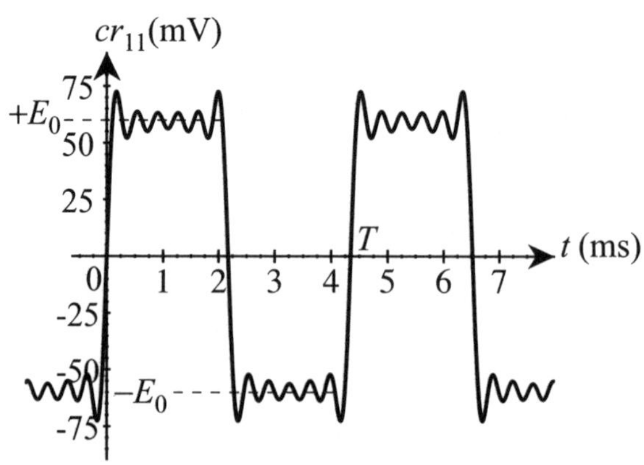

Le résultat est tout à fait convenable.

IV ÉTUDE D'UN SIGNAL TRIANGULAIRE

Le filtre est cette fois alimenté par un signal triangulaire d'amplitude $E_0 \approx 86$ mV et de fréquence f.

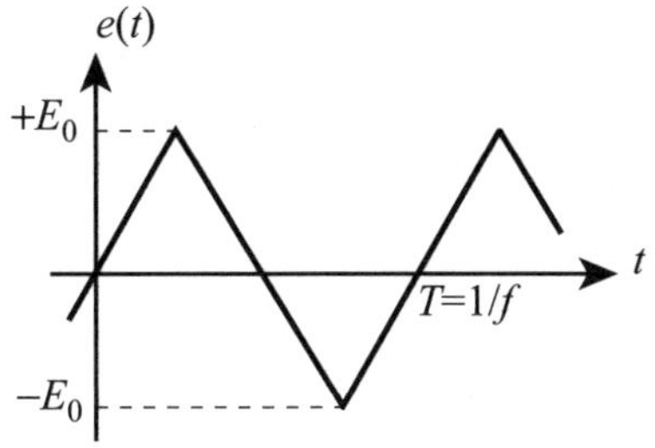

Le signal est impair (les termes en cosinus sont nuls) et symétrique par rapport à $T/4$ (les rangs pairs b_{2p} sont nuls) donc la décomposition en série de Fourier est de la forme :

$$e(t) = \sum_{p=0}^{\infty} b_{2p+1} \sin\left[(2p+1)\,\omega t\right]$$

Nous procédons comme pour le signal créneau : aux fréquences voisines des « sous-multiples impairs » de f_0 ($= \dfrac{f_0}{2p+1}$) nous mesurons l'amplitude $s_{m,n}$ du signal sinusoïdal de fréquence f_0 transmis en sortie.

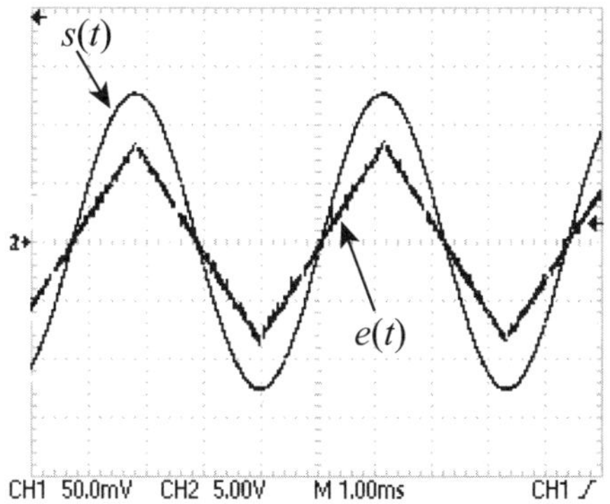

Signaux pour $f = f_0 \approx 230$ Hz

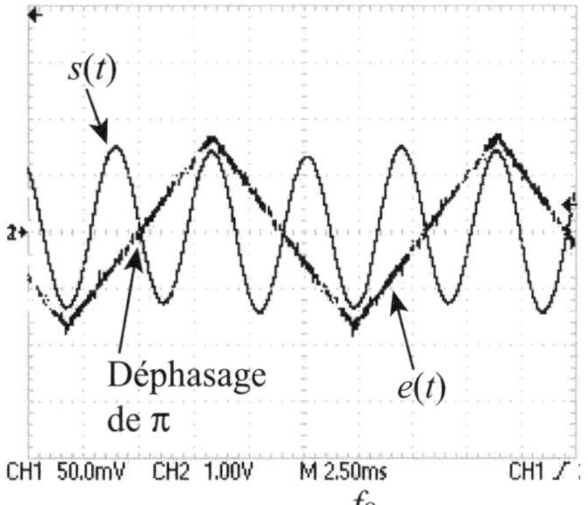

Signaux pour $f = \dfrac{f_0}{3} \approx 77$ Hz

À la différence du paragraphe III), pour les valeurs $n = 3$, 7 et 11 (un rang impair sur deux) le signal de sortie est en « opposition de phase » avec le signal d'entrée : cela signifie qu'il y a un « – » dans le développement en série de Fourier.

Rang	1	3	5	7	9	11
f (Hz)	230	77	45,6	32,9	25,5	20,9
$s_{m,n}$ (V)	12,7	1,5	0,5	0,29	0,19	0,135

La dérivée d'un signal triangle donne un signal créneau : il est donc légitime de supposer que $b_{2p+1} \propto \dfrac{1}{(2p+1)^2}$ (résultat que l'on obtient en dérivant les deux membres de la décomposition).

Nous recherchons encore une loi de type puissance de la forme $s_{m,n} = \dfrac{\text{cste}}{(2p+1)^\alpha}$. Pour cela est tracé le logarithme de l'amplitude mesurée en fonction du logarithme du rang.

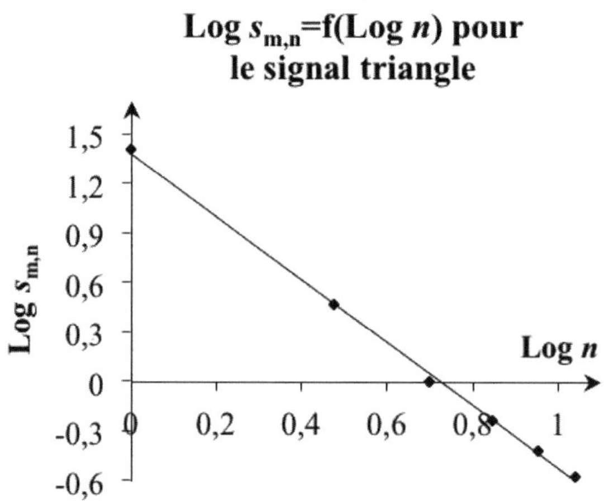

La courbe de tendance donne $\alpha \approx -1{,}9$ ce qui est satisfaisant.

Comme pour le créneau, pour nous assurer que les mesures sont correctes, nous avons tracé la somme des premiers termes (jusqu'à $n = 11$) avec les valeurs mesurées expérimentalement pour une fréquence du signal triangulaire $f = f_0 \approx 230$ Hz soit :

$$tri_{11}(t) = \frac{1}{168}\,[12{,}7\sin(\omega_0 t) - 1{,}5\sin(3\omega_0 t) + 0{,}5\sin(5\omega_0 t) - \cdots - 0{,}135\sin(11\omega_0 t)]$$

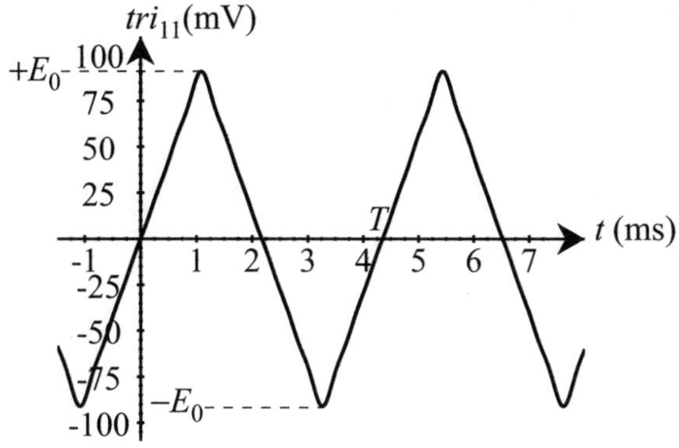

Nous obtenons bien un signal en triangle d'amplitude $E_0 \approx 86$ mV et de période $T \approx 4{,}35$ ms.

Notons que la ressemblance avec le signal d'entrée est plus forte pour le signal triangulaire qu'avec le signal créneau. Cela s'interprète en sachant que les harmoniques de rangs élevés, donc les hautes fréquences, interviennent dans le signal $e(t)$ lors des variations brusques. Or le signal créneau possède des discontinuités toutes les demi-périodes et en nous limitant à l'harmonique de rang 11, ces discontinuités ne sont pas correctement représentées. C'est également pour cette raison que les amplitudes des harmoniques diminuent plus lentement pour un signal créneau que pour un signal triangulaire.

16 VALEUR ABSOLUE D'UN SIGNAL

Concours : X-ENS, Centrale
Objectif du TP : Mesure de la valeur absolue et de la valeur efficace d'un signal
Matériel : Matériel d'électronique classique

ÉNONCÉ

I ASPECT THÉORIQUE

Le signal étudié est : $V_e(t) = V_0 \sin(\omega t)$. Quelle est la période du signal $|V_e(t)|$? Quelle est sa décomposition en série de Fourier. Comparer la valeur moyenne du signal $|V_e(t)|$ à sa valeur efficace.

II ASPECT EXPÉRIMENTAL

1) Première approche

On réalise la fonction « valeur absolue » pour des signaux « hautes tensions » grâce à un pont de diodes dit « pont de Graetz ».

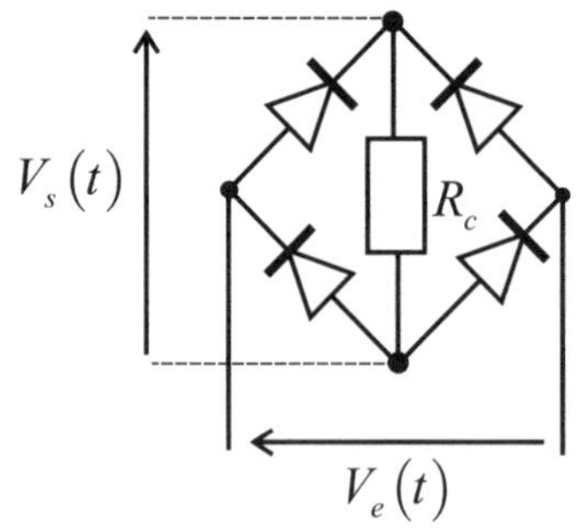

Expliquer en quoi ce montage est inadapté pour des signaux de faibles tensions.

Donner la caractéristique d'une diode de tension de seuil : $U_s = 0{,}6$ V.

2) Modèle de l'amplificateur linéaire intégré

Quelles sont les hypothèses attachées au modèle de l'amplificateur opérationnel idéal ? Quelle est sa caractéristique ?

3) Analyse et réalisation du montage

On considère maintenant le montage suivant :

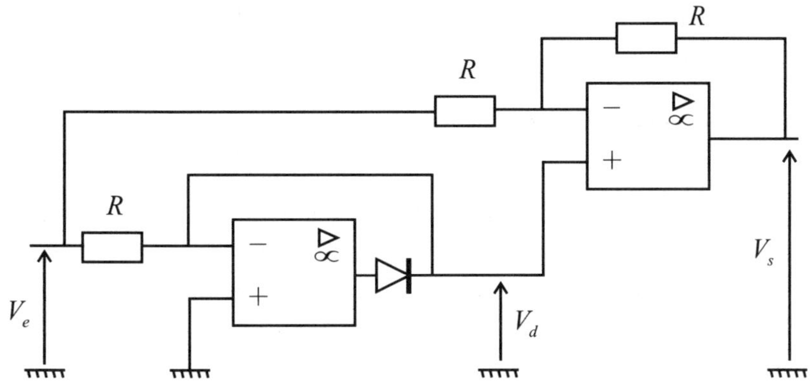

Toutes les résistances présentent une valeur de : $R = 10$ kΩ. Grâce à l'oscilloscope visualiser les tensions $V_d(t)$ et $V_e(t)$. Vérifier que le montage réalise la fonction attendue.

4) Limites

Augmenter l'amplitude du signal d'entrée, quel phénomène observe-t-on ? Quelle en est la cause ?

Augmenter la fréquence du signal d'entrée, quel autre phénomène observe-t-on ? Quelle est sa cause ? Comment ce phénomène affecte-t-il le signal ? À quelle fonction correspond $V_s(t) = f(V_e(t))$? L'allure du signal fait apparaitre un phénomène connu, lequel ?

III Mesure d'une valeur efficace

1) Analyse spectrale

Afficher la transformée de Fourier (FFT) du signal grâce à l'oscilloscope (une notice indique comment visualiser la FFT à l'oscilloscope). Mesurer les coefficients de cette transformée et vérifier la cohérence des résultats obtenus avec la théorie.

2) Valeur moyenne

On cherche à obtenir la composante moyenne du signal $V_s(t)$ avec un filtre RC. Donner la structure du filtre dont la fonction de transfert sera notée $\underline{H}_1$ dans la suite.

3) Calibration du filtre

Comment choisir la valeur de la capacité C, sachant que la valeur de la résistance est de $R = 10\ \mathrm{k}\Omega$, afin que l'amplitude du fondamental soit divisée par 10 ? Peut-on brancher directement le filtre à la sortie du montage de base ? Dans le cas contraire, proposer une solution.

4) Analyse expérimentale

Faire le montage, vérifier qu'il permet de donner une bonne approximation de la valeur efficace du signal $V_e(t)$. Comment doit-on modifier la valeur de la capacité du condensateur pour que le filtre fonctionne pour des fréquences plus basses ?

La fréquence du signal correspond à la fréquence de coupure du filtre. Quelle solution proposez-vous pour augmenter la plage de fréquence pour laquelle le filtre réalise la fonction désirée ?

Proposition de solution

Commentaires : Il s'agit d'un TP utilisant des notions concernant à la fois les diodes ainsi que les ALI (et leurs limites) et nécessitant des initiatives de la part du candidat ainsi que la connaissance de quelques ordres de grandeur. Ces notions sont ensuite exploitées afin de réaliser différentes mesures comme la valeur absolue, la valeur efficace d'un signal et sa valeur moyenne.

I Aspect théorique

Le signal étudié est : $V_e(t) = V_0 \sin(\omega t)$. Sa valeur absolue : $|V_e(t)| = V_0 \left|\sin\left(\frac{2\pi}{T}t\right)\right|$ présente une période de $T' = \frac{T}{2}$ (ou une fréquence $f' = 2f$) avec $\omega = \frac{2\pi}{T} = 2\pi f$.

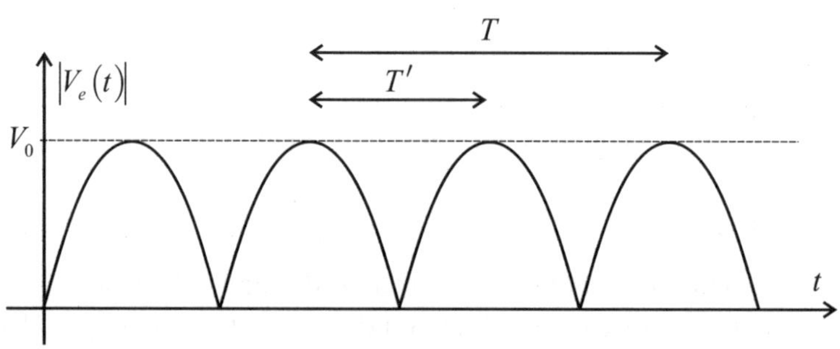

Sa décomposition en série de Fourier se calcule de façon classique et conduit à l'expression suivante : $|V_e(t)| = \underbrace{\frac{2V_0}{\pi}}_{a_0} + \sum_{p=1}^{+\infty} \frac{\cos(2p\omega t)}{(2p-1)(2p+1)}$.

La valeur moyenne du sinus est nulle, mais celle de sa valeur absolue ne l'est pas et vaut : $\langle |V_e(t)| \rangle = a_0 = \frac{2V_0}{\pi}$.

Par définition la valeur efficace du signal est : $V_{eff} = \sqrt{\langle (V_e(t))^2 \rangle}$. Pour un sinus elle est particulièrement simple et vaut : $\frac{V_0}{\sqrt{2}} \simeq 0{,}707\ V_0$. Le rapport de ces deux grandeurs vaut : $\alpha = \frac{V_{eff}}{\langle |V_e(t)| \rangle} = \frac{\pi}{2\sqrt{2}} \simeq 1{,}11$. Cela signifie que la valeur moyenne de $|V_e(t)|$ est peu différente de la valeur efficace d'une tension sinusoïdale, leur graphe étant similaire (voir figure tracée pour $V_0 = 1$).

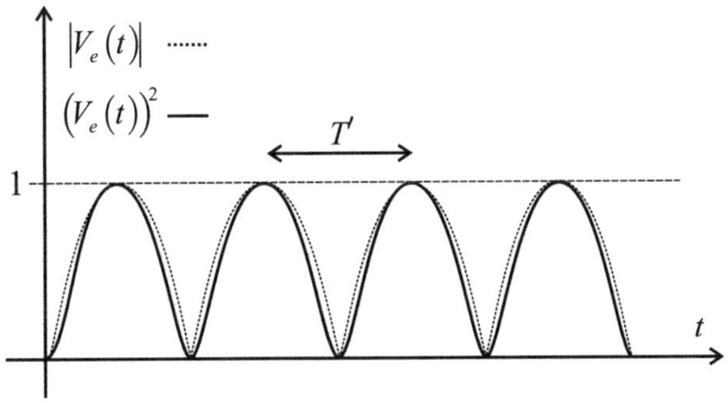

II ASPECT EXPÉRIMENTAL

1) Première approche

On réalise un montage à quatre diodes en pont de Graetz, on observe la tension d'entrée et la tension redressée.

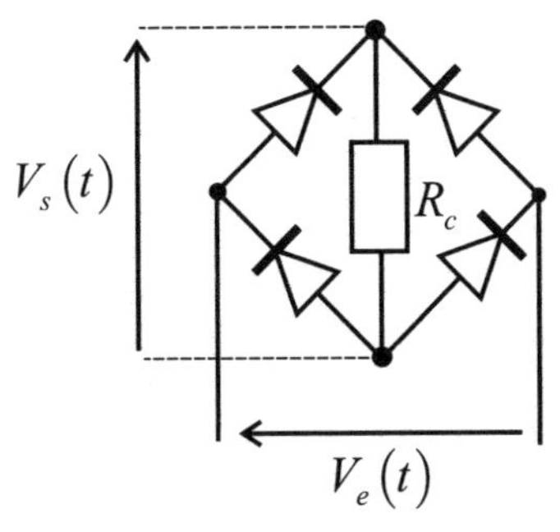

Remarque

La tension de sortie doit être prise par une sonde différentielle ou par l'intermédiaire d'un montage à amplificateur opérationnel afin d'éviter de court-circuiter une diode par l'intermédiaire des masses du GBF et de l'oscilloscope.

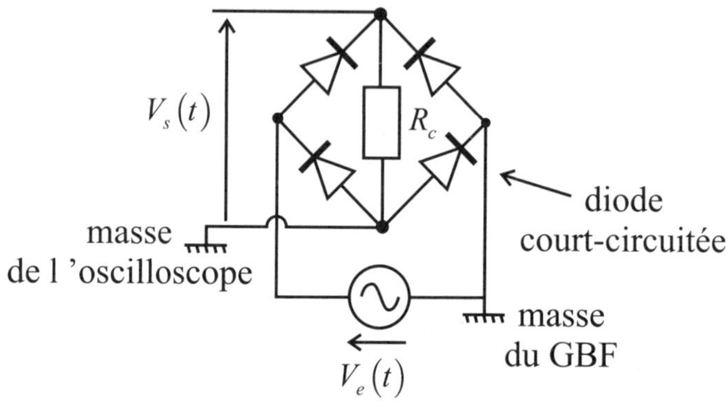

Le schéma précédent montre clairement qu'une diode est court-circuitée par l'intermédiaire des masses des deux appareils. Il faut donc : soit que le GBF ne soit pas relié à la masse, soit que la mesure se fasse par l'intermédiaire d'un montage qui est isolé de la masse. Il existe des GBF, dits à masse flottante, qui permettent d'établir une différence de potentiel entre deux points, sans que l'un d'entre eux ne soit relié à la masse. Dans le cas contraire, il faut utiliser un montage qui permette de s'isoler de la masse. Le montage suivant présente cette propriété :

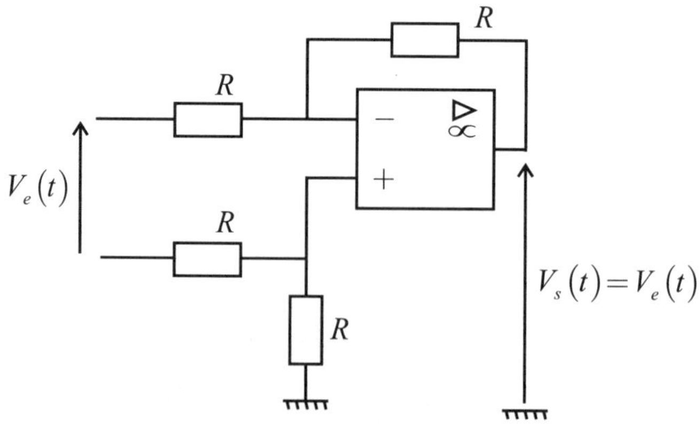

La tension de sortie du montage est égale à la tension d'entrée, mais aucune des deux entrées n'est reliée à la masse. Si on connecte ce montage en sortie du pont de Graetz, le court-circuit est évité.

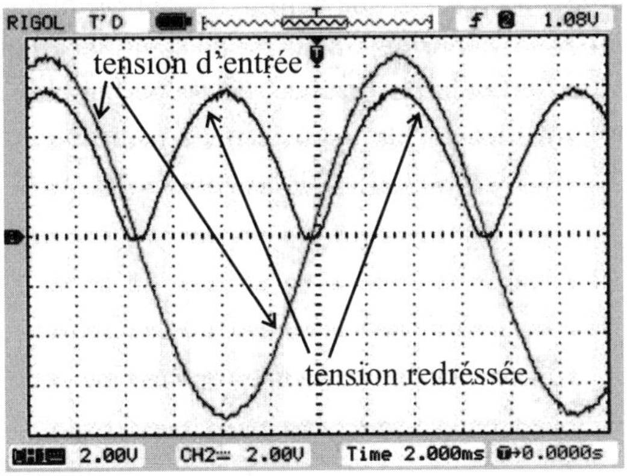

On remarque que la tension redressée présente une amplitude diminuée d'une valeur d'environ 1,2 V. Cette situation s'explique à partir de la caractéristique de la diode. En exploitant le modèle de la diode idéale avec tension de seuil, on comprend qu'en mode passante, la diode impose une chute de tension d'environ 0,6 V (voir chapitre pompe à diodes ou transfert de charges).

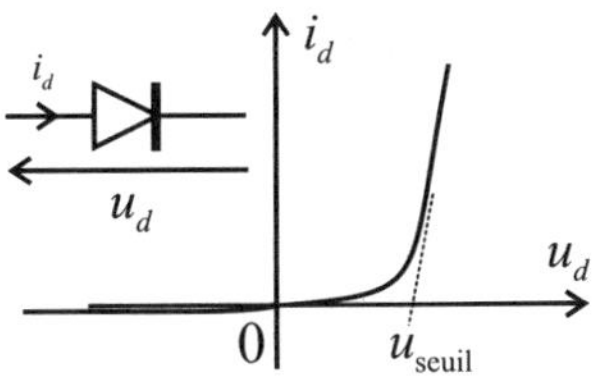

Caractéristique d'une diode réelle

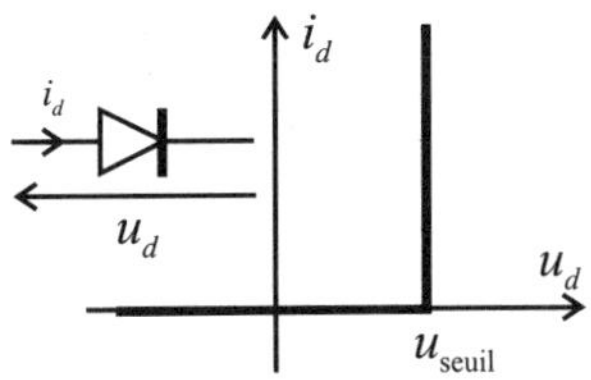

Caractéristique modélisée de la diode

Pour chaque demi-alternance, deux diodes sont conductrices, la chute de tension aux bornes des diodes est donc de : $2 \times u_{\text{seuil}} = 1{,}2$ V. La tension aux bornes de la résistance de charge est donc de $V_s(t) = V_e(t) - 2 \times u_{\text{seuil}}$.

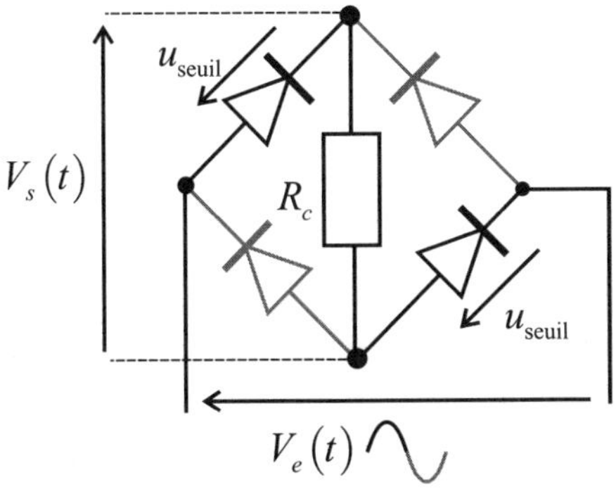

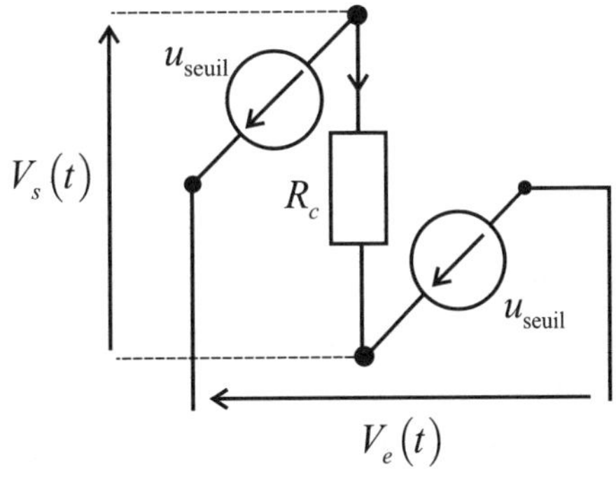

Une tension d'entrée qui présente une amplitude de l'ordre du volt, ne sera pas (ou peu) redressée du fait de la valeur de la tension de seuil des diodes. Par contre, pour des tensions de l'ordre de quelques dizaines de volts, la chute de tension imposée par les diodes est négligeable. Les ponts de Graetz sont donc essentiellement utilisés pour redresser des tensions d'amplitude grande devant la tension de seuil d'une diode.

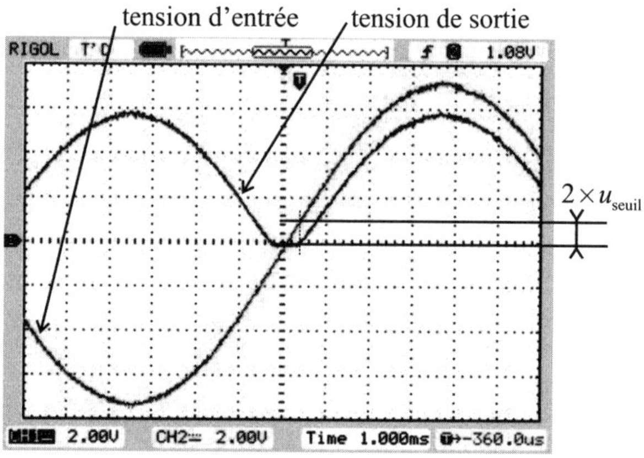

Remarque

Il existe des diodes dites signal, à base de germanium, dont la tension de seuil est de l'ordre de 0,3 V. Ce sont ces diodes qui seront utilisées pour la détection des signaux de faible amplitude.

2) Modèle de l'amplificateur linéaire intégré

Un ALI est un circuit intégré complexe. Il est modélisé par un composant idéal. Ses caractéristiques sont les suivantes :

- les courants d'entrée sont nuls (ou l'impédance d'entrée est infinie) ;
- la tension de décalage est nulle ;
- l'impédance de sortie est nulle ;
- en régime linéaire, le gain de l'amplificateur est infini (ou la bande passante est infinie) ;
- en régime non linéaire, la tension de sortie vaut $\pm V_{sat}$.

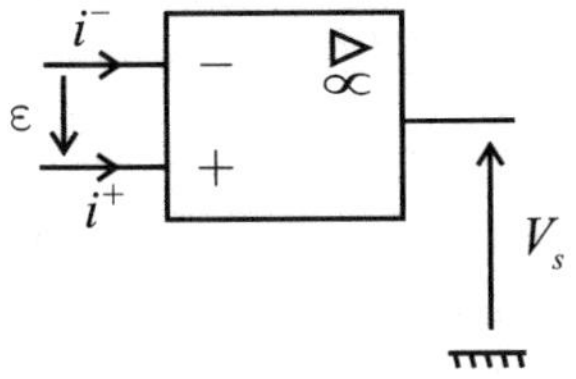

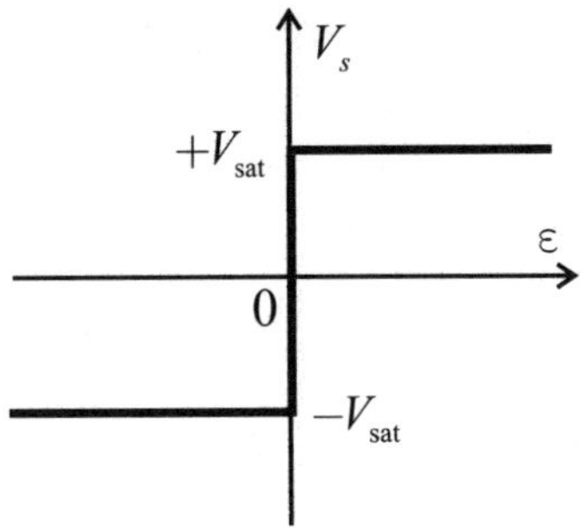

3) Analyse et réalisation du montage

Les montages sont alimentés en entrée par la tension : $V_e(t) = V_0 \sin(\omega t)$. On considère dans un premier temps le montage suivant :

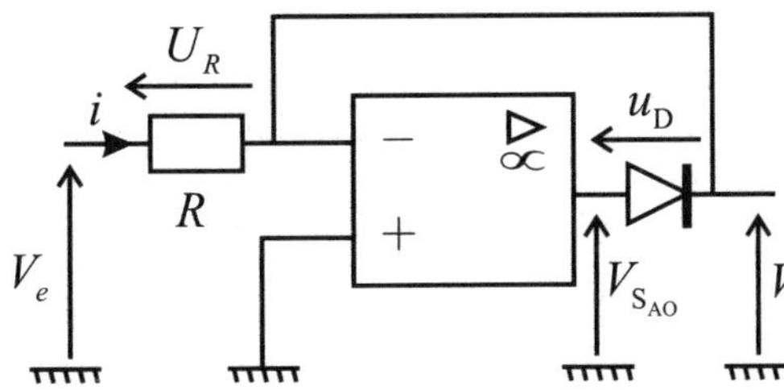

Envisageons l'**alternance positive** de la tension d'entrée : $V_e(t) > 0$.

- Si la diode est bloquée, pas de rétroaction, l'ALI fonctionne en régime saturé, $\varepsilon = V^+ - V^- = 0 - V^- = -V_e < 0$ et $V_{S_{AO}} = -V_{sat}$. La tension de sortie est égale à la tension d'entrée $V_s = V_e$ car aucun courant ne circule à travers cette branche.
- Si la diode est passante, il existe une liaison entre la sortie et l'entrée inverseuse (rétroaction), l'ALI fonctionne en régime linéaire $\varepsilon = V^+ - V^- = 0$. Le potentiel de la borne inverseuse vaut $V^- = 0$, et $U_R = V_e - V^- = V_e > 0$ ce qui impose un courant à travers la résistance, courant qui doit « entrer » par la sortie de l'ALI, situation incompatible avec le sens de la diode, elle n'est donc pas passante.

Envisageons l'**alternance négative** de la tension d'entrée : $V_e(t) < 0$.

- Si la diode est bloquée, pas de rétroaction, l'ALI fonctionne en régime saturé, $\varepsilon = V^+ - V^- = 0 - V^- = -V_e > 0$ et $V_{S_{AO}} = +V_{sat}$. La tension de sortie est égale à la tension d'entrée $V_s = V_e < 0$ car aucun courant ne circule à travers cette branche. La tension aux bornes de la diode est donc positive : $u_D = +V_{sat} - V_s > 0$, la diode ne peut pas être bloquée.
- Si la diode est passante, il existe une liaison entre la sortie et l'entrée inverseuse (rétroaction), l'ALI fonctionne en régime linéaire $\varepsilon = V^+ - V^- = 0$. Le potentiel

de la borne inverseuse vaut $V^- = 0$, et $U_R = V_e - V^- = V_e < 0$ ce qui impose un courant à travers la résistance, courant qui doit « sortir » par la sortie de l'ALI, situation compatible avec le sens de la diode, elle est donc passante. La tension de sortie vaut : $V_s = V^- = V^+ = 0$.

Ce montage constitue donc un montage redresseur sans seuil mono alternance. L'effet de seuil de la diode n'est plus perceptible puisque celle-ci est forcée dans le mode passant ou bloqué par la sortie de l'ALI. En fait, la tension de seuil de la diode est remplacée par celle de l'amplificateur opérationnel qui est quasiment nulle. Les oscillogrammes des tensions sont les suivants :

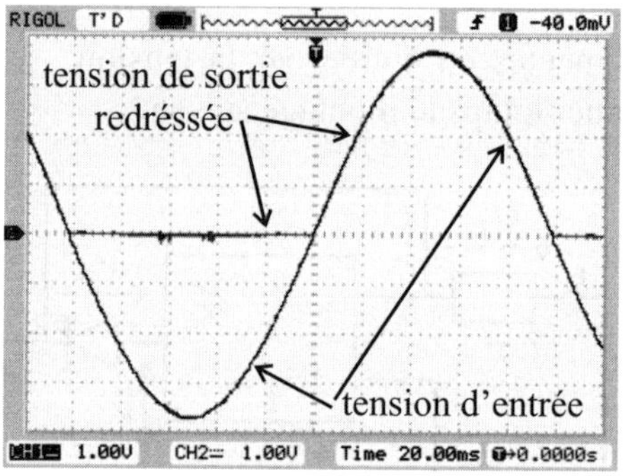

Le montage précédent fait maintenant partie du montage complet proposé par l'énoncé :

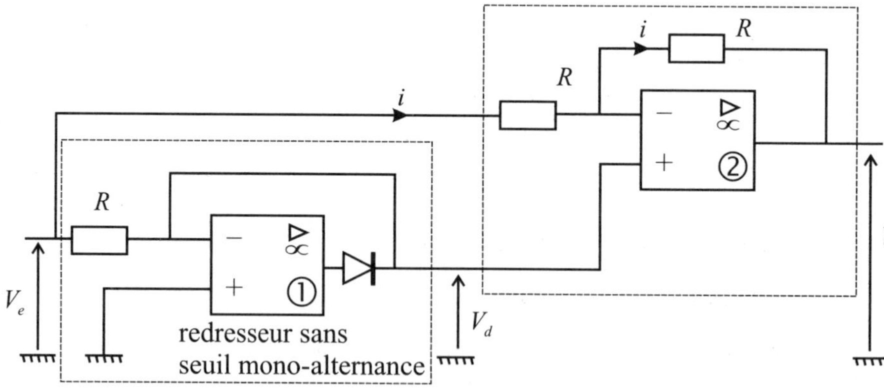

- Lorsque la **tension d'entrée est positive**, au niveau du redresseur sans seuil, $V_d(t) = V_e(t)$. L'ALI ② fonctionne en régime linéaire (liaison assurée par une des résistances entre la sortie et l'entrée inverseuse). Les entrées de cet ALI sont au même potentiel, l'intensité qui traverse les résistances est nul et $V_s(t) = V_e(t)$.

- Lorsque la **tension d'entrée est négative**, la tension de sortie du redresseur sans seuil vaut : $V_d(t) = 0$. L'ALI ② fonctionne toujours en régime linéaire mais cette fois $V_d = 0 = V^+ = V^-$. L'intensité qui traverse les résistances vaut $i = \frac{V_e(t)}{R}$ et $V_s(t) = -R\,i = -V_e(t)$.

Ce montage étudié constitue donc un montage redresseur sans seuil double alternance.

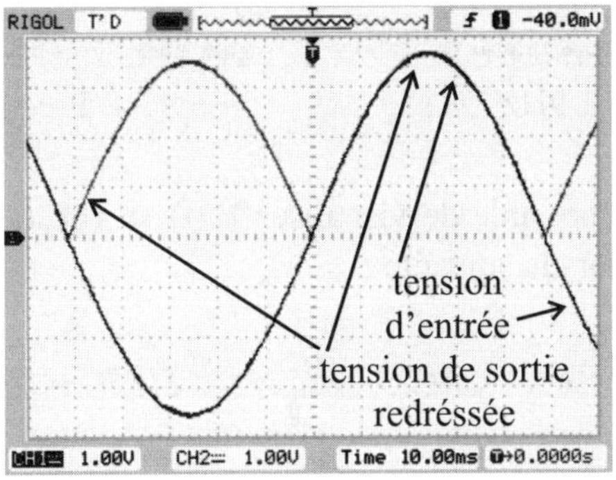

Oscillogrammes des tensions d'entrée et de sortie

4) Limites

Lorsqu'on augmente l'amplitude du signal d'entrée, la diode et l'amplificateur opérationnel doivent commuter de plus en plus vite. Un des défauts de l'ALI est le « slew-rate » (voir chapitre ALI réel). Ce défaut se traduit par une déformation du signal de sortie au voisinage de $V_s(t) = u_{\text{seuil}}$.

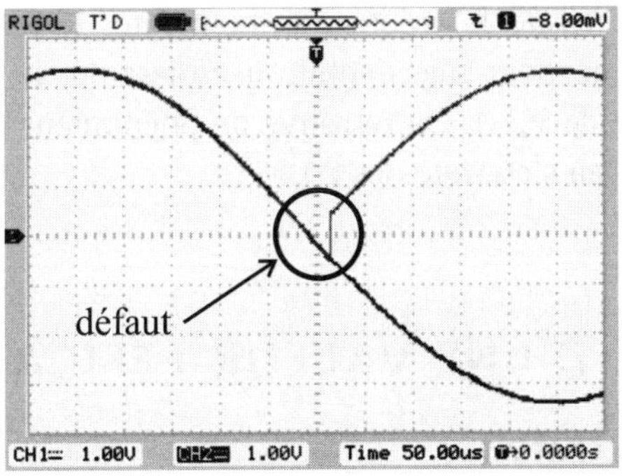

Lorsqu'on augmente encore la fréquence du signal d'entrée, le « slew-rate » ainsi que l'effet capacitif de la diode sont responsables de la déformation du signal. Ce dernier est d'autant plus prononcé que la fréquence est élevée.

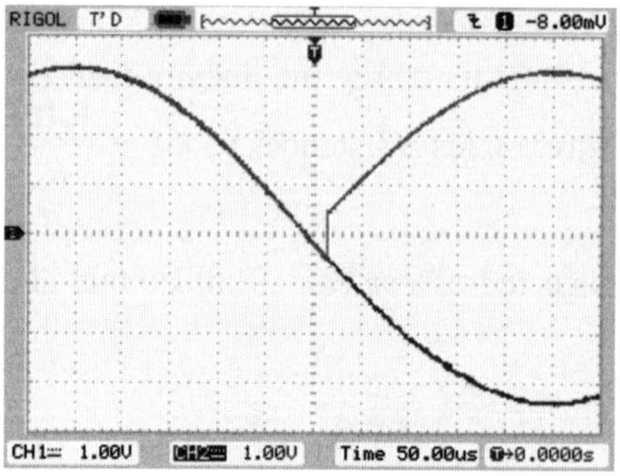

Fréquence 1 kHz

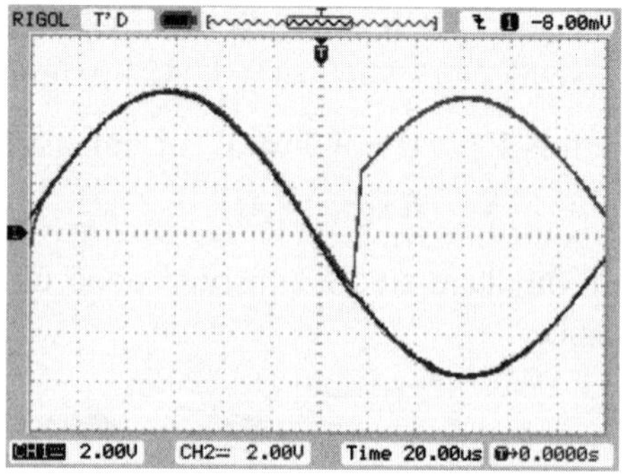

Fréquence 4 kHz

En mode XY il est possible de visualiser $V_s(t) = f(V_e(t)) = |V_e(t)|$, l'allure de l'oscillogramme est alors la suivante :

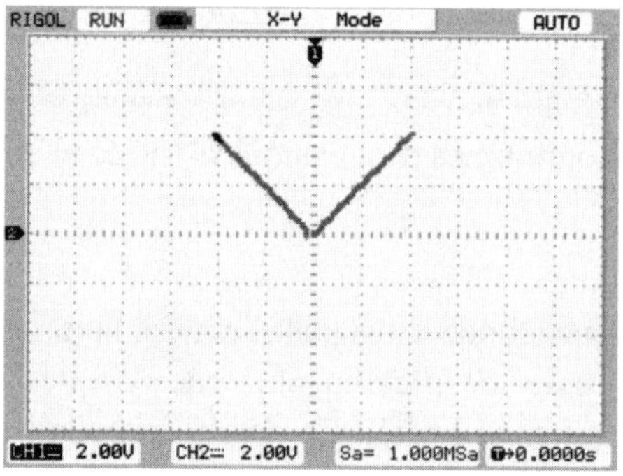

On constate que, lorsque la fréquence augmente, le spot semble suivre deux parcours différents, l'un pour une évolution croissante de $V_e(t)$, l'autre pour une évolution décroissante de $V_e(t)$. On retrouve un phénomène d'hystérésis lié à l'effet capacitif des diodes et au slew-rate des ALI.

III MESURE D'UNE VALEUR EFFICACE

1) Analyse spectrale

L'amplitude de la tension d'entrée est réglée à $V_0 = 6$ V. L'oscilloscope utilisé permet d'effectuer une analyse de Fourier du signal de sortie V_s. L'oscillogramme obtenu est le suivant :

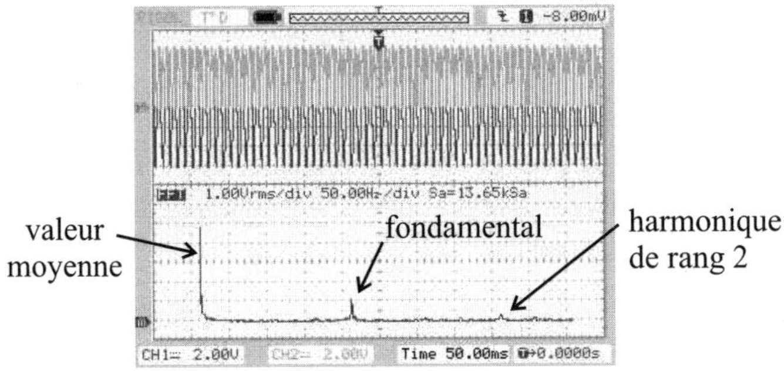

Comme attendu, on constate que la valeur moyenne est importante et quelques harmoniques sont détectables (la décroissance est rapide). En changeant de calibre et en faisant plusieurs mesures, les valeurs des premiers harmoniques sont :

Valeur moyenne	$f = 0$	$C_{0\ exp} = 3{,}8$ V	$C_{0\ theo} = 3{,}82$ V
Fondamental	$f'_0 = 2f_0$	$C_{1\ exp} = 1{,}2$ V	$C_{1\ theo} = 1{,}27$ V
Harmonique n° 2	$2f'_0 = 4f_0$	$C_{2\ exp} = 0{,}3$ V	$C_{2\ theo} = 0{,}25$ V
Harmonique n° 3	$3f'_0 = 6f_0$	$C_{4\ exp} = - - -$	$C_{4\ theo} = 0{,}1$ V

La lecture de l'amplitude des harmoniques n'est pas très aisée, l'incertitude sur une mesure est importante, la corrélation entre les résultats expérimentaux est acceptable dans ce cadre. L'harmonique de rang 3 présente une amplitude comparable au bruit, une mesure n'a pas de sens.

2) Valeur moyenne

On cherche maintenant à obtenir la composante moyenne du signal $V_s(t)$, celle-ci correspond à un signal de fréquence nulle, un filtre passe bas permet donc d'isoler ce signal. Ce type de filtre est réalisé avec une structure *RC* classique.

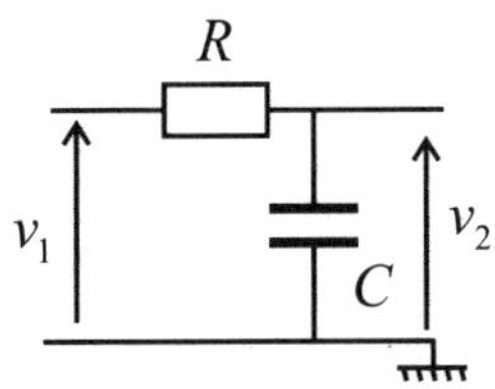

La fonction de transfert notée $\underline{H}_1$ se calcule de façon classique : $\underline{H}_1 = \frac{\underline{v}_2}{\underline{v}_1}$, et $\underline{H}_1 = \frac{\underline{Z}_C}{R + \underline{Z}_C} = \frac{1}{1 + jRC\omega}$. La fréquence de coupure du filtre vaut : $f_0 = \frac{1}{2\pi}\frac{1}{RC}$.

3) Calibration du filtre

On souhaite isoler la valeur moyenne du signal de sortie en imposant à l'amplitude du fondamental d'être divisé au moins par 10. La fonction de transfert du filtre permet de calculer la fréquence de coupure correspondante. Pour une fréquence du signal d'entrée notée f (le signal redressé présente une fréquence double) et une fréquence de coupure notée f_0, on impose :

$$|\underline{H}_1| = \frac{1}{\sqrt{1+\left(\frac{2f}{f_0}\right)^2}} < \frac{1}{10}$$

Ce qui se traduit par : $f_0 = \frac{1}{2\pi}\frac{1}{RC} \simeq \frac{f}{50}$ ou encore $C \simeq \frac{50}{2\pi Rf} \simeq 8\ \mu\text{F}$ pour une fréquence de 100 Hz. En prenant une capacité de $C = 10\ \mu\text{F}$, la condition est réalisée.

On souhaite obtenir en sortie la tension efficace du signal d'entrée, il faut donc multiplier la valeur moyenne de la tension redressée par le facteur multiplicatif 1,11. Pour ce faire on ajoute en sortie un montage amplificateur de gain correspondant.

4) Analyse expérimentale

Le montage complet étant réalisé, la tension de sortie est évaluée avec un multimètre connecté en mode continu (ce qui assure un filtrage supplémentaire). Pour un signal d'entrée d'une amplitude de 6 V et de 100 Hz, la valeur mesurée est de 3,75 V.

Pour que le filtre fonctionne pour des fréquences plus basses, il faut augmenter la capacité du condensateur, ce qui limite le fonctionnement dans le domaine des basses fréquences à une valeur limite de l'ordre de la dizaine de Hz.

OSCILLATEUR À PONT DE WIEN

17

Concours : X-ENS, Centrale, Mines

Objectif du TP : Obtenir une tension sinusoïdale à partir de sources de tensions continues.

Matériel : Classique d'électronique.

ÉNONCÉ

I MONTAGE A

1) Étude théorique

a) Déterminer la fonction de transfert $\underline{H_A}(j\omega) = \dfrac{\underline{V_S}}{\underline{V_E}}$ du montage ci-dessous.

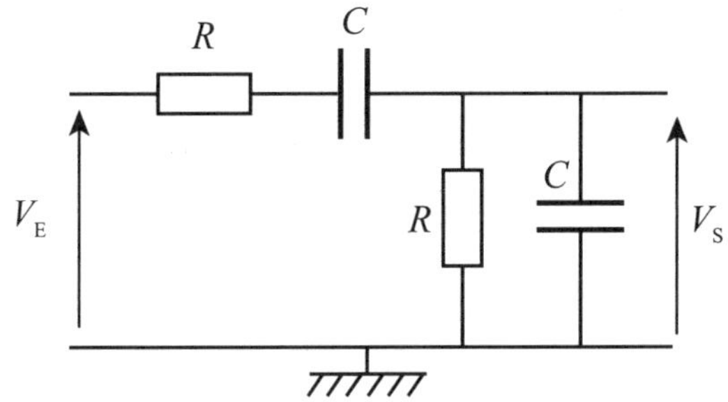

b) Donner la nature de ce filtre. On précisera

- la pulsation de résonance ;
- le gain à la résonance ;
- le facteur de qualité et sa bande passante ;
- le comportement asymptotique (pente des asymptotes).

2) Étude expérimentale

a) Faire le montage avec $R = 10\ \text{k}\Omega$ et $C = 10\ \text{nF}$.

b) Déterminer la pulsation de résonance, le gain à la résonance, la bande passante et les asymptotes. Comparer avec les valeurs théoriques.

c) Ce filtre est-il très sélectif ?

II Montage B

1) Étude théorique

a) Proposer un montage tel que le gain soit dans la bande passante :

$$G_B = 1 + \frac{R_2}{R_1}$$

b) Tracer alors $V_{Sortie} = f(V_{Entree})$.

2) Étude expérimentale

a) Faire le montage pour $G_{B,theorique} = 3$.

b) Observer que c'est bien le cas et vérifier que la pulsation de résonance précédente appartient bien à la bande passante de ce montage.

III Montage C

1) Étude théorique

a) On boucle maintenant les deux circuits précédents tel que $V_E = V_{Sortie}$ et $V_S = V_{Entree}$. Montrer qu'en absence de tension d'entrée, on peut avoir V_S non nulle.

b) En déduire une relation entre G_B et $\underline{H_A}(j\omega)$.

c) Montrer qu'alors la pulsation d'oscillation est définie.

d) Quelle relation doit-on avoir entre R_1 et R_2 pour avoir des oscillations ?

2) Étude expérimentale

a) Faire le montage avec $R_1 = 10$ kΩ et R_2 légèrement inférieure à $2R_1$ à l'aide d'une résistance variable.

b) Observer la naissance des oscillations. Déterminer à partir de quelle valeur de R_2, on a des oscillations en augmentant R_2 de 0,01 kΩ en 0,01 kΩ.

c) Déterminer la fréquence et l'amplitude des oscillations.

d) Augmenter R_2 jusqu'à ce que la tension de sortie sature nettement. Que devient V_{Entree} ? Observer la transformée de Fourier de V_{Sortie} et V_{Entree} :

- pour un signal de sortie V_{Sortie} non écrêté ;
- pour un signal de sortie V_{Sortie} écrêté.

IV POINT DE FONCTIONNEMENT

1) Déterminer le point de fonctionnement

2) Peut-on contrôler l'amplitude des oscillations ?

PROPOSITION DE SOLUTION

Commentaires : un TP classique, application directe du cours, pour les filières PSI et PC mais nettement moins applicatif pour la filière MP, même si l'énoncé est bien détaillé. Il faut avoir une bonne connaissance des défauts et limitations d'un ALI, comme les limitations en tension et vitesse, et connaître le modèle associé à un gain fini du type passe-bas du 1er ordre.

I MONTAGE A

1) Étude théorique

a) La résistance et le condensateur en parallèle ont pour impédance équivalente

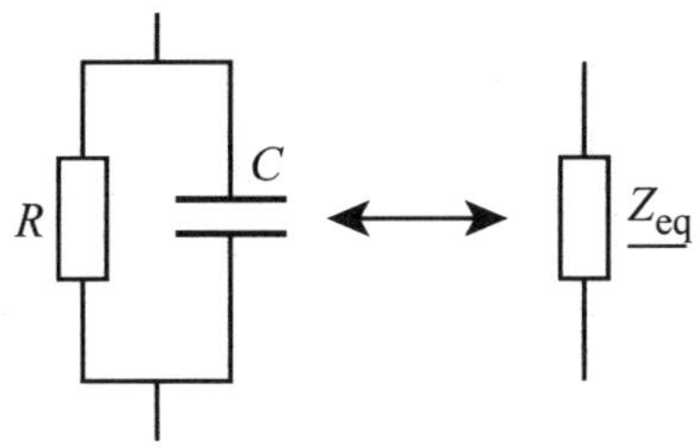

$$\underline{Z_{eq}} = \frac{R}{1 + jRC\omega}$$

L'application de la formule d'un pont diviseur de tension donne :

$$\underline{H_A}(j\omega) = \frac{\underline{V_S}}{\underline{V_E}} = \frac{\underline{Z_{eq}}}{R + \frac{1}{jC\omega} + \underline{Z_{eq}}} = \frac{\frac{R}{1+jRC\omega}}{R + \frac{1}{jC\omega} + \frac{R}{1+jRC\omega}}$$

Et finalement après développement :

$$\underline{H_A}(j\omega) = \frac{jRC\omega}{1 + 3jRC\omega + (jRC\omega)^2}$$

b) On écrit la fonction de transfert précédente sous forme canonique afin de faciliter l'identification :

$$\underline{H_A}(j\omega) = \frac{H_0 \frac{1}{Q}\frac{j\omega}{\omega_0}}{1 + \frac{1}{Q}\frac{j\omega}{\omega_0} + \left(\frac{j\omega}{\omega_0}\right)^2}$$

On obtient alors :

- $\omega_0 = \dfrac{1}{RC}$ la pulsation à la résonance ;
- $H_0 = \dfrac{1}{3}$ le gain à la résonance ;
- $Q = \dfrac{1}{3}$ le facteur de qualité ;
- $\Delta\omega_{3dB} = \dfrac{\omega_0}{Q} = \dfrac{3}{RC}$ la bande passante.

Comportements asymptotiques :

- Aux basses fréquences, $\underset{\omega \to 0}{\underline{H_A}}(j\omega) \approx H_0 \dfrac{1}{Q}\dfrac{j\omega}{\omega_0}$ ce qui donne en échelle log une asymptote de pente +20 dB/decade.
- Aux hautes fréquences, $\underset{\omega \to \infty}{\underline{H_A}}(j\omega) \approx \dfrac{H_0}{\dfrac{Qj\omega}{\omega_0}}$ et on aura en échelle log une asymptote de pente −20 dB/decade.

Le facteur de qualité est plus petit que l'unité : les asymptotes vont se couper au-dessus du maximum du gain en décibel.

Comme $\dfrac{H_0}{Q} = 1$, les deux asymptotes vont se couper en $(\omega_0; 0)$ donc sur l'axe des abscisses. Par ailleurs la distance algébrique du maximum du gain (en décibel) à ce point d'intersection est distant de $-20 \log Q$ ce qui permettra de vérifier la valeur de Q (se reporter au chapitre « Graphes » de la méthodologie).

Le filtre proposé est un filtre passe-bande d'ordre deux (toujours préciser la nature et l'ordre d'un filtre).

2) Étude expérimentale

a) et b) Pour déterminer avec rapidité la fréquence de résonance, les tensions V_S et V_E sont observées à l'oscilloscope en mode Lissajous (XY). La figure obtenue est une ellipse dans le cas général (déphasage quelconque) et est une droite pour un déphasage nul (ou valant π).

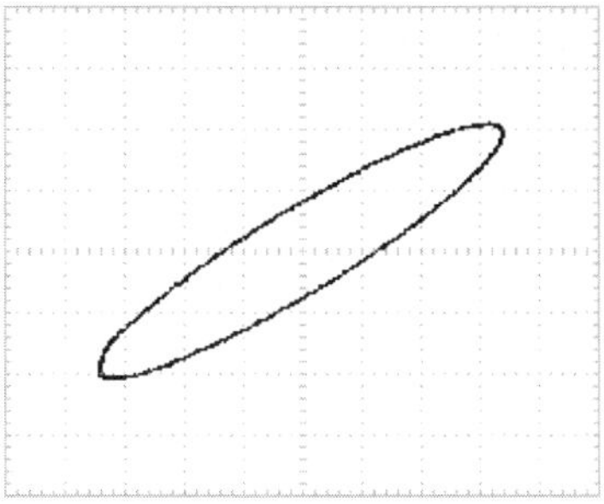

$f = 835$ Hz

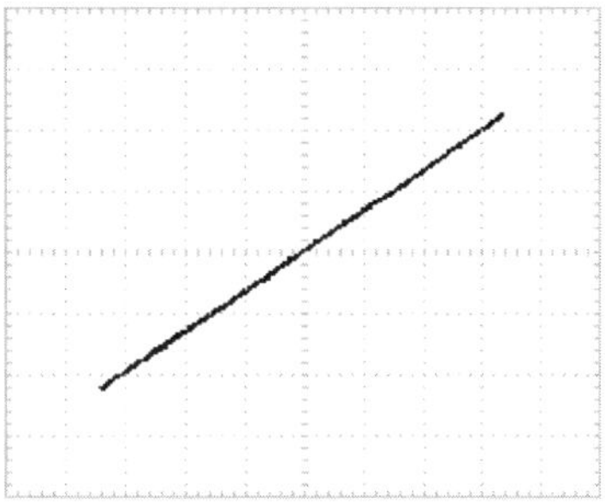

$f = f_0 = 1565$ Hz (résonance)

On obtient ici :

$$f_0 \approx 1565 \text{ Hz}$$

Pour déterminer le facteur de qualité, il faut d'abord mesurer la valeur de la tension de sortie V_S à la fréquence de résonance, par exemple ici :

$$V_{S,max} \approx 3{,}48 \text{ V}$$

Puis chercher de part et d'autre de f_0, les fréquences f_{C_1} et f_{C_2} telles que la tension de sortie soit égale à :

$$V_S(f_C) = \frac{V_{S,max}}{\sqrt{2}} \approx 2{,}46 \text{ V}$$

que l'on repère avec précision avec les curseurs de l'oscilloscope.

Expérimentalement, nous trouvons :

$$f_{C_1} \approx 455 \text{ Hz} \text{ et } f_{C_2} \approx 5125 \text{ Hz}$$

On obtient le facteur de qualité :

$$Q = \frac{\omega_0}{\Delta\,\omega_C} = \frac{f_0}{\Delta\,f_C} \approx \frac{1565}{5125 - 455} \approx 0{,}33\ (5)$$

très proche de la valeur théorique.

Diagramme de Bode : l'énoncé ne demandant pas explicitement de le tracer (en amplitude et en phase), on se contente de la partie amplitude correspondant à $G_{dB} = 20 \log G(f)$ en fonction de $\log f$ ce qui est suffisant pour obtenir les pentes des asymptotes.

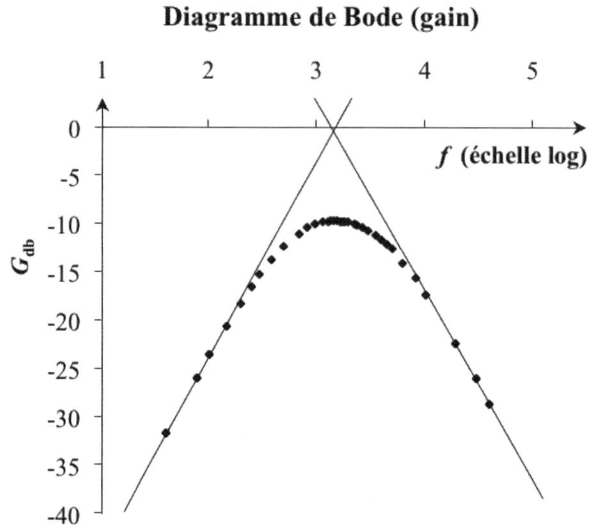

Les asymptotes ont pour pente : $+20{,}3$ dB/dec pour les basses fréquences et $-19{,}5$ dB/dec pour les hautes fréquences.

Elles se coupent au point $(f_0; 0)$ et comme le maximum vaut $-9{,}68$ dB, on vérifie à nouveau la valeur de Q par la relation $-20 \log Q = 9{,}68$ soit $Q \approx 0{,}328$ ce qui est encore satisfaisant.

Bilan :

	Fréquence de résonance	Gain à la résonance	Bande passante	Pente asymptotes
Théorie	1590 Hz	0,333	4775 Hz	+ 20 et – 20 dB/dec
Expérience	1565 Hz	0,335	4670 Hz	+ 20,3 et – 19,5 dB/dec
Ecart (%)	1,5	0,6	0,3	2,5

Les écarts entre théorie et expérience sont inférieurs à 5% ce qui est suffisant en électronique pour dire que les résultats sont cohérents.

c) Le facteur de qualité valant $1/3 < 1$, ce n'est pas un filtre très sélectif. Cela posera éventuellement problème pour obtenir un signal « sinusoïdal » pur.

II MONTAGE B

1) Étude théorique

a) On reconnaît l'expression du gain d'un montage non-inverseur dont le circuit est :

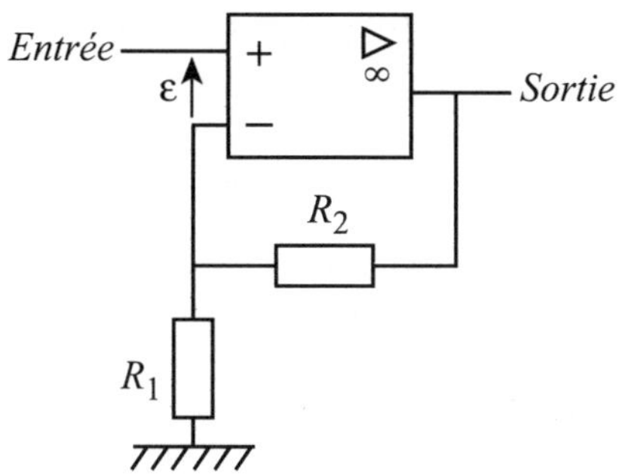

En effet, le théorème de Millman appliqué à l'entrée inverseuse de l'ALI s'écrit

$$V^- = \frac{\frac{V_{\text{Sortie}}}{R_2}}{\frac{1}{R_1} + \frac{1}{R_2}}$$ et l'on a également $V^+ = V_{\text{Entree}}$.

La rétroaction permet d'envisager le fonctionnement linéaire de l'ALI et comme ce dernier est idéal alors $V^+ = V^-$ ce qui amène au résultat demandé :

$$G_B = \frac{V_{\text{Sortie}}}{V_{\text{Entree}}} = 1 + \frac{R_2}{R_1}$$

b) Le graphe théorique $V_{\text{Sortie}} = f(V_{\text{Entree}})$ est le suivant :

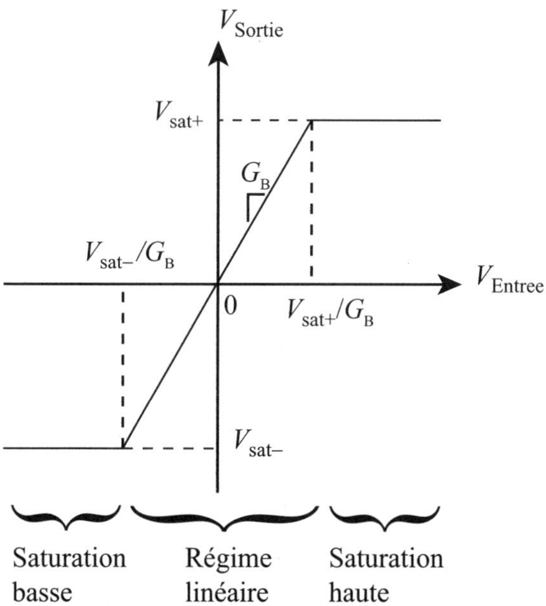

La rétroaction est une condition nécessaire de fonctionnement linéaire d'un ALI et dans ce cas : $V_{\text{Sortie}} = G_B\, V_{\text{Entree}}$. Elle n'est cependant pas une condition suffisante : l'ALI est, par exemple, limité en tension et doit respecter :

$$V_{\text{sat}-} \leqslant V_{\text{Sortie}} \leqslant V_{\text{sat}+}$$

où $V_{\text{sat}-}$ est la tension de saturation basse et $V_{\text{sat}+}$ la tension de saturation haute.

Généralement, $V_{\text{sat}+} \approx -V_{\text{sat}-} \approx V_{\text{alim}} \approx 15$ V.

La saturation haute a donc lieu pour de $V_{\text{Entree}} > \dfrac{V_{\text{sat}+}}{G_B}$ et la saturation basse pour $V_{\text{Entree}} < \dfrac{V_{\text{sat}-}}{G_B}$.

2) Étude expérimentale

a) Prenons $R_1 = 10$ kΩ et $R_2 = 20$ kΩ pour avoir un gain théorique de 3.

b) Pour retrouver la relation $V_{\text{Sortie}} = f(V_{\text{Entree}})$, l'entrée est alimentée par une tension sinusoïdale d'amplitude maximale pour le GBF (environ 10 V) avec une fréquence assez basse d'une centaine de Hertz. En mode XY on obtient à l'oscilloscope :

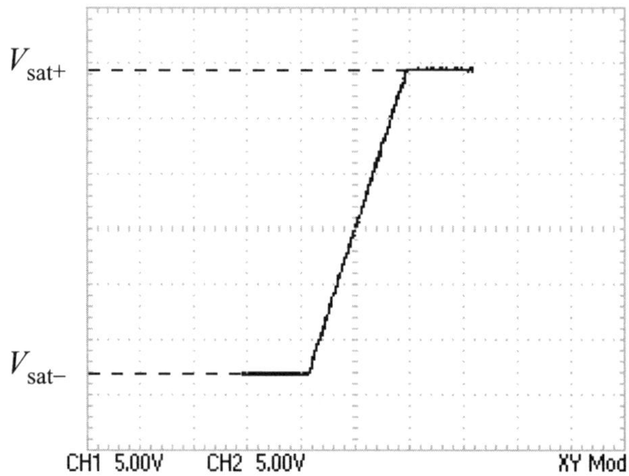

On distingue clairement les trois régimes de l'ALI (saturations haute et basse, régime linéaire).

Les tensions de saturations sont légèrement dissymétriques et proches des tensions d'alimentation de l'ALI :

$$V_{\text{sat}+} \approx +14 \text{ V} \quad \text{et} \quad V_{\text{sat}-} \approx -13 \text{ V}$$

La pente correspondant au fonctionnement linéaire de l'ALI vaut $G_B \approx 3$, ce qui est valable tant que $|V_{\text{Entree}}| \leqslant \dfrac{V_{\text{sat}}}{G_B} \approx \dfrac{15}{3} \approx 5$ V conformément à l'étude théorique précédente.

Il faut ensuite évaluer la bande passante de ce montage. Contrairement aux calculs effectués aux paragraphes II. 1a et b) où l'on avait supposé le gain de l'ALI infini, ce dernier possède en réalité un gain fini qui dépend de la pulsation : il a les caractéristiques d'un filtre passe-bas du premier ordre. Ainsi :

$$\underline{\mu}(j\omega) = \frac{\mu_0}{1 + j\dfrac{\omega}{\omega_C}} = \frac{\underline{V_{\text{Sortie}}}}{\underline{\varepsilon}}$$

avec $\mu_0 \approx 10^5$ le gain statique de l'ALI, $f_C \approx 10$ Hz la fréquence de coupure et $\varepsilon = V^+ - V^-$ la tension différentielle de l'ALI.

Ce calcul a déjà été effectué dans le chapitre « Défauts d'un ALI réel » et l'on a :

$$\frac{\underline{V_{\text{Sortie}}}}{\underline{V_{\text{Entree}}}} = \frac{H'_0}{1 + j\dfrac{\omega}{\omega'_C}}$$

Le montage non-inverseur étudié a le comportement d'un filtre passe-bas du premier ordre de gain statique $H'_0 = \dfrac{\mu_0}{1 + \mu_0 \dfrac{R_1}{R_1 + R_2}}$ et de pulsation de coupure $\omega'_C = \omega_C \left(1 + \mu_0 \dfrac{R_1}{R_1 + R_2}\right)$.

Une propriété importante est que le produit gain statique ×bande passante est une constante indépendante de R_1 et R_2. En effet :

$$H'_0 \times \omega'_C = \frac{\mu_0}{1 + \mu_0 \frac{R_1}{R_1 + R_2}} \times \omega_C \left(1 + \mu_0 \frac{R_1}{R_1 + R_2}\right) = \mu_0 \times \omega_C$$

Aux basses fréquences c'est-à-dire pour $\omega \ll \omega'_C$ le gain vaut H'_0 et étant donné la grande valeur de μ_0 on récupère bien le gain $G_B = 1 + \dfrac{R_2}{R_1}$.

Pour obtenir sa bande passante sans tracer le diagramme de Bode, il suffit pour une tension d'entrée fixée V_{Entree} de mesurer à basse fréquence (quelques centaines d'Hertz) $V_{\text{Sortie}} = V_0$ puis d'augmenter la fréquence jusqu'à ce que $V_{\text{Sortie}} = \dfrac{V_0}{\sqrt{2}}$ tout en restant sinusoïdale.

Cependant, en augmentant la fréquence du GBF, un autre défaut de l'ALI apparaît : le Slew-Rate. Il s'agit d'une limitation en vitesse de l'ALI qui ne peut pas suivre des variations trop rapides.

Cela se traduit par : $\left|\dfrac{dV_{\text{Sortie}}}{dt}\right| \leqslant \sigma$ où σ est la vitesse de balayage limite.

Lorsque cette inégalité n'est pas respectée, le signal de sortie se « triangularise » comme on peut le remarquer sur l'oscillogramme ci-dessous.

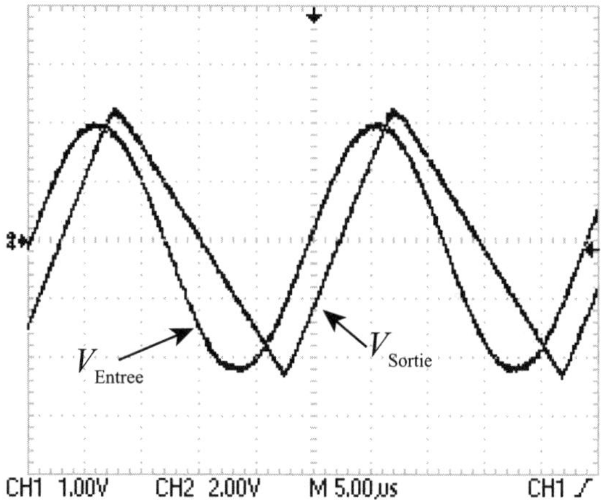

Remarque

La mesure des pentes (montantes ou descendantes) des segments du triangle permet de trouver la valeur numérique de σ. Le signal de sortie (CH2) monte de 4 carreaux et demi en 10 µs (2 carreaux de l'axe horizontal) ce qui donne $\sigma \approx \dfrac{4{,}5 \times 2}{10} \approx 1$ V/µs, ce qui est le bon ordre de grandeur.

Pour éviter ce problème, il faut diminuer la tension d'entrée à l'aide des atténuateurs – 20 dB du GBF et vérifier que le signal de sortie reste bien sinusoïdal.

Dans ces conditions, la fréquence de coupure de ce montage non-inverseur vaut

$$f_{\text{C,B}} \approx 350 \text{ kHz}$$

Cette valeur est cohérente car comme cela a été démontré :

$$\text{Gain statique} \times \text{Bande passante en frequence} = \text{Constante} = \mu_0 f_{\text{C}}$$

Ce qui donne ici :

$$3 \times 350\ 10^3 \approx 10^5 \times 10 = 10^6$$

Par ailleurs la fréquence de résonance du montage A appartient bien à la bande passante de ce montage car $f_0 \approx 1600$ Hz $\ll f_{\mathrm{C,B}} \approx 350$ kHz.

III MONTAGE C

1) Étude théorique

a) et b) $V_{\mathrm{Sortie}} = V_{\mathrm{E}}$ et $V_{\mathrm{Entree}} = V_{\mathrm{S}}$. Ce qui donne $\left(G_{\mathrm{B}}\,\underline{H_{\mathrm{A}}} - 1\right) \times V_{\mathrm{S}} = 0$.

On peut avoir V_{S} non nulle avec :

$$G_{\mathrm{B}}\,\underline{H_{\mathrm{A}}} = 1$$

Remarque

Cette relation permettant l'existence d'oscillations s'appelle le critère de Barkhausen.

c) La condition sur l'argument donne, puisque G_{B} est réel : $\mathrm{Arg}(\underline{H_{\mathrm{A}}}) = 0$ donc

$$\omega_{\mathrm{Osc}} = \omega_0 = \frac{1}{RC}$$

d) La condition sur le module donne : $G_{\mathrm{B}}\left|\underline{H_{\mathrm{A}}}(j\omega_0)\right| = 1$ soit $G_{\mathrm{B}} \times H_0 = 1$ ou encore : $G_{\mathrm{B}} = 3$ et la condition sur R_2 s'écrit :

$$R_2 = 2R_1$$

2) Étude expérimentale

a) On réalise le montage en supprimant tout générateur (erreur fréquente chez les candidats).

b) En augmentant petit à petit la valeur de la résistance R_2, des oscillations sinusoïdales apparaissent pour :

$$R_2 \approx 20{,}44\ \mathrm{k\Omega}$$

c) Les amplitudes des oscillations sont $V_{\mathrm{Sortie,m}} \approx 13$ V

et

$$V_{\mathrm{Entree,m}} \approx 4{,}3\ \mathrm{V} \approx \frac{V_{\mathrm{Sortie,m}}}{G_{\mathrm{B}}} \approx \frac{13}{3}$$

La fréquence mesurée de ces oscillations est $f_{\mathrm{Osc}} \approx 1540$ Hz.

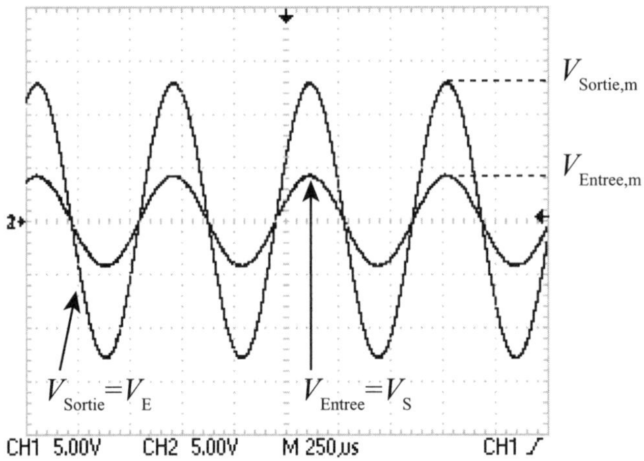

L'évolution de V_S avec le temps permet de mieux comprendre le principe d'un oscillateur (quasi-) sinusoïdal. À partir des parasites (micro-tensions) dans le circuit, le système légèrement instable crée une divergence du signal (selon un régime pseudo-périodique divergent : on reconnaît les enveloppes exponentielles) puis une limitation du signal à cause des non-linéarités du système actif, ici l'ALI.

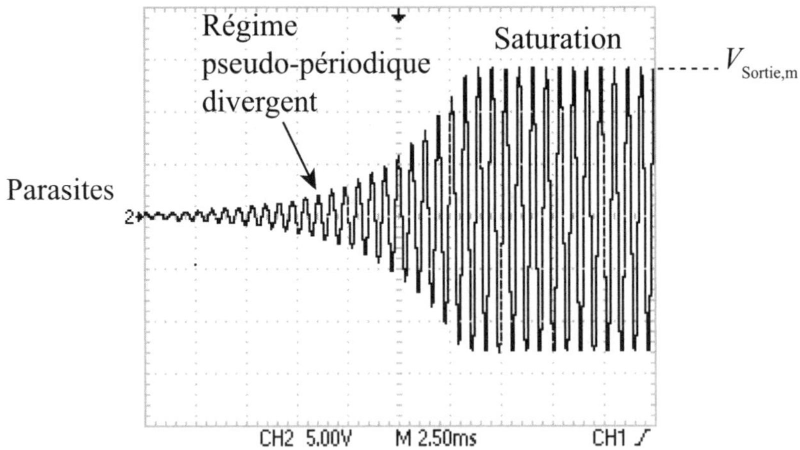

d) Pour $R_2 = 21{,}44\ \text{k}\Omega$, V_{Sortie} sature nettement (apparition d'un plateau horizontal), tandis que V_{Entree} ressemble encore assez à un signal sinusoïdal malgré une légère déformation.

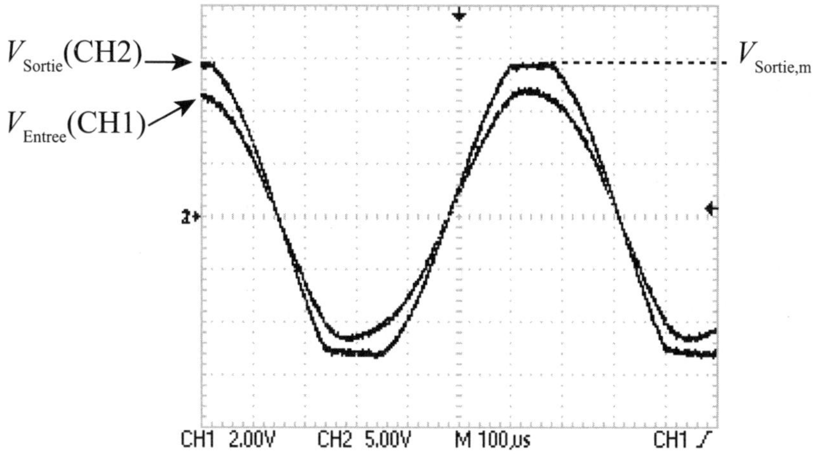

Pour un signal de sortie V_{Sortie} non écrêté, les spectres de V_{Sortie} et de V_{Entree} prouvent que les signaux générés sont (quasi-) sinusoïdaux puisqu'il n'y a qu'un seul pic à la fréquence $f_0 \approx 1540$ Hz. Il s'agit de la situation « juste au-dessus du seuil » : $R_2 \approx 20{,}44$ kΩ.

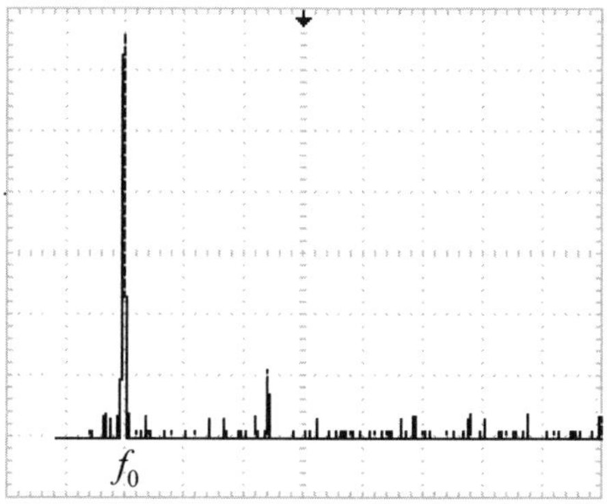

Transformée de Fourier de V_{Sortie}

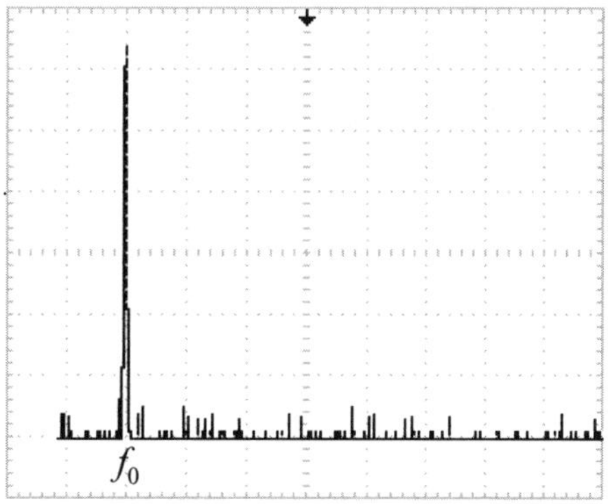

Transformée de Fourier de V_{Entree}

Pour un signal de sortie V_{Sortie} écrêté ($R_2 = 21{,}44$ kΩ), le spectre de V_{Sortie} est plus riche en harmoniques (pics secondaires d'amplitudes plus importantes) que le spectre de V_{Entree} ce qui est cohérent puisque ce dernier a encore un profil sinusoïdal contrairement à V_{Sortie}.

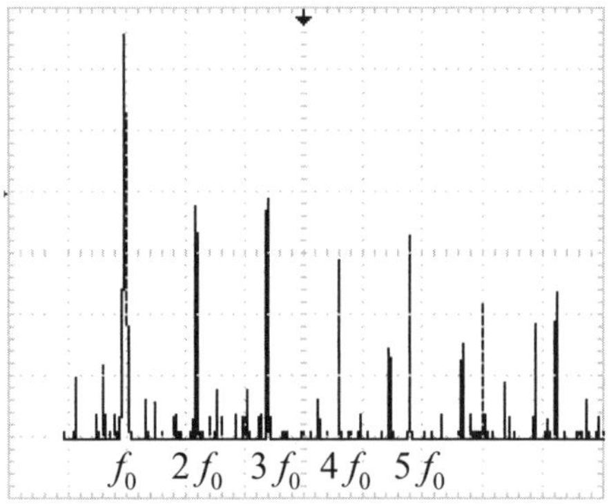

Transformée de Fourier de V_{Sortie}

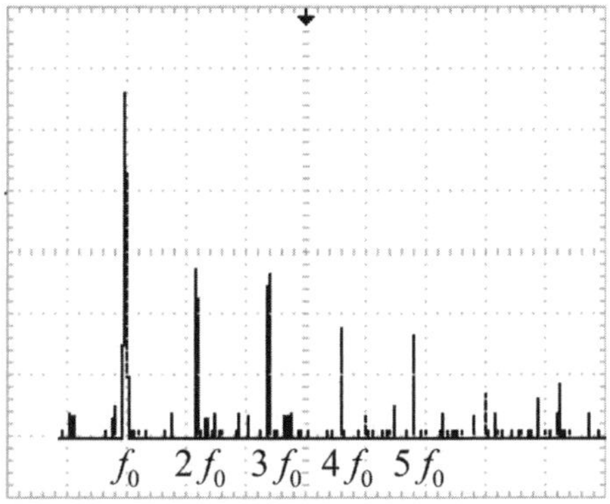

Transformée de Fourier de V_{Entree}

Il est satisfaisant que ce soit le signal à la sortie du filtre (V_{Entree}) qui reste plus proche d'un sinus, car le filtre passe-bande supprime en partie les harmoniques de V_{Sortie}. On retrouve ici le principal inconvénient de l'oscillateur à pont de Wien : le filtre n'est pas assez sélectif (le facteur de qualité est trop faible) pour obtenir, même au dessus du seuil, un signal sinusoïdal « pur ».

IV Point de fonctionnement

1) Pour déterminer les points de fonctionnement, c'est-à-dire la (ou les) valeur(s) des amplitudes permises on se place d'emblée dans la situation où $\omega = \omega_{\text{Osc}} = \omega_0$ puisque c'est la seule pulsation autorisée par l'oscillateur. Dans ce cas :

- Le filtre de Wien mène à la relation : $\dfrac{\underline{\underline{V_S}}}{\underline{V_E}} = \dfrac{V_S}{V_E} = H_0 = \dfrac{1}{3}$ soit puisque $V_{\text{Sortie}} = V_E$ et $V_{\text{Entree}} = V_S$ alors $V_{\text{Sortie}} = 3\ V_{\text{Entree}}$. La représentation de la courbe $V_{\text{Sortie}} = f(V_{\text{Entree}})$ est une droite affine dont la pente vaut 3.
- L'amplificateur non-inverseur a toujours pour caractéristique un segment de pente $1 + \dfrac{R_2}{R_1}$ puis les saturations à $V_{\text{sat}+}$ et $V_{\text{sat}-}$.

Les points de fonctionnement sont donnés par l'intersection de ces deux caractéristiques.

Si $R_2 < 2R_1$, nous obtenons le tracé suivant :

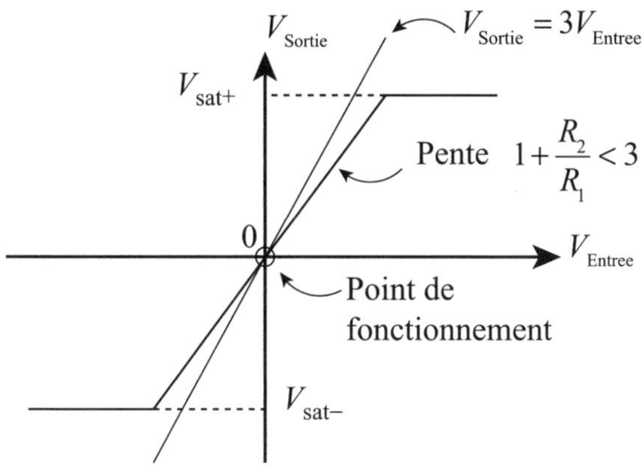

La pente de la caractéristique du montage non inverseur étant inférieure à 3, le seul point d'intersection possible se trouve en (0; 0) : aucune oscillation n'est possible. Il n'y a pas de signal de sortie.

Si $R_2 = 2R_1$, les deux caractéristiques sont confondues entre V_{sat+} et V_{sat-}.

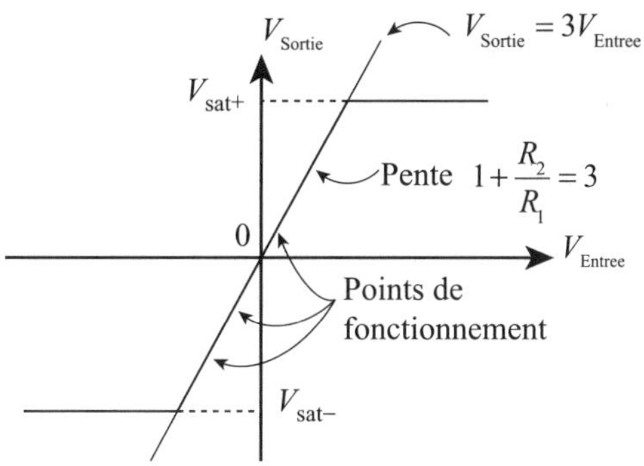

Il y a une infinité de solutions : l'amplitude n'est pas définie. En pratique le critère $R_2 = 2R_1$ est irréalisable : les fluctuations thermiques suffisent à se décaler légèrement de cette condition pour être finalement soit au-dessus du seuil, soit en-dessous. Pour voir les oscillations il faut se placer légèrement au-dessus du seuil avec $R_2 >\approx 2R_1$ et on observera la courbe de la question III.2c) avec une divergence exponentielle (et pseudo périodique) jusqu'à saturations.

Si $R_2 > 2R_1$, en dehors de $(0;0)$ le point de fonctionnement donne une amplitude des oscillations de $V_{sat+} \approx |V_{sat-}| \approx 14$ V conforme à l'expérience. Ce sont les non-linéarités du montage, ici les saturations en tension de l'ALI, qui définissent l'amplitude des oscillations.

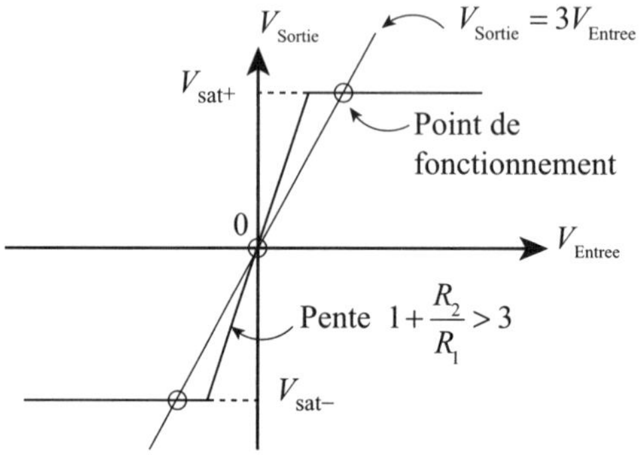

2) Pour contrôler l'amplitude des oscillations, il faut utiliser un montage amplificateur non-linéaire mais dont la non-linéarité est plus douce que celle d'un ALI. On peut par exemple imaginer un montage non-inverseur avec une résistance variable dépendant de la tension d'entrée. Ainsi, la condition d'amplification deviendra une condition d'amplitude.

Deux sujets d'écrit de concours récents illustrent ce point que nous ne développerons pas davantage :

- Centrale PC 2006.
- Centrale PSI 2008.

OSCILLATEUR À RÉSEAU DÉPHASEUR

18

Concours : Centrale

Objectif du TP : Réaliser un oscillateur quasi-sinusoïdal à partir d'un amplificateur et d'un filtre dont on étudie les caractéristiques. Ce TP se présente sous deux variantes, l'une avec un filtre passe-bas (3 cellules RC en cascade) et un module amplificateur inverseur, l'autre avec un filtre passe-haut (3 cellules CR en cascade) et un bloc amplificateur non inverseur.

Matériel : Classique d'électronique.

ÉNONCÉ

1) Étude du filtre seul

Il existe deux versions de ce TP, l'une avec un filtre passe-bas, l'autre avec un filtre passe-haut. Nous traitons ici le cas du montage avec le filtre passe-bas en mentionnant les différences observées pour le second montage.

Il est demandé d'établir la fonction de transfert du filtre ainsi que ses caractéristiques.

Tracer le diagramme de Bode de ce quadripôle (gain et phase).

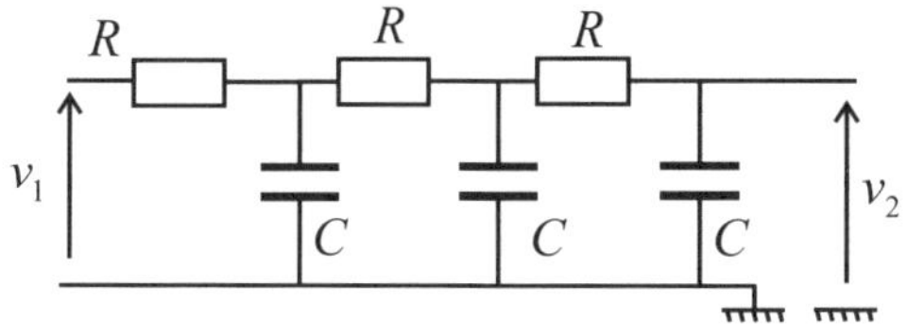

Filtre n°1

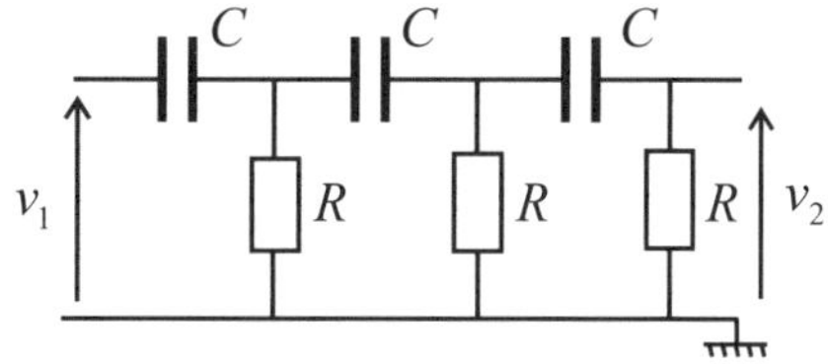

Filtre n°2

2) Étude de l'amplificateur seul

Établir la fonction de transfert du bloc amplificateur constitué soit d'un montage amplificateur non inverseur seul, soit d'un ensemble constitué d'un bloc amplificateur non inverseur suivi d'un montage inverseur. Vérifier expérimentalement la validité de la fonction de transfert à partir de différents signaux imposés en entrée de montage. Le circuit des montages est le suivant :

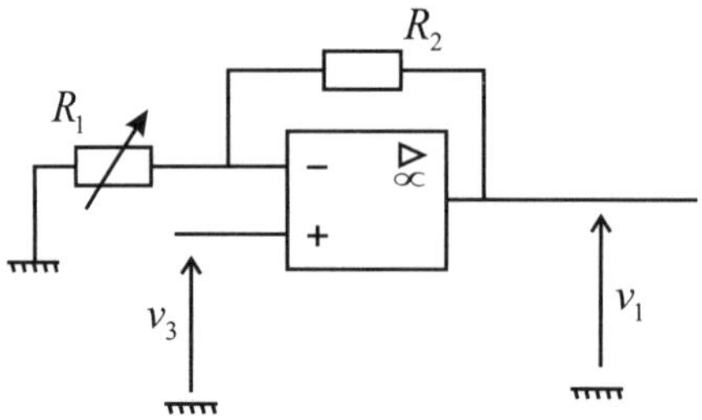

Amplificateur non inverseur

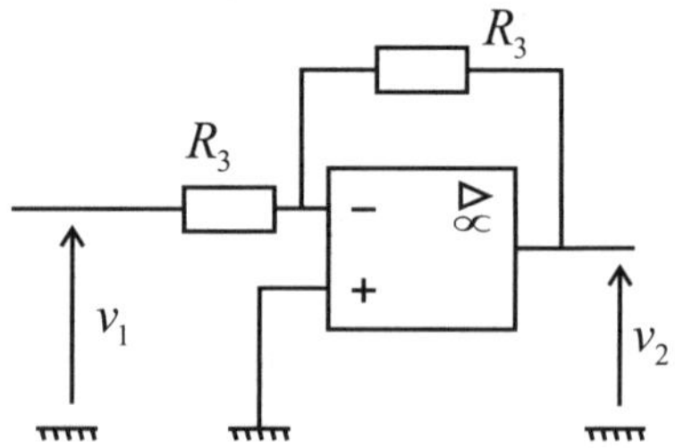

Bloc inverseur

3) Étude du système bouclé

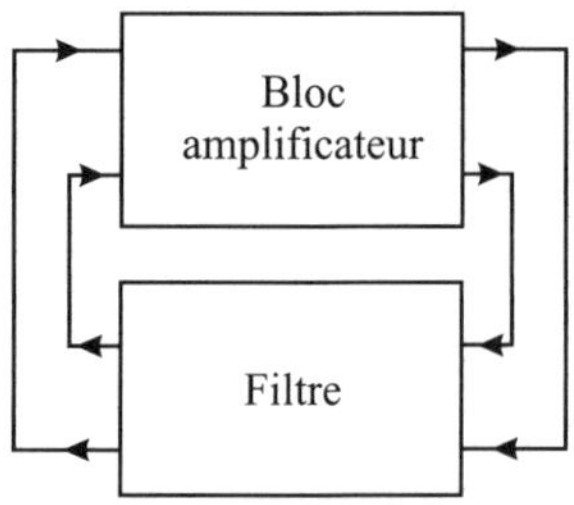

Le montage amplificateur est bouclé sur son entrée par l'intermédiaire du filtre étudié précédemment. À quelles conditions le système oscille-t-il ? Quelles sont les caractéristiques théoriques et expérimentales de cet oscillateur ?

Le montage étudié sera finalement le suivant :

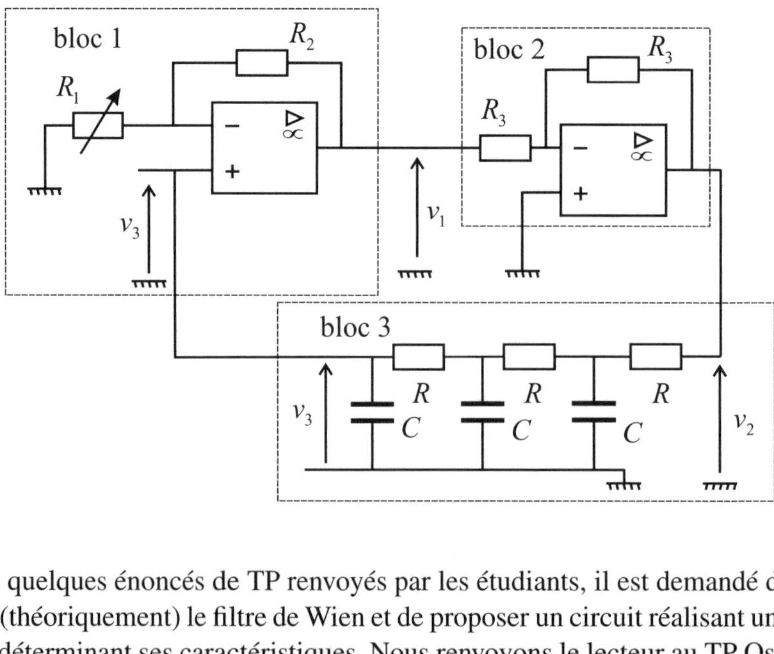

Dans quelques énoncés de TP renvoyés par les étudiants, il est demandé d'étudier en plus (théoriquement) le filtre de Wien et de proposer un circuit réalisant un oscillateur en déterminant ses caractéristiques. Nous renvoyons le lecteur au TP Oscillateur à filtre de Wien traité dans cet ouvrage.

Proposition de solution

Commentaires : ce TP est l'occasion d'étudier et de réaliser un filtre d'un ordre supérieur à deux, ici d'ordre 3. Il permet de réaliser ensuite, et de façon classique, un oscillateur. Suivant les concours, le filtre est passe-bas (à Centrale) ou passe-haut aux Mines, mais l'étude est la même.

1) Étude du filtre seul

Dans ce type de filtre (constitué de cellules en cascade), l'étude se fait en commençant par la dernière cellule.

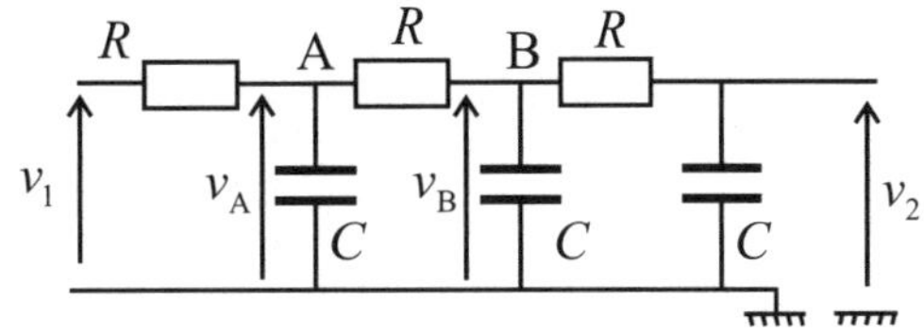

Le filtre n'étant pas chargé, la tension v_2 s'exprime simplement en fonction de v_B par : $\underline{v}_2 = \dfrac{\underline{Z}_C}{R+\underline{Z}_C}\underline{v}_B$ ou encore, $\underline{v}_2 = \dfrac{1}{1+jx}\underline{v}_B$ avec $x = RC\omega$.

Ensuite, il suffit d'appliquer la loi des nœuds en termes de tension (théorème de Millman) pour relier les tensions entre elles.

$$\underline{v}_B = \frac{1}{2+jx}\underline{v}_2 + \frac{1}{2+jx}\underline{v}_A$$

$$\underline{v}_A = \frac{1}{2+jx}\underline{v}_B + \frac{1}{2+jx}\underline{v}_1$$

Puis, en remplaçant $\underline{v}_B$ par son expression en fonction de $\underline{v}_2$ dans la première relation, puis $\underline{v}_B$ et $\underline{v}_A$ dans la seconde.

$$\left[(1+jx) - \frac{1}{2+jx}\right]\underline{v}_2 = \frac{1}{2+jx}\underline{v}_A \text{ ou encore } \underline{v}_A = \big[(2+jx)(1+jx)-1\big]\underline{v}_2.$$

$$\big[(2+jx)(1+jx)-1\big]\underline{v}_2 = \frac{(1+jx)}{2+jx}\underline{v}_2 + \frac{1}{2+jx}\underline{v}_1$$

$$\Big[(2+jx)^2(1+jx)-(2+jx)-(1+jx)\Big]\underline{v}_2 = \underline{v}_1$$

Finalement, la fonction de transfert s'écrit :

$$\underline{H} = \frac{\underline{v}_2}{\underline{v}_1} = \frac{1}{1+6jx+5(jx)^2+(jx)^3}$$

Remarque

les filtres étudiés sont linéaires, il est donc possible d'associer à ces quadripôles une matrice. Cette méthode (**hors programme**) permet alors de calculer rapidement la fonction de transfert d'un filtre composé de filtres élémentaires mis en cascade (comme c'est le cas ici). La matrice de transfert s'établit grâce aux relations suivantes : $\begin{cases} v_s = T_{11} v_e - T_{12} i_e \\ i_s = T_{21} v_e - T_{22} i_e \end{cases}$, la fonction de transfert à vide du quadripôle est alors donnée par $\underline{H}(j\omega) = \dfrac{1}{T_{22}}$.

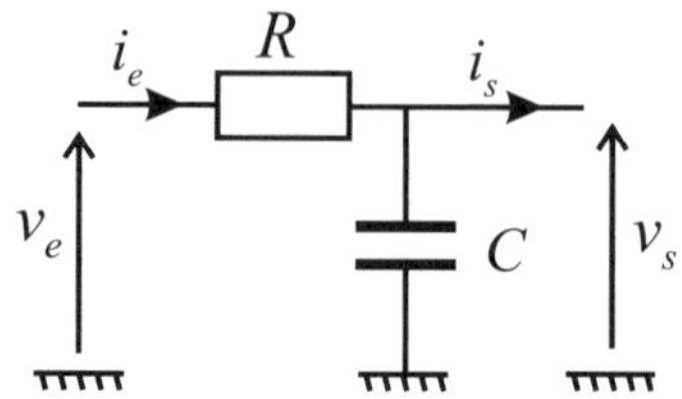

Pour connaitre la matrice d'un quadripôle constitué de filtres mis en cascade, il faut multiplier les matrices de transfert de chaque filtre. Pour le filtre RC passe-bas du premier ordre, la matrice de transfert s'écrit : $\begin{pmatrix} 1 & R \\ jC\omega & (1+jRC\omega) \end{pmatrix}$. Pour le filtre étudié ici, il faudrait calculer $\begin{pmatrix} 1 & R \\ jC\omega & (1+jx) \end{pmatrix}^3$, avec $x = RC\omega$. Seul le terme T'_{22} de cette matrice nous intéresse pour connaitre la fonction de transfert. Pour la matrice élémentaire élevée au carré : $\begin{pmatrix} 1+jx & R(jx+2) \\ jC\omega(2+jx) & jx+(1+jx)^2 \end{pmatrix}$ et $T'_{22} = jx(2+jx) + (1+jx)(jx+(1+jx)^2)$, on retrouve la fonction de transfert par : $\underline{H}(j\omega) = \dfrac{1}{T'_{22}}$.

Il s'agit d'un filtre passe-bas du 3ième ordre. Le gain en décibels vaut :

$$G_{\mathrm{dB}} = 20 \log \frac{1}{\sqrt{\left(1-5x^2\right)^2 + x^2\left(6-x^2\right)^2}}$$

Le déphasage de la tension de sortie par rapport à la tension d'entrée vaut : $\Delta\varphi = \arg\left(\underline{H}(j\omega)\right)$, ce que nous avons l'habitude de traduire par : $\tan \Delta\varphi = \dfrac{\mathrm{Im}\left(\underline{H}\right)}{\mathrm{Ré}\left(\underline{H}\right)}$, puis on accède à $\Delta\varphi$ par la fonction arctan. Attention, la fonction arctan renvoie à une valeur comprise entre $-\dfrac{\pi}{2}$ et $+\dfrac{\pi}{2}$. Pour les filtres d'ordre 2 et plus, le déphasage peut évoluer au-delà de ces valeurs. Dans notre cas, le filtre est d'ordre 3 et le déphasage évolue ici entre 0 et $-\dfrac{3\pi}{2}$ (ou de 0 à $-270°$).

- Pour $0 \leqslant x \leqslant \dfrac{1}{\sqrt{5}}$, le déphasage évolue entre 0^- et $-\dfrac{\pi}{2}$, dans cet intervalle il est possible d'écrire $\Delta\varphi = -\arctan\left(x\dfrac{6-x^2}{1-5x^2}\right)$.

- Pour $x > \frac{1}{\sqrt{5}}$, le déphasage évolue entre $-\frac{\pi}{2}$ et $-\frac{3\pi}{2}$, il faut penser à ajouter π à l'angle obtenu par l'intermédiaire de la fonction arctan : $\Delta\varphi = -\left[\arctan\left(x\frac{6-x^2}{1-5x^2}\right)+\pi\right]$.

Le déphasage évolue de façon **continue** de 0 à $-\frac{3\pi}{2}$ (ou de 0 à $-270\ldots$).

Les diagrammes de Bode théoriques sont les suivants :

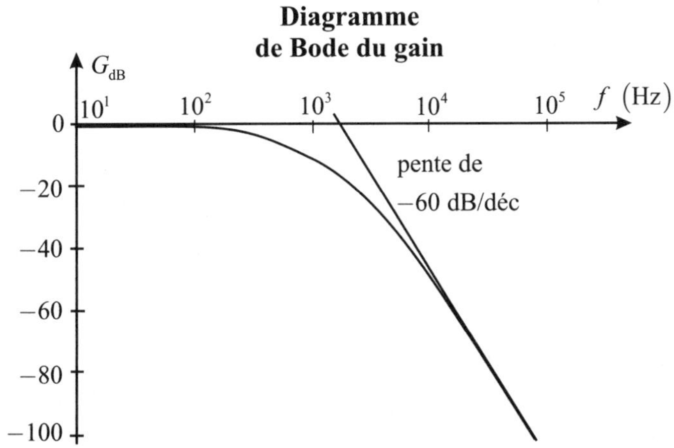

Le diagramme asymptotique est celui d'un filtre passe-bas, la pente de caractéristique de ce type de filtre d'ordre trois est de −60 dB/déc. Pour la phase, elle évolue entre 0 pour les basses fréquences et $-\frac{3\pi}{2}$ (−270°) pour les hautes fréquences :

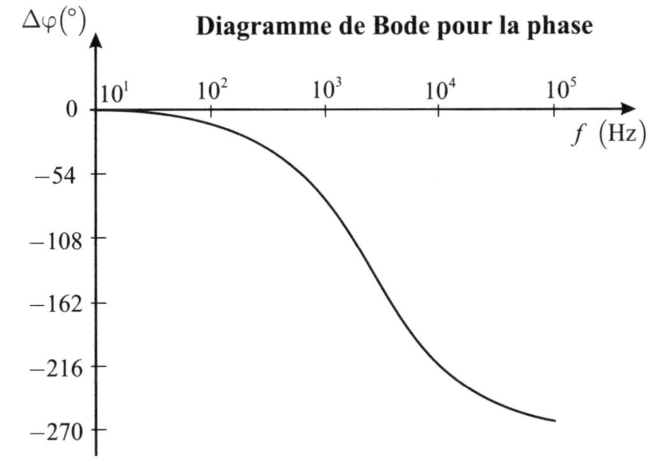

Le montage a été réalisé avec trois cellules $R = 1$ kΩ et $C = 100$ nF, le diagramme de Bode expérimental du gain est le suivant :

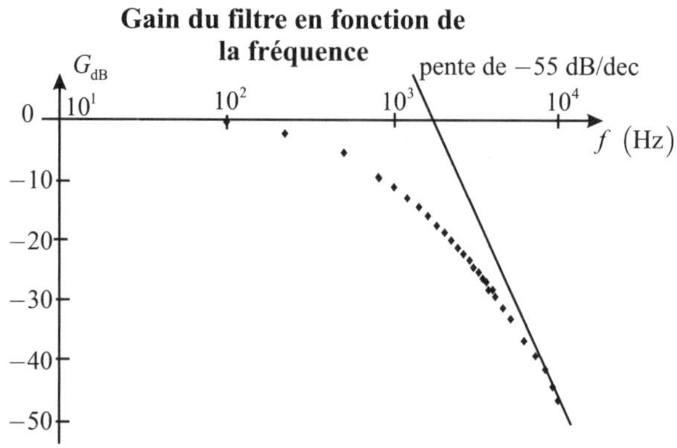

Les valeurs des composants sont données à 1 %, la lecture des tensions et de la fréquence se fait par l'intermédiaire des curseurs de l'oscilloscope.

Pour une fréquence de 2 000 Hz, on relève (sur l'oscilloscope) une tension de sortie d'une amplitude de 1,27 V avec une incertitude de 0,05 V (due aux fluctuations), soit 4 % d'incertitude.

La situation se dégrade rapidement et les dernières valeurs ne sont qu'indicatives, seul l'ordre de grandeur a un sens. À partir de 5 kHz, l'amplitude des tensions mesurées en sortie de filtre, sont de quelques dizaines de millivolts et les fluctuations sont du même ordre de grandeur !

La pente asymptotique attendue de −60 dB/dec correspond aux dernières valeurs mesurées, celles pour lesquelles la précision est moindre ! Nous obtenons, dans le cas du montage que nous avons fait, une pente de −55 dB/dec calculée à partir des trois dernières mesures, l'ordre de grandeur est correct. L'intersection de cette asymptote avec l'axe des abscisses correspond à 1 800 Hz pour 1591 Hz attendu.

Le diagramme de Bode de la phase est le suivant :

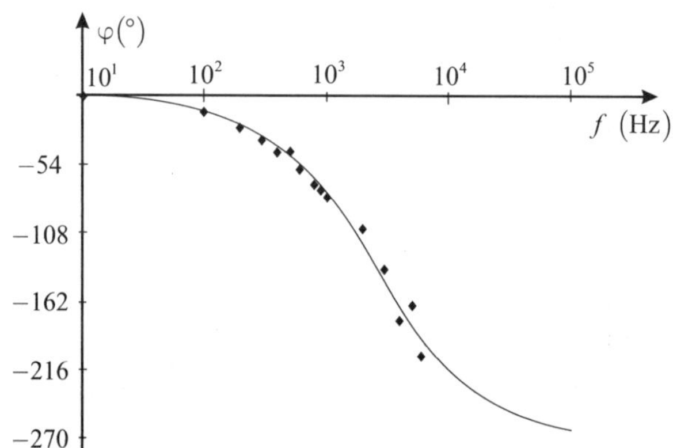

La mesure de la phase se fait par l'intermédiaire de la mesure du retard entre les tensions de sortie et d'entrée (sauf pour les oscilloscopes qui donnent directement le déphasage). Les grandeurs relevées sont des durées Δt, le déphasage se déduit par : $\Delta\varphi = 2\pi f \Delta t$ (voir la partie méthodologie, mesure du déphasage entre deux tensions).

Pour le filtre passe-haut n° 2, la fonction de transfert est :

$$\underline{H} = \frac{(jx)^3}{1 + 5jx + 6(jx)^2 + (jx)^3}$$

Il s'agit d'un filtre passe-haut du 3ème ordre. Le gain en décibels vaut :

$$G_{\text{dB}} = 20 \log \frac{x^3}{\sqrt{(1 - 6x^2)^2 + x^2(5 - x^2)^2}}$$

Le déphasage de la tension de sortie par rapport à la tension se calcule par :

$$\tan(\Delta\varphi) = x\frac{5 - x^2}{1 - 6x^2}$$

Le cosinus change de signe pour $x = \dfrac{1}{\sqrt{6}}$, il faudra prendre les mêmes précautions que précédemment.

- Pour $x \leqslant \dfrac{1}{\sqrt{6}}$, $\Delta\varphi = -\dfrac{\pi}{2} - \arctan\left(x\dfrac{5 - x^2}{1 - 6x^2}\right)$.
- Pour $x > \dfrac{1}{\sqrt{6}}$, $\Delta\varphi = -\dfrac{\pi}{2} - \left[\arctan\left(x\dfrac{5 - x^2}{1 - 6x^2}\right) + \pi\right]$.

Le déphasage évolue de façon **continue** de $-\dfrac{\pi}{2}$ à -2π (ou de $-90°$ à $-360°$).

Les diagrammes de Bode théoriques sont les suivants :

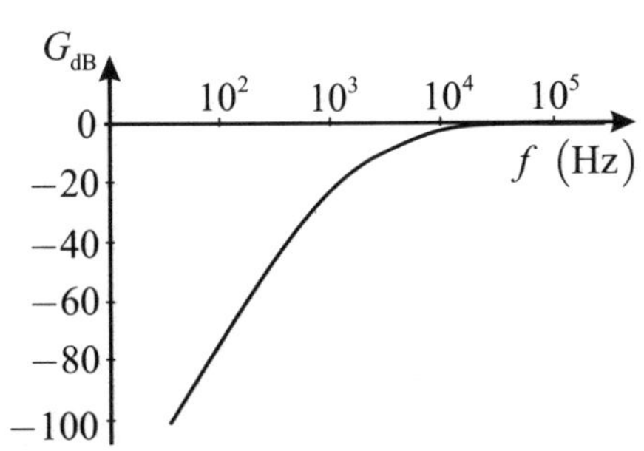

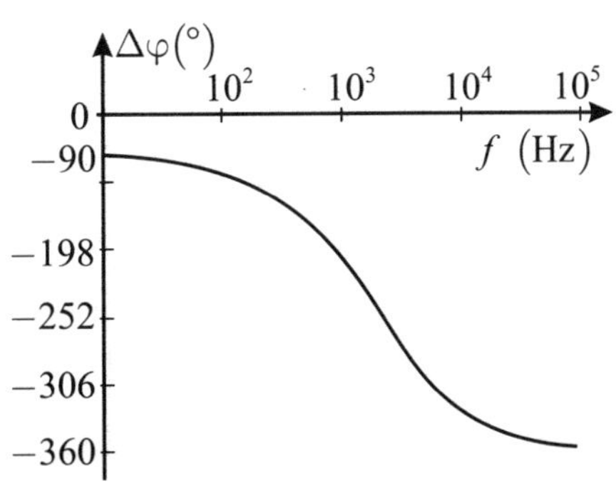

2) Étude de l'amplificateur seul

L'amplificateur est constitué d'un montage amplificateur non inverseur classique (bloc1), de gain $A_v = 1 + \frac{R_2}{R_1}$ et d'un bloc inverseur simple de gain -1. La tension de sortie est en phase avec la tension d'entrée pour le bloc non inverseur, et finalement en opposition de phase à la sortie du bloc n° 3, $\underline{v}_2$ et $\underline{v}_3$ sont en opposition de phase.

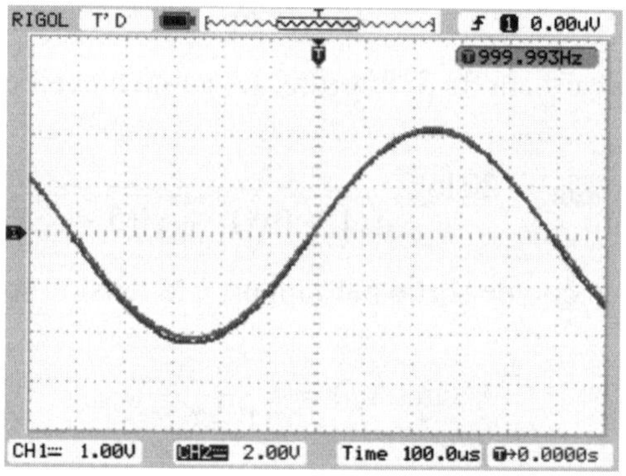

Oscillogrammes des tensions d'entrée et de sortie pour le montage amplificateur non inverseur. En voie 1 l'entrée, en voie 2 la sortie, les résistances sont de même valeur (10 kΩ) (d'où un gain A_v de 2 vérifiable à l'oscilloscope) et le signal sinusoïdal d'une fréquence de 1kHz.

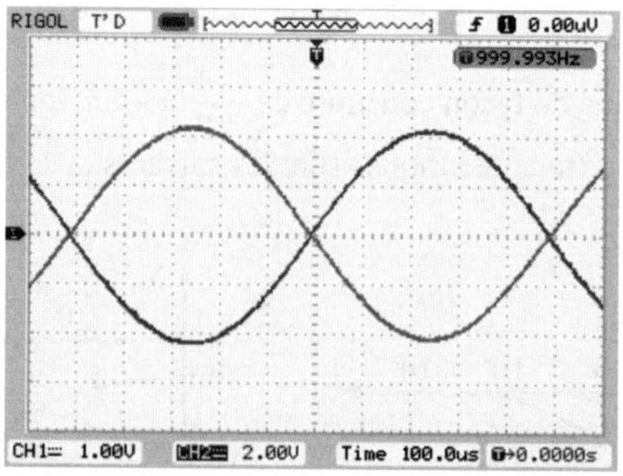

Oscillogrammes des tensions d'entrée et de sortie pour le montage amplificateur non inverseur et inverseur. En voie 1 l'entrée, en voie 2 la sortie au niveau du montage inverseur.

3) Étude du système bouclé

Le système bouclé s'analyse de façon classique en tenant compte du gain de l'amplificateur et de la fonction de transfert du filtre, selon :

$$\begin{cases} \underline{v}_3 = A_v \underline{v}_2 \\ \underline{v}_2 = \underline{H}(j\omega)\,\underline{v}_3 \end{cases}$$

Soit, $A_v\,\underline{H}(j\omega) = 1$

Cette égalité se traduit par le système suivant : $\begin{cases} \Re\text{é}\left(A_v\,\underline{H}(j\omega)\right) = 1 \\ \Im m(A_v\,\underline{H}(j\omega)) = 0 \end{cases}$

La seconde relation impose la pulsation, pour le filtre n°1 bouclé sur un montage amplificateur de gain négatif, il faut donc chercher pour quelle pulsation, ce filtre présente un déphasage de $-180°$, c'est-à-dire la pulsation pour laquelle la partie imaginaire de la fonction de transfert est nulle, ici :

$$\omega_0 = 2\pi f = \frac{\sqrt{6}}{RC} = 2{,}45 \times 10^4 \text{ rad/s ou } f_0 = 3{,}92 \text{ kHz}$$

avec $R = 1$ kΩ et $C = 100$ nF.

Dans la pratique, le montage étant réalisé, il faut faire évoluer la valeur de la résistance R_1 jusqu'à voir naître les oscillations. On visualise la tension v_1, *via* l'oscilloscope et on relève la fréquence des oscillations. La résistance R_2 valant 10 kΩ.

Dans notre cas, pour une valeur de $R_1 = 350$ Ω, les oscillations sont quasi-sinusoïdales et présentent une fréquence de $f = 3{,}75$ kHz.

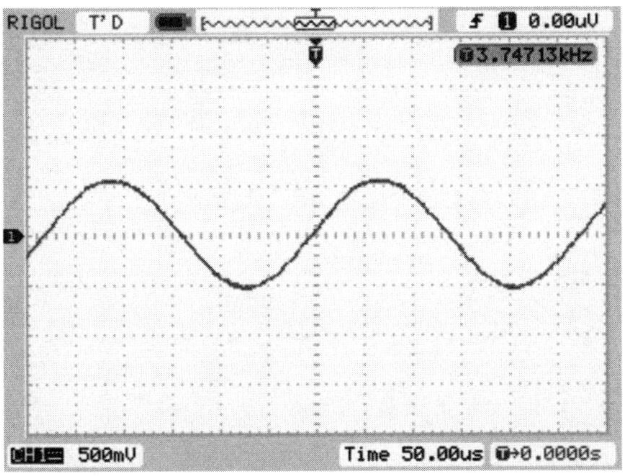

L'amplitude du signal de sortie est d'environ 0,5 V (un candidat se serait vu reprocher le fait que la lecture de l'amplitude du signal ne soit pas optimisée !). Le gain du filtre est de -29 dB, ce qui correspond à une atténuation d'un facteur $3{,}5 \cdot 10^{-2}$. La tension de sortie de l'amplificateur opérationnel est de l'ordre de 15 V, la tension attendue est de $15 \times 3{,}5 \cdot 10^{-2} = 0{,}52$ V, le résultat est compatible.

La valeur de la résistance correspond à un gain de l'amplificateur de $28{,}5 + 1 = 29{,}5$. La valeur attendue est de $+29$ dB, soit un gain de $A_v \simeq 28$.

	Théorique	Expérimentale
Amplification	+29 dB	+29,5
Amplitude	0,52 V	0,5 V
Fréquence	$f = 3{,}9$ kHz	$f = 3{,}75$ kHz

Remarque

Pour le second système, le montage amplificateur est un montage non inverseur bouclé sur le filtre passe-haut. Les oscillations se produisent, là aussi, pour la fréquence correspondant à un déphasage de $-180°$. Dans ce cas, il faut tenir de la résistance d'entrée du montage inverseur qui doit être grande devant la valeur de la résistance utilisée dans le réseau déphaseur.

RÉSISTANCE NÉGATIVE ET APPLICATION

19

Concours : X-ENS, Mines

Objectif du TP : Étude du dipôle dit « à résistance négative » et réalisation d'un oscillateur.

Matériel : Alimentations stabilisées, GBF, oscilloscopes, amplificateur opérationnel, dipôles passifs classiques.

ÉNONCÉ

I ÉTUDE THÉORIQUE DU MONTAGE

1) On considère le schéma suivant :

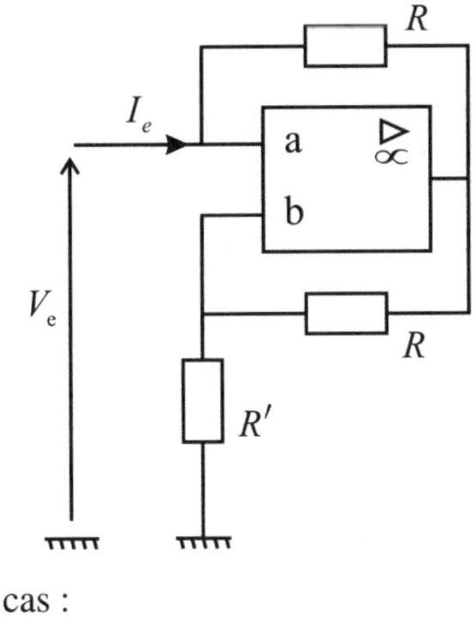

On considère les deux cas :

- a : borne inverseuse ; b : borne non inverseuse.
- b : borne inverseuse ; a : borne non inverseuse.

Envisager les trois situations : régime linéaire, saturation positive et négative. Exprimer, dans chacun des cas, l'intensité I_e en fonction de la tension V_e et tracer la courbe correspondante. Placer les points caractéristiques en fonction de $+V_{sat}$, $-V_{sat}$, R et R'.

2) Justifier les dénominations suivantes : dipôle en S et dipôle en N.

3) Donner l'expression de l'impédance d'entrée du montage, l'amplificateur opérationnel étant considéré parfait.

II Tracé de la caractéristique

Réaliser le montage en « S » et déterminer R'' pour qu'il fonctionne en régime linéaire avec $R = 10\ k\Omega$ et $R' = 1\ k\Omega$. La fréquence du GBF est ajustée à 100 Hz, avec une amplitude de 10 V.

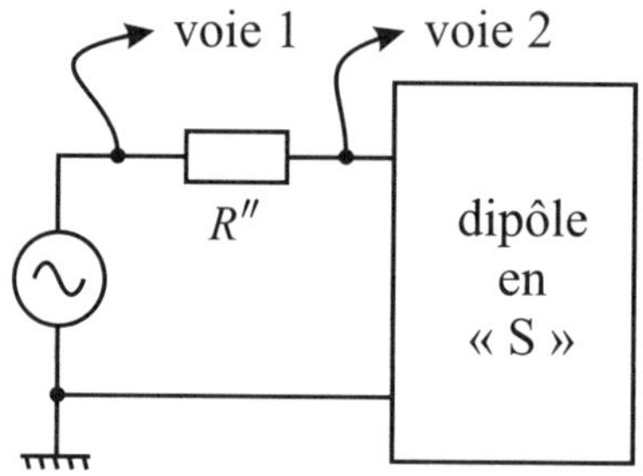

Observer la caractéristique du montage en mode XY grâce à un oscilloscope doté des fonctions somme et inverse (opposé) et comparer la valeur des pentes mesurées à celles obtenues par l'analyse théorique. On souhaite ensuite imprimer cette caractéristique via un oscilloscope numérique qui ne dispose pas de cette fonction. Proposer une solution.

III Oscillateur LC

Le schéma suivant est proposé :

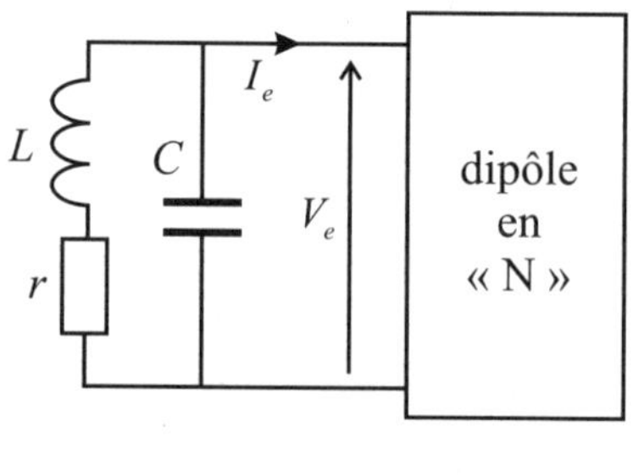

Les valeurs des composants sont les suivants : $C = 1\ \mu F$, $L = 100$ mH et $r = 32\ \Omega$ correspondant à la résistance de la bobine en régime statique.

1) Déterminer la fréquence f_0 de résonance du circuit rLC.

2) Montrer que les deux montages suivants sont équivalents :

Montage 1 Montage 2

Pour le montage complet, quelle valeur de R' conduit à une tension sinusoïdale ? Cette valeur correspond-elle à la valeur prévue ?

3) Si le condensateur présente une valeur de $C = 0{,}1\ \mu\text{F}$, quelle est la nouvelle valeur de R' qui permet d'obtenir une tension sinusoïdale ?

4) Tracer $\dfrac{dV_e}{dt}$ en fonction de V_e. Quelle est l'influence de la résistance R' sur ce diagramme ?

Proposition de solution

Commentaires : ce TP est long mais classique, le dipôle à résistance négative est étudié dans ses deux configurations, en S et en N. Une application de type oscillateur est ensuite proposée.

I Étude théorique du montage

1) et 2) Caractéristiques et dénominations

a) On considère la première situation :

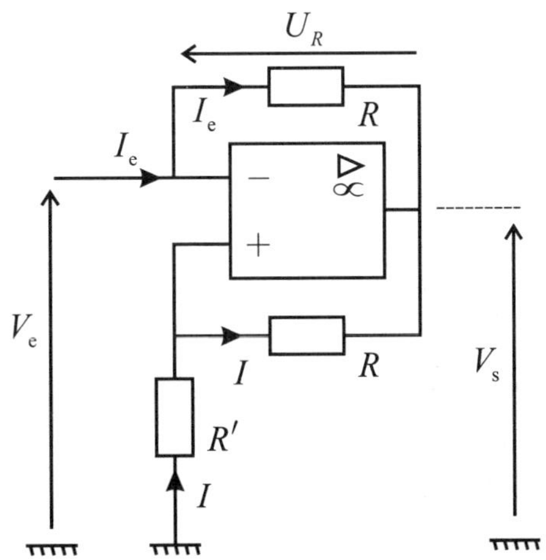

Les tensions aux bornes inverseuse et non inverseuse valent respectivement :

$$V^- = V_e = RI_e + V_s$$

$$V^+ = \frac{R'}{R+R'}V_s$$

Ces relations sont toujours vraies quelque-soit le régime de fonctionnement de l'amplificateur opérationnel.

Envisageons les différents régimes de fonctionnement de l'ALI :

- **Régime linéaire :**

  $\varepsilon = 0, \quad V^- = V_e = RI_e + V_s = V^+ = \frac{R'}{R+R'}V_s$. En éliminant V_s entre les deux équations, on obtient :

  $$I_e = -\frac{V_e}{R'} \text{ ou } V_e = -R'I_e$$

  C'est cette relation qui donne son nom au montage. À une tension d'entrée positive correspond une intensité négative et inversement.
  Conditions de linéarité :
  il faut que : $|V_s| \leqslant V_{sat}$, l'intensité doit alors satisfaire à $|I_e| \leqslant \frac{V_{sat}}{R+R'}$ (pour $I_e < 0 \quad I_e \geqslant \frac{-V_{sat}}{R+R'}$) et la valeur absolue de la tension d'entrée doit satisfaire à $|V_e| \leqslant \frac{R}{R+R'}V_{sat}$. La caractéristique correspondant au fonctionnement linéaire est un segment de droite de pente $-\frac{1}{R'}$.

- **Saturation haute :**

  $V_s = +V_{sat}$ et $V_e = RI_e + V_{sat}$, d'où : $I_e = \frac{V_e}{R} - \frac{V_{sat}}{R}$.
  Condition de saturation haute :
  Il faut que : $\varepsilon = V^+ - V^- > 0$,
  ce qui se traduit par $V^- = V_e = RI_e + V_{sat} < V^+ = \frac{R'}{R+R'}V_{sat}$ ou encore $I_e < -\frac{1}{R+R'}V_{sat}$ et $V_e < \frac{R'}{R+R'}V_{sat}$. La caractéristique correspondant au fonctionnement en saturation haute est un segment de droite de pente $+\frac{1}{R}$.

- **Saturation basse :**

  $V_s = -V_{sat}$ et $V_e = RI_e - V_{sat}$, d'où : $I_e = \frac{V_e}{R} + \frac{V_{sat}}{R}$.
  Condition de saturation basse :
  Il faut que : $\varepsilon = V^+ - V^- < 0$,
  ce qui se traduit par $V^- = V_e = RI_e - V_{sat} > V^+ = -\frac{R'}{R+R'}V_{sat}$ ou encore

$I_e > +\dfrac{1}{R+R'}V_{sat}$ et $V_e > -\dfrac{R'}{R+R'}V_{sat}$. La caractéristique correspondant au fonctionnement en saturation basse est un segment de droite de pente $+\dfrac{1}{R}$.

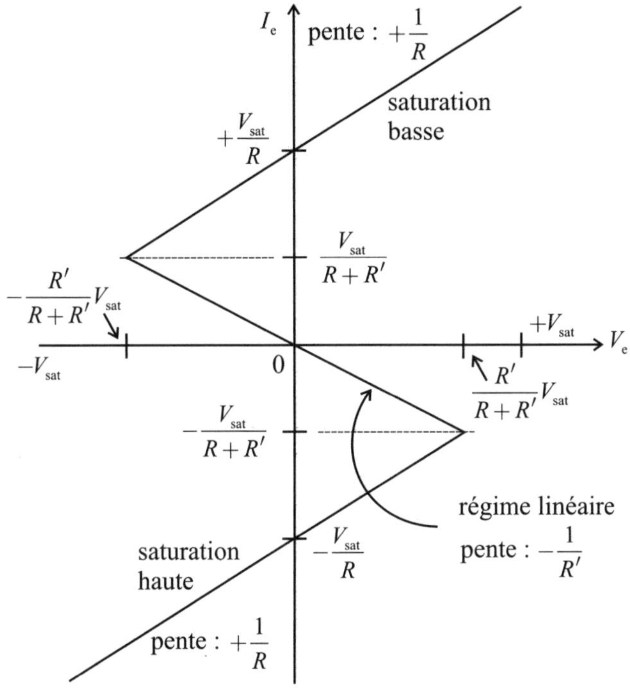

Elle a une allure de « S », d'où la dénomination correspondante.

b) On considère maintenant la seconde situation :

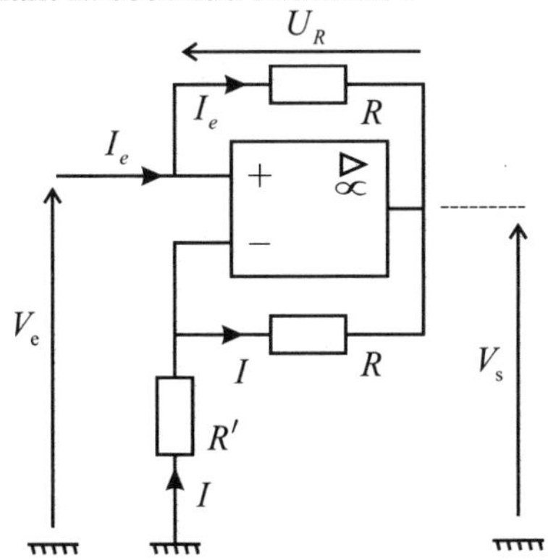

Les tensions aux bornes inverseuse et non inverseuse valent maintenant :

$$V^+ = V_e = R\,I_e + V_s$$

$$V^- = \frac{R'}{R+R'}V_s$$

Ces relations sont toujours vraies quelque-soit le régime de fonctionnement de l'amplificateur opérationnel.
Envisageons les différents régimes de fonctionnement de l'ALI :

- **Régime linéaire :**
$\varepsilon = 0, \quad V^+ = V_\mathrm{e} = R I_\mathrm{e} + V_\mathrm{s} = V^- = \dfrac{R'}{R+R'} V_\mathrm{s}$. En éliminant V_s entre les deux équations, on obtient :

$$I_\mathrm{e} = -\frac{V_\mathrm{e}}{R'} \quad \text{ou} \quad V_\mathrm{e} = -R' I_\mathrm{e}$$

On retrouve la même relation que dans le cas précédent.
Conditions de linéarité :
il faut que : $|V_\mathrm{s}| \leqslant V_\mathrm{sat}$, l'intensité doit alors satisfaire à $|I_e| \leqslant \dfrac{V_\mathrm{sat}}{R+R'}$ (pour $I_e < 0 \quad I_e \geqslant \dfrac{-V_\mathrm{sat}}{R+R'}$) et la valeur absolue de la tension d'entrée doit satisfaire à $|V_e| \leqslant \dfrac{R}{R+R'} V_\mathrm{sat}$. La caractéristique correspondant au fonctionnement linéaire est un segment de droite de pente $-\dfrac{1}{R'}$, comme précédemment.

- **Saturation haute :**
$V_\mathrm{s} = +V_\mathrm{sat}$ et $V_\mathrm{e} = R I_\mathrm{e} + V_\mathrm{sat}$, d'où : $I_\mathrm{e} = \dfrac{V_\mathrm{e}}{R} - \dfrac{V_\mathrm{sat}}{R}$.

Condition de saturation haute :
Il faut que : $\varepsilon = V^+ - V^- > 0$,
ce qui se traduit par $V^+ = V_\mathrm{e} = R I_\mathrm{e} + V_\mathrm{sat} < V^- = \dfrac{R'}{R+R'} V_\mathrm{sat}$ ou encore $I_\mathrm{e} > \dfrac{-1}{R+R'} V_\mathrm{sat}$ et $V_\mathrm{e} > \dfrac{R'}{R+R'} V_\mathrm{sat}$. La caractéristique correspondant au fonctionnement en saturation haute est un segment de droite de pente $+\dfrac{1}{R}$.

- **Saturation basse :**
$V_\mathrm{s} = -V_\mathrm{sat}$ et $V_\mathrm{e} = R I_\mathrm{e} - V_\mathrm{sat}$, d'où : $I_\mathrm{e} = \dfrac{V_\mathrm{e}}{R} + \dfrac{V_\mathrm{sat}}{R}$.
Condition de saturation basse :
Il faut que : $\varepsilon = V^+ - V^- < 0$,
ce qui se traduit par $V^+ = V_\mathrm{e} = R I_\mathrm{e} - V_\mathrm{sat} > V^- = -\dfrac{R'}{R+R'} V_\mathrm{sat}$ ou encore $I_\mathrm{e} < +\dfrac{1}{R+R'} V_\mathrm{sat}$ et $V_\mathrm{e} < -\dfrac{R'}{R+R'} V_\mathrm{sat}$. La caractéristique correspondant au fonctionnement en saturation basse est un segment de droite de pente $+\dfrac{1}{R}$.

La caractéristique s'en déduit :

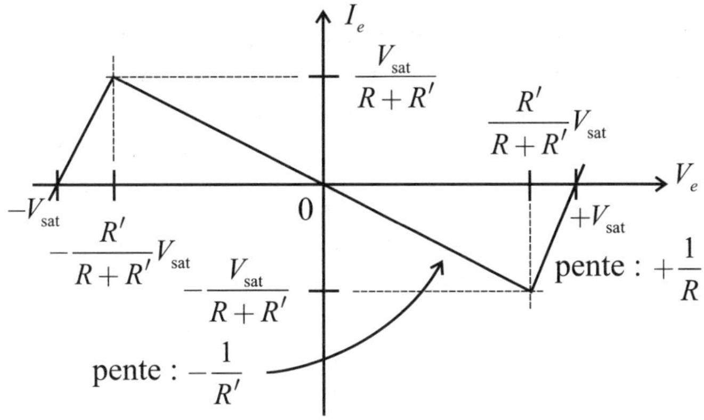

Elle a une allure de « N », d'où la dénomination correspondante.

3) Impédances d'entrée

Le dipôle étudié est un dipôle linéaire (par morceaux), il présente donc un modèle équivalent de Thévenin, dont les caractéristiques seront différentes suivant le domaine.

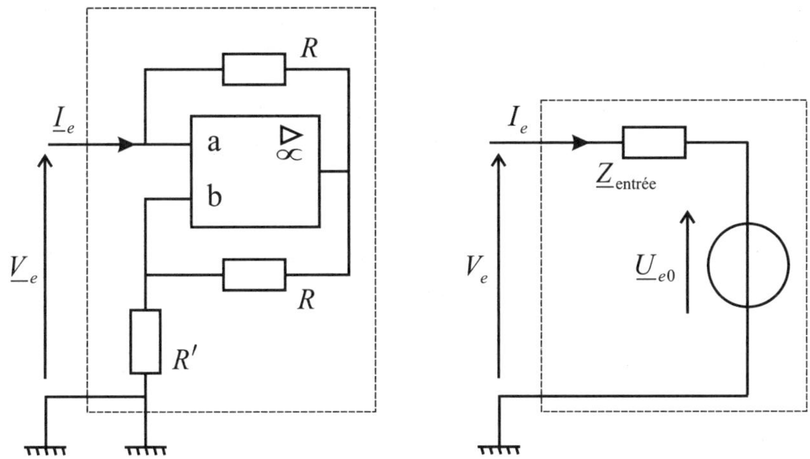

L'impédance d'entrée du dipôle est définie par : $\underline{Z}_e = \dfrac{\underline{V}_{entrée} - \underline{U}_{0e}}{\underline{I}_e}$. Lorsque le dipôle fonctionne en régime linéaire, $\underline{U}_{0e} = 0$ et $\underline{Z}_{entrée} = -R'$. Lorsqu'il fonctionne en régime saturé, $\underline{U}_{0e} = \pm V_{sat}$ et $\underline{Z}_{entrée} = +R$.

II TRACÉ DE LA CARACTÉRISTIQUE

Le montage proposé est réalisé. L'amplificateur opérationnel est alimenté par une alimentation stabilisée symétrique +15 V, −15 V constituée par l'association de deux alimentations de +15 V (voir partie méthodologie).

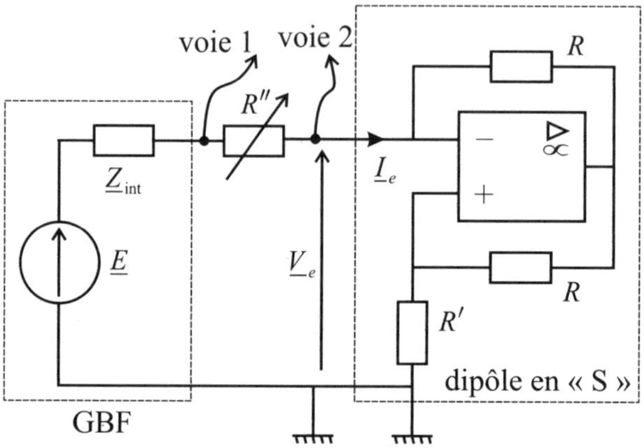

Le GBF présente une impédance interne qui vaut 50 Ω, on choisira des valeurs de résistances R'' qui vont évoluer autour de quelques kΩ, de sorte que $Z_{int} \ll R''$. On pourra prendre : $R'' = 1$ kΩ.

Pour tracer la caractéristique, il faut l'intensité $\underline{I}_e$ et la tension $\underline{V}_e$. Cette dernière s'obtient directement par la connexion vers la voie 2, $U_2 = V_e$. L'intensité se déduit de la tension aux bornes de la résistance R'' par $I_e = \dfrac{U_{R''}}{R''}$ (facteur d'échelle sur l'oscilloscope). La tension aux bornes de R'' ne peut pas être prise directement, sous peine de court-circuiter soit le dipôle étudié, soit le générateur. La tension exploitée sera celle correspondant à la connexion vers la voie 1 qui vaut $U_1 = R''I_e + V_e$. L'oscilloscope fourni présente diverses fonctions notamment une notée « ADD Invert » que l'on active, la tension visualisée est alors : $U_1 - U_2 = R''I_e$. En mode XY la figure observée sur l'oscilloscope est la suivante :

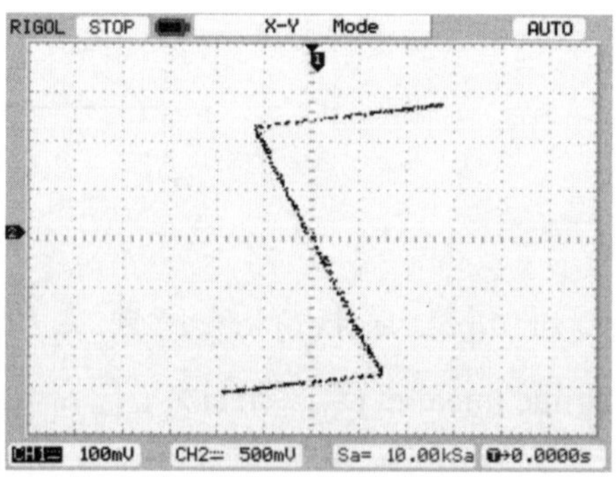

Le montage a été fait avec une résistance $R' = 100\ \Omega$ et les résistances valent $R = 10\ \text{k}\Omega$ et $R'' = 1\ \text{k}\Omega$ pour cet oscillogramme.

Dans le domaine linéaire, on relève une pente de 5 div/2,5 div. En ordonnée (voie 2), les 5 divisions représentent une variation d'intensité de 2,5 mA, en abscisse (voie 1) les 2,5 divisions représentent une variation de tension de 0,25 V, la pente est donc de $\dfrac{1}{R'} = 10^{-2}\ \Omega^{-1}$, on retrouve la valeur de la résistance $R' = 100\ \Omega$.

En saturation haute et basse, la mesure de la pente de la droite n'est pas précise, mais on peut vérifier la valeur de la résistance R en se rappelant (voir caractéristique théorique) que ces deux segments de droite coupent l'axe des ordonnées en $\pm\dfrac{V_{\text{sat}}}{R}$. Sur l'oscillogramme, on compte 5,4 divisions entre ces deux points d'intersection, soit 2,7 mA. La tension de saturation réelle est de l'ordre de 13,5 V, la valeur de la résistance R se déduit par $R = \dfrac{2V_{\text{sat}}}{\Delta I_{\text{e}}} \simeq \dfrac{27}{2{,}7 \times 10^{-3}} = 10^4\ \Omega$, on retrouve la valeur de $R = 10\ \text{k}\Omega$.

Remarque

On peut constater une légère dissymétrie selon l'axe des ordonnées, elle est due à un défaut d'offset non compensé de l'ALI.

L'examinateur demande souvent au candidat de faire des mesures et d'imprimer la caractéristique obtenue, ce qui n'est pas possible avec le premier oscilloscope fourni. Il faut donc utiliser l'autre appareil, mais il ne dispose pas de la fonction « ADD Invert ». Il faut donc réaliser un montage soustracteur avec un amplificateur opérationnel ou utiliser un transformateur d'isolement.

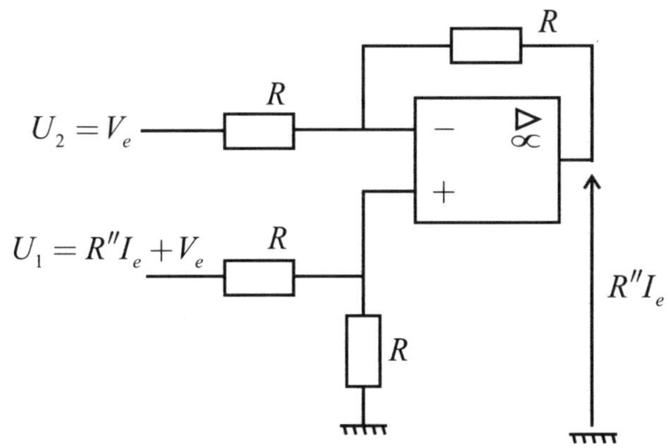

Toutes les résistances seront prises égale à $R = 10\ \text{k}\Omega$.

La sortie du montage est connectée à la voie 1 et $\underline{V}_{\text{e}}$ directement sur la voie 2.

Remarque

Il est quelque fois demandé d'étudier la stabilité du montage et d'en déduire une condition sur R''. L'examinateur donne l'expression du gain complexe de l'ALI $\underline{\mu} = \frac{\mu_0}{1+j\omega\tau}$ avec $\mu_0 = 10^5$ et $\tau = 0{,}1$ s. Il faut alors écrire la relation entre les différentes tensions pour le montage réalisé. On obtient : $\underline{V}_s\left(1+\mu_0\left(\frac{R''}{R''+R}-\frac{R'}{R'+R}\right)\right)+j\omega\tau\underline{V}_s = -\mu_0\frac{R}{R''+R}\underline{E}$. Cette relation correspond à l'équation différentielle homogène suivante :

$$\underline{V}_s + \underbrace{\frac{\tau}{\left(1+\mu_0\left(\frac{R''}{R''+R}-\frac{R'}{R'+R}\right)\right)}}_{\tau'}\frac{d\underline{V}_s}{dt} = 0$$

Le montage correspondant est stable si τ' est positif, soit $\frac{R''}{R''+R}-\frac{R'}{R'+R} > 0$ compte tenu de la valeur de μ_0. Cette dernière condition se traduit par $R'' > R'$, compatible avec la valeur choisie.

III OSCILLATEUR *LC*

1) L'impédance du dipôle constitué de l'association parallèle du condensateur et de la bobine est : $\underline{Z} = \frac{r+jL\omega}{1+jrC\omega-LC\omega^2}$. Le module de cette impédance est maximal à la résonance lorsque $\omega_0 = \frac{1}{\sqrt{LC}}$ et vaut $|\underline{Z}|_{\max} = \frac{L}{rC}\sqrt{1+\frac{r^2C}{L}}$.

Compte tenu des valeurs des composants, l'impédance maximale du dipôle est de l'ordre de $|\underline{Z}|_{\max} \simeq \frac{L}{rC} \simeq 3{,}2$ kΩ et la fréquence de résonance vaut : $f_{0\text{ théo}} = \frac{1}{2\pi\sqrt{LC}} = 503$ Hz.

Remarque

Il est intéressant de constater qu'à la résonance, compte tenu des valeurs proposées, la tension aux bornes du dipole et l'intensité qui le traverse sont quasiment en phase. En effet, $\underline{Z}|_{\omega=\omega_0} = \frac{r+j\sqrt{\frac{L}{C}}}{jr\sqrt{\frac{C}{L}}}$ avec $\sqrt{\frac{L}{C}} \gg r$, l'argument du numérateur vaut pratiquement $+\frac{\pi}{2}$ comme celui du dénominateur.

Pour déterminer la fréquence de résonance f_0 du montage, il faut le connecter à un GBF, et ajouter une résistance R en série afin d'avoir une image de l'intensité qui le traverse. On pourra prendre une résistance de $R = 100$ Ω, dont la valeur est faible comparée à celle de l'impédance du montage à la résonance. Faire ensuite varier la fréquence du GBF autour de 500 Hz et mesurer la tension aux bornes du condensateur.

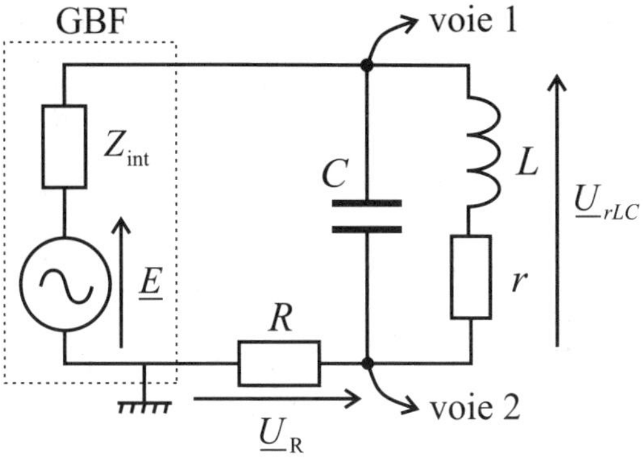

Lorsque celle-ci présente un maximum, la résonance est atteinte. Évaluer un maximum de tension (ou un autre) avec précision n'est pas aisé. Une visualisation en mode XY sur l'oscilloscope de la tension aux bornes du GBF (donc du dipôle et de la résistance) en fonction de celles aux bornes de la résistance *R* permet de déterminer, avec plus de précision, la fréquence f_0 de résonance (qui correspond à un déphasage quasiment nul) la valeur relevée vaut :

$$f_0 = 499 \text{ Hz}$$

À comparer à la fréquence théorique $f_{0\text{ théo}} = \dfrac{1}{2\pi\sqrt{LC}} = 503$ Hz.

Les composants sont donnés à 1 % et le maximum de tension s'estime au Hz (fonction de la qualité du GBF et de celle du multimètre). L'écart entre la valeur théorique et la valeur mesurée est de l'ordre de 1 %, inférieure à 2 % (correspondant à 1 % par valeur de composant).

2) Les deux montages présentent des admittances respectives de $\underline{Y}_1 = jC\omega + \dfrac{1}{r + jL\omega}$ et $\underline{Y}_2 = jC\omega + \dfrac{1}{jL\omega} + \dfrac{1}{\rho}$

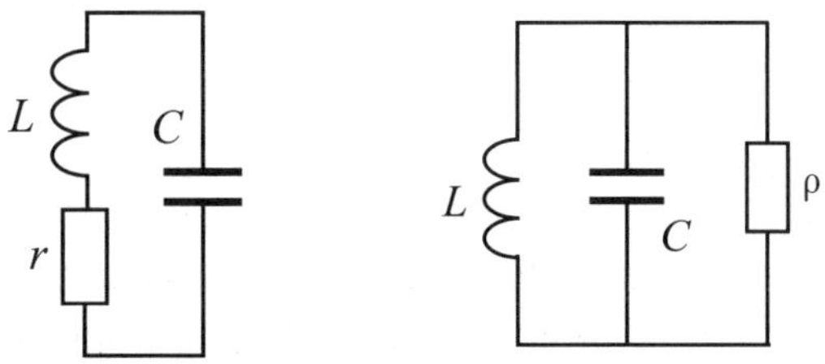

Montage 1 Montage 2

Ces circuits sont équivalents si $\frac{r}{L\omega} = \frac{L\omega}{\rho}$, soit $\rho = \frac{(L\omega)^2}{r}$. On pourra donc utiliser cette équivalence dans la suite.

Le montage proposé est réalisé avec les composants à disposition. :

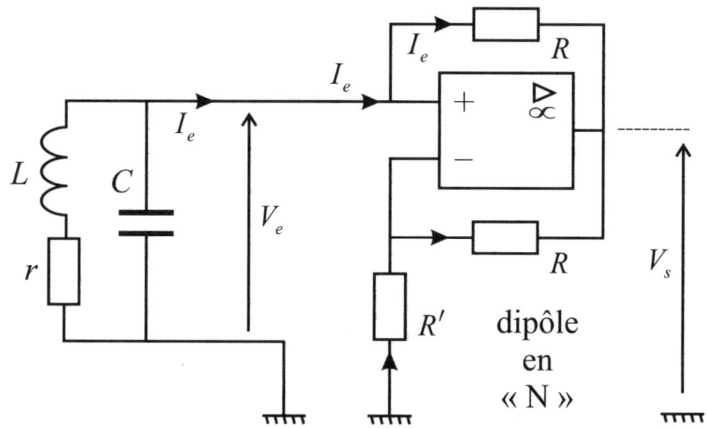

On fait varier R' à partir d'une valeur de l'ordre de 3 kΩ, Il faut faire évoluer la valeur de R' jusqu'à observer les oscillations. Le système est sensible autour de la valeur critique de R'.

On relève $R'_{\text{crit}} = 2490\ \Omega$.

La valeur attendue s'obtient en exploitant l'équivalence entre les deux montages. Pour le montage 2, l'admittance vaut $\underline{Y}_2 = jC\omega + \frac{1}{jL\omega} + \frac{1}{\rho}$, et pour la résistance négative $\underline{Y} = -\frac{1}{R'}$. Les oscillations sinusoïdales qui s'établissent présentent une pulsation de $\omega_0 = \frac{1}{\sqrt{LC}}$ (nullité de la partie imaginaire) et avec la condition R' légèrement inférieure à ρ. En remplaçant ρ par son expression, on devrait trouver $R'_{\text{crit}} = \frac{L}{C}\frac{1}{r} = 3{,}1$ kΩ. L'écart est notable et son origine est due à l'effet de peau qui a lieu dans la bobine. En effet, la résistance donnée correspond à la résistance mesurée en courant continu. Du fait de l'effet de peau, (voir TP détermination d'un coefficient d'inductance mutuelle) cette résistance augmente (les courants se localisent à la périphérie du conducteur).

3) La valeur de la capacité du condensateur est ajustée à la valeur de $C = 0{,}1\ \mu$F. La nouvelle valeur de R' qui permet d'obtenir une tension sinusoïdale est de $R'_{\text{crit}} = 24{,}1$ kΩ (la valeur attendue avec le calcul précédent est $R'_{\text{crit}} = 31$ kΩ). Cette valeur s'écarte un peu plus de la valeur théorique, toujours à cause de l'effet de peau. En effet la fréquence des oscillations a été multipliée par $\sqrt{10}$, la résistance de

la bobine a donc augmenté. En faisant un relevé de R'_{crit} en fonction de la pulsation des oscillations (modifiée par la valeur de C), et en traçant $\ln\left(R'_{crit} - R_0\right)$ en fonction de $\log\omega$, il est possible de vérifier que la résistance de la bobine $r(\omega)$ suit une loi du type $r(\omega) = R_0 + b\,\omega^2$ avec R_0 sa résistance mesurée en régime continu.

4) Pour tracer le portrait de phase du montage, $\frac{dV_e}{dt}$ en fonction de V_e, il faut d'abord construire $\frac{dV_e}{dt}$, par l'intermédiaire d'un montage dérivateur.

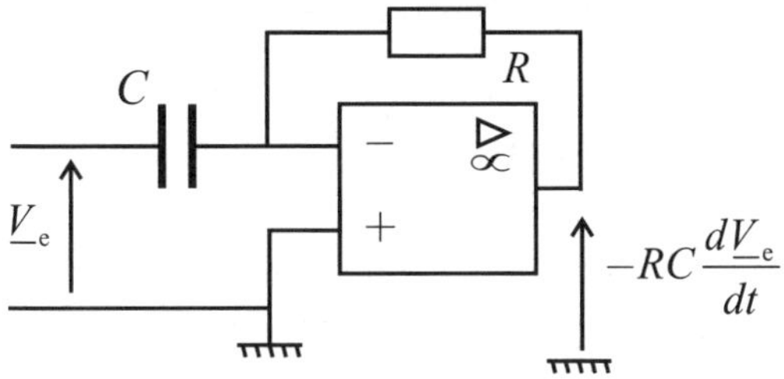

Les valeurs de R et C prises pour la réalisation du dérivateur sont telles qu'elles permettent d'obtenir une amplitude de la tension dérivée de l'ordre du volt. Pour le montage réalisé la résistance vaut 1 kΩ et la capacité 1 μF. On pourra garder l'un des deux composant ajustable et réagir si besoin.

Ce dernier montage est connecté au précédent :

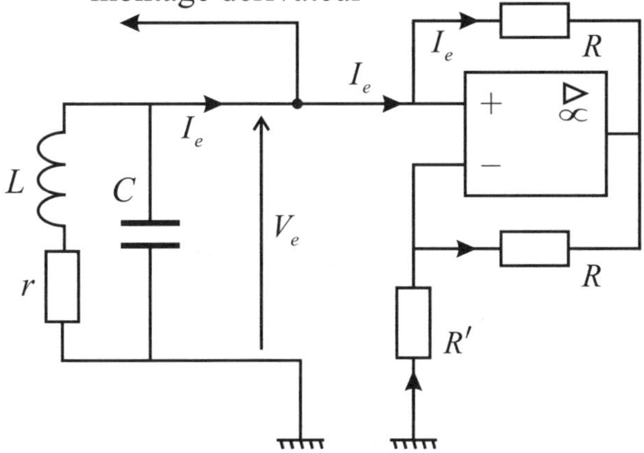

La sortie du montage dérivateur et la tension V_e sont connectées à l'oscilloscope ajusté en mode XY.

Remarque

Lorsque le montage dérivateur est connecté, il est possible que les oscillations disparaissent ou qu'elles se déforment. L'impédance d'entrée de ce montage n'est pas infinie et elle modifie la résistance équivalente de l'association *rLC* vue par la résistance négative. Il faut alors modifier la valeur de R' en conséquence.

Le portrait de phase est alors le suivant :

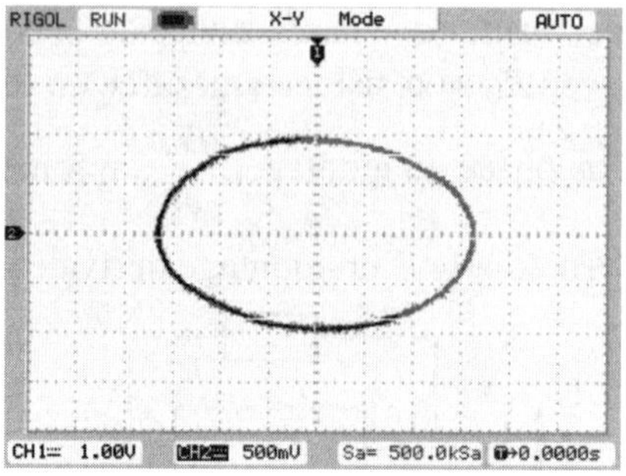

On peut constater qu'il se déforme lorsqu'on diminue la valeur de la résistance R', le saut du régime linéaire au régime non linéaire étant beaucoup plus marqué.

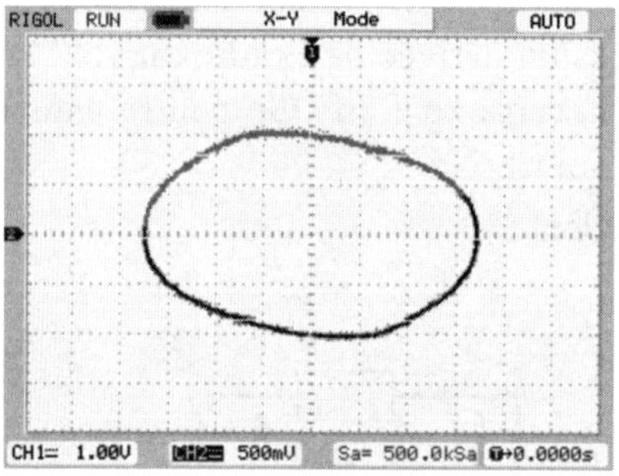

$R' = 1000\ \Omega$

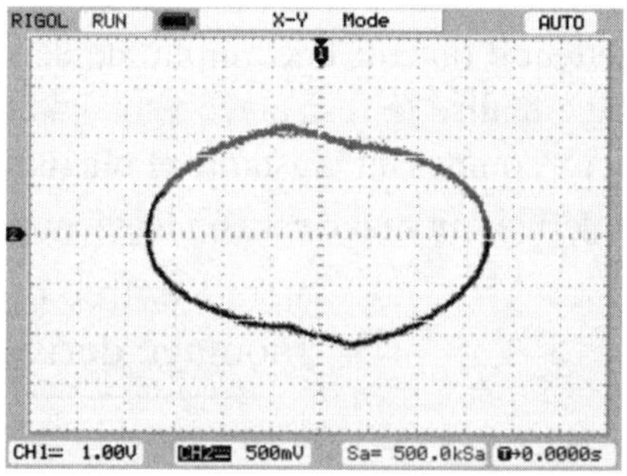

$R' = 500\ \Omega$

Remarque

Il est possible de visualiser la naissance des oscillations dans le plan de phase, il suffit de régler la valeur de la résistance à une valeur très légèrement supérieure à sa valeur critique, l'oscillogramme obtenu est le suivant :

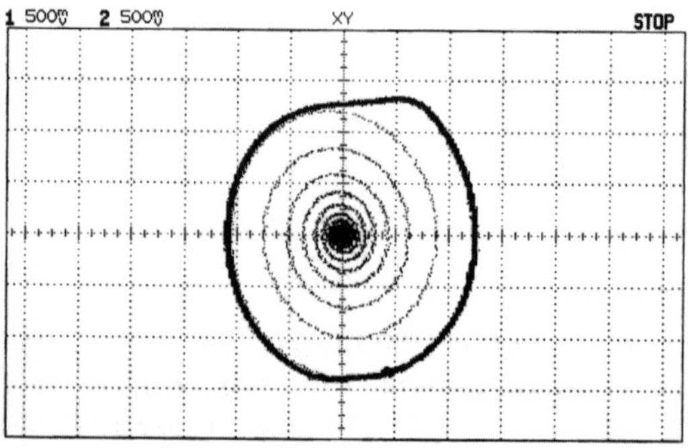

ÉTUDE D'UN GÉNÉRATEUR DE SIGNAUX TRIANGULAIRES

20

Concours : Centrale

Objectif du TP : Réaliser un générateur de signal triangulaire, par association de quatre blocs élémentaires dont on établit les fonctions. Étude simplifiée d'un conformateur à diodes. Générer des signaux rectangulaires, triangulaires et sinusoïdaux à partir de tensions continues.

Matériel : Générateur basses fréquences, oscilloscope, multimètres, amplificateur opérationnel, composants classiques.

ÉNONCÉ

Il s'agit d'étudier le montage constitué des différents blocs suivant :

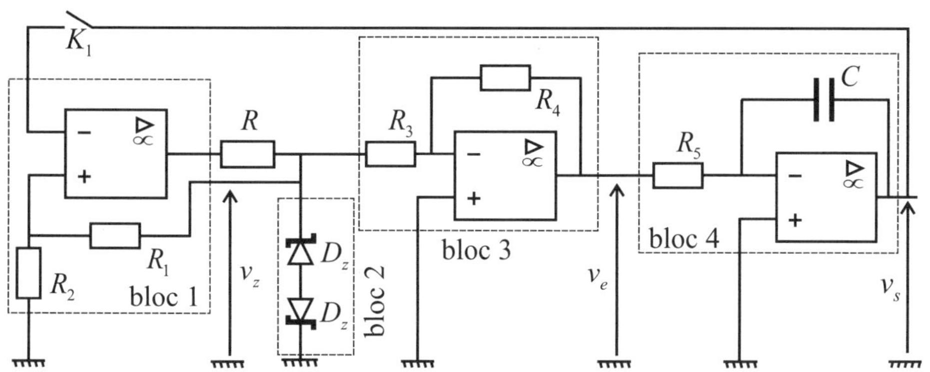

I ÉTUDE DU MONTAGE COMPARATEUR À HYSTÉRÉSIS (BLOC1)

1) Étude théorique

Expliquer le fonctionnement d'un montage comparateur à hystérésis.

2) Étude expérimentale

a) Visualiser et mesurer la tension de sortie du montage. Évaluer pour quelles valeurs le montage bascule. Relier ces tensions à la valeur de la tension de référence. Représenter la courbe $V_s = f(V_e)$ en notant les points particuliers.

b) Le montage est alimenté par un GBF qui délivre une tension triangulaire, qu'observe-t-on en sortie de montage ? Interpréter. Quels sont les écarts entre la tension de sortie observée et la tension théorique ?

II ÉTUDE D'UN MONTAGE STABILISATEUR (BLOC2)

Étude expérimentale

La caractéristique d'une diode Zener est donnée.

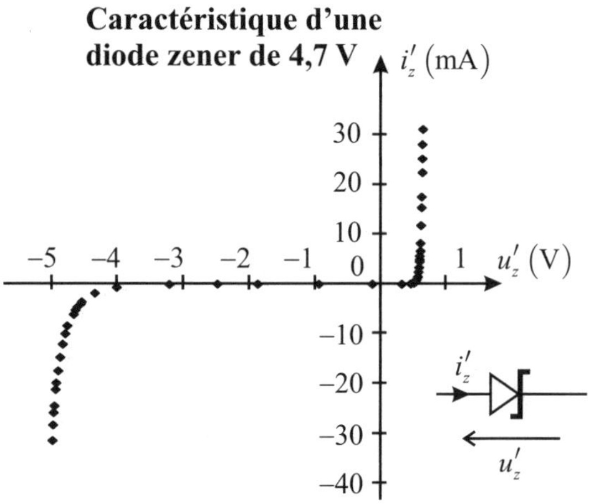

Tracer et interpréter la caractéristique d'un montage constitué de deux diodes Zener (associées en tête bêche) et d'une résistance en série.

Quel est l'intérêt d'ajouter ce montage en sortie du comparateur à hystérésis ?

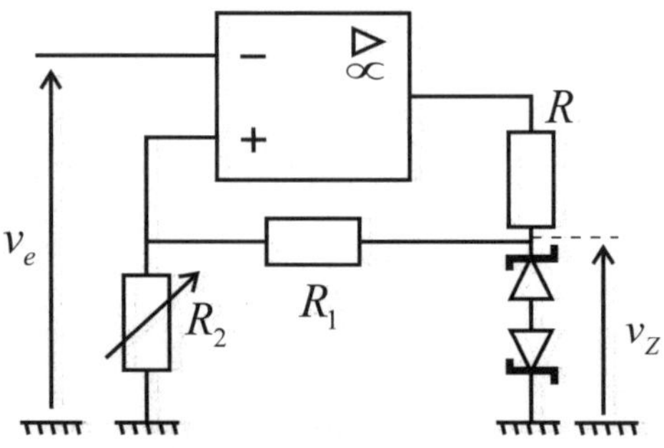

Si les deux diodes présentent une tension Zener de 12 V, quelle valeur doit-on donner à R_2 pour que la tension de seuil du montage trigger soit de 9 V ? La résistance R_1 vaut $R_1 = 10\ \text{k}\Omega$.

III ÉTUDE DU MONTAGE INVERSEUR (BLOC3)

Étude théorique

Le schéma du montage étant donné, déterminer son gain.

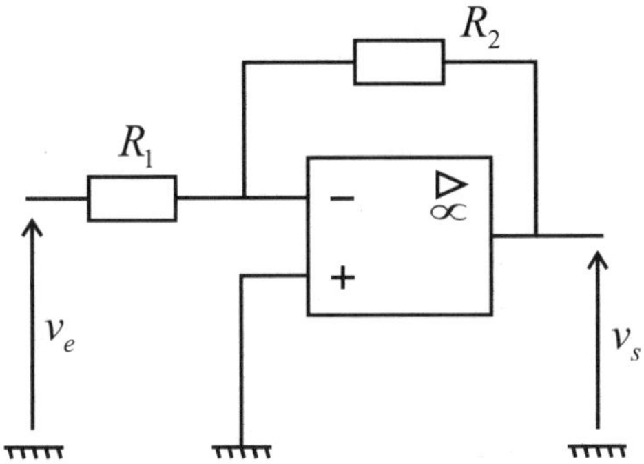

Dans le cas où les résistances sont de valeur identique, quelle est la valeur du gain. Pourquoi place-t-on ce montage inverseur dans l'ensemble du dispositif à cet endroit ?

IV ÉTUDE DU MONTAGE INTÉGRATEUR (BLOC4)

1) Étude théorique

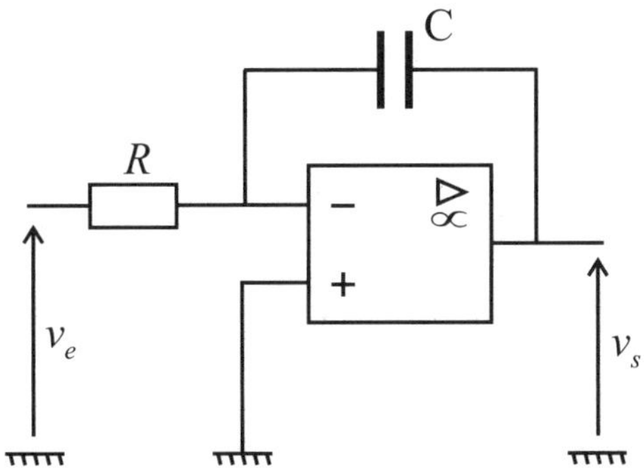

Déterminer la fonction de transfert du montage. Quel défaut de l'ALI limite le fonctionnement du montage ? Comment y remédier ? Quelle est la nouvelle fonction de transfert du montage ? Dans quel domaine fréquentiel doit-on travailler pour que le montage soit effectivement intégrateur ?

2) Étude expérimentale

Le montage intégrateur est alimenté par un signal carré symétrique, vérifier les relations obtenues précédemment.

V ÉTUDE DU MONTAGE GLOBAL

Étude théorique et expérimentale

Les 4 blocs sont connectés entre eux selon le schéma proposé. Quels sont les allures des signaux à la sortie de chaque bloc ? Exprimer la période des oscillations en fonction des caractéristiques des composants. Comparer l'allure des signaux théoriques à celle observée sur le montage. Mesurer la période des signaux et comparer à la valeur théorique obtenue précédemment.

VI SEGMENTATION - CONFORMATEUR

Il s'agit de déformer le signal triangulaire obtenu pour approcher une sinusoïde par un signal composé de segments de droites :

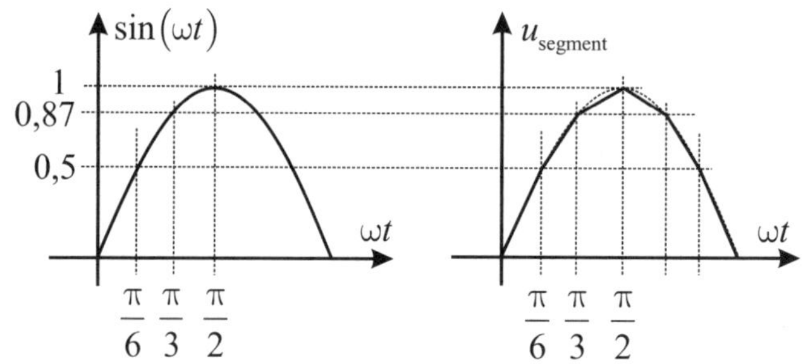

L'étude se fait sur le premier quart de période qui est divisé en trois segments. Les pentes des segments seront prises égales à :

$$p_1 \simeq 0{,}96 \simeq 1$$

$$p_2 \simeq 0{,}71$$

$$p_3 \simeq 0{,}26$$

On va donc transformer la tension triangulaire issue de l'intégrateur en un signal segmenté, composé d'une succession de portions de droites dont les pentes sont imposées. La caractéristique $v_{\text{seg}} = f(v_s)$ imposée est donnée.

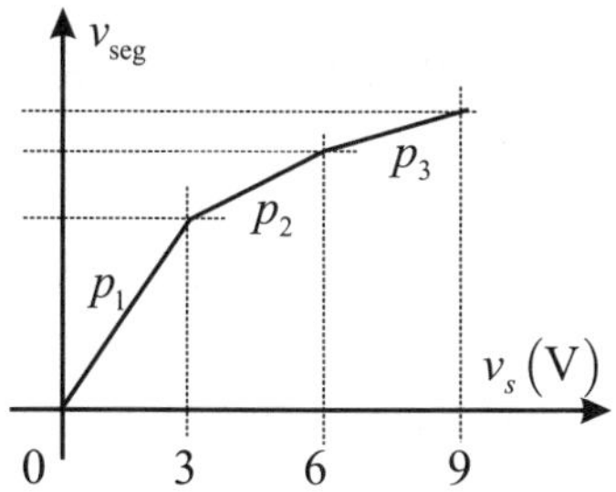

Caractéristique $v_{seg} = f(v_s)$

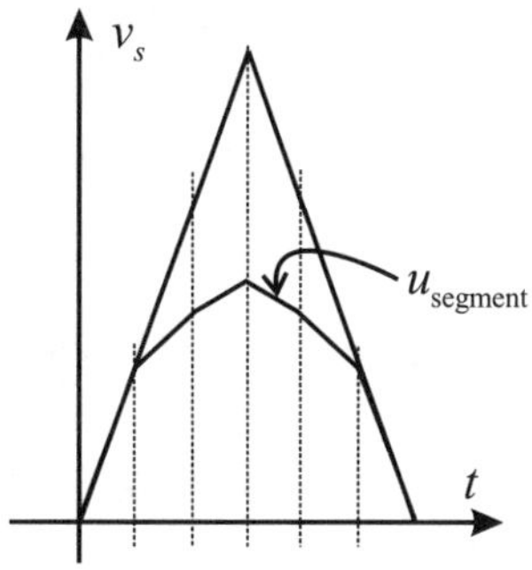

Évolution temporelle des tensions sur une demi-période

Le circuit à étudier est le suivant :

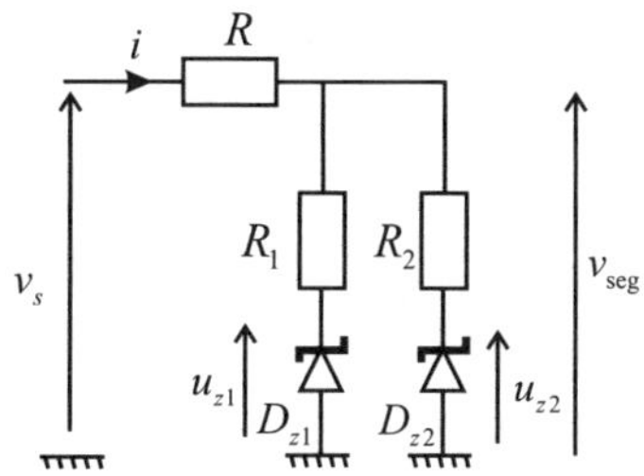

Pour le premier segment de droite, $0 \leqslant v_s \leqslant 3$ V, la pente imposée est $p_1 = 1$. Que vaut i ? On suppose $u_{z1} < u_{z2}$, quelle valeur faut-il donner à u_{z1} pour que le second segment commence à $v_s = 3$ V ?

Pour le second segment de droite, $3 \leqslant v_s \leqslant 6$ V, la pente imposée est $p_2 = 0{,}71$. Quelle est l'expression de i ? En déduire celle de v_{seg} en fonction de v_s, des résistances et de la tension u_{z1}. À partir de la valeur de la pente, calculer la valeur de R_1 sachant que $R = 1$ kΩ. En déduire la valeur de u_{z1} et celle de v_{seg} lorsque $v_s = 6$ V.

Pour le troisième segment de droite, $6 \leqslant v_s \leqslant 9$ V, la pente imposée est $p_3 = 0{,}26$. Quelle est l'expression de v_{seg} en fonction de v_s, des résistances et des tensions u_{z1} et u_{z2}. À partir de la valeur de la pente, calculer la valeur de R_2. En déduire la valeur de u_{z2} et celle de v_{seg} lorsque $v_s = 9$ V. En fait, le montage réel est le suivant :

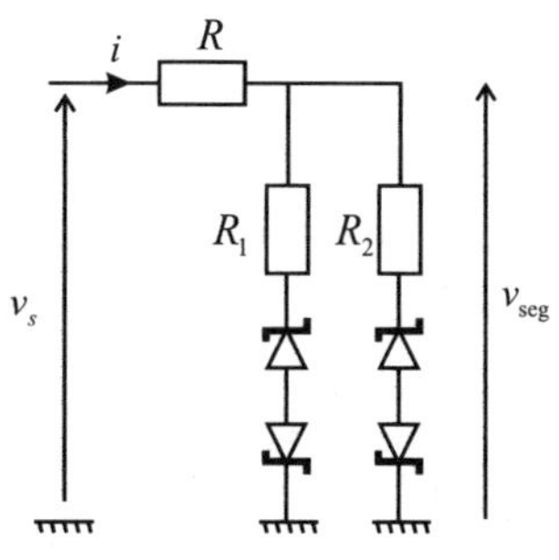

Pourquoi faut-il ajouter deux autres diodes Zener, connectées selon le schéma, pour approcher une sinusoïde par morceaux ? Les tensions de seuil des diodes (en direct) sont de 0,6 V, quelles sont les tensions Zener que l'on doit choisir pour obtenir le même résultat que celui établi précédemment ?

Proposition de solution

Commentaires : ce TP est très long, mais la plupart des montages proposés sont montés à l'avance et il s'agit simplement d'interpréter les courbes et de comparer quelques mesures aux résultats théoriques établis par l'étudiant. Des candidats n'ayant fait qu'une partie du TP ont obtenus d'excellentes notes. Les candidats ayant renvoyés des textes concernant ce TP font tous partie de la filière PSI. Nous avons pris la liberté de modifier un peu le texte en fin d'énoncé, notamment dans la partie conformateur, afin de permettre à des étudiants peu préparés à ce genre d'exercice de pouvoir mener le TP à terme.

I Étude du montage comparateur à hystérésis

1) Étude théorique

Le schéma d'un comparateur à hystérésis est le suivant :

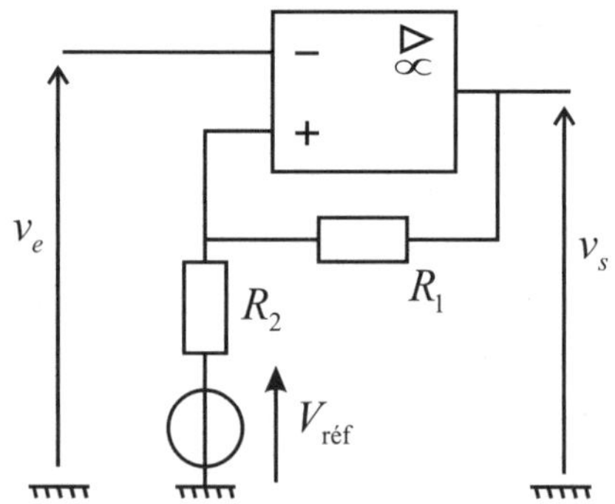

L'amplificateur opérationnel présente une liaison entre la sortie et l'entrée non inverseuse, il fonctionne en régime saturé. La tension de sortie vaut théoriquement $\pm V_{\text{sat}}$ et dépend du signe de la tension différentielle $\varepsilon = V^+ - V^-$. La tension V^+ s'exprime facilement en fonction de la tension de sortie :

$$V^+ = \frac{R_2}{R_1 + R_2} v_s + \frac{R_1}{R_1 + R_2} V_{\text{réf}}$$

la tension V^- est égale à la tension d'entrée v_e :

$$V^- = v_e$$

- Saturation haute $v_s = +V_{\text{sat}}$

$$\varepsilon = V^+ - V^- > 0, \quad v_s = +V_{\text{sat}}, \quad V^+ = \frac{R_2}{R_1 + R_2}V_{\text{sat}} + \frac{R_1}{R_1 + R_2}V_{\text{réf}} > v_e$$

$$v_e < \frac{R_2}{R_1 + R_2}V_{\text{sat}} + \frac{R_1}{R_1 + R_2}V_{\text{réf}}$$

- Saturation basse $v_s = -V_{\text{sat}}$

$$\varepsilon = V^+ - V^- < 0, \quad v_s = -V_{\text{sat}}, \quad V^+ = -\frac{R_2}{R_1 + R_2}V_{\text{sat}} + \frac{R_1}{R_1 + R_2}V_{\text{réf}} < v_e$$

$$v_e > -\frac{R_2}{R_1 + R_2}V_{\text{sat}} + \frac{R_1}{R_1 + R_2}V_{\text{réf}}$$

La caractéristique du montage avec $V_{\text{réf}} = 0$ est alors la suivante :

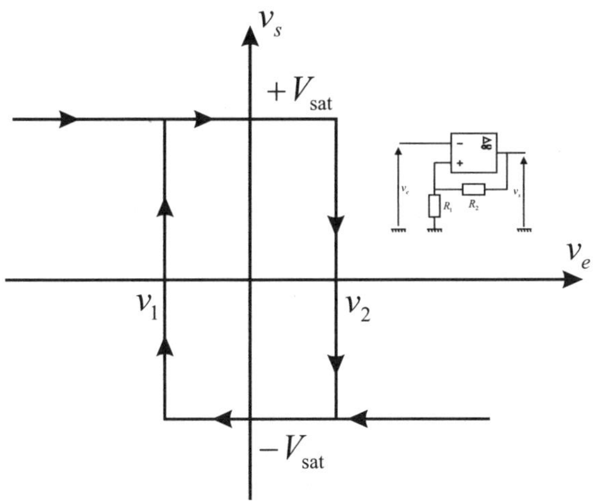

2) Étude expérimentale

Le montage est alimenté par un GBF qui délivre une tension sinusoïdale d'une amplitude d'environ 10 V et d'une fréquence de l'ordre de 10 Hz (pour éviter des problèmes de « slew rate »). La tension délivrée par le GBF est connectée à la voie 1 d'un oscilloscope, la tension de sortie est connectée à la voie 2 du même oscilloscope. L'oscilloscope affiche dans un premier temps les tensions d'entrée et de sortie du montage, il est ensuite réglé en mode XY. Les oscillogrammes obtenus sont les suivants :

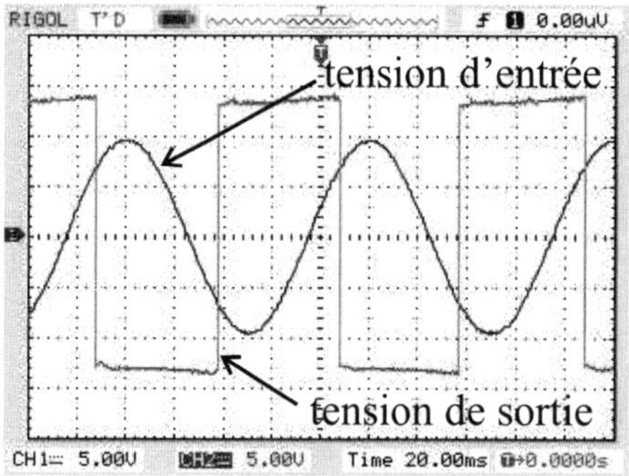

Tensions d'entrée et de sortie du trigger

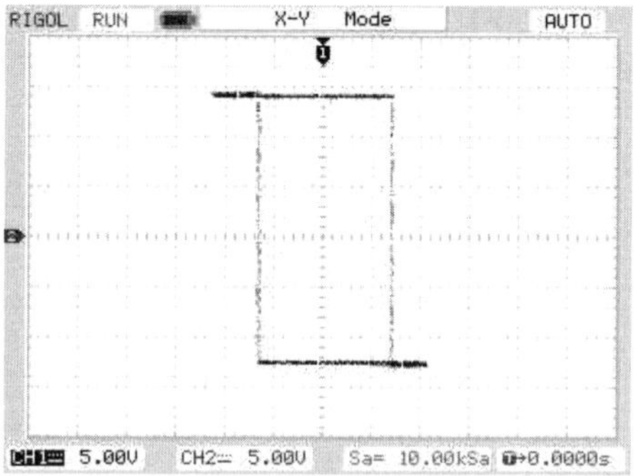

Caractéristique du montage

Le premier oscillogramme fait apparaitre une tension de sortie en créneau qui évolue entre $-V_{sat}$ et $+V_{sat}$ ce qui était prévisible. On constate que les paliers ne sont pas tout à fait égaux à $+15$ V (on lit $+14$ V) et -15 V (on lit -13 V). Les deux résistances étant égales à 10 kΩ, le montage bascule pour une tension positive de $+7$ V et une tension négative de $-6{,}5$ V.

II Étude d'un montage stabilisateur

Étude expérimentale

La caractéristique de la diode Zener donnée est la suivante :

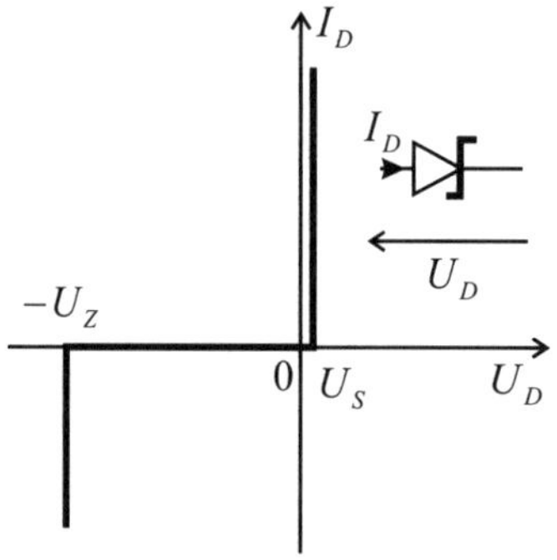

Caractéristique théorique

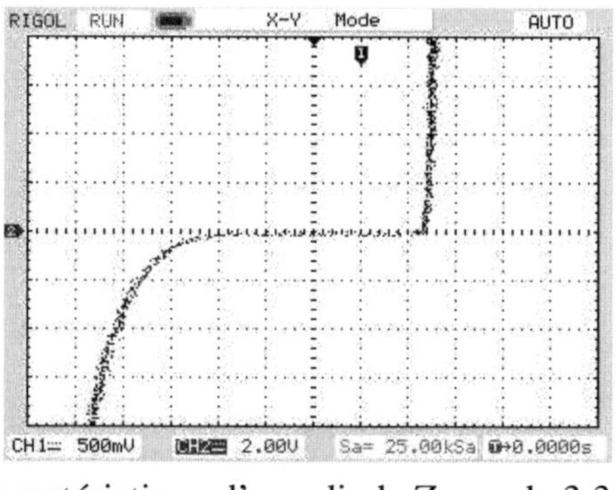

Caractéristique d'une diode Zener de 3,3 V
L'axe des courant est décalé de $+0{,}5$ V

La diode Zener se comporte comme une diode classique lorsqu'elle est polarisée en direct, $U_D > 0$. Elle présente une tension de seuil de l'ordre de 0,6 V. Lorsqu'elle est polarisée en inverse, $U_D < 0$, elle présente une sorte de tension de « seuil » dite tension Zener, de l'ordre de quelques volts suivant le type de diode. Sa résistance dynamique (pente de la caractéristique) est de l'ordre de quelques ohms lorsque la diode conduit.

Un montage constitué de deux diodes Zener identiques associées en tête bèche va alors présenter la caractéristique suivante :

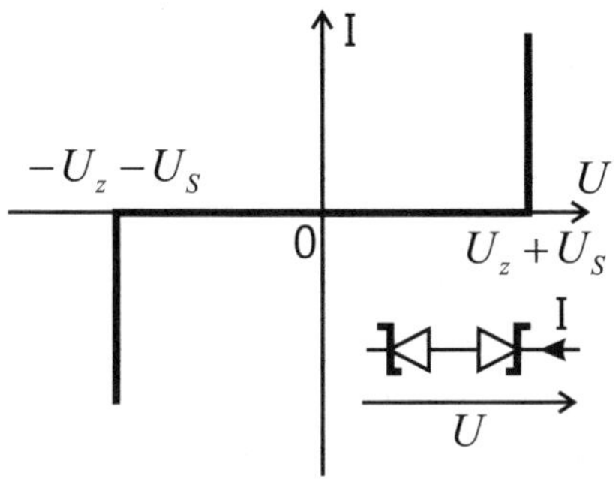

Caractéristique théorique

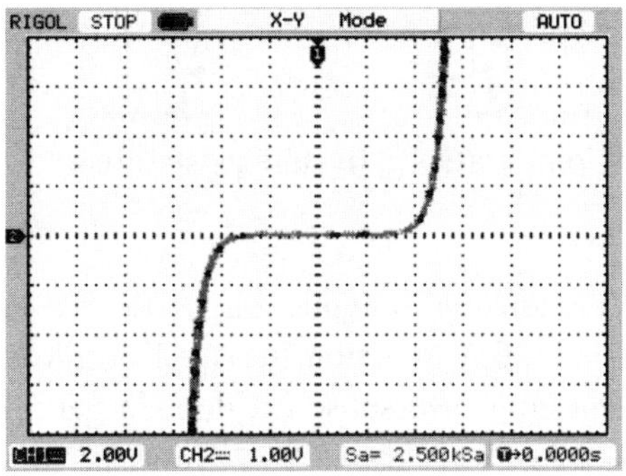

Caractéristique obtenue à partir de deux diodes Zener de 4,7 V

Lorsque la tension U évolue à partir d'une tension nulle, la diode montée en inverse conduit à partir d'une différence de potentiel à ses bornes de U_z. La diode montée en direct est passante, la tension à ses bornes vaut U_S. L'ensemble conduit à partir d'une tension $U_S + U_z$. La situation est la même, au signe près, lorsque la tension évolue dans le quadrant négatif.

Pour le montage proposé (bloc2), il faut tenir compte de la résistance placée en série. Tant qu'aucune des diodes ne conduit, l'intensité I est nulle, la chute de potentiel aux bornes de la résistance est nulle et $U_2 = U_1$. Dès que U_1 atteint la valeur de $U_S + U_z$, les diodes conduisent, la tension U_2 est constante et vaut $U_S + U_z$ (en négligeant l'effet de la résistance dynamique des diodes).

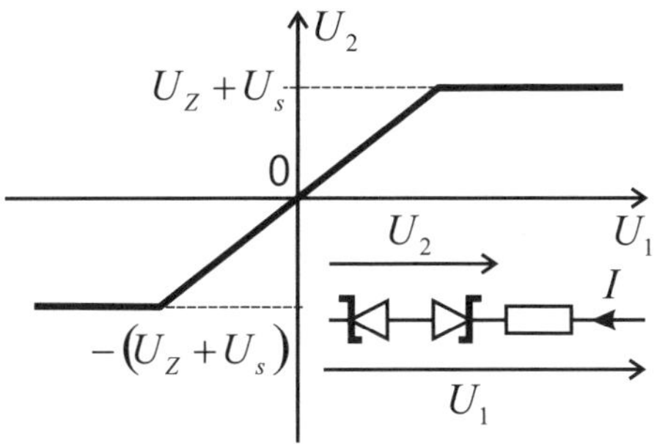

Ce montage est connecté à la sortie du trigger, la tension v_z est alors régulée et ajustable par l'intermédiaire des caractéristiques des composants, notamment les diodes Zener.

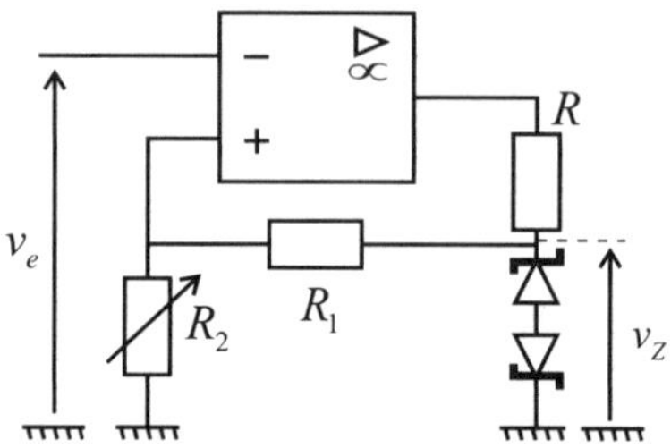

Comparateur à hystérésis stabilisé

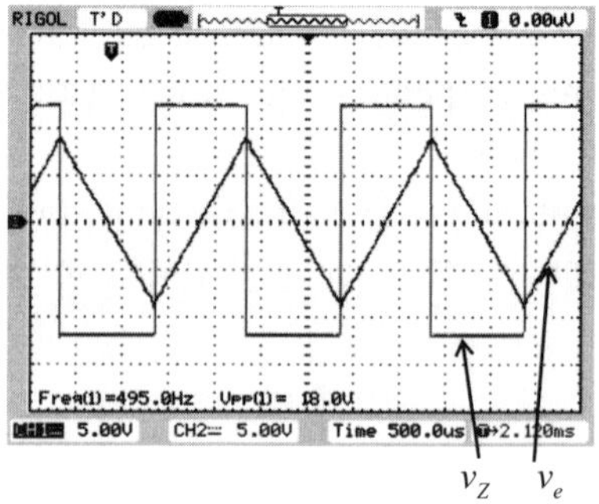

Tension de sortie v_Z (voie 2) obtenue avec deux diodes Zener de 12 V

La tension obtenue en sortie de comparateur, aux bornes des diodes, vaut $v_Z = 12{,}6$ V (tension lue sur l'oscilloscope grâce aux curseurs). Le potentiel à la borne non inverseuse est donnée par : $V^+ = \frac{R_2}{R_1+R_2}v_Z$. Les diodes présentent des tensions Zener de 12 V, on souhaite une tension de $V^- = V^+ = 9$ V, la résistance $R_2 = R_1 \frac{1}{12{,}6/9-1} = 2{,}5R_1 = 25\ \text{k}\Omega$ puisque $R_1 = 10\ \text{k}\Omega$.

III ÉTUDE D'UN MONTAGE INVERSEUR

Étude expérimentale

Le montage est réalisé sur plaquette, les oscillogrammes de la tension d'entrée et de sortie sont visualisés sur l'oscilloscope. La fonction de transfert du montage s'établit rapidement en appliquant le théorème de Millman à l'entrée inverseuse. On obtient : $v_s = -\dfrac{R_2}{R_1}v_e$. Les résistances sont de valeur égale, la tension de sortie est l'opposée de la tension d'entrée.

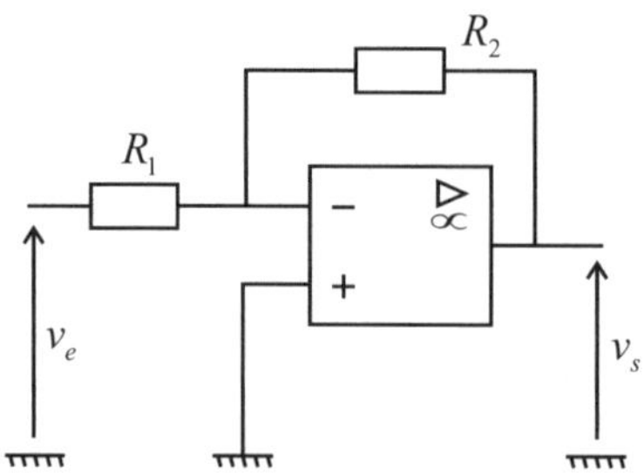

Montage inverseur avec $R_2 = R_1 = 10\ \text{k}\Omega$

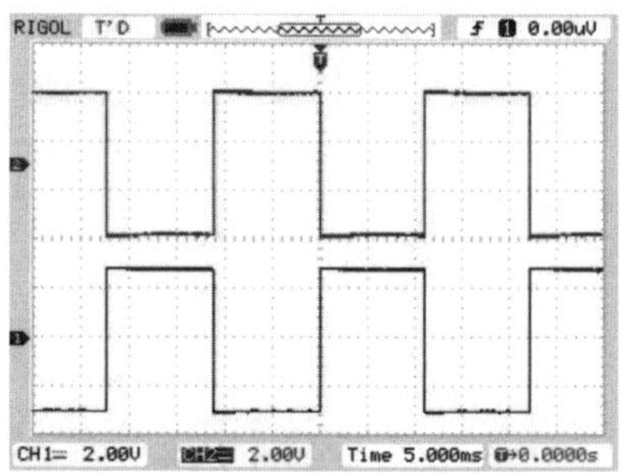

Tension de sortie et d'entrée du montage inverseur

Ce montage va compenser l'inversion de signe effectuée par le bloc intégrateur qui suit.

IV ÉTUDE D'UN MONTAGE INTÉGRATEUR

1) Étude théorique

Le montage intégrateur est réalisé sur plaquette, une résistance de $R' = 100$ kΩ est connectée en parallèle sur le condensateur pour compenser les effets de certains défauts de l'ALI réel. Les courants de polarisation et la tension d'offset non nulle sont en partie responsables de la dérive observée en sortie d'intégrateur (voir chapitre ALI réel). Le montage est le suivant :

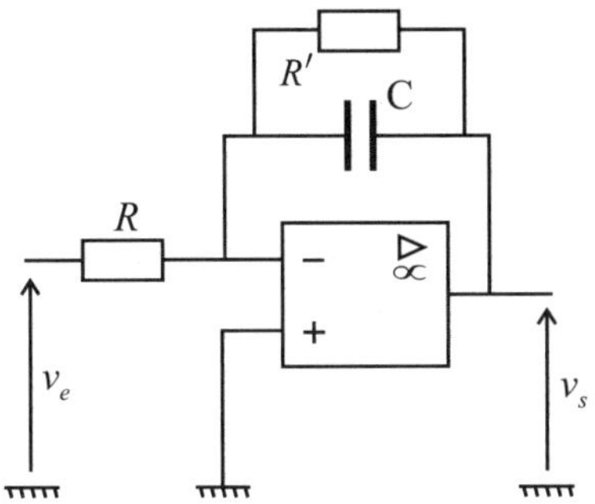

L'impédance de l'association parallèle du condensateur et de la résistance est : $\underline{Z}_{\text{éq}} = \frac{R'}{1+jR'C\omega}$. La fonction de transfert du montage (structure inverseur) s'écrit alors : $\underline{H}(j\omega) = -\frac{\frac{R'}{1+jR'C\omega}}{R}$.

La fonction de transfert de ce montage est finalement :

$$\underline{H}\,(j\omega) = -\frac{R'}{R\,(1+jR'C\omega)}$$

Le montage est un filtre passe-bas du premier ordre, pour des pulsations grandes devant $\omega_0 = \frac{1}{R'C}$, le montage est intégrateur (pente de -20 dB/déc).

Pour une valeur de capacité de $C = 0{,}1$ μF et $R' = 100$ kΩ, $\omega_0 = 100$ rad/s, ce qui correspond à une fréquence d'environ 16 Hz. Le montage se comporte comme un intégrateur pour des fréquences grandes devant 16 Hz. Dans le montage intégrateur la résistance R vaut : $R = 7$ kΩ.

$$v_s = -\frac{1}{RC}\int v_e dt$$

2) Étude expérimentale

La tension d'entrée est un signal carré d'une amplitude de 12,6 V correspondant à la sortie du trigger prise aux bornes des diodes Zener (et inversé).

$$V_s = \frac{(U_z + U_s)}{2f\,RC} = \frac{12{,}6}{2 \times 500 \times 7000 \times 10^{-7}} = 18 \text{ V}$$

Le signal de sortie est triangulaire comme attendu d'une amplitude de 9 V pour une fréquence de 495 Hz (500 Hz théorique).

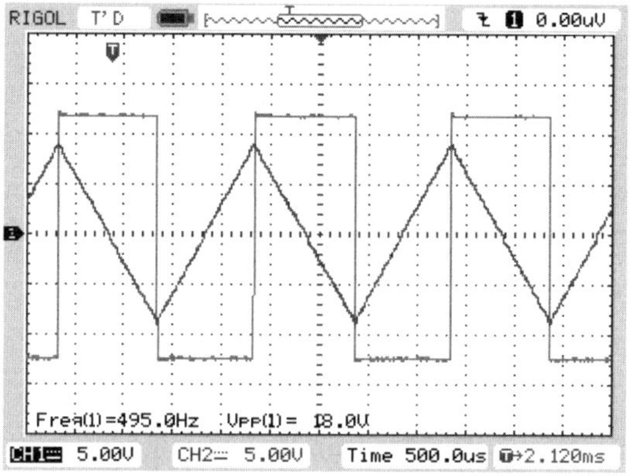

Tension de sortie et d'entrée du montage intégrateur

V ÉTUDE DU MONTAGE GLOBAL

Étude théorique et expérimentale

Tous les blocs sont connectés et l'ensemble est bouclé (l'interrupteur K_1 est fermé) pour réaliser le montage suivant :

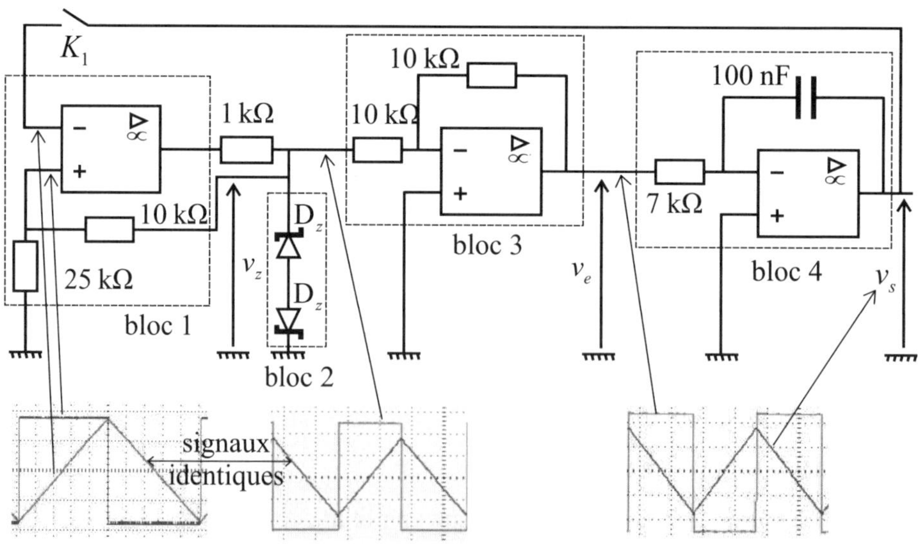

Les diodes Zener utilisées présentent une tension inverse de 12 V.

Les tensions en sortie du bloc 1 aux bornes des diodes Zener (en voie 2) et en sortie d'intégrateur (en voie 1) sont visualisées sur l'oscillogramme suivant :

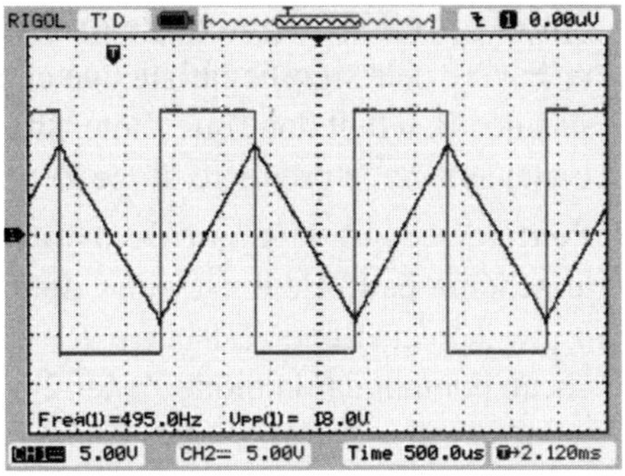

Les tensions en sortie du bloc 3 (en voie 2) et en sortie d'intégrateur (en voie 1) sont visualisées sur l'oscillogramme suivant :

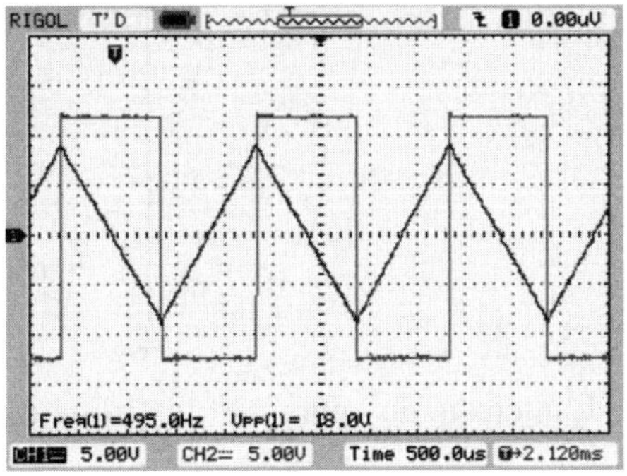

L'amplitude du signal triangulaire V_{triang} correspond à la tension de seuil du trigger (ajusté par l'intermédiaire de la résistance de 25 kΩ). Cette tension correspond aussi à la sortie du montage intégrateur. Sur une demi-période on peut écrire :

$$2V_{\text{triang}} = \frac{1}{RC} \underbrace{\frac{(U_z + U_s)\,T}{2}}_{\substack{\text{integrale du signal carré} \\ \text{en sortie d'inversur}}}$$

$$T = RC\frac{4V_{\text{triang}}}{(U_z + U_s)}$$

L'application numérique conduit à $T = 2$ ms, correspondant à une fréquence de 500 Hz. La valeur de la fréquence relevée sur l'oscillogramme est de 495 Hz.

VI Segmentation - Conformateur

Comme le dit l'énoncé, il s'agit de transformer le signal triangulaire en un signal composé de segments de droite afin d'approcher au mieux une sinusoïde. L'étude est limitée à trois segments.

- **Pour le premier segment de droite,** $0 \leqslant v_s \leqslant 3$ V, la pente imposée est $p_1 = 1$, $v_s = v_{seg}$, cela signifie qu'aucune chute de potentiel ne doit se produire dans la résistance R. Il faut donc que l'intensité du courant soit nulle jusqu'à $v_s = v_{seg} = 3$ V. La tension de la première diode Zener doit être égale à 3 V.
- **Pour le second segment de droite,** $3 \leqslant v_s \leqslant 6$ V, la diode Zener 1 conduit, le schéma équivalent est alors donné par l'association d'une source de tension $u_{z1} = 3$ V et d'une résistance R_1 en série. L'autre branche n'est parcourue par aucun courant car la diode Zener 2 n'est pas conductrice.

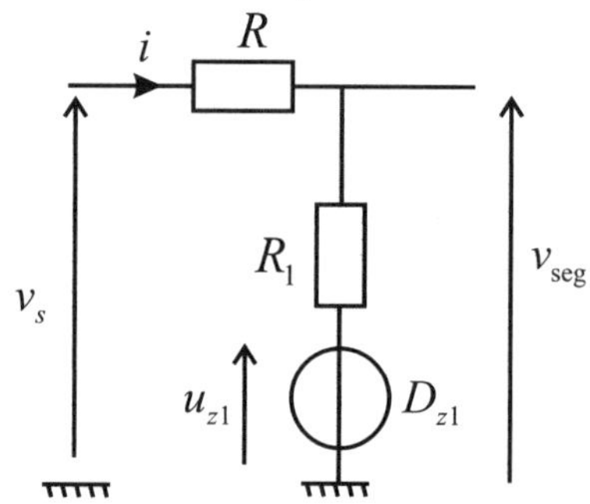

L'intensité du courant i s'exprime dans ce cas par : $i = \dfrac{v_s - u_{z1}}{R + R_1}$. La tension v_{seg} s'exprime alors par : $v_{seg} = u_{z1} + \dfrac{R_1}{R + R_1}(v_s - u_{z1})$. L'expression de la pente est $p_2 = \dfrac{dv_{seg}}{dv_s} = \dfrac{R_1}{R + R_1}$. La pente imposée par l'énoncé est $p_2 = 0{,}71$, ce qui conduit à une valeur de résistance de $R_1 = 2{,}5$ kΩ, avec $R = 1$ kΩ. Dans cet intervalle, la tension s'exprime numériquement par : $v_{seg} = 0{,}71 v_s + 0{,}87$, pour $v_s = 6$ V, $v_{seg} = 5{,}13$ V.

- **Pour le troisième segment de droite,** $6 \leqslant v_s \leqslant 9$ V, les deux diodes conduisent, le schéma équivalent est alors le suivant :

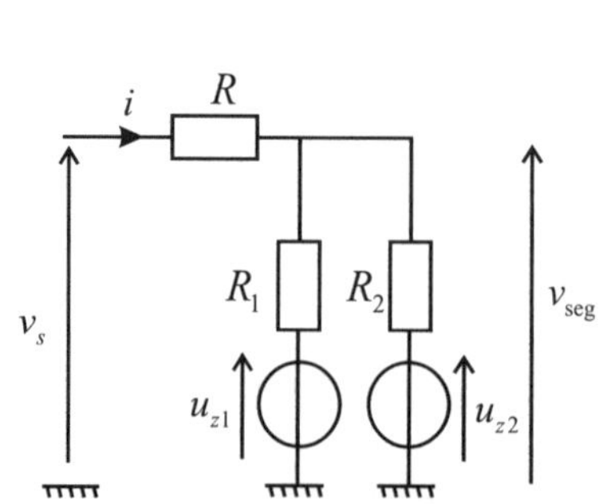

Schéma équivalent

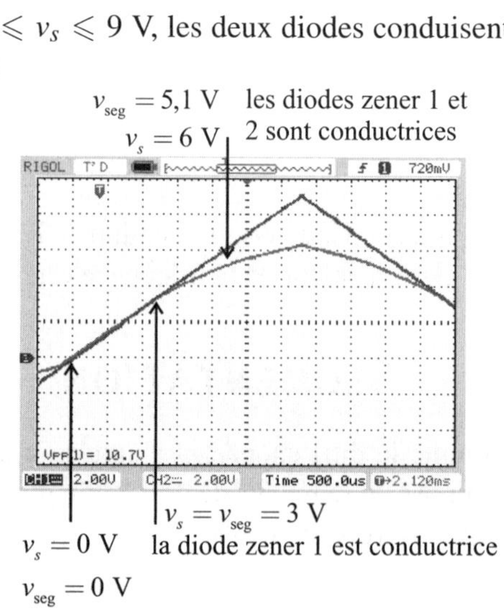

La tension v_{seg} se calcule par l'intermédiaire du théorème de Milmann : $v_{seg} = \frac{\frac{v_s}{R} + \frac{u_{z1}}{R_1} + \frac{u_{z2}}{R_2}}{\frac{1}{R} + \frac{1}{R_1} + \frac{1}{R_2}}$. La pente $p_3 = \frac{dv_{seg}}{dv_s} = \frac{R_1 R_2}{R_1 R_2 + R R_2 + R R_1}$ est imposée à la valeur de 0,26, ce qui permet de déterminer R_2. L'application numérique conduit à $R_2 = 413\ \Omega$. On impose $v_{seg} = 5{,}13$ V pour $v_s = 6$ V (continuité de la tension segmentée), ce qui permet de déterminer u_{z2}. L'application numérique conduit à : $u_{z2} = 5{,}1$ V. Dans cet intervalle, la tension s'exprime numériquement par : $v_{seg} = 0{,}26 v_s + 3{,}54$, pour $v_s = 9$ V, $v_{seg} = 5{,}88$ V.

Remarques

Les expériences ont été faites avec une diode Zener 1 de 3,3 V en série avec une résistance de $R_1 = 2{,}2\ \text{k}\Omega$ et une diode Zener 2 de 5,6 V en série avec une résistance $R_2 = 500\ \Omega$. De ce fait, la valeur maximale de la tension segmentée mesurée vaut 6,2 V et non 5,88 V correspondant à la valeur calculée.

Sur l'oscillogramme, les points anguleux séparant deux segments ne sont pas visibles. La transition entre le mode passant et non passant pour une diode réelle se fait de façon progressive, ce que ne prévoit pas le modèle théorique envisagé.

Le montage proposé sur plaquette par le concours est le suivant :

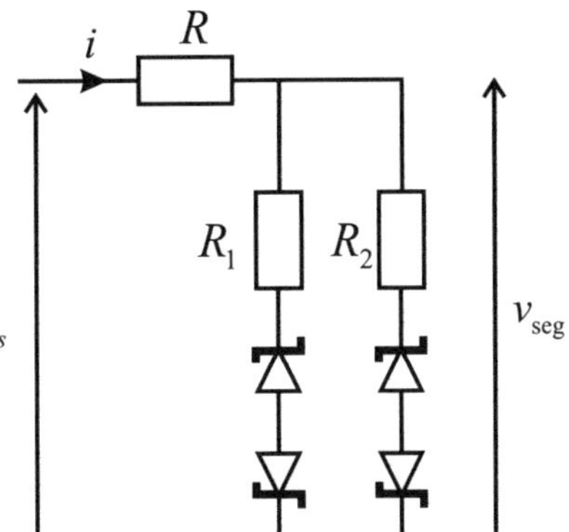

Chaque branche (1 et 2) est formée par l'association d'une résistance et de deux diodes Zener identiques montées l'une en direct, l'autre en inverse. Pour une alternance positive, les diodes montées en direct sont passantes, les diodes connectées en inverse assurent la segmentation comme montrée précédemment. Pour une alternance négative, les diodes montées en inverse sont passantes alors que ce sont les diodes montées en direct qui assurent la segmentation. Il faut néanmoins tenir compte de la tension de seuil de 0,6 V de chaque diode. Pour retrouver la situation précédente, il faut choisir des diodes de tension : $u_{z1} = 3 - 0{,}6 = 2{,}4$ V et $u_{z2} = 5{,}1 - 0{,}6 = 4{,}5$ V. Les oscillogrammes obtenus sont les suivants :

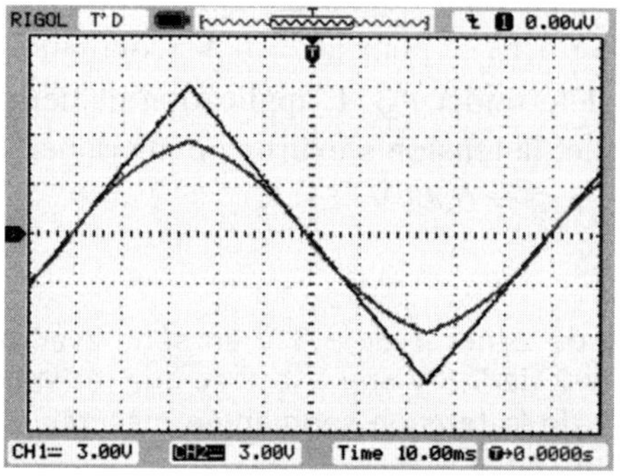

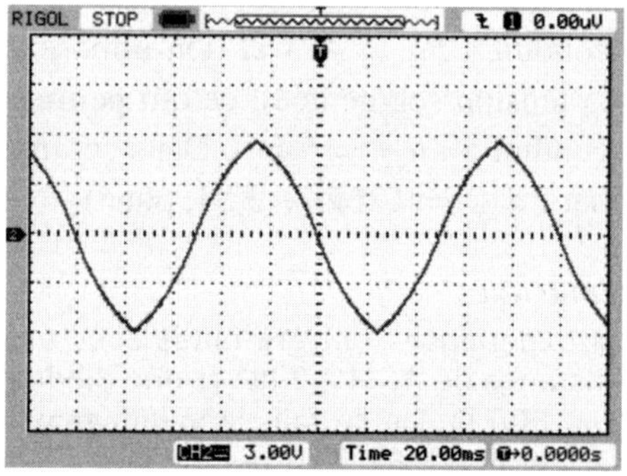

MODULATION ET DÉMODULATION D'AMPLITUDE

21

Concours : X-ENS, Centrale, Mines

Objectif du TP : Effectuer la modulation puis la démodulation d'un signal.

Matériel :

- Deux GBF
- Oscilloscope
- Deux multiplieurs
- Une boîte noire dont les caractéristiques sont données
- Un filtre RC
- Composants électroniques classiques.

ÉNONCÉ

I ÉTUDE THÉORIQUE

On considère les deux signaux suivants :

$$\begin{cases} p(t) = a\sin(2\pi F t) \\ m(t) = M_0 \sin(2\pi f t) \end{cases}$$

Avec, $a = 10$ V, $M_0 = 5$ V, $F = 10$ kHz et $f = 100$ Hz.

Une boîte noire présentant deux bornes d'entrée et deux bornes de sortie est donnée au candidat. Le quadripôle inconnu présente une bande passante de [1 kHz ; 1 MHz], telle que le signal en entrée est transmis avec un gain unitaire si sa fréquence appartient à l'intervalle proposé, sinon il est fortement atténué.

1) Peut-on transmettre le signal $m(t)$ à travers ce système ?

2) Ces deux signaux sont multipliés selon : $u(t) = p(t) \times m(t)$. Quelles sont les fréquences de ce signal ? Ce signal est-il transmis par le système ?

3) On démodule le signal transmis en le multipliant par $p(t)$. Quelles sont les fréquences qui composent le signal obtenu. Comment obtenir une démodulation correcte du signal ?

II ASPECT EXPÉRIMENTAL

1) Modulation

Effectuer, grâce au composant à disposition, la modulation en multipliant les signaux $p(t)$ et $m(t)$. Par l'intermédiaire de l'oscilloscope, visualiser $u(t)$ et $p(t)$, puis $u(t)$ et $m(t)$. Dans chacun des cas, sur quelle signal faut-il effectuer la synchronisation, pourquoi ?

Le faire pour trois valeurs de fréquence du signal $m(t)$ de : 1 kHz, 100 Hz et 1 Hz.

2) Diagramme de Bode

Tracer le diagramme de Bode du gain pour le système donné. Comparer la bande passante déterminée expérimentalement à celle donnée dans l'énoncé.

3) Démodulation

Multiplier le signal de sortie par $p(t)$. Quelle est l'allure de l'oscillogramme ? Tracer les signaux $m(t)$, $u(t)$, $p(t)$ et la tension $d(t)$ sur papier millimétré.

4) Filtre *RC*

On considère un filtre passe-bas du premier ordre constitué d'une cellule RC. Établir l'équation différentielle qui relie la tension de sortie à la tension de sortie. Vers quelle valeur tend le signal de sortie si $t \gg RC$? À quelle valeur du produit RC correspond une tension de sortie atténuée de 1/100, si la fréquence du signal d'entrée est de 20 kHz. Un filtre RC est fourni. Ce filtre réalise-t-il la condition imposée ?

Visualiser le signal en sortie de filtre.

PROPOSITION DE SOLUTION

Commentaires : Plusieurs textes correspondent à ce TP, nous avons reproduit ici l'énoncé proposé par l'école Centrale. Ce sujet correspond à un TP cours en filière PSI. L'énoncé de l'école des Mines et du regroupement X-ENS débute un sujet similaire par l'étude d'un montage sommateur-inverseur autour d'un amplificateur opérationnel. Dans le cas de l'école normale, la modulation n'est pas produite par un multiplieur elle l'est par un dipôle non linéaire (diode).

I ÉTUDE THÉORIQUE

1) On considère les deux signaux suivants :

$$\begin{cases} p(t) = a\sin(2\pi F\,t) \\ m(t) = M_0\sin(2\pi f\,t) \end{cases}$$ avec, $a = 10$ V, $M_0 = 5$ V$F = 10$ kHz et$f = 100$ Hz.

Le système étudié présente une bande passante limitée, il s'agit d'un système idéalisé censé représenter un organe de transmission (câble, fibre...).

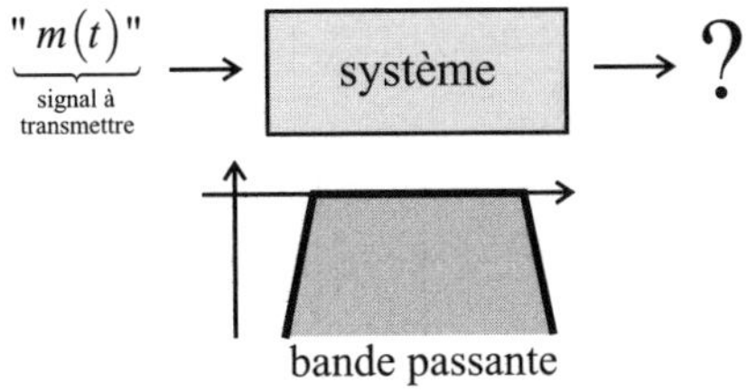

Le système proposé présente une bande passante de : [1 kHz ; 1 MHz].

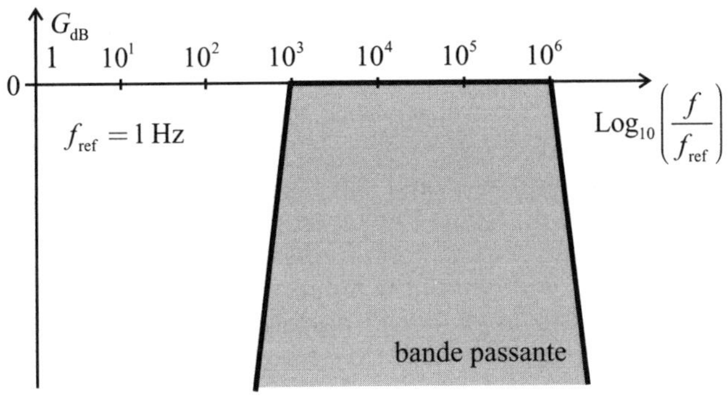

Le signal $m(t)$ présente une fréquence de$f = 100$ Hz, il ne sera pas transmis par le système.

2) Ces deux signaux sont multipliés selon : $u(t) = p(t) \times m(t)$.

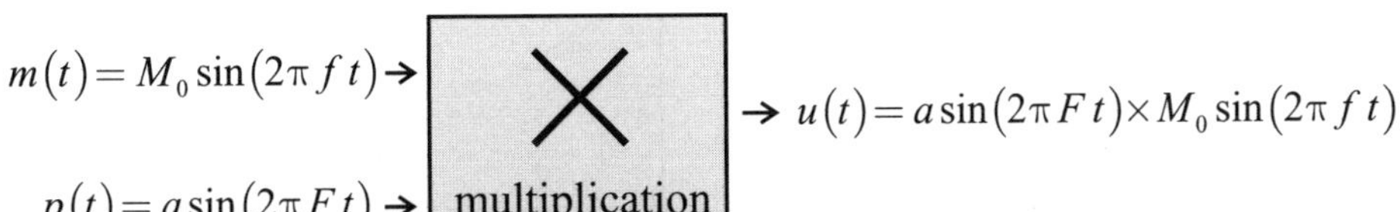

$$u(t) = \frac{aM_0}{2}\left[\cos\left(2\pi\underbrace{(F-f)}_{\text{différence}}t\right) - \cos\left(2\pi\underbrace{(F+f)}_{\text{somme}}t\right)\right]$$

Remarque

Aucun énoncé ne parlait de taux de modulation, il n'est cependant pas inutile de rappeler son expression : $\tau = \dfrac{u_{max} - u_{min}}{u_{max} + u_{min}}$. Ce taux représente la proportion de la tension $p(t)$ (la porteuse) qui est affectée par le signal modulant.

Multiplier deux signaux sinusoïdaux revient à sommer deux fonctions de fréquences somme et différence des signaux initiaux. La représentation spectrale est alors la suivante :

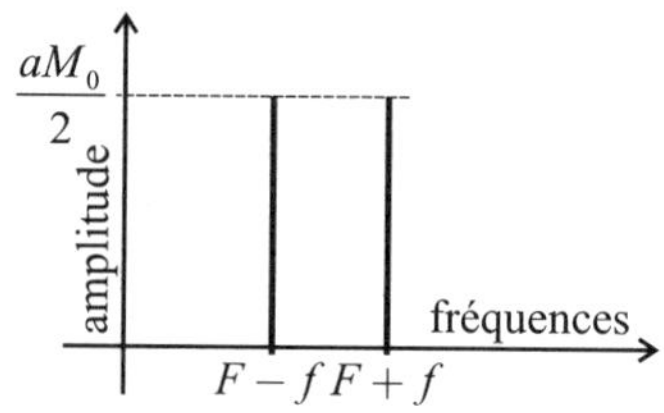

Dans le cas qui nous intéresse, le signal de sortie $u(t)$ est la somme de deux sinusoïdes de fréquences $f_{\oplus} = 10100$ Hz et $f_{-} = 9900$ Hz. Ces signaux sont transmis par le système.

Remarque

Dans le cadre qui est présenté, le signal correspondant à la porteuse n'est pas transmis. Pour éviter cette perte, on ajoute une tension continue (tension d'offset) au signal contenant l'information. Dans ce cas, trois fréquences sont transmises : f, $F-f$, $F+f$, les fréquences $F-f$, $F+f$ contiennent la même information, elles sont redondantes. Dans la pratique on ne transmet que la porteuse et un seul domaine fréquentiel (contenant l'information), ce procédé est dit à bande latérale unique (B.L.U), comme le montre le schéma suivant :

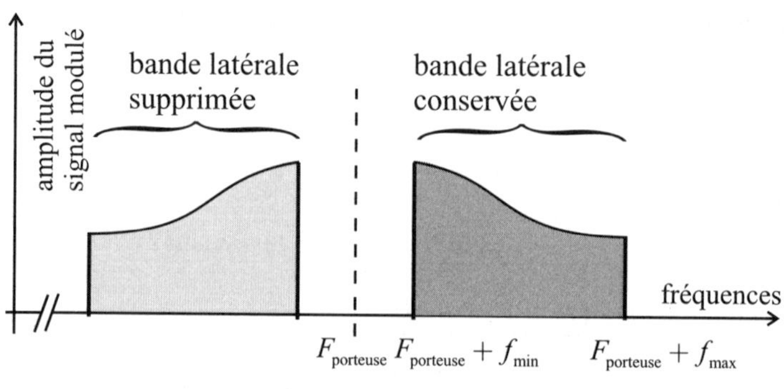

3) Le signal de sortie est multiplié par $p(t)$:

$$s(t) = p(t) \times u(t) = a\sin(2\pi F\,t) \times \frac{aM_0}{2}\left[\cos(2\pi(F-f)\,t) - \cos(2\pi(F+f)\,t)\right]$$
$$= \frac{a^2M_0}{2}\left[\sin(2\pi F\,t)\cos(2\pi(F-f)\,t) - \sin(2\pi F\,t)\cos(2\pi(F+f)\,t)\right]$$
$$= \frac{a^2M_0}{4}\left[\sin(2\pi(2F-f)\,t) - \sin(2\pi(2F+f)\,t) - 2\sin(2\pi f\,t)\right].$$

Le signal obtenu présente trois fréquences différentes :

$2F - f = 19900$ Hz
$2F + f = 20100$ Hz
$f = 100$ Hz

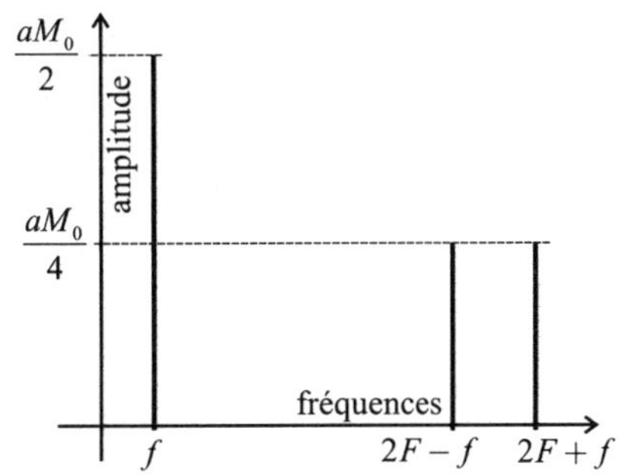

Parmi celles-ci, on retrouve la fréquence du signal à transmettre. Pour isoler cette composante des autres, on peut utiliser un filtre passe-bas dont la fréquence de coupure est grande devant $f = 100$ Hz et petite devant $2F = 20$ kHz. On a donc tout intérêt à utiliser une fréquence de porteuse de forte valeur comparée à la fréquence de la sinusoïde qui représente l'information.

II ASPECT EXPÉRIMENTAL

1) Modulation

Le composante à utiliser est le multiplieur, généralement de type AD633JN. Comme l'amplificateur opérationnel, c'est un composant intégré et il doit être alimenté par une alimentation symétrique $+15$ V ; -15 V. Le composant présente quatre entrées : X_1, X_2, Y_1, et Y_2, plus une annexe Z. Il réalise en fait, la fonction $s(t) = \dfrac{(X_1 - X_2) \times (Y_1 - Y_2)}{10} + Z$. Dans le cadre du TP, les impédances d'entrée du composant peuvent être considérées comme infinies, son impédance de sortie comme nulle et sa bande passante est de l'ordre de 1 MHz. Pour simplifier on considère que les propriétés (hors la multiplication des entrées) sont les mêmes que celles d'un ALI.

Il faut relier la sortie de chaque GBF à une entrée du multiplieur, soit $u(t) \equiv X_1$, $p(t) \equiv Y_1$ et toutes les autres entrées à la masse. La sortie du multiplieur réalise alors le produit des deux tensions d'entrée divisée par un facteur multiplicatif propre au composant qui vaut 10 pour celui qui est présenté ici.

Cette tension de sortie $s(t)$ est visualisée (en voie 1 par exemple) grâce à l'oscilloscope, ainsi que la porteuse $p(t)$ (en voie 2). Il faut synchroniser l'oscilloscope sur la voie 2 et régler la base de temps sur un calibre correspondant, 20 µs/div par exemple. L'amplitude du signal étant variable, à cause de la tension $m(t)$, le signal observé n'est pas « immobile » sur l'écran.

Il est aussi possible de visualiser $u(t)$ et $m(t)$ (en voie 2). Il faut synchroniser l'oscilloscope sur la voie 2 et régler la base de temps sur un calibre correspondant, 200 ms/div par exemple. Cette fois l'enveloppe du signal se stabilise (représentée par $m(t)$ qui sert de référence de synchronisation).

Remarque

Les deux GBF constituent les deux sources de ce montage, ces deux sources présentent des phases aléatoires (comme en optique pour faire des interférences), qui ne sont pas corrélées entre elles. Il est donc impossible de synchroniser le signal à la fois sur la porteuse et la modulante. Il faut choisir en fonction de ce que l'on veut observer.

Pour chaque valeur de fréquence, les oscillogrammes (pour des valeurs de la base de temps différentes) obtenus sont les suivants :

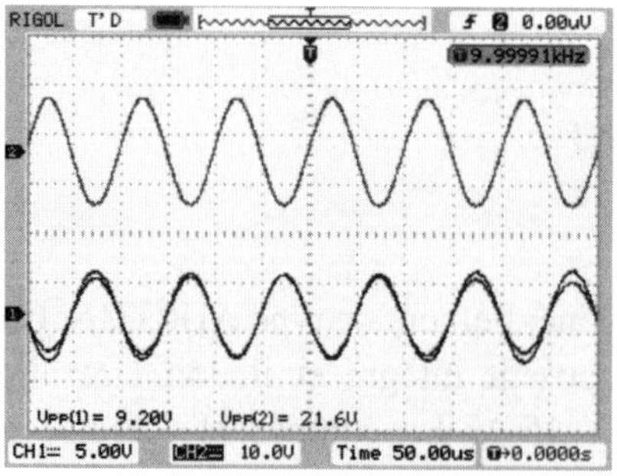

signal $u(t)$ avec synchro $p(t)$
base de temps 50 µs/div

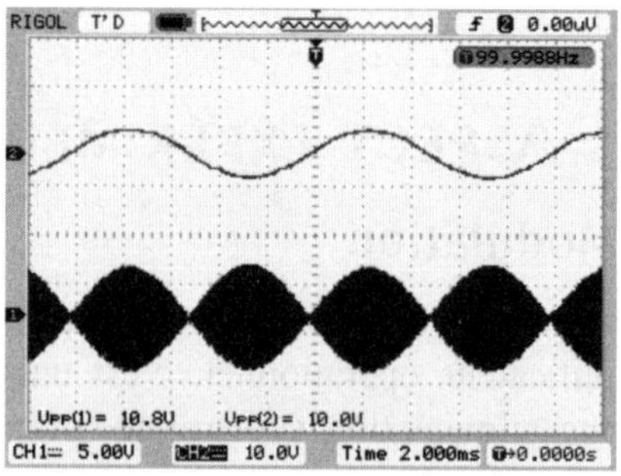

signal $u(t)$ avec synchro $m(t)$
base de temps 2 ms/div

Remarque

Dans le cas où le signal modulant *m*(*t*) présente une fréquence de quelques kHz, un phénomène de battement peut se produire, les fréquences de la porteuse et du signal modulant étant du même ordre de grandeur.

L'analyse de Fourier du signal modulé confirme l'étude faite à la question 3)

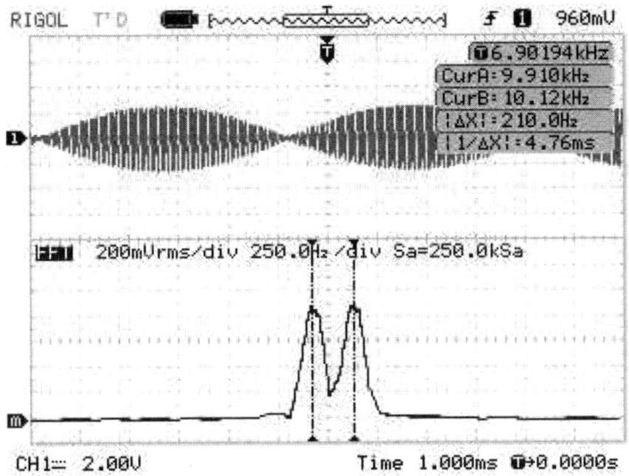

2) Diagramme de Bode du système

Cette partie est en fait l'étude simplifiée d'un filtre (passe-bande) inconnu qui modélise le comportement du milieu dans lequel se propage le signal. Il faut connecter un GBF en entrée du système, faire varier sa fréquence, et visualiser les signaux d'entrée et de sortie du montage. Le filtre est proposé dans une boîte noire, sa fréquence de coupure basse est de 1 kHz et sa fréquence de coupure haute de l'ordre du MHz. Pour réaliser un tel filtre nous proposons le montage suivant :

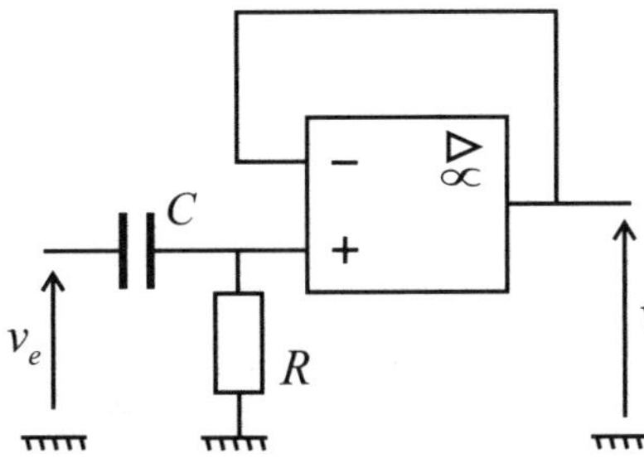

Le système est composé d'un filtre passe haut du premier ordre et d'un suiveur construit autour d'un ALI TL081. Le modèle du gain de ce composant est celui d'un filtre passe-bas du premier ordre d'une fréquence de coupure haute de quelques centaines de kHz (voir chapitre ALI réel). La résistance vaut $R = 10\ \text{k}\Omega$ et le condensateur $C = 10$ nF. Dans le domaine des basses fréquences, le montage fonctionne en suiveur, la tension de sortie est la tension de sortie aux bornes de la résistance. Dans ce domaine le montage fonctionne comme un filtre passe-haut du premier ordre dont la fréquence de coupure vaut $f_1 = \dfrac{1}{2\pi RC} \simeq 1\,600$ Hz. Dans le domaine des hautes fréquences c'est le gain de l'ALI qui limite la tension de sortie. Globalement nous avons réalisé la fonction attendue.

Pour une gamme de fréquence allant de 10 Hz à 2 MHz, il faut relever les tensions d'entrée et de sortie, calculer le gain (certains appareils le font directement) et tracer le diagramme de Bode correspondant.

Diagramme de Bode du gain du « système »

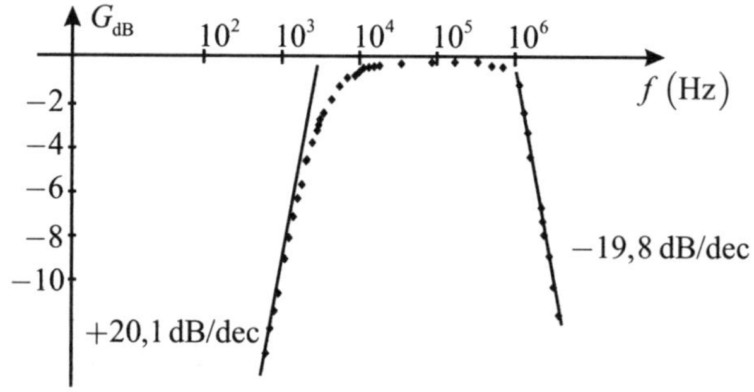

3) Démodulation par détection synchrone

Le montage à réaliser est le suivant :

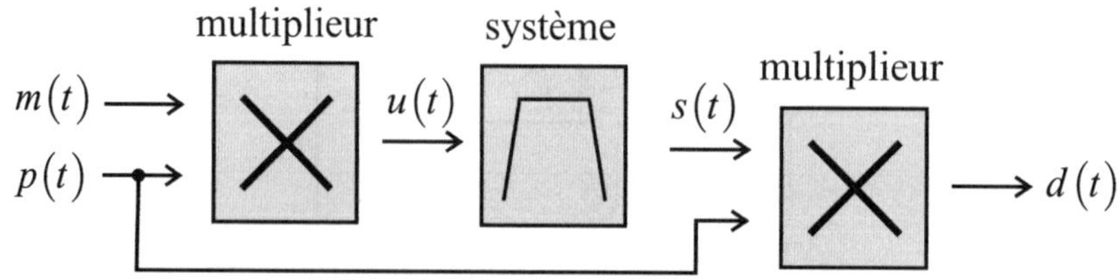

Les oscillogrammes des signaux $m(t)$, $u(t)$, $p(t)$ et la tension $d(t)$, sont les suivants :

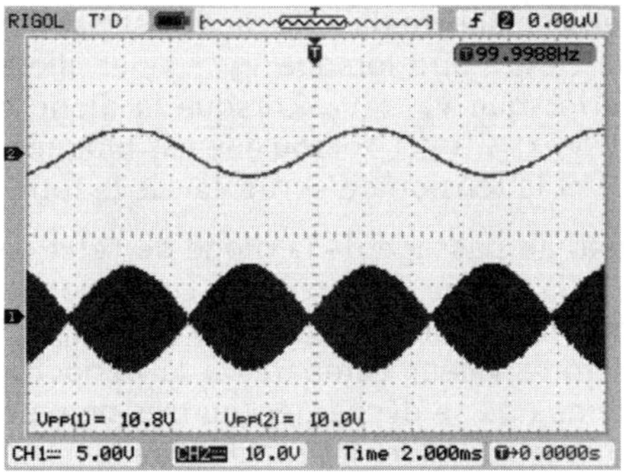

signal $m(t)$ et signal modulé $u(t)$
base de temps 2 ms/div

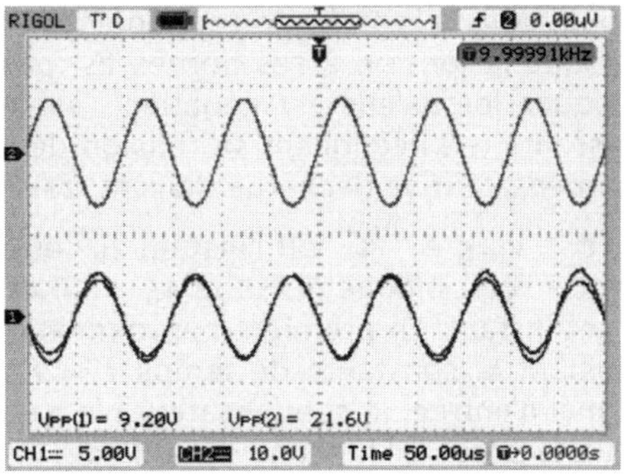

signal $p(t)$ et signal modulé $u(t)$
base de temps 50 μs/div

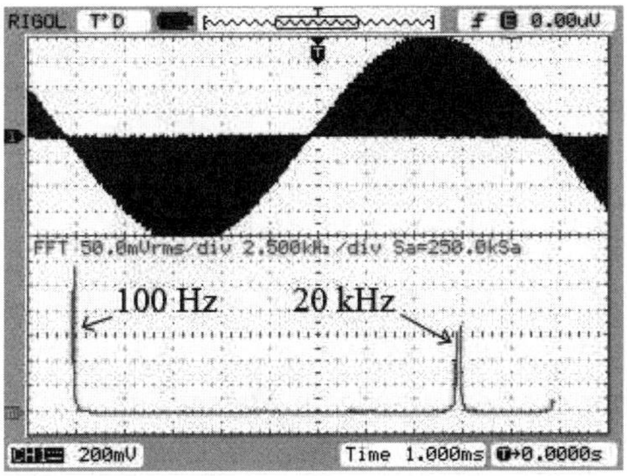

signal $d(t)$ et analyse spectrale

L'analyse spectrale fait apparaitre un pic à 100 Hz, correspondant au signal $m(t)$ et un pic double (d'amplitude moitié) à 20 kHz.

Remarque

Il est possible d'effectuer la démodulation par l'intermédiaire d'un détecteur de crêtes. Ce montage est constitué d'une diode et d'une association parallèle d'un dipôle *RC*.

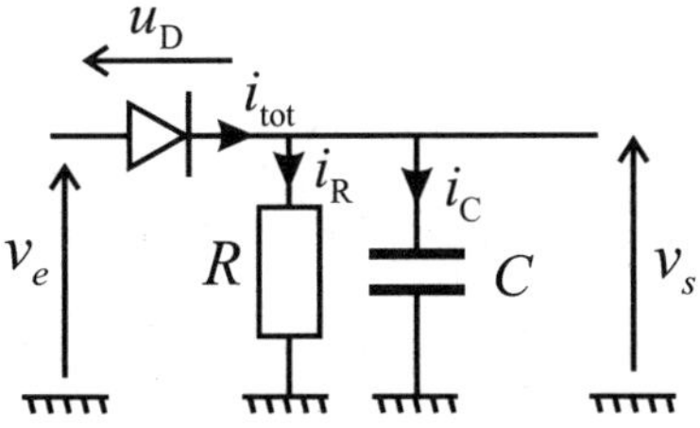

Appliquons à l'entrée de ce montage, une tension sinusoïdale, la diode est passante lorsque la tension à ses bornes est positive c'est-à-dire lorsque $v_e \geqslant v_S$ et elle est bloquée lorsqu'elle est négative c'est-à-dire lorsque $v_e \leqslant v_S$. Lorsque la diode est passante (en négligeant sa tension de seuil) $v_e(t) = v_S(t)$, lorsqu'elle est bloquée le condensateur se décharge dans la résistance et la tension de sortie est de la forme : $v_S(t) = v_{t=t_1}\, e^{-\frac{(t-t_1)}{RC}}$ où l'instant t_1 correspond au passage de la diode de l'état passant à l'état bloqué (lorsque $i_{\text{tot}} = 0$) et $v_{t=t_1}$ la valeur de la tension correspondant à cet instant. En première approximation on peut considérer que $v_{t=t_1} \simeq v_{e\max}$. En ajustant la constante de temps $\tau = RC$ de forte valeur comparée à la période du signal d'entrée, le condensateur n'a pas le temps de se décharger (ou très peu) pendant la phase de blocage de la diode. Le montage suit alors les maxima de la tension d'entrée.

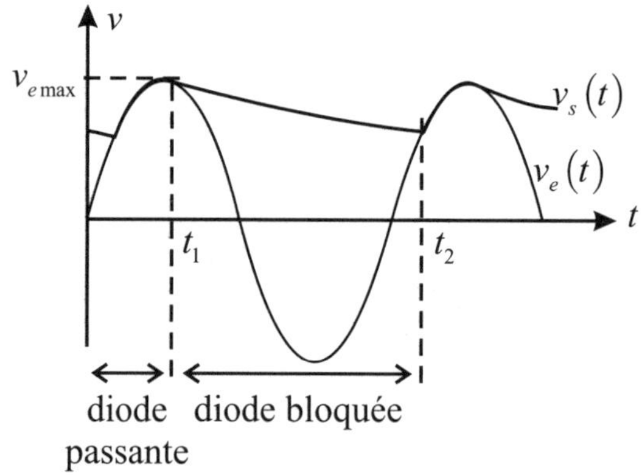

Si la fréquence de la porteuse est grande devant celle du signal modulant, les maxima de la tension modulée se confondent avec le signal modulant.

Si on applique en entrée de ce montage, la tension modulée, le détecteur de crêtes va suivre l'évolution des maxima de la tension d'entrée. Il faut néanmoins veiller à choisir la constante de temps $\tau = RC$, de telle sorte que le condensateur n'ait pas le temps de se décharger entre deux maxima, mais il faut qu'il puisse se décharger lorsque l'enveloppe du signal diminue. Il s'agit donc d'imposer :

$$T_{\text{porteuse}} \ll \tau = RC \ll T_{\text{modulant}}$$

$$f_{\text{modulant}} \ll \frac{1}{2\pi RC} \ll f_{\text{porteuse}}$$

Dans ces conditions, la tension de sortie du détecteur de crêtes pourra être assimilée à la tension du signal modulant.

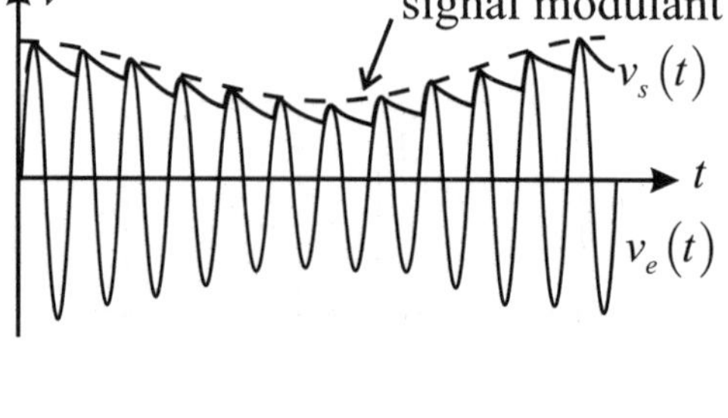

Pour ce montage, il n'est pas nécessaire de restituer la tension de la porteuse, par contre il faut que le signal modulant soit toujours positif (à cause de la diode) ce qui exclut un taux de modulation supérieur à un.

4) Filtre RC

Le filtre étudié est réalisé à partir d'une structure RC classique.

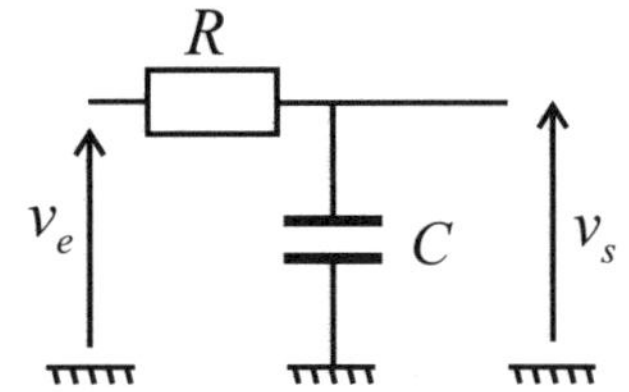

La fonction de transfert se calcule de façon classique : $\underline{H} = \frac{\underline{v_2}}{\underline{v_1}}$, et s'exprime par : $\underline{H} = \frac{\underline{Z_C}}{R+\underline{Z_C}} = \frac{1}{1+jRC\omega}$. L'équation différentielle s'établit alors immédiatement : $v_2(t) + RC\frac{dv_2(t)}{dt} = v_1(t)$. On pose $\omega_0 = \frac{1}{RC}$, l'équation différentielle devient : $v_2(t) + \frac{1}{\omega_0}\frac{dv_2(t)}{dt} = v_1(t)$. Au bout d'un temps $t \gg \tau$, le régime permanent est établi et le formalisme opérationnel (fonction de transfert et notation de Laplace) est adapté à la détermination du produit RC.

En sortie du dernier multiplieur, le signal peut être vu comme la superposition de trois sinusoïdes de fréquences : f, $2F-f$ et $2F+f$. La porteuse présente une fréquence de 10 kHz, en sortie de montage, la fréquence des signaux $2F - f$ et $2F + f$ est de l'ordre de 20 kHz. On souhaite que l'amplitude d'une tension sinusoïdale d'une fréquence de 20 kHz soit atténuée d'un facteur 100. L'expression du module de la fonction de transfert est : $\left|\underline{H}\right| = \frac{1}{\sqrt{1+\left(\frac{\omega}{\omega_0}\right)^2}}$. Pour ce faire, il faut que : $\omega_0 \simeq 10^{-2}\,\omega$, ou encore $\frac{1}{RC} \simeq 2\pi \cdot 10^{-2} f$. Finalement, $RC \simeq 10^2 \frac{1}{2\pi f} = 8 \cdot 10^{-4} \simeq 10^{-3}$ s. Une résistance de 10 kΩ et un condensateur d'une capacité de 0,1 μF conviennent pour réaliser ce filtre.

La tension correspondant à la porteuse est de fréquence 10 kHz, le signal modulant présente une fréquence de 100 Hz, la tension $d(t)$ est donc la superposition de trois sinusoïdes de fréquences 19,9 kHz, 20,1 kHz et 100 Hz. En sortie de filtre, les signaux de hautes fréquences ne sont quasiment pas transmis (atténués d'un facteur 100), il ne reste plus que le signal modulant d'une centaine de Hertz (atténué de 10 %). Le multiplieur et le filtre réalisent la fonction de démodulation. Les signaux en entrée et sortie de filtre correspondent aux oscillogrammes suivants :

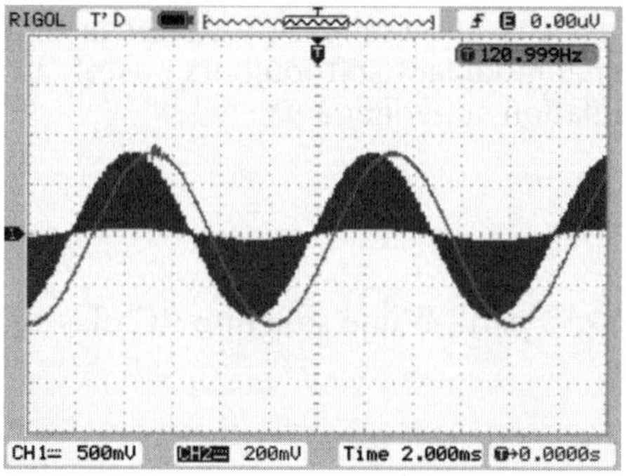

Signal $d(t)$ transmis par le système et signal démodulé $s(t)$

Le signal modulant, correspondant à l'information, est d'autant mieux restitué que la fréquence de la porteuse est grande devant celle de l'information. La séparation fréquentielle est d'autant plus efficace que le filtre est sélectif (ordre du filtre).

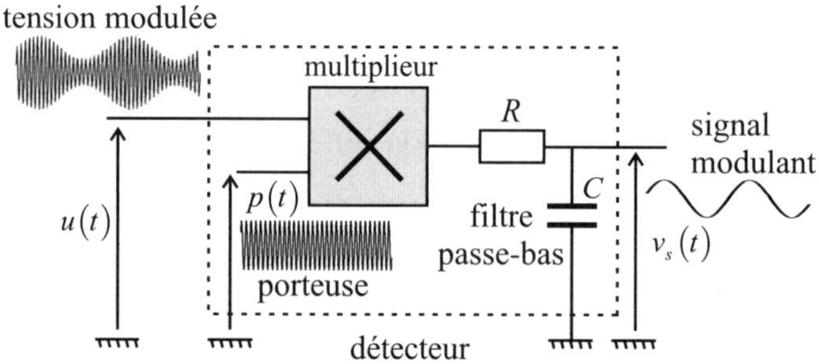

La modulation et la détection synchrone sont utilisées lorsqu'il s'agit de transmettre une information qui risque d'être noyée dans un bruit ambiant. La multiplication du signal informatif par la porteuse permet, non seulement de transmettre le signal à travers un système qui l'aurait atténué, mais elle permet aussi de l'identifier au milieu d'autres signaux qui peuvent avoir une amplitude beaucoup plus importante.

Cette méthode ne fonctionne parfaitement que si la tension de la porteuse est à disposition du récepteur, or ceci est rarement le cas, notamment dans le domaine de la réception radio. Il s'agit alors d'appliquer en entrée du multiplieur une tension de fréquence identique à celle de la porteuse. Si la tension appliquée n'est pas parfaitement synchrone avec celle de la porteuse, une détérioration du signal de sortie va se produire. Ce défaut s'appelle le *fading*, notons qu'une fluctuation de 1 Hz sur une fréquence de 100 kHz entraîne une annulation de signal toutes les secondes, ce qui est détecté (et désagréable) à l'oreille. Ce défaut est évité grâce à une boucle à verrouillage de phase (PLL). Le lecteur intéressé pourra consulter (et faire !) l'un des problèmes suivants :

- Centrale MP 1998 ou/et Mines MP 2000.

Partie 3

Optique

LE MICROSCOPE 22

Concours : X-ENS, Centrale

Objectif du TP : Il s'agit de déterminer les caractéristiques d'un microscope : distances focales de l'objectif et de l'oculaire, grandissement transversal de l'objectif, et puissance intrinsèque.

Matériel :

- Un microscope constitué d'un objectif sur lequel est gravée l'indication X10, et d'un oculaire comportant l'indication X10. Ce dernier contient un micromètre gradué au 1/10e mm situé en F_2 (foyer objet de l'oculaire).
- Un micromètre-objet gradué au 1/100e mm.
- Une lunette de visée constituée d'une lentille convergente L_3 de distance focale $f'_{\text{lun}} = 175$ mm et disposant d'un réticule avec un micromètre au 1/10e mm au foyer image. On observe ce dernier grâce à l'oculaire de la lunette.
- Une bague permettant de rehausser l'oculaire du microscope de 27 ± 1 mm.
- Un support muni d'une pince permettant de maintenir la lunette de visée au-dessus du microscope.

ÉNONCÉ

L'objectif et l'oculaire sont assimilés à des lentilles minces (respectivement L_1 et L_2). L'œil de l'observateur est supposé emmétrope et n'accommode pas (les objets situés à l'infini sont vus net par un œil normal).

I MESURE DU GRANDISSEMENT DE L'OBJECTIF

1) Régler le microscope de façon à voir net le micromètre-objet en même temps que le réticule de l'oculaire. Où est alors située l'image de l'objet par l'objectif, par rapport à l'oculaire ?

2) Rappeler la définition du grandissement transversal d'un système optique.

3) Proposer un protocole pour déterminer le grandissement transversal de l'objectif g_y. Quelle est la précision de la mesure ? Comment vérifier son signe ?

4) Faire un tracé de rayons (au moins 2) modélisant le fonctionnement du microscope en faisant apparaître les points focal objet et image des deux lentilles.

5) On donne $\Delta = 140$ mm la distance séparant le foyer image de l'objectif du foyer objet de l'oculaire, également appelé intervalle optique. Déterminer la relation entre Δ, f'_{obj} et g_y. En déduire la focale de l'objectif f'_{obj}. Quelle est la précision de cette valeur ?

II MESURE DE LA FOCALE DE L'OBJECTIF

1) **Première méthode :** utilisation d'une bague

a) Proposer un protocole (en utilisant la bague pour rehausser l'oculaire) permettant de déterminer f'_{obj}. Quelle est la précision de cette mesure ?
b) Expliquer dans quel sens il faut déplacer la platine quand on utilise la bague pour rétablir la netteté.

2) **Deuxième méthode :** utilisation d'une lunette de visée

Retirer la bague et refaire la mise au point en plaçant à nouveau l'oculaire. Puis enlever l'oculaire et placer la lunette de visée au-dessus du microscope à l'aide d'une pince et d'une potence.

a) Dans quel sens faut-il bouger la platine sur laquelle est placé le micromètre-objet pour refaire la mise au point ? Faire un tracé de rayon.
b) En déduire la distance focale de l'objectif f'_{obj} et la précision de cette mesure.

III MESURE DE LA FOCALE DE L'OCULAIRE ET DU MICROSCOPE

Retirer le micromètre de l'oculaire puis placer ce dernier à nouveau sur le microscope et refaire la mise au point.

1) Déterminer la puissance intrinsèque du microscope à l'aide de la lunette de visée. On rappelle que par définition, la puissance d'un instrument d'optique est définie par : $P = \dfrac{\alpha'}{AB}$ où α' est l'angle sous lequel on voit l'image A′B′ d'un objet AB dans l'instrument et AB est la taille de l'objet. Son unité est la dioptrie (1 dioptrie = 1 m^{-1}). Dans le cas particulier où l'image est à l'infini, ce qui est le cas ici, on parle de puissance intrinsèque que l'on note P_{i}.

2) En déduire la distance focale de l'oculaire f'_{oc}. Quelle est la précision sur cette valeur ?

3) On souhaite déterminer la distance focale f'_{mic} du microscope. Trouver une relation entre f'_{mic}, f'_{oc} et g_y. Calculer f'_{mic}.

Conclusion

Faire un tableau récapitulatif et vérifier la cohérence des différents résultats. Que signifient notamment les inscriptions gravées sur l'oculaire et l'objectif ?

PROPOSITION DE SOLUTION

Commentaires : il s'agit d'un TP nécessitant uniquement des connaissances d'optique géométrique de 1ère année. Il convient de faire des tracés de rayons propres ainsi que des calculs d'incertitudes à chaque mesure. La connaissance préalable des propriétés et caractéristiques d'un microscope est préférable mais pas indispensable.

Préambule :

L'intérêt d'un microscope est d'observer des objets de petite taille, de façon confortable (sans accommoder). Pour ce faire, l'objectif fait de l'objet une image fortement agrandie rejetée à l'infini par l'oculaire.

Le microscope est constitué essentiellement d'un objectif (près de l'objet) assimilé à une lentille convergente L_1 de focale f'_{obj}, et d'un oculaire (près de l'œil) assimilé à une lentille convergente L_2 de focale f'_{oc}. Ces deux lentilles sont séparées d'une distance e comprise habituellement entre 15 et 20 cm.

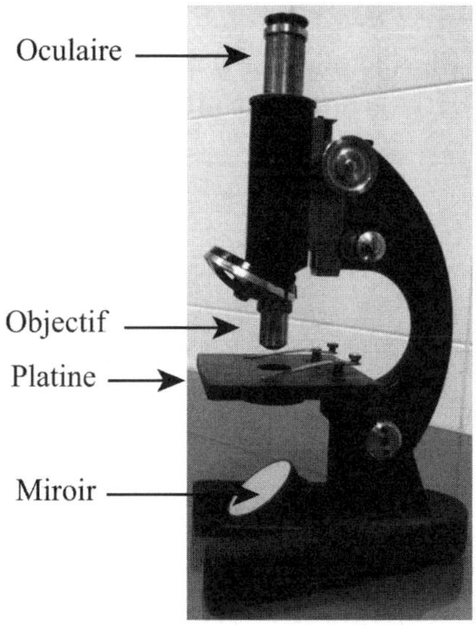

Nous utiliserons trois micromètres pendant ce TP facilement reconnaissables car différents pour la lecture :

- **Un micromètre objet**, noté M_{obj}, gradué au $1/100^e$ de mm qui sera placé sur la platine du microscope. Deux petites graduations adjacentes sont distantes de 10 μm (=1/100 mm). On nommera x le nombre de graduations lu lors des expériences.

0,1 mm

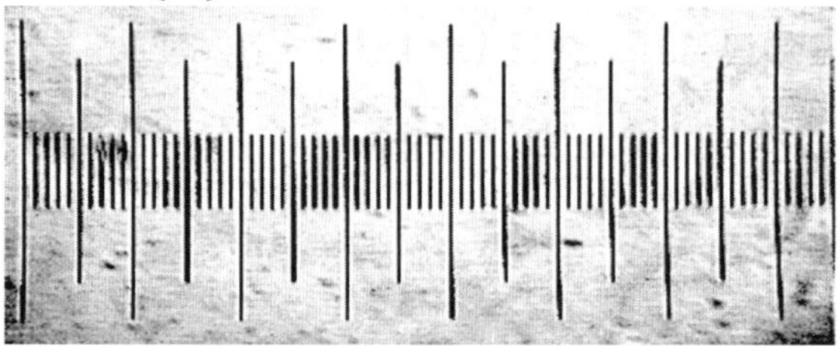

- **Un micromètre au niveau du plan focal objet de l'oculaire du microscope**, noté M_{oc}, gradué au $1/10^e$ de mm. Deux petites graduations adjacentes sont distantes de 100 μm. On appellera y le nombre de graduations lu lors de ce TP.

1 mm

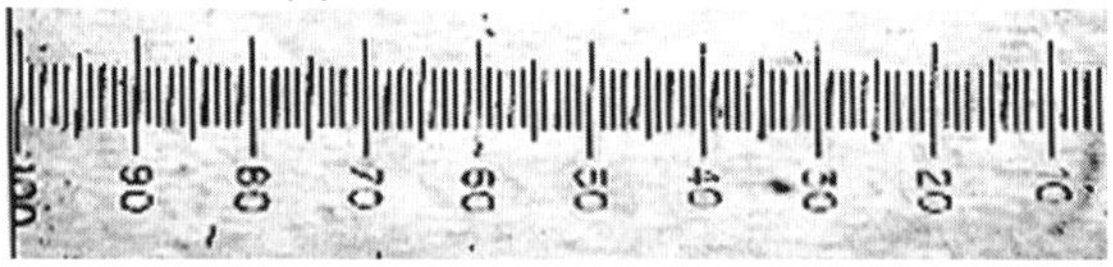

- **Un micromètre situé dans le plan focal objet de la lunette de visée**, noté M_{lun}, gradué également au $1/10^e$ de mm. Lorsqu'on désignera le nombre de graduations lu, ce sera z.

1 mm

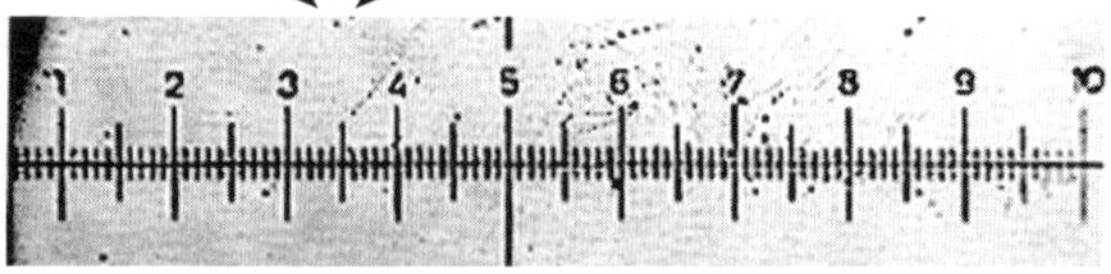

I MESURE DU GRANDISSEMENT DE L'OBJECTIF

1) L'image par l'oculaire doit se trouver à l'infini pour un œil normal : il faut donc que l'image de M_{obj} par l'objectif soit située dans le plan focal objet de l'oculaire.

2) Soit un objet AB perpendiculaire à l'axe optique et $A'B'$ son image par un système optique. Dans les conditions de Gauss (petits objets et angles faiblement inclinés par rapport à l'axe optique) il y a aplanétisme : l'image est également perpendiculaire à

l'axe optique. On appelle alors grandissement transversal g_y le rapport des longueurs algébriques de l'image et de l'objet : $g_y = \dfrac{\overline{A'B'}}{\overline{AB}}$

Si $g_y > 0$, image et objet sont du même coté de l'axe optique et si $g_y < 0$ l'image est renversée par rapport à l'objet.

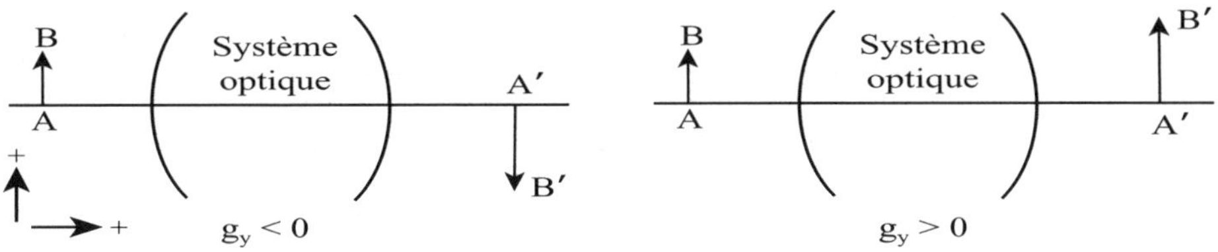

3) La mise au point étant faite, on peut déterminer la taille de l'image grâce à M_{oc} et la comparer à celle de l'objet, repérable par M_{obj}. Le rapport des deux donne le grandissement transversal de l'objectif en valeur absolue.

Expérimentalement, $x = 90$ graduations de M_{obj} coïncident avec $y = 91$ graduations de M_{oc} (délimitées par des pointillés) sur la photo ci-dessous.

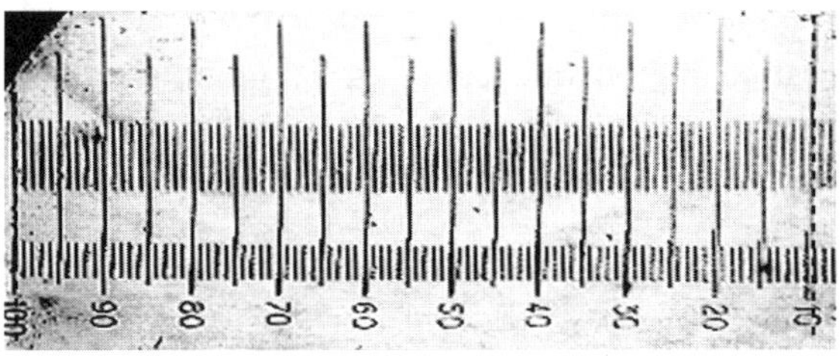

De façon générale pour l'étude de l'objectif, le grandissement transversal (en valeur absolue) vaut :

$$|g_y| = \frac{y \times \frac{1}{10}\text{mm}}{x \times \frac{1}{100}\text{mm}} = 10 \times \frac{y}{x}$$

D'où : $|g_y| \approx 10{,}1$

La différentielle logarithmique donne : $\dfrac{d\,|g_y|}{|g_y|} = \dfrac{dy}{y} - \dfrac{dx}{x}$.

On peut considérer que l'incertitude la plus importante porte sur M_{oc} seulement ($\Delta x \approx 0$ car on sait compter jusqu'à 100 !) et que la mesure de l'image se fait à une graduation près ce qui donne une précision $\dfrac{\Delta\,|g_y|}{|g_y|} \approx \dfrac{\sqrt{2}}{\sqrt{12}\,y} \approx 1\ \%$. Cette relation illustre qu'il est important de choisir le plus grand nombre de graduations pour améliorer la précision, ce qui est assez intuitif. Finalement, $|g_y| = 10{,}1 \pm 0{,}1$ (1 %)

Pour le signe, on remarque que l'image « descend » lorsqu'on rapproche M_{obj} de l'objectif : le grandissement transversal est négatif.

4)

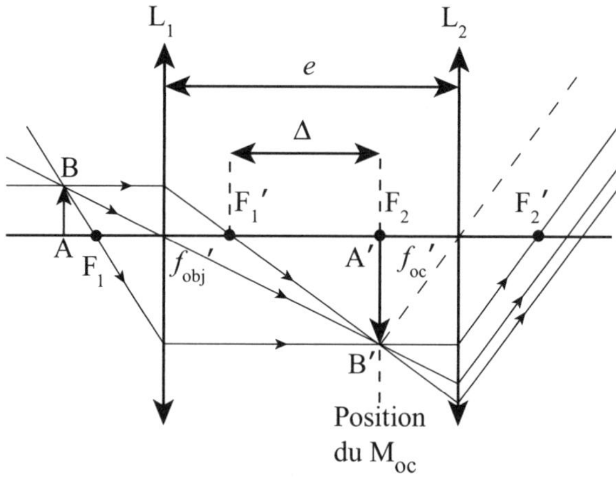

5) De la figure précédente, on obtient sans difficulté : $\frac{A'B'}{\Delta} = \frac{AB}{f'_{obj}}$ d'où $f'_{obj} = \frac{\Delta}{|g_y|}$.

L'application numérique donne ici $f'_{obj} = 1{,}39 \pm 0{,}01$ cm (1 %).

L'incertitude est la même que celle sur le grandissement transversal puisque l'énoncé ne précise rien pour la valeur de Δ. L'incertitude est sans aucun doute supérieure à 1 %.

II Mesure de la focale de l'objectif

1a) Après avoir retiré l'oculaire et placé la bague (rehausseur), l'oculaire est remis à sa place (voir photo ci-dessous).

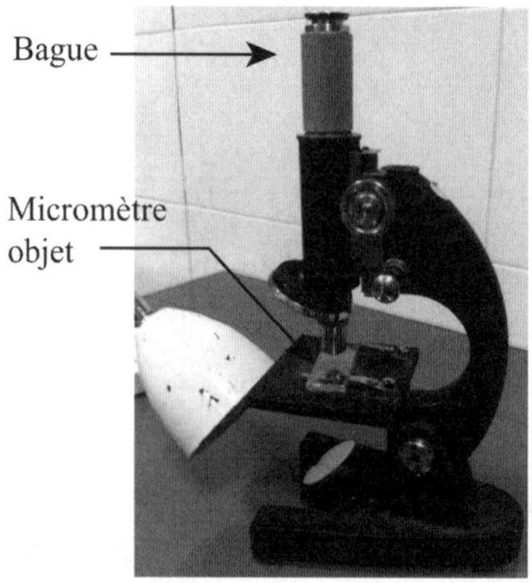

On mesure à nouveau le grandissement transversal $\left|g'_y\right|$ dans cette nouvelle configuration. En appelant h la hauteur dont on a déplacé l'oculaire, la relation $\left|g'_y\right| = \dfrac{\Delta + h}{f'_{obj}}$ permet de déterminer la distance focale de l'objectif puisque $\left|g'_y\right| = \dfrac{\Delta}{f'_{obj}} + \dfrac{h}{f'_{obj}} = \left|g_y\right| + \dfrac{h}{f'_{obj}}$, soit $f'_{obj} = \dfrac{h}{\left|g'_y\right| - \left|g_y\right|}$.

Sur la photo suivante, on repère que $x = 70$ graduations du M_{obj} correspondent à $y = 85$ du M_{oc} (délimitées par des pointillés).

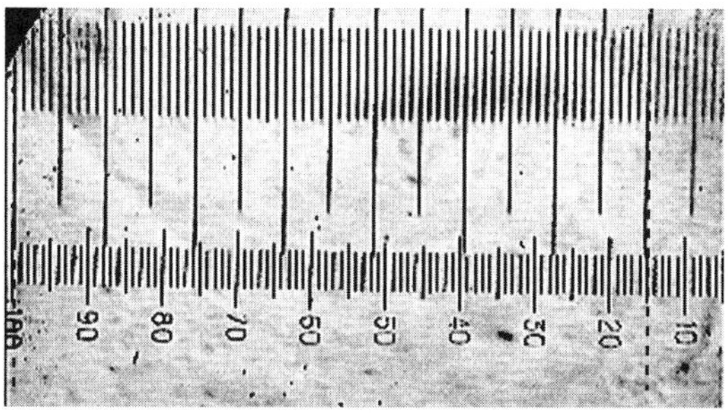

La relation établie au paragraphe I.3) donne alors $\left|g'_y\right| = 12{,}1 \pm 0{,}1$ (1 %) et l'on obtient : $f'_{obj} \approx 1{,}33$ cm.

Le calcul d'incertitude donne :

$$\frac{\Delta f'_{obj}}{f'_{obj}} = \sqrt{\left(\frac{\Delta h}{h}\right)^2 + \left(\frac{\Delta\left|g'_y\right|}{\left|g'_y\right| - \left|g_y\right|}\right)^2 + \left(\frac{\Delta\left|g_y\right|}{\left|g'_y\right| - \left|g_y\right|}\right)^2} \approx 5\ \%$$

Au final,

$$f'_{obj} = 1{,}33 \pm 0{,}06 \text{ cm } (5\ \%).$$

b) Il faut rapprocher la platine de l'objectif pour obtenir la netteté de l'image avec la bague. En effet, en utilisant la relation de Descartes $\dfrac{1}{\overline{O_1A'}} - \dfrac{1}{\overline{O_1A}} = \dfrac{1}{f'_{obj}}$, on note que si $\overline{O_1A'}$ augmente (à cause de la bague) il faut que $\overline{O_1A}$ diminue.

2a) Pour voir net l'image du M_{obj} au niveau du réticule de la lunette de visée placé dans le plan focal image de la lentille L_3, il faut que son image par l'objectif soit à l'infini : le M_{obj} doit être au foyer objet de l'objectif.

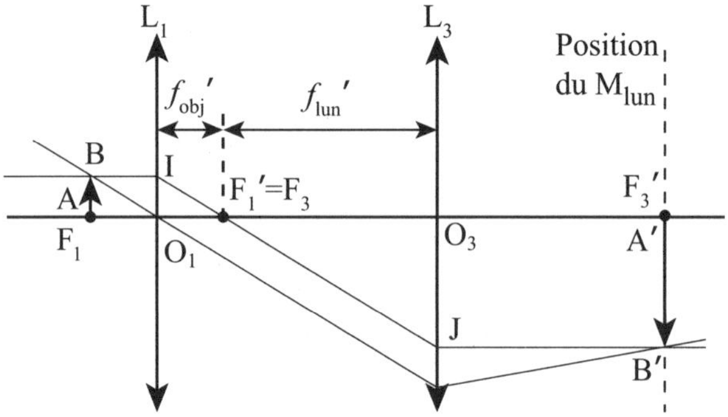

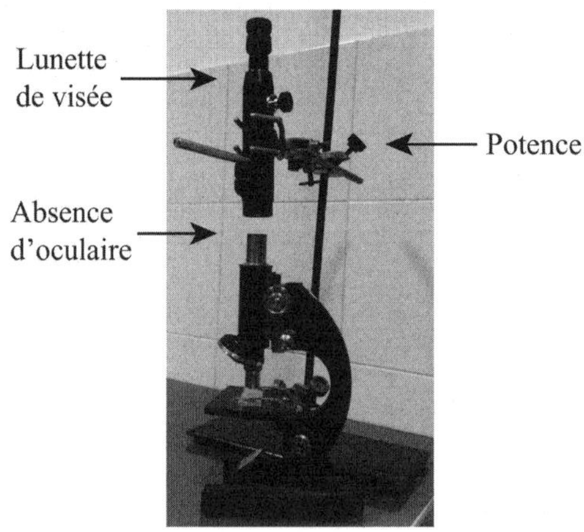

b) Appelons A′B′ l'image par l'ensemble {objectif + lunette de visée} d'un objet A B situé dans le plan focal objet de l'objectif. D'après le dessin précédent :

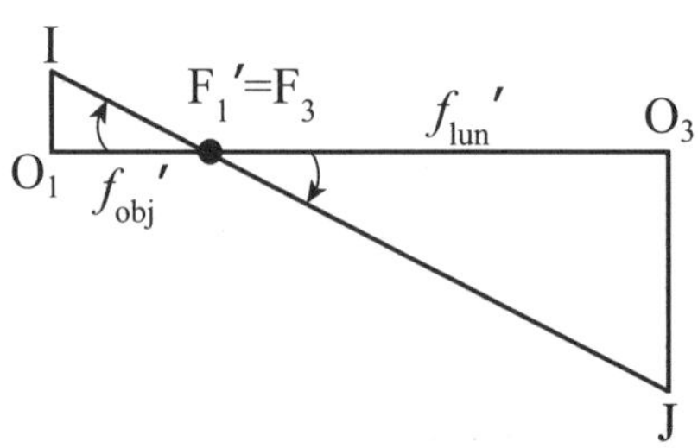

Nous avons alors la relation :

$$\frac{O_1I}{f'_{obj}} = \frac{O_2J}{f'_{lun}}, \text{ or } O_1I = AB \text{ et } O_2J = A'B' \text{ ce qui donne } f'_{obj} = f'_{lun}\frac{AB}{A'B'}$$

Sur la photo suivante, on mesure $x = 60$ graduations du M_{obj} correspondant à l'objet AB et $z = 77$ graduations du M_{lun} pour son image A′B′ (délimitées par des pointillés).

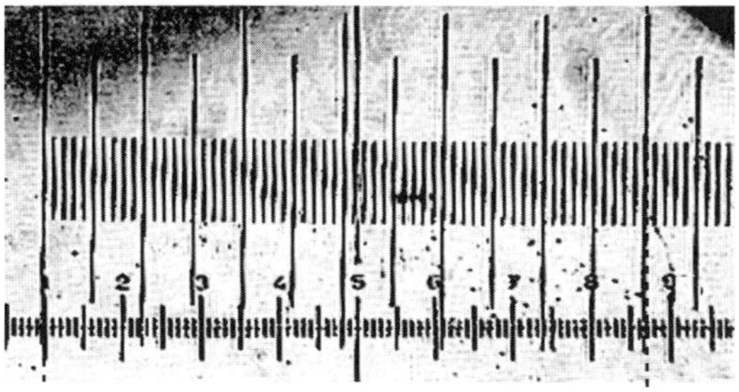

Par conséquent $f'_{obj} = f'_{lun} \dfrac{x \times \dfrac{1}{100}\text{mm}}{z \times \dfrac{1}{10}\text{mm}} = \dfrac{f'_{lun}}{10}\dfrac{x}{z}$ d'où $f'_{obj} \approx 1{,}36$ cm.

De la même manière le calcul d'incertitude donne : $\dfrac{\Delta f'_{obj}}{f'_{obj}} \simeq \dfrac{\sqrt{2}}{\sqrt{12}\,77} \simeq 1\ \%$.

Finalement, $f'_{obj} = 1{,}36 \pm 0{,}02$ cm (1 %).

Les trois résultats sont cohérents. La dernière méthode est la plus précise ; pour la deuxième méthode, l'incertitude provient essentiellement de l'imprécision sur la longueur de la bague ainsi que du cumul des mesures, et donc des incertitudes.

III Mesure de la focale de l'oculaire et du Microscope

1) Le montage expérimental est présenté ci-après.

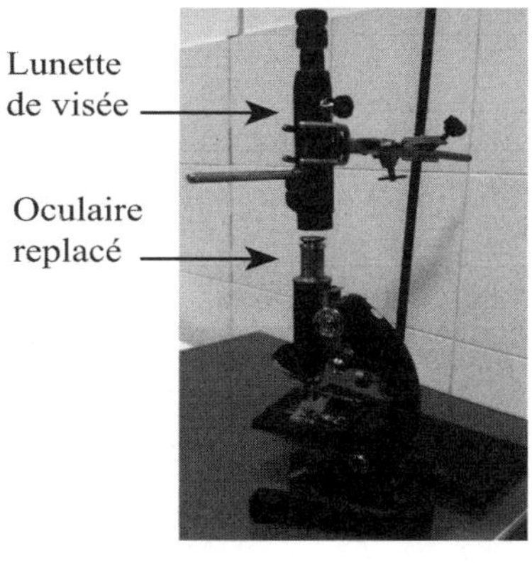

Il faut faire la mise au point après avoir remis l'oculaire, puis placer la lunette de visée au-dessus de l'ensemble.

Sur la photo ci-dessous, on lit que $x = 10$ graduations du M_{obj} correspondent à $z = 71$ graduations du M_{lun} (délimitées par des pointillés).

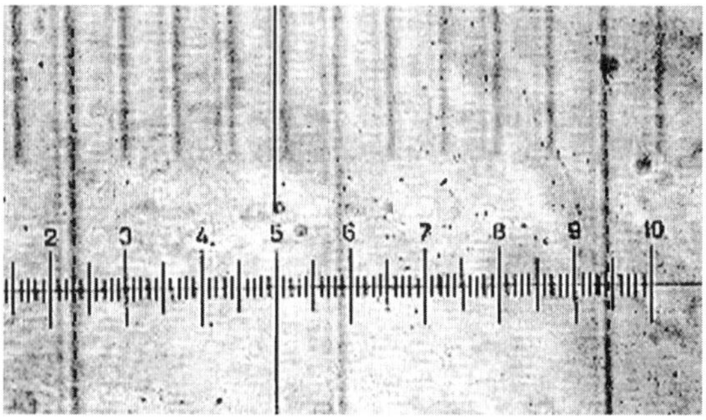

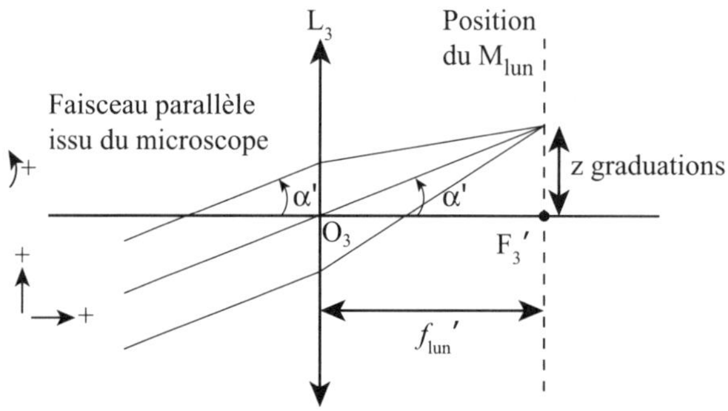

On a donc en confondant l'angle et sa tangente :

$$\alpha' = \frac{\text{dimension de l'image sur le réticule}}{f'_{lun}} = \frac{z \times \frac{1}{10}\text{ mm}}{175\text{ mm}} = \frac{z}{1750}$$

$$\text{Et } P_i = \frac{\dfrac{z}{1750}}{x \times \dfrac{10^{-3}}{100}} = \frac{10\,000}{175} \times \frac{z}{x}$$

Finalement $P_i \approx 406\ \text{m}^{-1}$ (l'unité habituellement utilisée est la dioptrie : δ). L'incertitude de lecture est toujours $\Delta z \approx \frac{\sqrt{2}}{\sqrt{12}}$ ce qui donne :

$$P_i = 406 \pm 4\ \text{m}^{-1} (1\ \%)$$

2) Le dessin fait au paragraphe I.4) permet d'écrire en gardant les mêmes notations : $|g_y| = \frac{A'B'}{AB}$ ainsi que $P_{oc} = \frac{\alpha'}{A'B'}$. On a donc la relation $P = |g_y|\, P_{oc}$.

Du même dessin on obtient $P_{oc} = \frac{1}{f'_{oc}}$ et pour une vision à l'infini on a déjà démontré que $|g_y| = \frac{\Delta}{f'_{obj}}$. Finalement $P_i = \frac{\Delta}{f'_{obj} f'_{oc}}$.

À partir de cette relation, on obtient $f'_{oc} \approx 2{,}54$ cm. L'incertitude est

$$\frac{\Delta f'_{oc}}{f'_{oc}} = \sqrt{\left(\frac{\Delta P_i}{P_i}\right)^2 + \left(\frac{\Delta f'_{obj}}{f'_{obj}}\right)^2} \approx 2\ \%$$

et au final :

$$f'_{oc} = 2{,}54 \pm 0{,}05 \text{ cm } (2\ \%)$$

Remarque

L'écartement e entre les deux lentilles vaut $e = \Delta + f'_{obj} + f'_{oc} \approx 17{,}9$ cm ce qui est une valeur raisonnable par rapport à ce qui a été dit dans le préambule.

3) Pour déterminer la distance focale du microscope, il suffit de procéder comme au paragraphe II.2). Si on voit l'image du M_{obj} au niveau du réticule de la lunette de visée, cela signifie qu'on a constitué un système afocal ; on a en appelant AB l'objet (correspondant à x graduations du M_{obj}) et A′B′ l'image (correspondant à z graduations du M_{lun}) :

$$|f'_{mic}| = f'_{lun}\frac{AB}{A'B'} = 175 \times 10^{-3}\,\frac{x \times \frac{1}{100}}{z \times \frac{1}{10}} = \frac{x}{z}\,\frac{175}{10\,000} = \frac{1}{P_i}$$

Or $P_i = \dfrac{1}{|f'_{mic}|} = \dfrac{\Delta}{f'_{oc}f'_{obj}} = \dfrac{|g_y|}{f'_{oc}}$ d'où la relation demandée $f'_{oc} = |g_y|\,|f'_{mic}|$ et le résultat numérique :

$$f'_{mic} = -\,0{,}25 \pm 0{,}01 \text{ cm } (4\ \%)$$

La distance focale est négative car le microscope est un système optique divergent.

Remarque

Cette valeur de distance focale est compatible avec la formule de Gullstrand (hors-programme) donnant la vergence (l'inverse de la distance focale) équivalente de deux lentilles de vergences V_1 et V_2 séparées d'une distance e :

$$V = V_1 + V_2 - e\,V_1\,V_2$$

L'application numérique avec $V_1 = \frac{1}{1{,}36} = 0{,}73$ cm^{-1} ; $V_2 = \frac{1}{2{,}5} = 0{,}4$ cm^{-1} et $e = 17{,}9$ cm : $V = -4{,}13$ cm$^{-1} = \frac{1}{f'_{mic}}$ soit $f'_{mic} = -0{,}24$ cm.

Conclusion

L'inscription figurant sur l'objectif, ici X10, correspond au grandissement transversal (en valeur absolue) de l'objectif : cela est cohérent avec la valeur mesurée.

L'inscription figurant sur l'oculaire, ici X10 également, correspond au grossissement commercial G_c de l'oculaire. Rappelons que le grossissement commercial est le rapport de l'angle α' sous lequel on voit l'objet à travers l'instrument d'optique, à l'angle α sous lequel on verrait l'objet à l'œil nu s'il était placé au *ponctum proximum* qui se trouve à la distance $d_m = 25$ cm : $G_c = \dfrac{\alpha'}{\alpha}$.

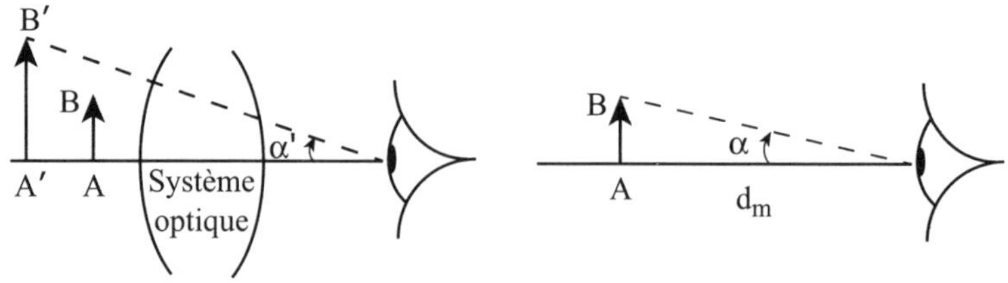

Comme $\alpha = \dfrac{AB}{d_m}$ (en assimilant classiquement la tangente et son angle) alors $G_c = \dfrac{\alpha'}{\alpha} = \dfrac{\alpha'}{AB}\dfrac{AB}{\alpha} = P_i\, d_m$ pour une vision à l'infini ce qui donne en faisant une application semi-numérique $G_c = 0{,}25\, P_i = \dfrac{P_i}{4}$.

Exprimons le grossissement commercial du microscope en fonction des données (nombres gravés sur l'objectif et l'oculaire).

Pour l'oculaire :

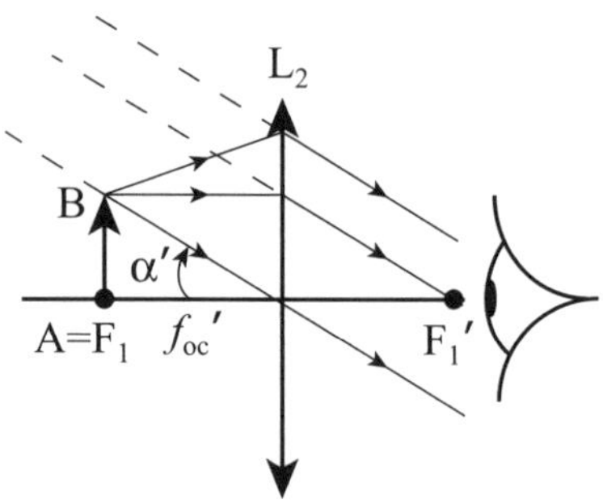

Avec $\alpha' = \dfrac{AB}{f'_{oc}}$ le grossissement commercial s'écrit $G_{c_{oc}} = \dfrac{AB}{f'_{oc}}\dfrac{d_m}{AB}$ soit :

$G_{c_{oc}} = \dfrac{d_m}{f'_{oc}}$ et en écriture semi-numérique $G_{c_{oc}} = \dfrac{0{,}25}{f'_{oc}} = \dfrac{1}{4f'_{oc}}$. La lecture du nombre gravé sur l'oculaire permet de connaître directement la distance focale de celui-ci : on obtient ici $f'_{oc} = 2{,}5$ cm.

De plus avec $G_c = \dfrac{d_m}{f'_{oc}}\dfrac{\Delta}{f'_{obj}}$ soit $G_c = |g_y|\, G_{c_{oc}}$ La connaissance supplémentaire du nombre gravé sur l'objectif donne le grossissement commercial du microscope ($G_c = 100$ pour notre microscope) et donc la puissance intrinsèque ($P_i = 400$ m^{-1}) :

il faut retenir que le produit des deux indications gravées sur le microscope donne le grossissement commercial.

Bilan :

	Grandissement transversal $|g_y|$	Distance focale de l'oculaire f'_{oc}	Puissance intrinsèque P_i
Données constructeur	10	2,5 cm	400 m^{-1}
Mesures expérimentales	$10,1 \pm 0,1$	$2,54 \pm 0,05$ cm	406 ± 4 m^{-1}

Rôles des différents éléments du microscope :

- L'oculaire joue le rôle d'une loupe. En plaçant un objet au foyer objet d'une lentille convergente de courte focale, l'œil peut voir sans accommoder cet objet situé à une distance plus faible que le *ponctum proximum* : son image est virtuelle et à l'infini.
- L'objectif sert à agrandir l'objet (et à le retourner).
  Ainsi un microscope est globalement une loupe améliorée.

Remarques

- Même si un objectif est vendu pour avoir un grandissement transversal de 10 (X10 gravé), il y a un grand éparpillement des valeurs « réelles » et mesurables. Ainsi le grandissement transversal peut varier de 7 à 11 pour ce type d'objectif.
- Parmi le matériel à disposition il y avait également un collimateur gradué (le même que celui du TP « Le viseur ») et la lunette de visée était à étalonner pendant le TP. Autrement dit, la distance focale f'_{lun} n'était pas donnée par l'énoncé et cela faisait partie du TP de la déterminer. Comme nous ne disposons pas de collimateur gradué (nous avons déjà contourné ce problème dans le TP « le viseur »), nous avons préféré utiliser directement une lunette de focale connue.

23 RÉALISATION D'UN SYSTÈME AFOCAL

Concours : Centrale

Objectif du TP : Mesurer des distances focales de lentilles minces convergentes puis réaliser un système afocal.

Matériel :

- Un collimateur faisant l'image d'une mire à l'infini ;
- Un viseur à frontale fixe ;
- Un viseur dioptrique ;
- Un micromètre objet gradué au 1/10e de mm ;
- Deux lentilles minces convergentes L_1 et L_2 de distances focales inconnues ;
- Un banc optique.

ÉNONCÉ

I MESURE DE DISTANCES FOCALES

1) Caractérisation du viseur à frontale fixe

Lorsqu'on place un objet à une certaine distance d de l'objectif de la lunette, son image se forme dans le plan du réticule qui possède un micromètre au $1/10^{e}$ de millimètre. Ce réticule est placé de façon à ce que l'image soit nette à travers l'oculaire. d est appelée « distance frontale fixe ».

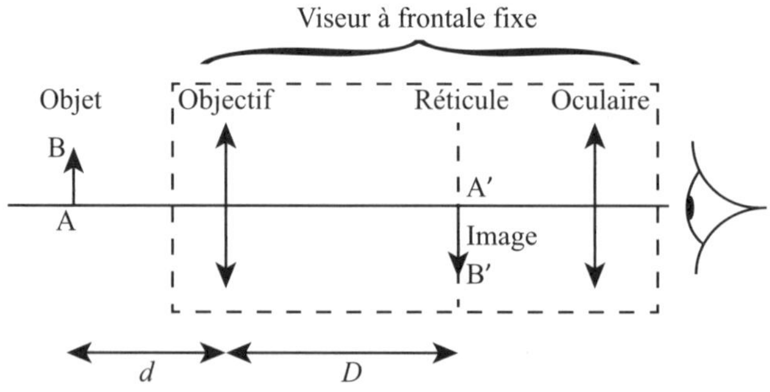

a) Trouver une méthode (la plus précise possible) pour mesurer le grandissement transversal de l'objectif du viseur γ_{vis}. La mettre en place, et évaluer l'incertitude sur la mesure effectuée. Quel est le signe de ce grandissement ?

b) Sachant que la distance entre l'objectif et le réticule est fixe, égale à 175 mm, calculer la distance frontale d entre l'objet et l'objectif, ainsi que la distance focale de l'objectif f'_{obj} du viseur. Vérifier par une évaluation directe la cohérence des résultats.

c) Faire un tracé de rayons.

2) Mesure des distances focales de L_1 et L_2

Il s'agit ici de mesurer les distances focales des deux lentilles afin de mettre en place ensuite le système afocal.

a) Pour un objet situé à l'infini, vu sous un angle θ à travers la lentille L_1, donner une relation entre la taille de l'image y'_1, la distance focale de la lentille f'_1 et l'angle θ.

b) Observer à l'aide du viseur à frontale fixe, l'image à travers la lentille L_1 de la mire du collimateur à l'infini. En déduire une méthode pour calculer la distance focale de la lentille. Appeler alors l'examinateur pour faire valider le protocole.

c) La mettre en place et mesurer la distance focale f'_1 de L_1. Quelle est la précision de la mesure ? Mesurer également la distance focale f'_2 de L_2.

II Réalisation d'un système afocal

1) Caractérisation du viseur dioptrique

Le viseur dioptrique est lui aussi composé d'un objectif, d'un oculaire et d'un réticule comportant un micromètre au 1/10e de mm. Il fonctionne comme suit :

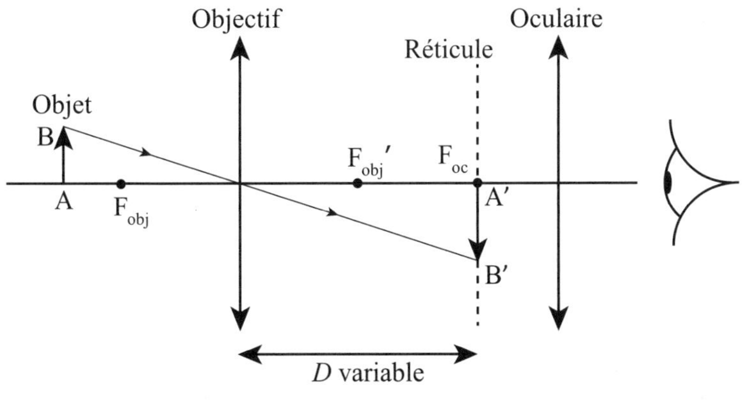

a) Régler le viseur à l'infini. Justifier.

b) Étalonner le viseur, c'est-à-dire donner l'angle (en degré et en radian) sous lequel on voit une graduation du réticule du viseur. Appeler l'examinateur lorsque vous avez effectué cette mesure.

2) Système afocal

a) Définir un système afocal. Quelle est la position de L_2 par rapport à L_1 pour avoir un système afocal ?

Placer les lentilles de la façon suivante :

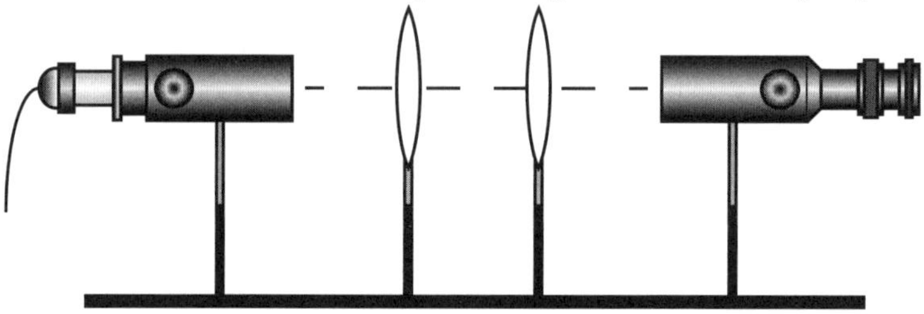

À l'aide du viseur dioptrique, régler les positions des deux lentilles pour obtenir un système afocal.

Faire un tracé de rayons pour un objet vu sous un angle θ.

b) Quelle est la relation entre l'angle θ' sous lequel on voit l'image (en sortie), θ et les distances focales ? On l'exprimera sous la forme $G\theta$ avec G le grossissement du système afocal.

c) Calculer G d'après les mesures effectuées au I). Faire un calcul d'incertitudes.

d) Mesurer G à l'aide du viseur dioptrique. Faire un calcul d'incertitudes.

e) Quelle est la différence entre les deux mesures. Appeler l'examinateur pour lui présenter les résultats.

III Observation d'un objet situé dans le plan focal objet de L_1

1) a) Où se situe l'image d'un tel objet ?

b) Faire un tracé de rayons pour un objet situé dans le plan focal objet de L_1.

c) Quel est le grandissement transversal γ_T ?

2) Placer le micromètre-objet entre le collimateur et la lentille L_1 approximativement dans le plan focal objet de L_1.

a) Trouver une méthode pour placer l'objet exactement dans le plan focal objet de L_1.

b) Observer avec le viseur à frontale fixe son image par le dispositif afocal. Mesurer le grandissement transversal γ_T du système.

3) Déplacer le micromètre de Δx de F_1. Pour différentes valeurs de Δx, mesurer le déplacement $\Delta x'$ de l'image par rapport à F_2' ainsi que sa dimension y'.

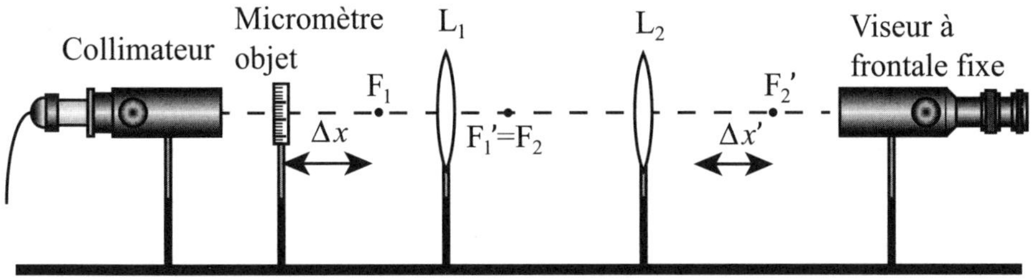

Tracer l'évolution de $\Delta x'$ ainsi que la dimension de l'image y' en fonction de Δx. En déduire le grandissement longitudinal γ_L du système ($L_1 + L_2$). Exprimer cette grandeur en fonction des distances focales des deux lentilles.

Proposition de solution

Commentaires : il s'agit d'un TP assez long mais ne présentant aucune difficulté particulière. Il faut faire des calculs d'incertitudes pour chaque mesure.

Préalable sur le matériel :

- Le viseur dioptrique utilisé dans ce TP est une lunette de visée réglée à l'infini de distance focale $f'_{\text{lun}} = 175$ mm comportant un micromètre au 1/10e de mm dans son plan focal image que l'on note M_{vis}. Deux graduations adjacentes sont séparées de 100 µm. On appellera z le nombre de graduations lu sur ce micromètre.

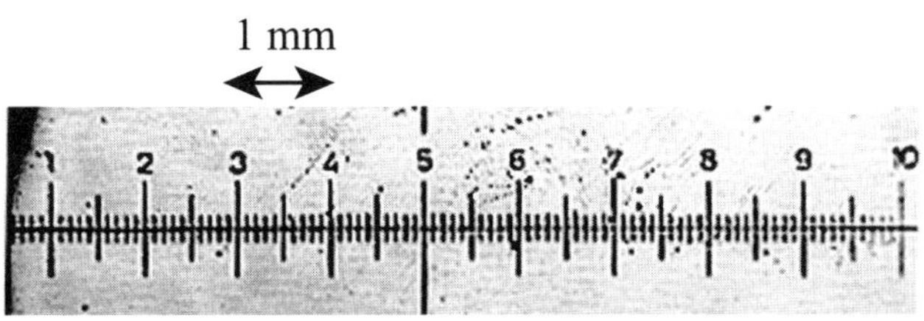

- Le viseur à frontale fixe est constitué du viseur dioptrique précédent (réglé à l'infini) auquel on a ajouté une bonnette, lentille dont la distance focale est 200 mm.

Le système constitué de deux lentilles accolées a pour vergence (l'inverse de la distance focale) équivalente la somme des vergences des lentilles :

$$V_{eq} = V_1 + V_2$$

ce qui donne ici $\frac{1}{f'_{eq}} = \frac{1}{200} + \frac{1}{175}$ soit $f'_{eq} \approx 93{,}3$ mm.

La distance entre les deux lentilles accolées et le réticule comportant le (même) micromètre M_{vis} au 1/10e mm est toujours de 175 mm.

- Le collimateur joue à la fois le rôle de source lumineuse et celui d'objet à l'infini. Aux concours, le collimateur comporte un micromètre gradué de -10 à $+10$ et chaque graduation est elle-même divisée en cinq : cela donne au final 100 graduations. Sur ce collimateur est donné un angle : 3 40′40″, qui correspond à l'angle sous lequel on voit toute la mire, c'est à dire de -10 à $+10$.

Ne disposant pas de ce type de collimateur nous avons utilisé le moyen suivant pour avoir un rayon sous incidence connue : au niveau du plan du collimateur contenant le réticule, qui se limite à une croix, nous plaçons un bout de pointe feutre le plus éloigné possible de son centre et assez proche d'un des deux axes.

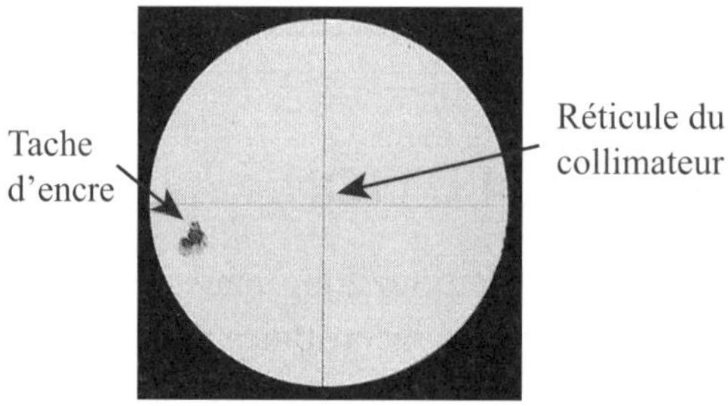

Sur la photo ci-dessus, la tache est volontairement épaisse pour qu'elle soit correctement visible sur les différentes photos qui suivent, mais il est préférable pour l'expérience qu'elle soit plus fine.

Reste ensuite à déterminer l'angle que nous nommons θ sous lequel est vue la tache d'encre par rapport à l'axe optique. Pour cela, nous utilisons le viseur dioptrique pour voir la tache d'encre :

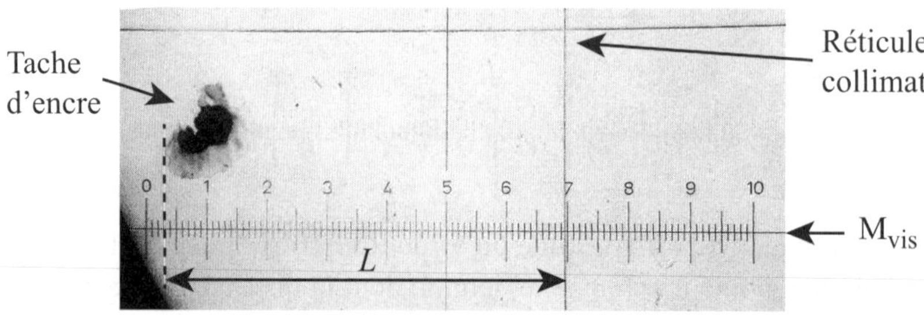

La distance que nous noterons désormais L entre l'extrémité (ici gauche) de la tache et l'axe vertical du réticule du collimateur correspond sur la photo ci-dessus à $z = 67$ graduations soit à 6,7 mm.

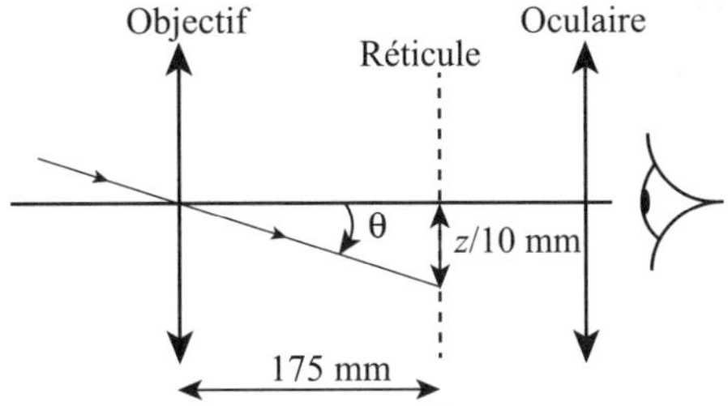

Ainsi l'angle θ vaut (en le confondant avec sa tangente) : $\theta \approx \dfrac{6{,}7}{175}$ soit :

$$\theta \approx 0{,}0383 \text{ rad} \approx 2{,}19^\circ$$

I Mesure de distances focales

1) Caractérisation du viseur à frontale fixe

a) Il faut régler la distance séparant le viseur à frontale fixe du micromètre objet noté M_{obj} afin de voir nettement l'image de ce dernier au niveau du réticule.

Il suffit ensuite de comparer la taille de l'objet (nombre le plus important possible de graduations afin d'avoir la meilleure précision) avec la taille de son image mesurable à l'aide du micromètre du viseur.

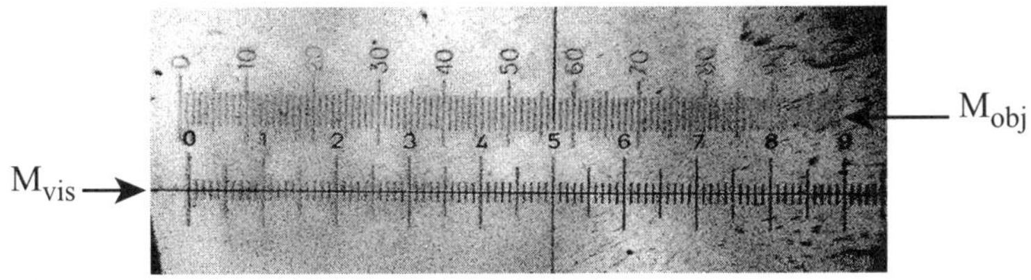

Sur la photo ci-dessus, $z = 70$ graduations du M_{vis} correspondent à $x = 78 \pm 1$ graduations du M_{obj}. Ce qui donne :

$$|\gamma_{vis}| = \frac{A'B'}{AB} = \frac{z \times \dfrac{1}{10}\text{mm}}{x \times \dfrac{1}{10}\text{mm}} = \frac{z}{x} = \frac{70}{78} \approx 0{,}90$$

L'incertitude se calcule par une différenciation logarithmique : $\dfrac{d\,|\gamma_{vis}|}{|\gamma_{vis}|} = \dfrac{dA'B'}{A'B'} = \dfrac{dz}{z}$ car on considère connue avec certitude la taille de l'objet (on sait compter jusqu'à 100 !). La mesure de l'image se faisant à une graduation près cela se traduit par

$\frac{\Delta|\gamma_{vis}|}{|\gamma_{vis}|} \approx \frac{\sqrt{2}}{\sqrt{12}z}$ ce qui illustre bien que la précision augmente lorsqu'on considère un grand nombre de graduations. On obtient ici $\frac{\Delta|\gamma_{vis}|}{|\gamma_{vis}|} \approx \frac{\sqrt{2}}{\sqrt{12}70} \approx 1\ \%$ en majorant l'erreur, d'où le résultat, en tenant compte que le grandissement transversal est négatif car l'image est renversée :

$$\gamma_{vis} = -0{,}90 \pm 0{,}01\ (1\ \%)$$

b)

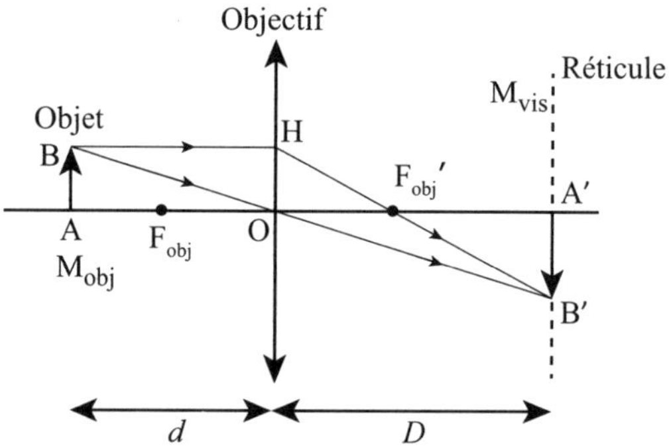

Le théorème de Thalès donne $\frac{d}{D} = \frac{AB}{A'B'}$ donc $d \approx 195$ mm. On vérifie directement sur le banc optique en mesurant avec une règle que l'ordre de grandeur est correct. Cette mesure donne $d \approx 194$ mm compatible avec la valeur trouvée.

La distance focale du viseur à frontale fixe, que l'on nomme f'_{obj} vérifie la relation :

$$\gamma_{vis} = \frac{\overline{A'B'}}{\overline{AB}} = -\frac{A'B'}{AB} = -\frac{A'B'}{OH} = -\frac{F'_{obj}A'}{OF'_{obj}} = -\frac{D - f'_{obj}}{f'_{obj}} \text{ d'où :}$$

$$f'_{obj} \approx 92{,}2 \text{ mm.}$$

Contrairement au TP du concours, par construction nous connaissons la valeur de cette distance focale ($f'_{eq} \approx 93{,}3$ mm) d'après les données constructeur : les résultats sont cohérents.

c) Tracé de rayons pour un objet à distance finie :

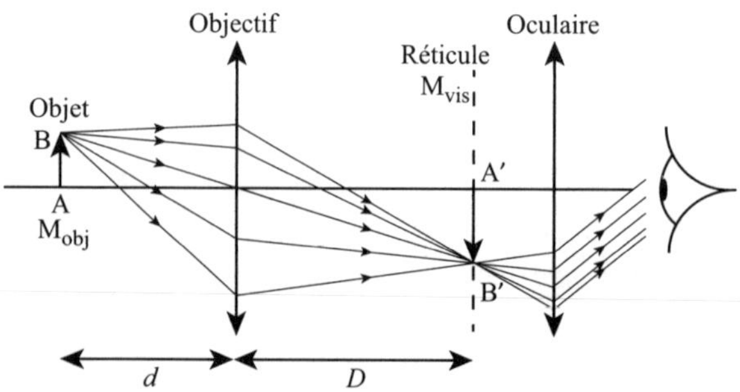

2) Mesure des distances focales de L₁ et L₂

a) Le tracé pour un objet à l'infini est le suivant :

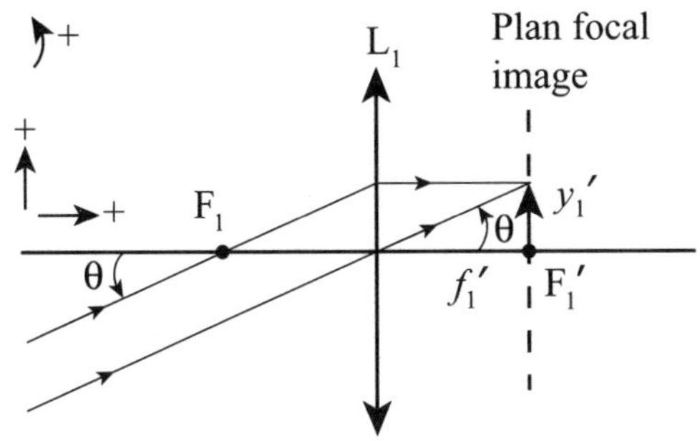

Dans les conditions de Gauss, on obtient immédiatement $\tan\theta = \dfrac{y'_1}{f'_1} \approx \theta$.

b) On réalise le montage ci-dessous :

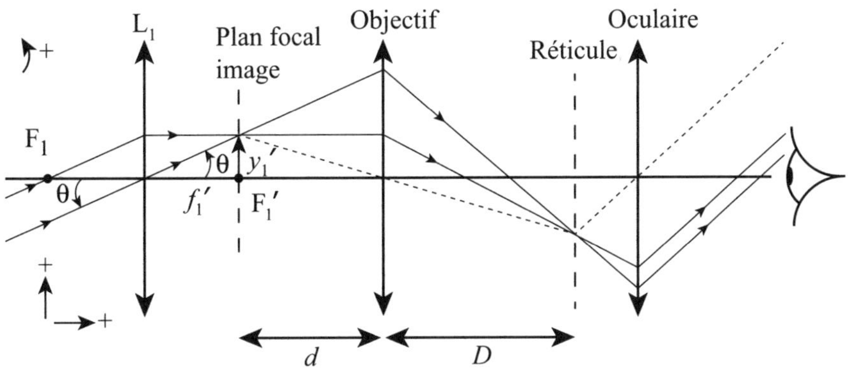

On mesure à l'aide du micromètre M_{vis} la distance séparant l'axe vertical du collimateur et la même extrémité de la tache d'encre que lors de la calibration. L'utilisation de la valeur du grandissement transversal γ_{vis} et la relation de la question précédente permettent d'obtenir f'_1.

c) Nous observons à travers le viseur à frontale fixe la figure suivante pour L_1 :

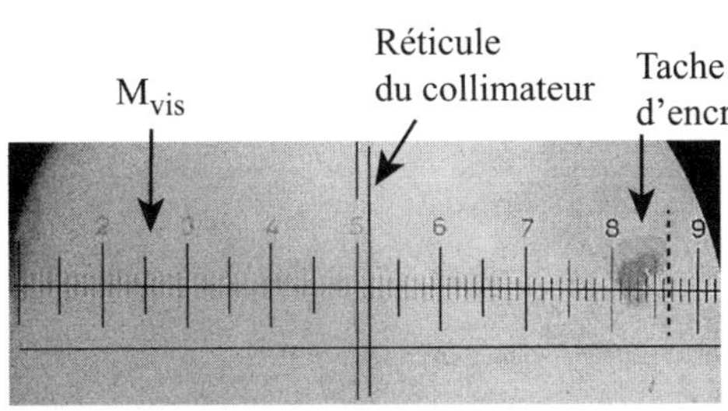

L'extrémité de la tache d'encre et l'axe vertical du réticule du collimateur sont séparés de $z_1 = 34 \pm 1$ graduations du micromètre M_{vis} soit 3,4 mm dans le plan focal image de la lentille du viseur. Cela signifie que la dimension y'_1 est donnée par : $\dfrac{z_1 \times \frac{1}{10}\text{ mm}}{y'_1\text{ (en mm)}} = |\gamma_{vis}|$. Enfin puisque $y'_1 = f'_1\ \theta$, on obtient :

$$f'_1\text{ (en mm)} = \frac{z_1 \times \frac{1}{10}}{|\gamma_{vis}|\ \theta} \approx 99\text{ mm}$$

Le calcul d'incertitude donne

$$\frac{\Delta f'_1}{f'_1} = \sqrt{\left(\frac{\Delta z_1}{z_1}\right)^2 + \left(\frac{\Delta\,|\gamma_{vis}|}{|\gamma_{vis}|}\right)^2} \approx 2\ \%$$

les incertitudes sur la mesure du grandissement transversal et sur le M_{vis} s'ajoutent. On comprend pourquoi il est important que la tache d'encre soit la plus éloignée de l'axe vertical du réticule du collimateur : la précision sur θ est meilleure et le nombre de graduations z_1 est plus grand. D'où :

$$f'_1 = 99 \pm 2\text{ mm (2 \%)}$$

Remarque

Nous avions pris une lentille dont la donnée constructeur est « distance focale de 100 mm ». La mesure est donc conforme.

Même procédé pour la deuxième lentille L_2 : la photo ci-dessous nous indique que $z_2 = 70 \pm 1$ graduations sur le micromètre M_{vis} pour la distance « axe vertical-extrémité de la tache d'encre ».

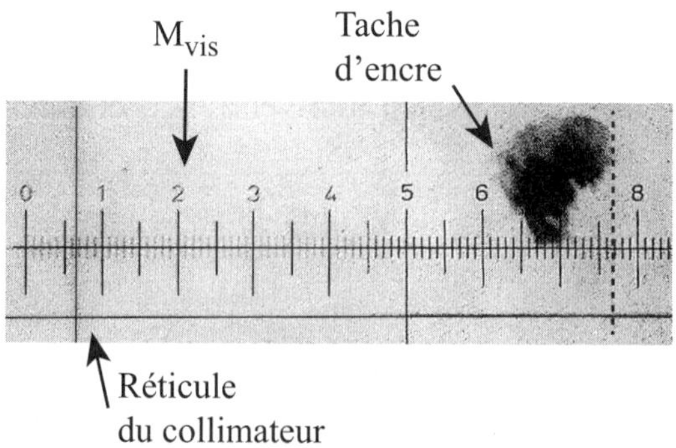

Au final :

$$f'_2 = 204 \pm 4\text{ mm (2 \%)}$$

Remarque
Il s'agissait d'une lentille dont la donnée constructeur est « distance focale de 200 mm ». Le résultat est plus que vraisemblablement correct.

II Réalisation d'un système afocal

1) Caractérisation du viseur dioptrique

a) Pour réaliser les expériences avec le viseur dioptrique, il faut retirer la bonnette du viseur à frontale fixe. On retrouve alors une lunette réglée à l'infini. Pour la régler il faut viser quelque chose au loin (porte, fenêtre, toit de maison...) dont on voit l'image au niveau du réticule du viseur.

Par rapport au modèle que propose l'énoncé on doit avoir $F'_{obj} = F_{oc}$ afin qu'un objet situé à l'infini soit renvoyé par l'ensemble {Objectif + Oculaire} à l'infini, et que l'on puisse alors l'observer à l'œil.

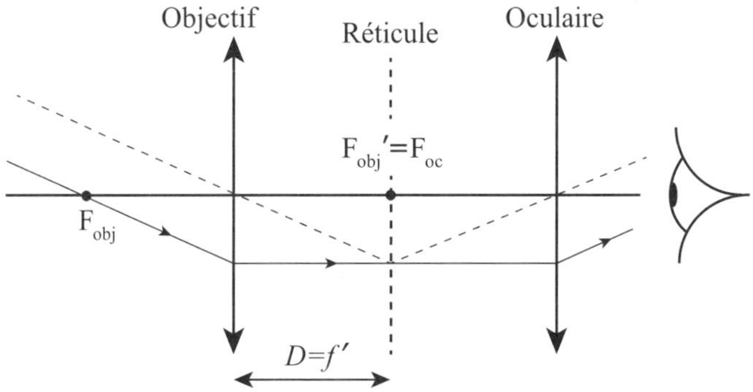

b) La calibration a déjà été présentée au tout début du corrigé. 67 graduations correspondent à l'angle $\theta \approx 0{,}0383$ rad $\approx 2{,}19\,°$ par conséquent, une graduation du M_{vis} correspond à un angle de $5{,}7\ 10^{-4}$ rad $\equiv 0{,}033°$.

$$1 \text{ graduation} \Leftrightarrow 5{,}7 10^{-4} \text{ rad} \Leftrightarrow 0{,}033\,°$$

2) Système afocal

a) Un système afocal est un système optique qui d'un objet situé à l'infini donne une image à l'infini. On doit avoir : $\infty \rightarrow \{L_1 + L_2\} \rightarrow \infty$ donc : $\infty \rightarrow F'_1 = F_2 \rightarrow \infty$. Le foyer image de L_1 doit être confondu avec le foyer objet de L_2.

Le réglage se fait selon les étapes suivantes :

- le collimateur étant réglé convenablement, placer la lentille L_1 ;
- disposer ensuite la lentille L_2 à une distance voisine de $f'_1 + f'_2$ de L_1. Le banc optique possède une règle permettant de faire cette mesure ;

- placer enfin le viseur dioptrique derrière L_2 à une distance quelconque ;
- modifier légèrement la position de L_2 par rapport à L_1 pour voir nets le réticule du collimateur et la tache d'encre qu'on a laissé depuis le début du TP sur le réticule du collimateur.

La mesure de la distance entre L_1 et L_2 donne 30,6 cm ce qui est compatible avec les mesures effectuées pour les distances focales.

Le tracé de rayons est le suivant :

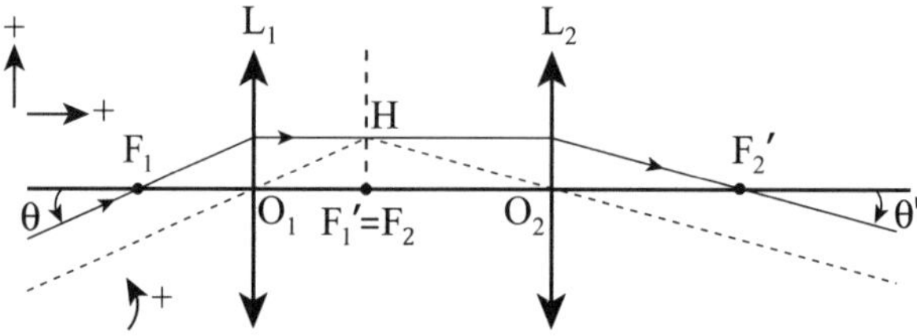

b) D'après le dessin de la question précédente :

$\tan\theta = \frac{F_1'H}{f_1'} \approx \theta$ et $\tan\theta' = -\frac{F_2H}{f_2'} \approx \theta'$ avec $F_1'H = F_2H$ soit :

$$G = \frac{\theta'}{\theta} = -\frac{f_1'}{f_2'}$$

c) $G \approx -\frac{99}{204} \approx -0{,}485$ et le calcul d'incertitude donne $-\frac{dG}{G} = \frac{df_1'}{f_1'} - \frac{df_2'}{f_2'}$ par différentielle logarithmique donc

$$\left|\frac{\Delta G}{G}\right| = \sqrt{\left(\frac{\Delta f_1'}{f_1'}\right)^2 + \left(\frac{\Delta f_2'}{f_2'}\right)^2} \approx 3\ \%$$

Et finalement : $G = -0{,}48 \pm 0{,}02\,(3\ \%)$

d) La lecture de la photo qui suit indique qu'il y a 33 ± 1 graduations correspondant à la distance L entre l'axe vertical du réticule du collimateur et l'extrémité de la tache d'encre.

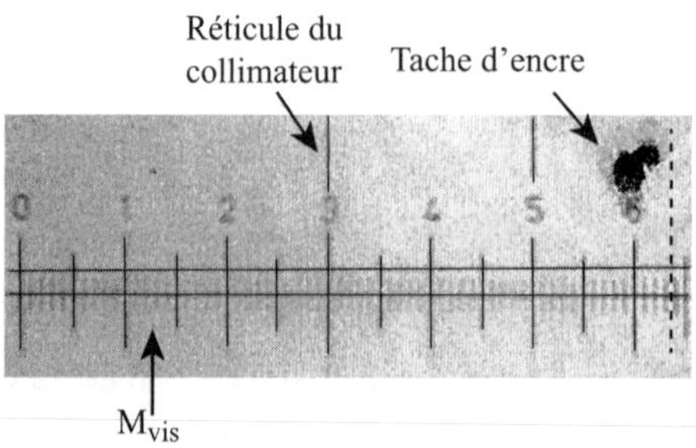

Après l'étalonnage du viseur on détermine l'angle
$\theta' = -\left(33 \pm \dfrac{\sqrt{2}}{\sqrt{12}}\right) \times 5{,}7\ 10^{-4} = -0{,}0188 \pm 0{,}00023$ rad (2 %) puis le grossissement

$$G = -0{,}491 \pm 0{,}01\ (2\ \%)$$

e) Le résultat est plus précis par cette deuxième méthode car elle est directe : elle ne nécessite qu'une seule mesure et non deux comme pour le c).

III Observation d'un objet situé dans le plan focal objet de L_1

1a) Un objet situé en F_1 donne une image à l'infini qui, par la lentille L_2, fournit une image en F'_2 foyer image de cette lentille.

b)

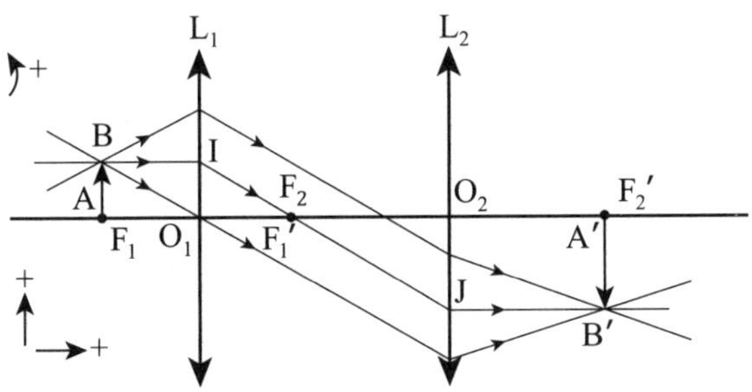

c) Le grandissement transversal pour ce système est par définition :
$\gamma_T = \dfrac{\overline{A'B'}}{\overline{AB}} = \dfrac{A'B'}{AB} = -\dfrac{O_2J}{O_1I}$ puis en utilisant le théorème de Thalès on arrive à :

$$\gamma_T = -\frac{f'_2}{f'_1}$$

Remarque

On retrouve l'invariant de Lagrange-Helmoltz (hors programme) pour un système optique centré où l'objet et l'image appartiennent à un milieu de même indice :

$$\frac{\theta'}{\theta} \cdot \frac{A'B'}{AB} = G\gamma_T = 1$$

2a) On commence par ne garder que la lentille L_1 sur le banc optique, éclairée par le collimateur réglé à l'infini. Le micromètre M_{obj} est ensuite placé proche de la position du foyer objet de L_1 et on ajuste sa position de façon à voir net M_{obj} au niveau du réticule du viseur dioptrique situé derrière L_1. La lentille L_2 est disposée à la même distance de L_1 qu'au paragraphe II.2a) puis on observe avec le viseur à frontale fixe (la bonnette est à nouveau rajoutée au viseur dioptrique précédent) de façon à voir net le micromètre M_{obj} dans le réticule du viseur à frontale fixe. Dans cette configuration le viseur à frontale fixe se trouve à une distance d du foyer image de L_2.

b) On a ainsi :

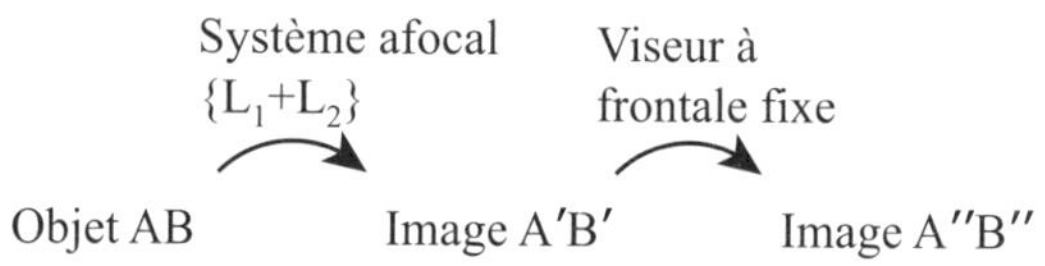

Ce qui donne $A''B'' = \gamma_T \gamma_{vis} AB$ soit, puisque les micromètres M_{obj} et M_{vis} sont tous deux au 1/10e de mm : $z = \gamma_T \gamma_{vis} x$

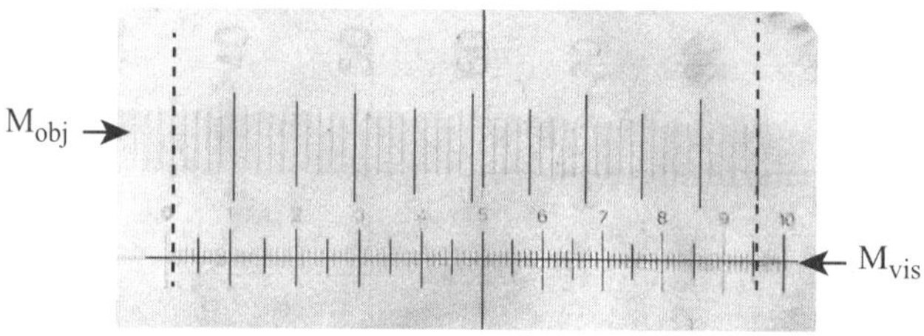

On y lit que $x = 50$ graduations du micromètre M_{obj} coïncident avec $z = 94 \pm 1$ graduations du micromètre M_{vis}. Finalement :

$$\gamma_T \approx -2{,}10$$

Le calcul d'incertitudes donne par différenciation logarithmique :

$$\frac{d\gamma_T}{\gamma_T} = \frac{dz}{z} - \frac{d\gamma_{vis}}{\gamma_{vis}} - \frac{dx}{x}$$

d'où pour le passage aux incertitudes (avec $dx = 0$) :

$$\frac{|\Delta\gamma_T|}{|\gamma_T|} = \sqrt{\left(\frac{\sqrt{2}}{\sqrt{12}\,z}\right)^2 + \left(\frac{|\Delta\gamma_{vis}|}{|\gamma_{vis}|}\right)^2} \approx 2\ \%$$

Au final : $\gamma_T = -2{,}10 \pm 0{,}04\ (2\ \%)$

Remarque
La formule établie au paragraphe III.1) donne $\gamma_T = -2{,}06 \pm 0{,}18$ (9 %) en accord avec la mesure directe, qui est cependant plus précise.

3) Le M_{obj} est rapproché du collimateur d'une quantité $\Delta x < 0$. On doit déplacer le viseur à frontale fixe d'une quantité $\Delta x' < 0$ pour voir à nouveau nette l'image de M_{obj} au niveau du réticule.

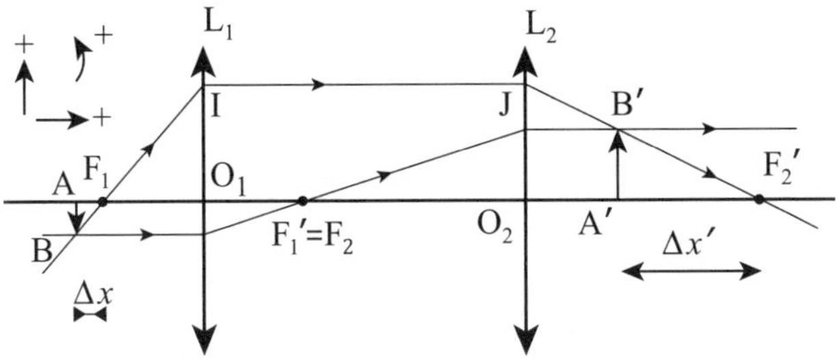

Nous avons $\overline{F_1A} = \Delta x < 0$ et $\overline{F_2'A'} = \Delta x' < 0$ respectivement les distances de l'objet et l'image par rapport aux foyers du système afocal.

Appelons A_1 l'image du point A par la lentille L_1 : $A \xrightarrow{L_1} A_1 \xrightarrow{L_2A'} A'$

La relation de conjugaison de Newton donne pour la première lentille : $\overline{F_1A}\ \overline{F_1'A_1} = -f_1'^2$ et pour la seconde $\overline{F_2A_1}\ \overline{F_2'A'} = -f_2'^2$. Or $F_1' = F_2$ et l'on obtient alors :

$$\gamma_L = \frac{\Delta x'}{\Delta x} = \left(\frac{f_2'}{f_1'}\right)^2$$

Quant à la dimension de l'image y', elle doit être indépendante de la position de l'objet Δx par rapport à F_1.

L'expérience montre effectivement que y' ne varie pas en déplaçant M_{obj}.

La courbe montrant les variations de $\Delta x'$ en fonction de Δx est donnée ci-dessous. On obtient bien une droite dont la pente vaut 3,90 avec un coefficient de corrélation quasi-unitaire.

En utilisant l'expression de γ_L et les valeurs mesurées de f_1' et de f_2', on a :

$$\gamma_L = 4{,}25 \pm 0{,}24 \ (6\ \%)$$

En effet, de $\dfrac{d\gamma_L}{\gamma_L} = 2 \times \left(\dfrac{df_2'}{f_2'} - \dfrac{df_1'}{f_1'}\right)$, on arrive à $\dfrac{\Delta\gamma_L}{\gamma_L} = 2 \times \sqrt{\left(\dfrac{\Delta f_2'}{f_2'}\right)^2 + \left(\dfrac{\Delta f_1'}{f_1'}\right)^2} = 6\ \%$

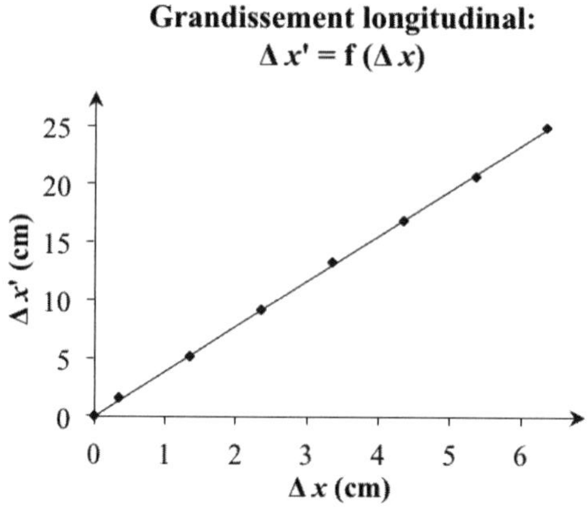

Remarque

Les valeurs des différents éléments du TP du concours ne sont pas celles qui correspondent aux expériences réalisées dans ce chapitre :

- $D = 160$ mm
- $\gamma_{\text{vis}} \approx -2{,}3$
- $d \approx 6{,}9$ cm
- $f'_{\text{obj}} \approx 5{,}0$ cm
- $f'_1 \approx 18{,}7$ cm
- $f'_2 \approx 6{,}1$ cm

et donc $G \approx -3$ et $\gamma_{\text{T}} \approx -0{,}33$.

BIPRISME DE FRESNEL 24

Concours : Mines

Objectif du TP : Réaliser des interférences avec un biprisme de Fresnel et déterminer la longueur d'onde d'une radiation inconnue.

Matériel :

- Banc optique ;
- Lunette munie d'une vis micrométrique ;
- Lentille de focale 20 cm ;
- Fente fine ajustable ;
- Condenseur ;
- Lampe spectrale ;
- Biprisme

ÉNONCÉ

I PARTIE THÉORIQUE

1) Étude du prisme classique

Justifier les quatre relations du prisme

$$\begin{cases} \sin i = n \sin r \\ \sin i' = n \sin r' \\ r + r' = \widehat{A} \\ \widehat{D} = i + i' - \widehat{A} \end{cases}$$

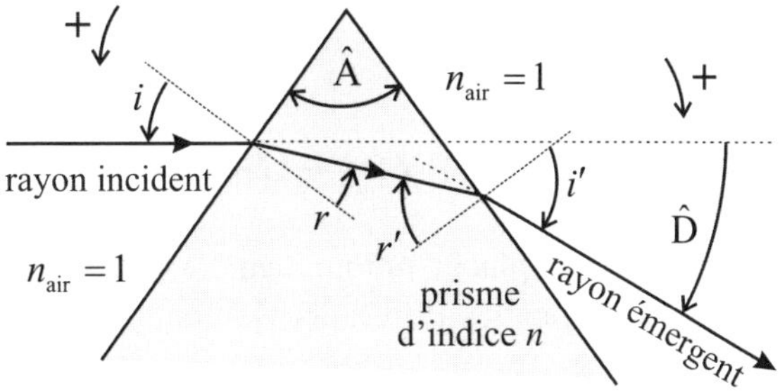

2) Déviation minimale

Montrer que la déviation minimale vérifie la relation suivante :

$$\sin\left(\frac{\widehat{D}_m + \widehat{A}}{2}\right) = n \sin\frac{\widehat{A}}{2}$$

3) Cas des petits angles

Dans le cas où l'angle d'incidence est faible ainsi que l'angle au sommet du prisme que deviennent les relations établies à la question 1) ?

Rappeler ce qu'est l'approximation de Gauss.

4) Étude du système complet

On considère le système composé d'une source ponctuelle S et d'un prisme d'indice n et de faible angle au sommet $\widehat{A}$. Tracer la marche de différents rayons à travers le prisme.

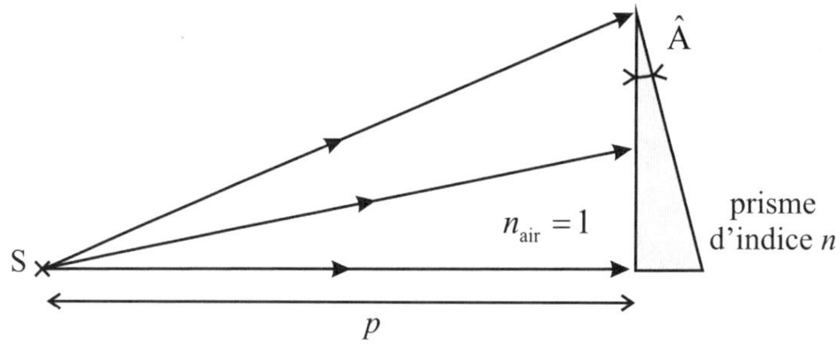

On remplace le prisme par un biprisme, en déduire la position des sources S_1 et S_2. Proposer un système simple équivalent au système précédent. Identifier le champ d'interférences sur un schéma. Déterminer l'expression de l'interfrange et de la distance S_1S_2. Quelle est l'influence du paramètre p sur la valeur de l'interfrange ?

II Partie expérimentale

1) Sur le banc, placer uniquement la lentille, la fente, le condenseur et la lampe spectrale. Régler les différents éléments afin de faire l'image nette de la fente sur l'écran.

2) Placer le biprisme contre la lentille coté source, qu'observe-t-on ?

Déduire de la distance qui sépare les deux fentes sur l'écran, la valeur de l'angle au sommet du biprisme. Quelle est l'incertitude absolue sur ce résultat ?

3) Réaliser le montage de la question 4) de façon à obtenir des franges d'interférences observables grâce à la lunette. Déduire de la valeur de l'interfrange une estimation de la longueur d'onde de la lampe utilisée. Que se passe-t-il si on remplace cette source par une lampe à vapeur de sodium ?

Proposition de solution

Commentaires : le texte proposé est relativement classique d'un point de vue théorique mais les montages et les réglages sont assez délicats, notamment pour le positionnement du biprisme. Comme d'habitude en optique, les calculs d'erreur sont exigés.

I Partie théorique

1) Étude du prisme classique

Cette question a été traitée intégralement dans le TP spectroscopie par un prisme.

2) Déviation minimale

De même, cette question a été traitée dans le TP spectroscopie par un prisme.

3) Cas des petits angles

Tous les angles étant petits, il est possible de linéariser les relations de réfraction à l'entrée et à la sortie du prisme.

$$\begin{cases} i \simeq n\,r \\ i' \simeq n\,r' \end{cases}$$

Pour des systèmes centrés, l'approximation de Gauss consiste à ne considérer que des rayons peu inclinés par rapport à l'axe optique et dont le point d'incidence sur les éléments optiques est proche de leur sommet (point d'intersection avec l'axe optique). Cette approximation est celle de l'optique linéaire, puisqu'elle permet de linéariser les relations de la réfraction à la traversée des dioptres.

À partir des relations linéarisées, l'expression de la déviation imposée par le prisme s'écrit : $\widehat{D} = i + i' - \widehat{A} = n(r + r') - \widehat{A} = (n - 1)\widehat{A}$.

Dans ces conditions, la déviation est indépendante de l'angle d'incidence.

4) Étude du système complet

La déviation par le prisme étant indépendante de l'angle d'incidence, tous les rayons issus de S sont déviés du même angle $\widehat{D} = (n - 1)\widehat{A}$. Le tracé des rayons se construit alors facilement :

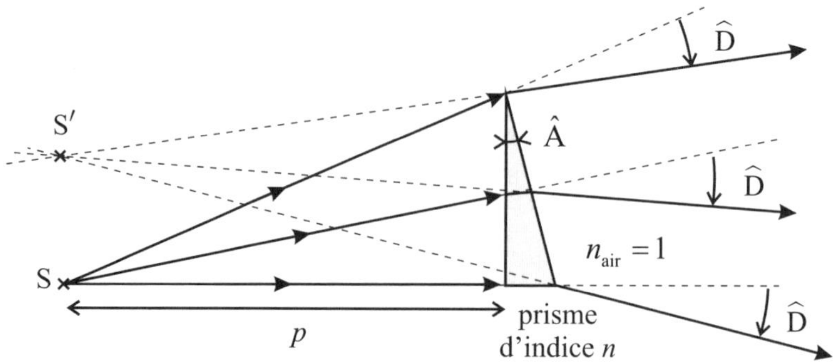

Tous les rayons semblent provenir d'une source virtuelle S′. Les angles étant faibles, la largeur de la base du prisme est petite devant la distance p il est alors possible de confondre l'arc $\widehat{SS'}$ et la corde $\overline{SS'}$ de sorte que : $\overline{SS'} \simeq \widehat{D}\, p = (n-1)\widehat{A}\, p$.

On remplace le prisme par un biprisme, il apparait alors deux sources virtuelles, une par prisme. Le tracé des rayons est alors le suivant :

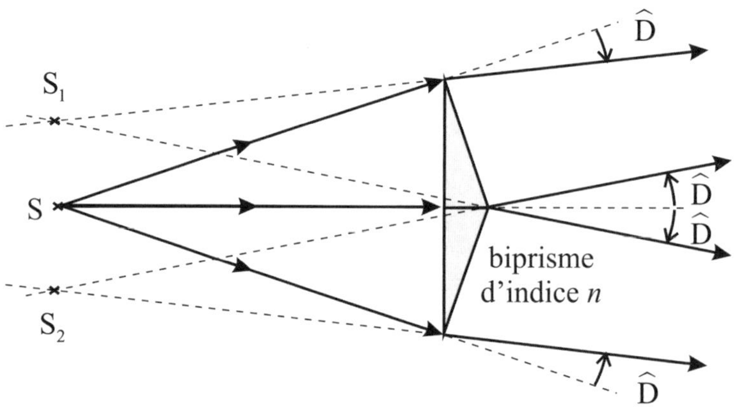

À partir d'une source, on a créé deux sources virtuelles S_1 et S_2 cohérentes. Ce système est un dispositif à division de front d'onde il est équivalent au dispositif des trous d'Young. Les faisceaux issus des sources S_1 et S_2 se recouvrent partiellement dans la zone centrale, il y a interférences dans cette région.

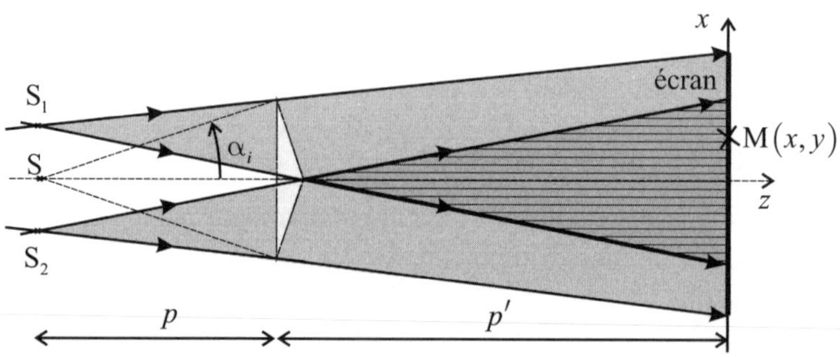

Pour les trous d'Young, la différence de marche en un point $M(x, y)$ d'un écran perpendiculaire à l'axe Sz, vaut $\delta = \frac{ax}{D}$ et l'interfrange $i = \frac{\lambda D}{a}$ où a est la distance entre les deux trous, D la distance entre les trous et l'écran.

Puisque le système est équivalent, en un point M d'un écran disposé de façon analogue, la différence de marche et l'interfrange valent respectivement :

$$\delta = \frac{\overline{S_1S_2}}{(p+p')}x \text{ et } i = \frac{\lambda\left(p+p'\right)}{\overline{S_1S_2}}$$

Or, la distance qui sépare les sources fictives vaut : $\overline{S_1S_2} \simeq 2(n-1)\widehat{A}\ p$. L'expression de l'interfrange est finalement la suivante :

$$i = \frac{\lambda}{2\widehat{A}\ (n-1)} \frac{\left(p+p'\right)}{p}$$

Remarque

Pour obtenir une interfrange importante, on pourrait être tenté de rapprocher la source du biprisme (diminuer la valeur de p), mais il faut que l'angle d'incidence α_i reste faible pour que les approximations soient valables. Le dessin proposé est tel que le faisceau incident couvre complétement la face avant du biprisme. Sa largeur est de l'ordre de quelques cm. Cette situation n'est pas réaliste avec une source autre que le laser (muni d'un objectif de microscope). L'angle α_i est de l'ordre de grandeur de $\frac{\lambda}{\varepsilon}$ où λ est la longueur d'onde de la radiation incidente et ε la largeur de la fente source. L'ordre de grandeur de α_i est de $5\ 10^{-3}$ rad, les approximations faites sont donc valides. En fait, la largeur de la face éclairée est très faible, 1 mm si la source est à 10 cm.

II Partie expérimentale

1) Pour réaliser un montage optique correct, il faut commencer par aligner tous les éléments. Cela revient à définir un axe optique commun. Placer d'abord la source de lumière et le condenseur, régler leur hauteur pour que la tâche lumineuse soit à peu près au centre de l'écran (placé suffisamment proche du condenseur). Ensuite, il faut éloigner l'écran et veiller à ce que la tâche lumineuse reste centrée, sinon il faut ajuster la position du condenseur ou de la source en conséquence.

Ajouter ensuite la lentille et ajuster sa hauteur pour que le faisceau de lumière la traverse en son centre, quel que soit sa position sur le banc.

La focale de la lentille étant de 20 cm, il faut, au moins, prévoir $4 \times 20 = 80$ cm, entre l'objet (la fente) et l'écran. Placer la lentille à environ 1 m de l'écran. Disposer ensuite la source et le condenseur à une distance telle, que la lumière semble se concentrer au centre de la lentille. Placer ensuite la fente dans le faisceau de lumière, de sorte que celle-ci soit uniformément éclairée. Déplacer finalement l'écran pour ajuster l'image nette de la fente.

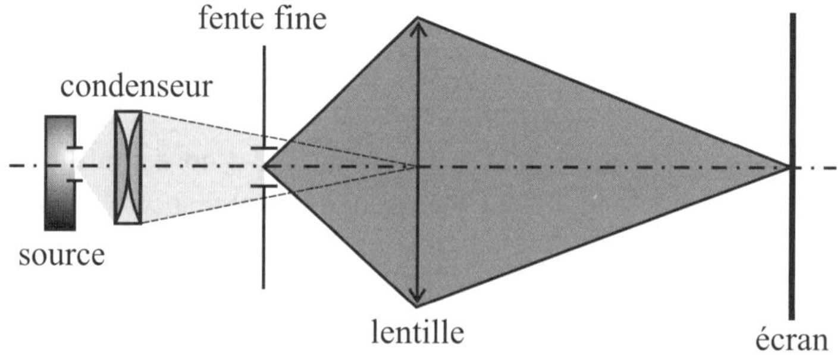

Au final, la source et le centre de la lentille sont conjugués par le condenseur, la fente et l'écran sont conjugués par la lentille. Si la largeur de la fente est ajustable, régler la de sorte à avoir une image la plus fine possible mais suffisamment lumineuse.

Remarque

Un condenseur est un système optique formé de deux lentilles plan-convexe. Il est de courte focale (de l'ordre de quelques cm) et permet de concentrer les rayons lumineux sur la source secondaire, ici la fente.

2) Placer le biprisme à environ 10 cm de la fente source (cette distance n'est pas critique). On observe alors deux images de la fente sur l'écran. Ces deux images S_1' et S_2' apparaissent nettes sur l'écran (sans réglage supplémentaire), les fentes sources objet S_1 et S_2 correspondant à ces images sont donc dans le même plan que la fente source.

Ajuster le biprisme de sorte que les deux raies lumineuses soient d'égale intensité. Cet ajustement est délicat et doit être réalisé au mieux pour que le contraste des interférences soit le plus grand possible. Aligner la fente fine avec l'arête du biprisme, l'image de la fente en l'absence de biprisme et leurs images doivent être parallèles.

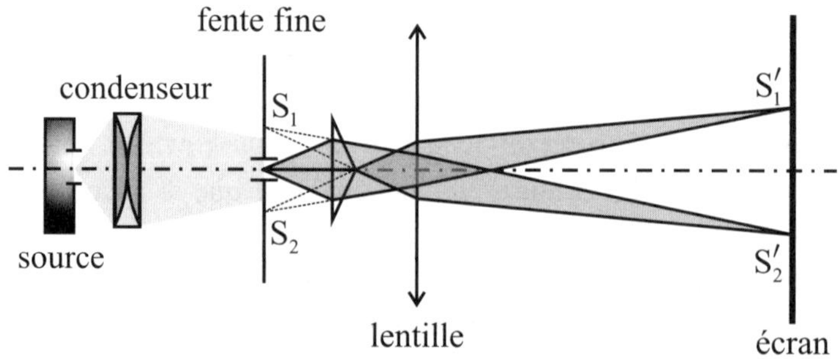

On remplace l'écran (sur le banc optique) par un oculaire muni d'une vis micrométrique afin de mesurer la distance qui sépare les deux raies lumineuses. Ce dispositif est composé d'un oculaire qui permet de voir net tout ce qui est dans le plan d'un disque de verre sur lequel est gravé un réticule en forme de croix. Il permet de repérer le centre du champ. Le système est aussi équipé d'un réticule mobile (vu net lui aussi) formé d'une paire de fils parallèles. Le déplacement des deux fils est commandé par une vis micrométrique.

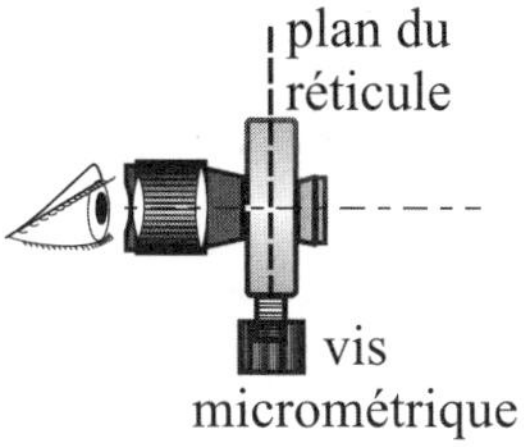

Schéma de l'oculaire

Oculaire micrométrique Jeulin

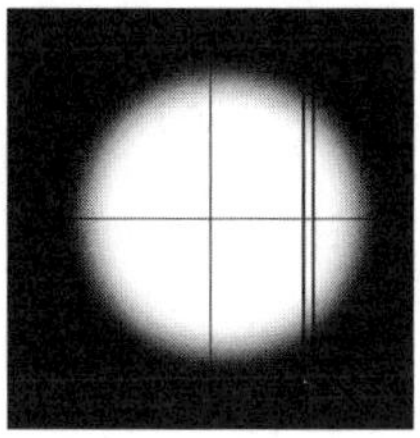
Vue du champ

On amène en coïncidence les deux fils avec les deux images S_1' et S_2', on relève les valeurs lues sur le vernier de la vis micrométrique, la différence correspond à la distance d_{exp} qui sépare S_1' et S_2'. Sur le banc, on lit la position de la fente source x_{fente}, du biprisme $x_{biprisme}$, de la lentille x_{lent} et de l'oculaire x_{ocul}.

On effectue une série de mesures, les résultats sont consignés dans un tableau. Pour chaque mesure on calcule :

- $p = x_{fente} - x_{lent}$
- $p' = x_{ocul} - x_{lent}$
- le grandissement $\gamma = \frac{p'}{p}$
- la distance entre les sources $\overline{S_1S_2} = a = \dfrac{d_{exp}}{\gamma}$
- La déviation imposée par le prisme vaut : $\widehat{D} = \dfrac{a}{2(x_{biprisme} - x_{fente})} = \dfrac{a}{2p_{biprisme}}$.
- l'angle au sommet du biprisme : $\widehat{A} = \frac{\widehat{D}}{n-1}$, avec $n = 1,52$ et $\Delta n = 0,01$.

À partir des mesures effectuées, la distance moyenne entre les sources vaut $a = 1,41$ mm et l'angle au sommet $\widehat{A} = 0,85°$.

L'incertitude s'évalue comme présentée dans le chapitre 1 :

$$\Delta a = \sqrt{\left(\frac{p}{p'}\right)^2 (\Delta d_{exp})^2 + \left(\frac{d_{exp}}{p'}\right)^2 (\Delta p)^2 + \left(\frac{-p\, d_{exp}}{p'^2}\right)^2 (\Delta p')^2}$$

Avec, $\Delta p = \Delta p' = \Delta p_{biprisme} = \sqrt{2}\, \frac{10^{-3}}{\sqrt{12}} \simeq 4 \cdot 10^{-4}$ m et $\Delta d_{exp} = \sqrt{2} \times 10^{-4}$ m, car il y a chaque fois deux mesures.

L'application numérique conduit à :

$$\Delta a = 3 \cdot 10^{-5} \text{ m}.$$

Pour le calcul de $\widehat{\mathrm{A}}$,

$$\Delta\widehat{\mathrm{D}} = \frac{1}{2}\sqrt{\left(\frac{1}{p_{\text{biprisme}}}\right)^2 (\Delta a)^2 + \left(\frac{-\,a}{p^2_{\text{biprisme}}}\right)^2 \left(\Delta p_{\text{biprisme}}\right)^2},$$

$$\Delta\widehat{\mathrm{D}} \simeq 10^{-4} \text{ rad}.$$

$$\text{Et, } \Delta\widehat{\mathrm{A}} = \frac{1}{\mathrm{n}-1}\sqrt{(\Delta\widehat{\mathrm{D}})^2 + \left(\frac{-\widehat{\mathrm{D}}}{\mathrm{n}-1}\right)^2 (\Delta \mathrm{n})^2}$$

Finalement on obtient :

$$a = 1,41 \pm 0,03 \text{ mm et } \widehat{\mathrm{A}} = 0,85^\circ \pm 0,02^\circ$$

Remarque

Il peut être utile de vérifier la cohérence des mesures de positionnement de la lentille, de l'oculaire et de la fente source par les relations de conjugaison, cela permet de détecter une éventuelle erreur en cours de manipulation.

4) Dans la situation précédente, le biprisme fait de la fente source deux fentes sources secondaires distantes de $a = 1,41 \pm 0,03$ mm situées dans le même plan que la fente source. Les ondes issues de ces deux sources secondaires sont donc cohérentes, des interférences peuvent se produire. Avant de continuer quelques d'ordres de grandeur :

l'interfrange : $i = \frac{\lambda D}{a} \simeq 0{,}4$ mm à une distance $D = 1$ m, donc difficilement mesurable sur un écran.

La largeur du champ d'interférences correspond à peu près à a puisque la fente source est très fine (de l'ordre de 0,1 mm) et la divergence angulaire du faisceau de l'ordre de $2 \times \frac{500 \cdot 10^{-9}}{10^{-4}} = 10^{-2}$ rad, donc au mieux quelques mm.

Pour observer les interférences et mesurer l'interfrange il faut un système optique annexe comme une lentille par exemple. On conserve la lentille de focale 20 cm et on l'utilise pour agrandir le système d'interférences. En fonction de la position de l'oculaire, la lentille conjugue chaque fois un autre plan de la zone d'interférences.

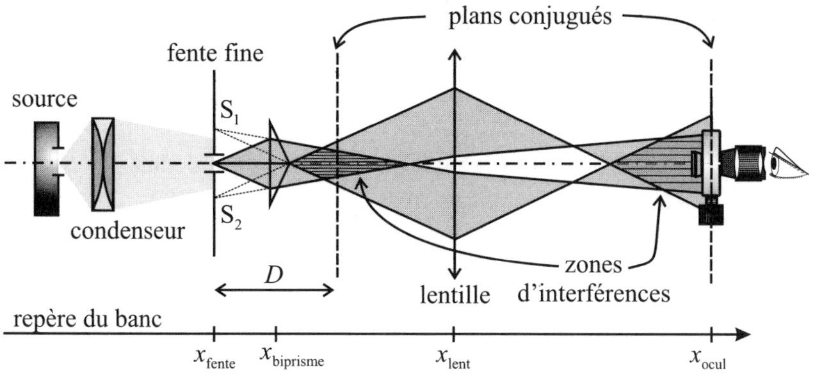

On observe les interférences à travers l'oculaire et on mesure la largeur de 5 à 10 interfranges afin de minimiser l'incertitude sur la valeur de l'interfrange dans le plan d'observation i'_{exp}. Ces mesures sont délicates, il faut bien pointer sur une frange et compter le plus de franges possible. Ne pas hésiter à reprendre ces mesures plusieurs fois. Pour la lecture sur le vernier on se reportera à la rubrique méthodologie.

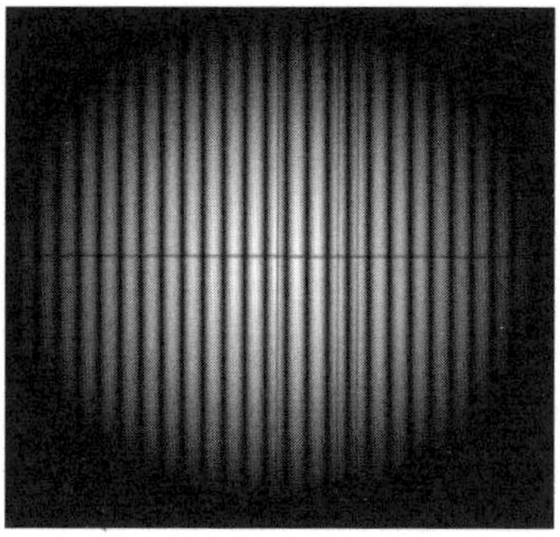

On procède à 5 mesures en déplaçant uniquement l'oculaire et en mesurant la valeur de i'_{exp} correspondante.

On relève la distance à laquelle est placé l'oculaire : x_{ocul}. On relève x_{lent} (une seule fois), on calcule la distance lentille-oculaire par $p'_{\text{ocul}} = x_{\text{ocul}} - x_{\text{lent}}$. On calcule la position du plan objet conjugué par la relation de conjugaison :

$$\frac{1}{p'_{\text{ocul}}} - \frac{1}{p_{\text{ocul}}} = \frac{1}{f'}$$

On déduit la distance D entre le plan où se forment les interférences et les sources secondaires par :

$$D = (x_{\text{lent}} - x_{\text{fente}}) - |p_{\text{ocul}}|$$

La valeur de l'interfrange dans le plan à la distance D se déduit par :

$$i_{\text{exp}} = \frac{i'_{\text{exp}}}{\gamma} = \frac{p_{\text{ocul}}}{p'_{\text{ocul}}} i'_{\text{exp}}$$

On trace ensuite l'évolution de la valeur de l'interfrange i_{exp} calculée en fonction de D.

Les points s'alignent sur une droite :

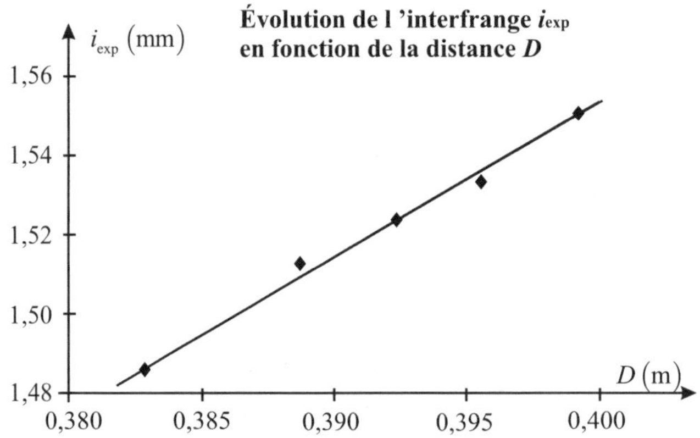

La pente vaut $(3{,}88 \pm 0{,}04)\ 10^{-4}$ (sans unité et après avoir converti les mm en m). Le coefficient de corrélation vaut 0,991.

Les positions du biprisme et de la fente source sont toujours les mêmes donc la valeur de a reste $a = 1{,}41$ mm.

La pente vaut : $\frac{\lambda}{a}$. Tout est connu sauf la longueur d'onde, l'application numérique conduit à $\lambda_{\text{exp}} = 547 \pm 55$ nm(10 %).

La lampe utilisée était une lampe à vapeur de mercure avec un filtre interférentiel vert (centré sur 546 nm et d'une bande passante 10 nm), la valeur tabulée est de $\lambda_{\text{tab}} = 546{,}1$ nm, comprise dans l'intervalle proposé.

Si on remplace la lampe à vapeur de mercure par une lampe à vapeur de sodium, l'interfrange sera plus importante (à cause de la valeur de λ) mais les phénomènes un peu moins lumineux.

L'INTERFÉROMÈTRE DE MICHELSON

25

Concours : X-ENS, Centrale et Mines

Objectif du TP : Régler un interféromètre de Michelson puis faire quelques applications.

Matériel :

- Deux lampes spectrales (sodium et mercure) ;
- Un filtre interférentiel vert ;
- Une lame de verre ;
- Une lentille convergente de distance focale inconnue (environ 30 cm) ;
- Un collimateur permettant d'avoir un faisceau parallèle, déjà réglé ;
- Un disque permettant de régler la largeur du faisceau lumineux en choisissant convenablement la taille de l'orifice ;
- Un interféromètre de Michelson.

ÉNONCÉ

L'interféromètre de Michelson utilisé dispose à son entrée :

- d'un collimateur déjà réglé permettant d'avoir une image de la source à l'infini ;
- d'un disque comportant des trous de rayons variables afin de l'éclairer avec une source quasi-ponctuelle ou une source large.

À part pour la dernière question du sujet (« mesure d'un doublet »), la source lumineuse utilisée est une lampe spectrale au mercure. Entre la lampe et le collimateur, un filtre interférentiel vert permet de sélectionner la longueur d'onde $\lambda = 546{,}1$ nm.

Les observations se font à l'œil nu sans utilisation d'un écran.

I Réglage géométrique

1) Choisir le plus petit orifice du disque. Cacher l'un des miroirs avec une feuille de papier.

a) Qu'observe-t-on quand on regarde dans l'interféromètre ?

b) Quel réglage peut-on effectuer ?

2) Enlever la feuille de papier.

a) Qu'observe-t-on quand on regarde dans l'interféromètre ?

b) Quel réglage peut-on effectuer ?

II Éclairage en source quasi-ponctuelle

On garde le plus petit orifice pour avoir une source quasi-ponctuelle.

1) Décrire ce qu'on voit dans l'interféromètre. Quel est le lieu de localisation des franges ?

2) Faire un schéma du système optique en prolongeant suffisamment les rayons lumineux.

3) On veut observer les franges sans écran. Étant donné le lieu de localisation des franges, où doit-on placer la lentille ? Où faut-il placer son œil pour observer l'ensemble des rayons issus de la source ?

4) Quel réglage doit-on faire pour obtenir une différence de marche constante ? Estimer la précision de la manipulation.

III Éclairage en source large

Sélectionner le plus grand orifice du disque.

1) Qu'observe-t-on quand on regarde dans l'interféromètre ?

2) Quel est le lieu de localisation des franges ?

3) Se placer au contact optique. Quel réglage doit-on faire ?

IV Applications

Sélectionner le plus petit orifice du disque. L'observation se fera à l'aide de la lentille.

1) Angle d'inclinaison entre les deux miroirs

On souhaite régler l'inclinaison des miroirs à $8''$ d'arc. Proposer un protocole pour effectuer ce réglage. Évaluer sa précision.

Revenir au contact optique.

2) Lame de verre

On insère une lame de verre d'indice $n = 1{,}5$ entre un des deux miroirs et la séparatrice.

a) Placer la lame de verre devant un miroir. Qu'observe-t-on ?

b) La lame est-elle à faces parfaitement parallèles ? Justifier.

c) En réalité la lame est à faces non parallèles, elle est légèrement prismatique. Mesurer l'angle entre les deux faces de la lame.

Retirer la lame.

3) Variation de l'indice de l'air avec la température

On est toujours au contact optique. Placer un doigt devant l'un des miroirs.

a) Qu'observe-t-on ? Expliquer le phénomène.

b) Quelle différence de marche peut-on associer à la présence du doigt ?

c) Incliner le miroir M_2 d'un petit angle α pour observer quelques franges rectilignes puis déplacer légèrement le miroir M_1 de façon à le rapprocher de la séparatrice. Dans quel sens les franges rectilignes se translatent-elles ?

d) Remettre le doigt. Qu'observe-ton ? Évaluer $\left|\dfrac{dn}{dT}\right|$ variation de l'indice de l'air avec la température.

e) Déterminer le signe de $\dfrac{dn}{dT}$.

Revenir au contact optique pour observer la teinte plate.

4) Mesure d'un doublet

L'interféromètre de Michelson est maintenant éclairé par une lampe spectrale au sodium. Incliner le miroir M_2 d'un angle α jusqu'à observer quatre ou cinq franges rectilignes. La source émet essentiellement un doublet de radiations λ_1 et $\lambda_2 = \lambda_1 + \Delta\lambda$ avec $\Delta\lambda \ll \lambda_1$, de même intensité. En un point M du champ d'interférences, les déphasages sont $\varphi_1(M)$ et $\varphi_2(M)$ pour les longueurs d'onde λ_1 et λ_2 respectivement.

a) Exprimer l'éclairement total en fonction de φ_1 et φ_2. On pose $C = \cos\dfrac{\varphi_1 - \varphi_2}{2}$ le facteur de contraste.

b) Depuis la position initiale, translater le miroir M_1 d'une distance x. On pose y la coordonnée selon l'axe perpendiculaire à Ox, dont l'origine est au centre du miroir en position teinte plate. Exprimer les déphasages φ_1 et φ_2 en fonction de x, y et α.

c) Exprimer les variations de C en fonction de x sachant que $\Delta\lambda \ll \lambda_1$ et $\alpha y\dfrac{\Delta\lambda}{\lambda_1^2} \ll 1$.

d) Quel est l'écart selon x, noté Δx, entre deux annulations successives du contraste ?

e) Déterminer $\Delta\lambda$ avec $\lambda_1 = 589$ nm. Quelle est la précision ?

f) Refaire la même mesure avec plusieurs annulations successives. Quelle est la nouvelle précision ?

Proposition de solution

Commentaires : ce TP est composé de deux grandes parties : dans un premier temps il est demandé aux candidats d'effectuer les réglages sur l'interféromètre de Michelson puis dans un second temps d'étudier quelques applications. Parmi les quatre applications proposées à la fin de ce chapitre, seules deux d'entre-elles sont demandées aux candidats par session (et cela change d'une année sur l'autre).

Remarques préliminaires

L'interféromètre mis à la disposition des candidats diffère sensiblement de ceux des salles de TP des lycées. Il présente notamment à l'entrée un collimateur ainsi qu'un disque percé de trous de différents diamètres. D'autre part, les vis de réglage fin peuvent être situées sur le miroir translatable, alors qu'elles sont habituellement disposées sur le miroir « fixe ».

Appelons M_1' le symétrique du miroir M_1 par rapport à l'ensemble séparatrice-compensatrice que l'on notera $\{C_p + S_p\}$. On raisonnera dans la suite du chapitre essentiellement avec les miroirs M_2 et M_1'. Soit e la distance entre les centres O_1' et O_2 respectivement des miroirs M_1' et M_2, et α l'angle formé par ces mêmes miroirs entre eux.

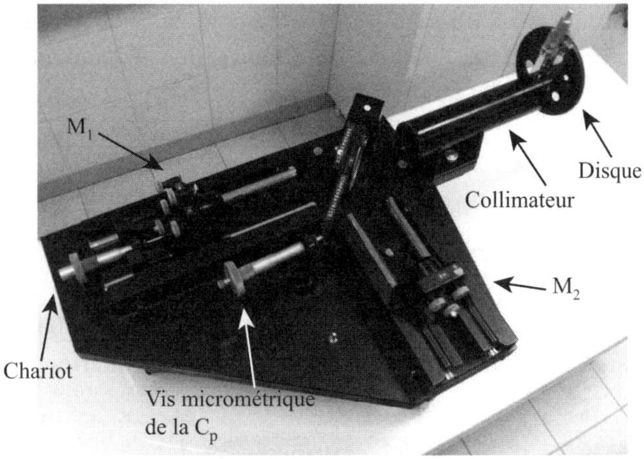

Les deux principales configurations de l'interféromètre de Michelson sont :

- En lame d'air quand $M_1'//M_2$:

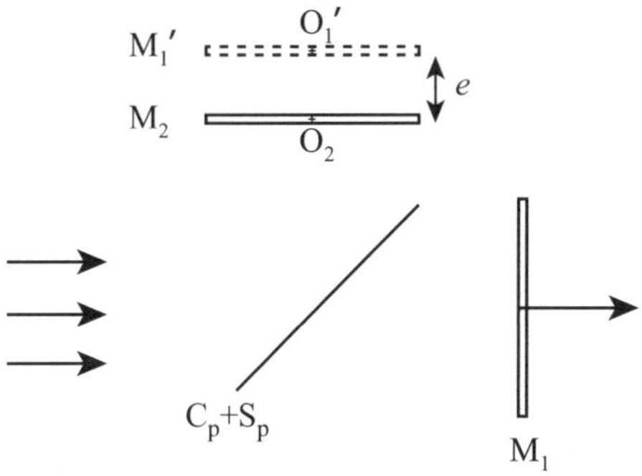

On observe alors des franges circulaires (dites franges d'égale inclinaison ou anneaux d'Haidinger). Si la source est étendue spatialement, les anneaux sont localisés à l'infini.

- En coin d'air quand $e = 0$ et $\alpha \neq 0$:

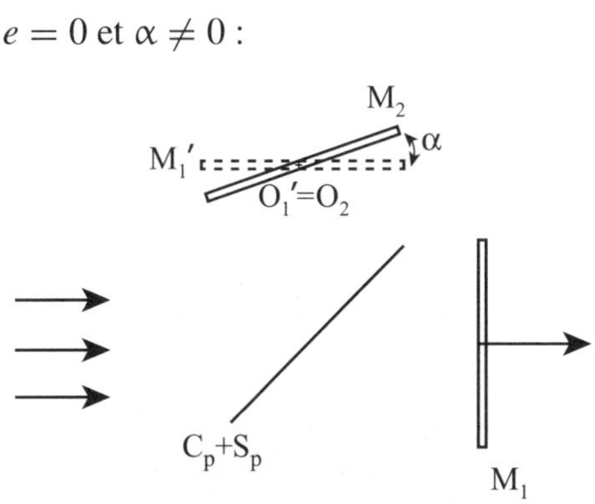

On observe des franges rectilignes (dites franges d'égale épaisseur ou franges de Fizeau). Si la source est spatialement étendue, celles-ci sont localisées « sur les miroirs » et l'interfrange vaut :

$$i = \frac{\lambda}{2\alpha}$$

I Réglage géométrique

1) a) Un seul des deux miroirs est donc éclairé. Plusieurs taches lumineuses circulaires sont visibles en plaçant son œil à la sortie de l'interféromètre. Elles sont alignées et inclinées.

b) Ce procédé permet de régler le parallélisme de la lame compensatrice en deux temps. D'abord rendre horizontales (ou verticales) les différentes taches en agissant sur une des deux vis de la lame compensatrice, puis manipuler l'autre vis pour qu'il ne reste qu'une seule tache.

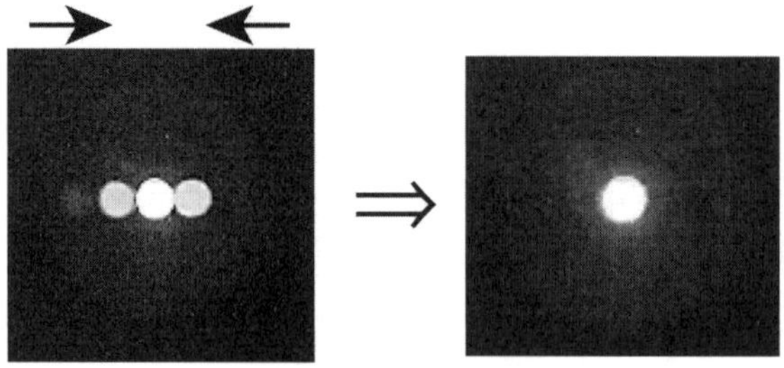

2) a) Cette fois-ci, seules deux taches sont visibles.

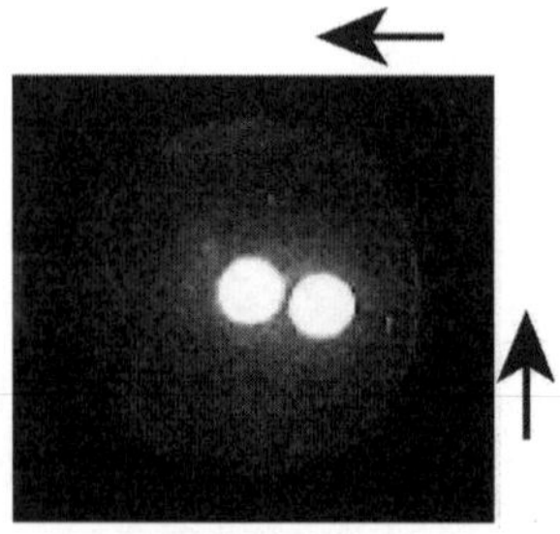

b) Cette méthode permet d'effectuer le réglage grossier des miroirs. Il faut pour cela agir sur les vis de réglage grossier d'un des deux miroirs (attention sur certains interféromètres de Michelson aux concours, le réglage fin se fait sur le miroir que l'on peut déplacer) afin de n'observer au final qu'une unique tache lumineuse.

II Éclairage en source quasi ponctuelle

1) Le réglage grossier précédent n'étant pas assez précis, il reste encore un petit angle α entre les deux miroirs M_1' et M_2. Des franges rectilignes sont encore visibles. Les interférences sont localisées sur le coin d'air car la source n'est pas rigoureusement ponctuelle. On les appelle également franges de Fizeau.

2) Considérons un rayon arrivant (i) en incidence quasi-normale sur le coin d'air formé par les deux miroirs M_1' et M_2. La « moitié » de l'intensité lumineuse est réfléchie par le miroir M_1' et le rayon tracé « revient sur ses pas » (1), et l'autre « moitié » de l'intensité (2) est réfléchie par le miroir M_2. Les deux rayons émergents font un angle 2α entre eux et se coupent virtuellement sur le miroir M_2 en prolongeant les rayons. Comme en pratique le faisceau n'est pas rigoureusement parallèle (ne serait-ce que parce que la source n'est pas rigoureusement ponctuelle), on dit que les interférences sont localisées au voisinage des miroirs ou bien sur le coin d'air.

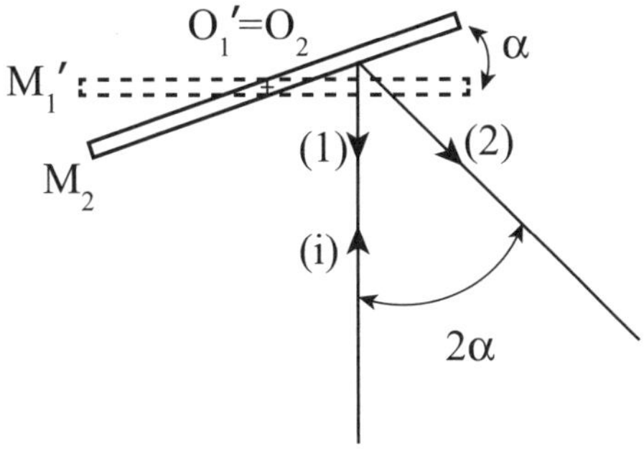

3) Il faut placer la lentille à la sortie de l'interféromètre de Michelson. En plaçant l'œil dans le plan focal image de celle-ci, on observe la totalité des rayons puisque les rayons émergents de l'interféromètre viennent de l'infini (réflexion d'ondes planes sur des miroirs plans).

4) En agissant sur les vis de réglage fin, l'interfrange augmente ce qui signifie que l'angle α diminue. Pour une différence de marche constante, l'éclairement est censé être uniforme. Il est raisonnable d'estimer que si un demi-interfrange correspond à la largeur totale des miroirs, l'objectif est considéré atteint. Cela signifie que :

$$\frac{i}{2} = \frac{\lambda}{4\alpha} \approx D$$

où $D = 40$ mm est le diamètre des miroirs.

Ce qui donne $\alpha \approx 3\ 10^{-6}$ rad $\approx 2\ 10^{-4}$ $^\circ$ $\approx 0,7''$. Cet angle correspond aussi à la précision de la mesure.

III ÉCLAIRAGE EN SOURCE LARGE

1) Les réglages effectués au paragraphe II. ont fait que les miroirs $M_1{}'$ et M_2 sont parallèles sans que ceux-ci soient superposés, autrement dit l'épaisseur e est non nulle. On observe ainsi des anneaux concentriques car l'utilisation du plus grand trou du disque situé devant le collimateur permet d'avoir des rayons de différentes inclinaisons.

2) Les anneaux d'Haidinger, ou franges d'égale inclinaison, sont localisés à l'infini car les rayons émergents issus d'un même rayon incident ressortent parallèlement de la lame d'air et donc se coupent à l'infini.

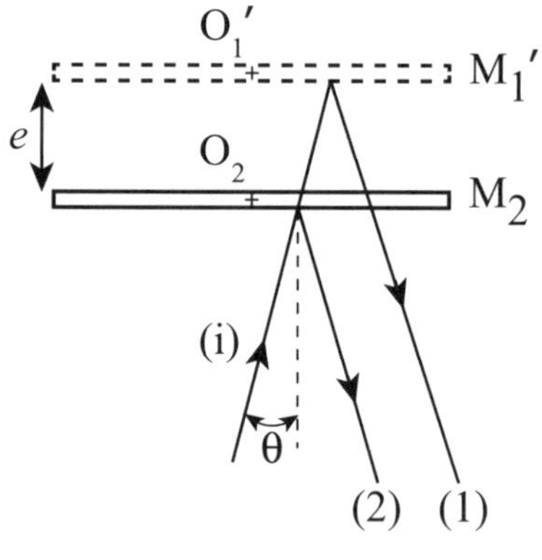

3) Il faut agir sur la position du chariot de façon à ce que les anneaux rentrent au centre jusqu'à obtenir la teinte plate c'est-à-dire un éclairement uniforme.

En effet la différence de marche entre deux rayons interférant à l'infini vaut :

$$\delta = 2\,e\cos\theta$$

où θ est l'angle d'incidence.

Pour un anneau donné, c'est-à-dire pour une différence de marche δ fixée, quand e diminue alors $\cos\theta$ augmente et donc θ diminue : l'anneau semble rentrer au centre.

IV APPLICATIONS

1) Angle d'inclinaison entre les deux miroirs

Il faut commencer par exprimer cet angle en radian :

$$\alpha = 8'' = \frac{8}{3600}(^\circ) = \frac{8}{3600} \times \frac{\pi}{180}(\text{rad}) \text{ soit } \alpha \approx 3{,}9\ 10^{-5} \text{ rad.}$$

Puis calculer l'interfrange correspondant à cette inclinaison des miroirs :

$$i = \frac{\lambda}{2\alpha} \approx 7{,}0 \text{ mm}$$

L'observation se faisant à l'œil nu, il est impossible de mesurer un quelconque interfrange sur un écran, il faut donc le comparer avec une autre longueur mesurable et superposable avec les franges : le diamètre du miroir. Celui-ci mesure $D = 40$ mm. Il faut agir sur le réglage fin de façon à observer :

$$N = \frac{D}{i} \approx 5{,}7 \text{ interfranges.}$$

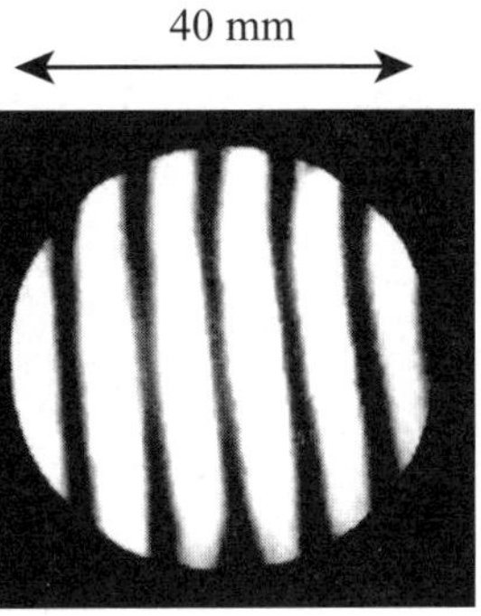

Il est difficile d'apprécier précisément le « 0,7 » interfrange et il est raisonnable d'estimer l'imprécision au quart d'interfrange, ce qui donne une incertitude de :

$$\frac{0{,}25}{5{,}7} \approx 5\ \%$$

2) Lame de verre

a) On observe des franges rectilignes plus ou moins également espacées :

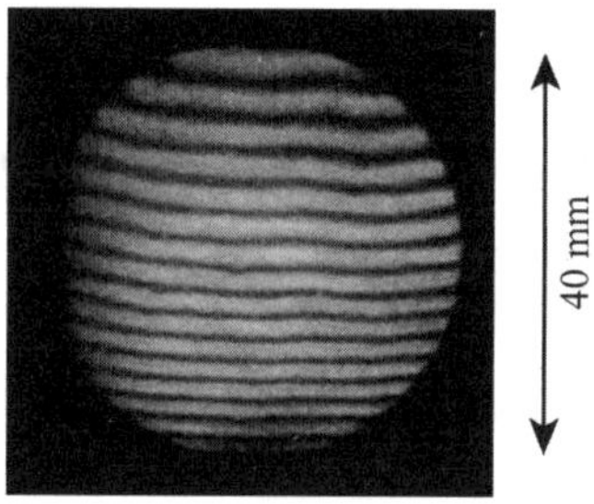

b) Si la lame était à faces parfaitement parallèles, il y aurait une invariance par rotation autour de l'axe des miroirs qui devrait se répercuter sur la forme des franges : on devrait alors observer des anneaux concentriques. Ce n'est pas le cas : la lame n'est pas à faces parallèles.

c) Appelons $\widehat{A}$ l'angle formé par les deux faces de la lame de verre.

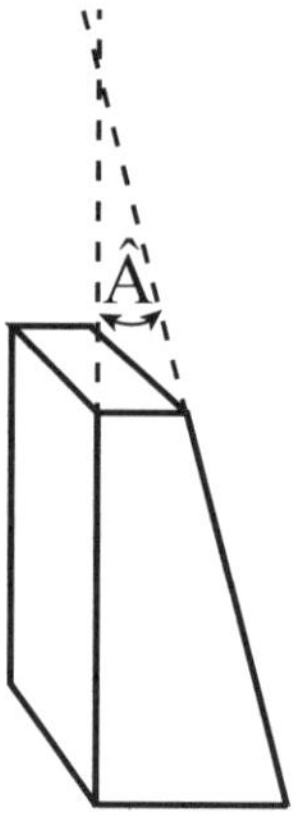

Il a été vu dans le chapitre « Biprisme de Fresnel » qu'un petit prisme d'angle au sommet Â dévie un rayon lumineux de $\widehat{D} = \widehat{A}\,(n-1)$ vers sa base. Les rayons passant par la lame de verre vont donc subir une déviation double puisqu'ils traversent deux fois cette lame (aller et retour) : la déviation totale est finalement $2\widehat{A}(n-1)$. Par rapport à la situation du coin d'air classique, d'angle α, où les deux rayons émergents du Michelson font un angle 2α entre eux, cela revient à remplacer α par $\widehat{A}(n-1)$. Par conséquent l'interfrange dû à la lame prismatique a pour expression :

$$i = \frac{\lambda}{2\widehat{A}(n-1)}$$

Sur l'image précédente, nous comptons 16 interfranges visibles sur la largeur du miroir ce qui donne :

$$i \approx 2{,}5 \text{ mm}$$

D'où l'on déduit :

$$\widehat{A} \approx 2{,}2\ 10^{-4}\ \text{rad}$$

L'incertitude est assez élevée parce que l'interfrange n'est pas très régulier comme cela est visible sur la photo. On ne peut espérer avoir une précision inférieure à 10 % sur cette mesure.

3) Variation de l'indice de l'air avec la température

a) En étant au contact optique, lorsqu'on place un doigt entre un miroir et la séparatrice une frange sombre apparaît et entoure le doigt.

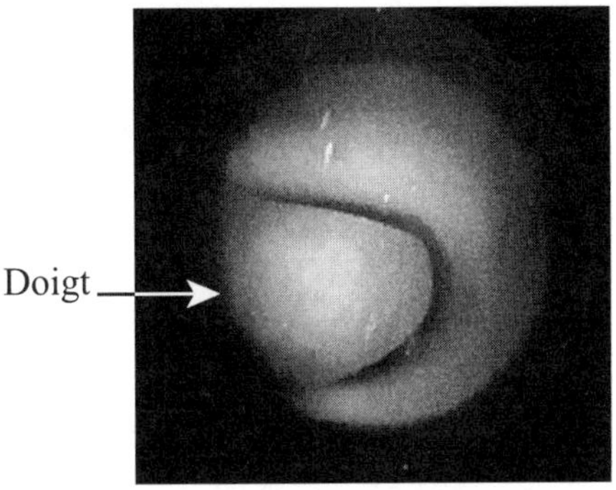

La différence de température entre le doigt et le milieu ambiant introduit une différence de marche supplémentaire pour les rayons passant près du doigt puisque l'indice de l'air dépend de la température.

b) Appelons E l'épaisseur du doigt dont la température est sensiblement $T_{\text{doigt}} \approx 35$ °C. Le milieu ambiant a pour température $T_{\text{air}} \approx 20$ °C. L'indice dépendant de la température, le rayon passant par le bras du Michelson sans le doigt parcourt le chemin optique $2\,n(T_{\text{air}})\,E$ pendant que le rayon passant par le bras du Michelson où se trouve le doigt parcourt le chemin optique $2\,n(T_{\text{doigt}})\,E$. Il y a en effet un facteur 2 parce que les rayons, après réflexions sur les miroirs, repassent une deuxième fois par le même milieu.

En conséquence la différence de marche supplémentaire vaut :

$$\delta = 2\,E\left(n(T_{\text{air}}) - n(T_{\text{doigt}})\right) = 2E\Delta n$$

c) Lorsque la distance séparatrice-miroir M_1 diminue en partant du contact optique, les franges rectilignes défilent vers la droite. Cette observation nous permettra de déterminer le signe de $\frac{dn}{dT}$ à la question e).

d) Voici ce que l'on peut observer, sans puis avec le doigt :

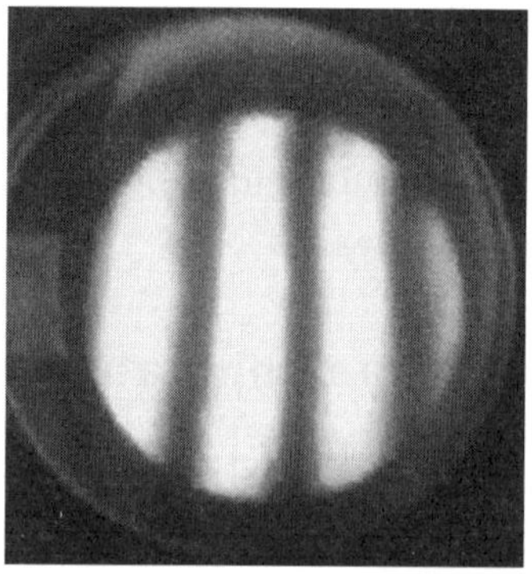
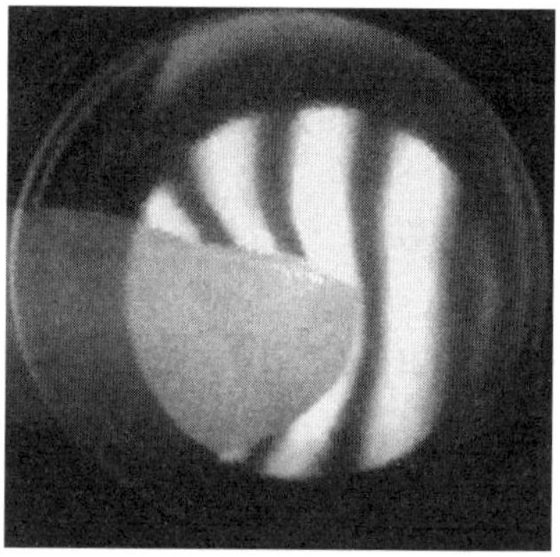

Au voisinage proche du doigt les franges rectilignes se décalent environ d'une demi-interfrange ce qui occasionne une variation de l'ordre d'interférence d'un demi :

$$\Delta p = \frac{2E\Delta n}{\lambda} \approx \frac{1}{2}$$

Remarque

Ce résultat peut également se déduire de l'observation faite à la question 3a) puisqu'une frange noire entoure le doigt lorsque l'on se trouve au contact optique.

La linéarisation de $\frac{dn}{dT}$ donne $\left|\frac{dn}{dT}\right| \approx \frac{\Delta n}{\Delta T} \approx \frac{\lambda}{4E\,\Delta T}$. Prenons $E \approx 1$ cm comme épaisseur du doigt ce qui amène finalement pour l'application numérique à :

$$\left|\frac{dn}{dT}\right| \approx 1\ 10^{-6}\ \mathrm{K}^{-1}$$

e) Le doigt a été placé entre la séparatrice et le miroir M_1 : les franges se déplaçant dans le même sens que lors du chariotage initiale de M_1, le signe de $\frac{dn}{dT}$ est négatif. Ainsi :

$$\frac{dn}{dT} \approx -1\ 10^{-6}\ \mathrm{K}^{-1}$$

Remarque

La loi empirique de Gladstone relie l'indice d'un milieu gazeux en fonction de la masse volumique de ce même gaz sous la forme :

$$\frac{n-1}{\rho} = cste$$

où ρ est la masse volumique.

En assimilant l'air à un gaz parfait et sous la pression atmosphérique supposée constante, on peut également l'écrire sous la forme :

$$(n - 1)\,T = \text{cste'}$$

On différencie cette relation : $dn\,T + (n - 1)\,dT = 0$, ce qui permet d'obtenir :

$$\frac{dn}{dT} = -\frac{n - 1}{T}$$

Sachant qu'à température ambiante, l'indice de l'air vérifie la relation $n - 1 = 3\ 10^{-4}$, on obtient finalement comme application numérique :

$$\frac{dn}{dT} \approx -\frac{3\ 10^{-4}}{300} = -1 \cdot 10^{-6}\ \text{K}^{-1}$$

Notre mesure d'apparence approximative (« décalage d'une demi-frange ») donne une valeur compatible.

4) Mesure d'un doublet

a) Il y a incohérence temporelle donc il faut sommer les éclairements dus à chaque longueur d'onde.

Pour la longueur d'onde λ_1, l'éclairement au point M a pour expression : $I_1(M) = I_0\,(1 + \cos\varphi_1(M))$ et pour λ_2 : $I_2(M) = I_0\,(1 + \cos\varphi_2(M))$

Au final :

$$I(M) = I_1(M) + I_2(M) = I_0\,(1 + \cos\varphi_1(M)) + I_0\,(1 + \cos\varphi_2(M))$$

Que l'on écrit sous la forme :

$$I(M) = 2I_0\left(1 + C\cos\frac{\varphi_1 + \varphi_2}{2}\right)$$

avec $C = \cos\dfrac{\varphi_1 - \varphi_2}{2}$.

b) Les interférences sont localisées sur les miroirs. Au point M, situé par exemple sur le miroir M_2, la différence de marche vaut deux fois l'épaisseur locale du coin d'air, c'est-à-dire la distance séparant les deux miroirs.

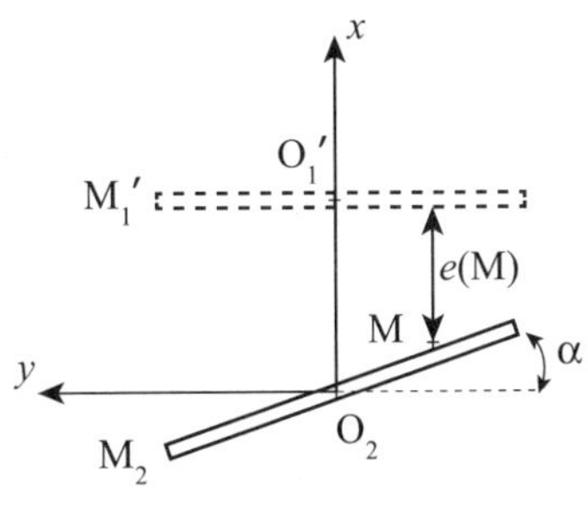

On a ainsi :

$$\delta(M) \approx 2\,e(M) \approx 2\,(x + \alpha\,y)$$

Les déphasages s'en déduisent :

$$\varphi_1(M) = \frac{2\pi}{\lambda_1}\,2\,(x + \alpha\,y) \text{ et } \varphi_2(M) = \frac{2\pi}{\lambda_2}\,2\,(x + \alpha\,y)$$

c) En remplaçant les déphasages dans l'expression du facteur de contraste cela donne :

$$C = \cos\frac{\frac{2\pi}{\lambda_1}\,2\,(x + \alpha\,y) - \frac{2\pi}{\lambda_2}\,2\,(x + \alpha\,y)}{2} \quad \text{soit } C = \cos\frac{2\pi(x + \alpha y)\Delta\lambda}{\lambda_1\lambda_2}$$

L'hypothèse $\Delta\lambda \ll \lambda_1$ implique $\lambda_1\lambda_2 \approx \lambda_1^2$ et finalement :

$$C = \cos\frac{2\pi\,x\,\Delta\lambda}{\lambda_1^2}$$

d) Le contraste est défini par : $\dfrac{I_{\max} - I_{\min}}{I_{\max} + I_{\min}}$ et il vaut $|C| = \left|\cos\frac{2\pi\,x\,\Delta\lambda}{\lambda_1^2}\right|$.

Entre deux annulations successives du contraste il faut charioter de :

$$\Delta x = \frac{\lambda_1^2}{2\,\Delta\lambda}$$

Ces annulations du contraste se nomment anti-coïncidences et correspondent à la situation où le système de franges dû à la longueur d'onde λ_1 est décalé d'un demi-interfrange (à un multiple entier d'interfrange près) par rapport au système de franges dû à la longueur d'onde λ_2.

e) Lors de la première annulation du contraste depuis le contact optique, la vis micrométrique du miroir M_1 indique 24,28 mm et la seconde annulation se produit pour la position 24,57 mm. Une division valant $0,01$ mm, l'incertitude-type vaut

$$\frac{0,01}{\sqrt{12}} \approx 0,003 \text{ mm}$$

et puisqu'il s'agit d'une double lecture, l'incertitude absolue est alors de $0,004$ mm. Finalement $\Delta x = 0,29 \pm 0,004$ mm (2%) et l'on en déduit :

$$\Delta\lambda = 0,60 \pm 0,01 \text{ nm } (2\%)$$

f) Si la mesure est faite au bout de dix annulations du contraste, une division valant toujours $0,01$ mm, la précision sur l'écart Δx est dix fois meilleure.

Remarque

Mesurer l'écart Δx à chaque annulation puis faire la moyenne à la fin ne donne pas une meilleure précision. L'avantage de mesurer l'écart entre dix annulations est justement qu'on s'abstient de faire les mesures intermédiaires.

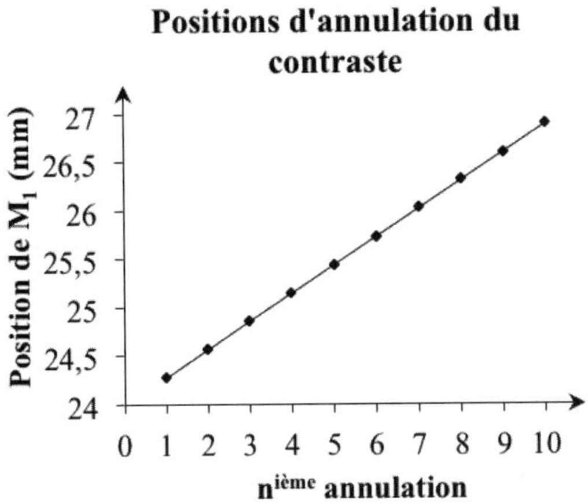

Sur le graphe ci-dessus, nous avons tracé la position du miroir M_1 en fonction de la $n^{ième}$ annulation du contraste depuis la position du contact optique. La régression linéaire est très satisfaisante (coefficient de corrélation quasi-unitaire) avec une pente valant 0,291 ce qui nous indique que :

$$\triangle x = 0,291 \pm 0,0004 \text{ mm } (0,2\%)$$

et on obtient alors :

$$\triangle \lambda = 0,596 \pm 0,001 \text{ nm } (0,2\%)$$

26 SPECTROSCOPIE PAR PRISME

Concours : Mines et Centrale

Objectifs du TP : Étude de la relation de dispersion d'un verre. Détermination de la longueur émise par une lampe spectrale inconnue.

Matériel :

- Un goniomètre ;
- Un prisme (les mesures proposées ici ont été faites avec un prisme en verre flint de type SF10) ;
- Une lunette munie d'un réticule ;
- Un collimateur à fente réglable ;
- Tables avec les longueurs d'ondes de différentes raies pour divers.

ÉNONCÉ

I ÉTUDE THÉORIQUE

1) Justification des quatre relations du prisme

$$\begin{cases} \sin i = n \sin r \\ \sin i' = n \sin r' \\ r + r' = \widehat{A} \\ \widehat{D} = i + i' - \widehat{A} \end{cases}$$

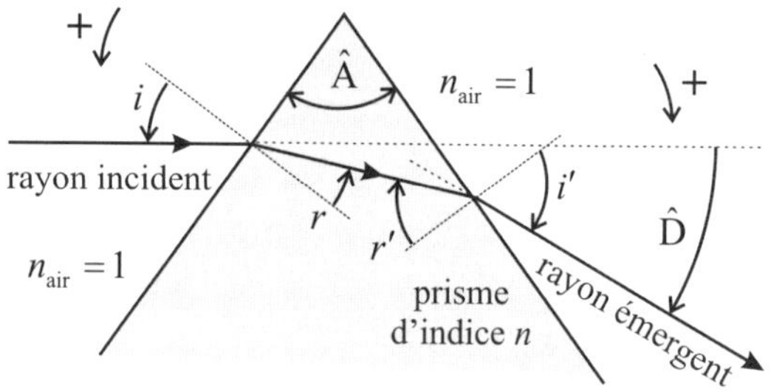

2) Angles limites

Pour un prisme taillé dans un verre d'indice $n = 1{,}5$ et d'angle au sommet $\widehat{A} = 60°$, montrer qu'il existe deux angles, i_0 et i_{lim}, dits angles limites, et en deçà et au-delà desquels il n'y a pas de faisceau émergent. Les déterminer par le calcul.

3) Angles et pentes

Déterminer les angles de déviation correspondants, ainsi que $\left.\dfrac{d\widehat{D}}{di}\right|_{i_1 \text{ et } i_2}$.

4) Étude de la déviation

Déterminer la relation $\widehat{D} = f(i)$ et montrer l'existence d'un minimum de déviation.

II ÉTUDE EXPÉRIMENTALE

1) Mesure de l'angle au sommet $\widehat{A}$ du prisme

Évaluer l'erreur des mesures faites et en déduire l'incertitude sur le résultat proposé.

2) Détermination de l'indice

Déterminer la valeur de l'indice du prisme $n(\lambda)$ par mesures d'angles au minimum de déviation pour différentes longueurs d'onde.

3) Tracé de la courbe théorique de la déviation

Tracer sur papier millimétré, la courbe $\widehat{D} = f(i)$ établie à la question I.4) avec la valeur moyenne de l'indice obtenue dans la question précédente.

4) Protocole de mesure d'angles

Expliquer comment mesurer $\widehat{D}$ et i à l'aide du goniomètre et faire un schéma.

5) Tracé de la courbe expérimentales de la déviation

Tracer, à partir des mesures d'angles de déviation la courbe $\widehat{D} = f(i)$ sur le même support que celui utilisé à la question 3).

6) Validité des modèles

Commenter la validité des modèles utilisés.

PROPOSITION DE SOLUTION

Commentaires : ce texte regroupe quelques énoncés de TP, peu différents et communs aux trois filières. Suivant les TP, il s'agit ensuite de déterminer la nature du gaz présent dans l'ampoule d'une lampe spectrale inconnue à partir de mesures faites pour déterminer la courbe de dispersion. Le tracé de la courbe de déviation est demandé dans quelques textes ainsi que la discussion des modèles utilisés. Ce TP ne présente pas de difficultés particulières mais il est long du fait de la précision exigée par les mesures.

I ÉTUDE THÉORIQUE

1) Les formules du prisme s'obtiennent à partir des lois de la réfraction pour un rayon entrant et sortant du prisme. À l'entrée, $\sin i = n \sin r$ et à la sortie $\sin i' = n \sin r'$.

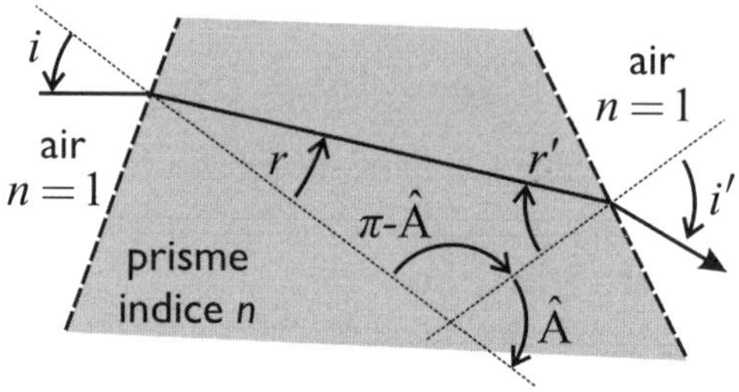

En considérant le triangle formé par les normales et le rayon qui traverse le prisme, la somme des angles conduit à : $\frac{\pi}{2} - r + \frac{\pi}{2} - r' + \widehat{A} = \pi$, soit :

$$r + r' = \widehat{A}$$

La déviation au niveau de la face d'entrée vaut : $\widehat{D_1} = i - r$, au niveau de la face de sortie $\widehat{D_2} = i' - r'$, la déviation totale vaut :

$$\widehat{D} = i + i' - \widehat{A}$$

2) Raisonnons à partir de l'angle maximal que fait un rayon émergent du prisme avec la normale à la face de sortie. Il vaut au maximum 90°. À cet angle correspond un angle de réfraction tel que $\sin r'_0 = \frac{1}{n} \simeq 0{,}67$ pour une valeur standard d'indice du verre de 1,5 ; l'angle de réfraction vaut alors $r'_0 \simeq 42°$. La relation $r + r' = \widehat{A}$, impose $r_0 = \widehat{A} - r'_0 \simeq 60° - 42° = 18°$, ce qui correspond à un angle d'incidence $i_0 \simeq 28°$. En deçà de cette valeur, aucun rayon ne peut sortir du prisme, puisque cela correspondrait à un angle d'émergence supérieur à 90°.

Remarque

Pour une valeur moyenne d'indice de l'ordre de $n = 1{,}5$, l'existence d'un angle minimal d'incidence n'existe que pour un prisme ayant un angle au sommet au moins égal à 50°.

D'autre part, l'angle d'incidence est limité par sa valeur maximale $i_{max} = 90°$.

3) Pour l'angle d'incidence minimal $i_0 \simeq 28°$, la déviation vaut $\widehat{D}_0 = 58°$. Pour l'angle d'incidence maximum, $i_{max} = 90°$, la déviation vaut $\widehat{D_f} = 58°$, la situation est symétrique à la précédente, cette propriété est due à la symétrie du système, le prisme présente un plan de symétrie en $\frac{\widehat{A}}{2}$.

Remarque
Le principe de retour inverse de la lumière impose aussi au minimum de déviation de vérifier $i_{min} = i'_{min}$.

Les variations de l'angle de déviation en fonction de l'angle d'incidence i s'expriment par :

$$\frac{d\widehat{D}}{di} = 1 - \frac{di'}{di}$$

avec : $\frac{di'}{di} = \frac{di'}{dr'}\frac{dr'}{di} = -\frac{di'}{dr'}\frac{dr}{di}$ (puisque $r + r' = \widehat{A}$).

En dérivant les relations liant i à r et i' à r', on obtient : $\frac{dr}{di} = \frac{\cos i}{n\cos r}$ et $\frac{di'}{dr'} = \frac{n\cos r'}{\cos i'}$, d'où : $\frac{d\widehat{D}}{di} = 1 - \frac{\cos r'}{\cos i'}\frac{\cos i}{\cos r}$.

En $i = i_0$, l'angle d'émergence vaut $i' = 90°$, $\cos i' = 0$ et la pente à l'origine tend vers $-\infty$. En $i = i_{max}$, par le même raisonnement, on obtient une pente de $+1$, car $\cos i = 0$, toutes les autres grandeurs étant définies et non nulles.

4) La déviation est une fonction continue de l'angle d'incidence i. Si on envisage l'évolution de cette déviation à partir de sa valeur initiale $\widehat{D}_0 = 58°$ (correspondant à i_0), la pente étant négative ($-\infty$), la déviation décroît jusqu'à atteindre un minimum $\widehat{D}_m$.

Cette déviation minimale doit respecter la symétrie du système. Elle doit être telle que : $r = r'$ (et $i = i'$), ce qui correspond à :

$$r_m = r'_m = \frac{\widehat{A}}{2}$$

(et $i_m = i'_m$) et, en termes de déviation à $\widehat{D}_m = 2\,i_m - \widehat{A}$, soit : $\sin i_m = n\sin\frac{\widehat{A}}{2}$ et $\sin\left(\frac{\widehat{D}_m + \widehat{A}}{2}\right) = n\sin\frac{\widehat{A}}{2}$. L'indice du prisme (fonction de la longueur d'onde) s'exprime alors uniquement en fonction de la déviation minimale (fonction de la longueur d'onde) et de son angle au sommet $\widehat{A}$:

$$n(\lambda) = \frac{\sin\left(\frac{\widehat{D}_m(\lambda) + \widehat{A}}{2}\right)}{\sin\left(\frac{\widehat{A}}{2}\right)}$$

Ensuite, cette valeur minimale étant passée, la déviation augmente à nouveau pour atteindre sa valeur finale $\widehat{D}_f$ (correspondant à la pente +1). L'évolution de $\widehat{D}$ en fonction de l'incidence est alors la suivante :

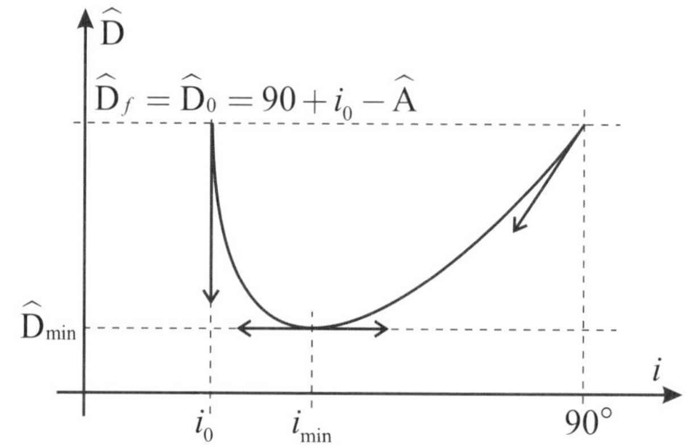

II ÉTUDE EXPÉRIMENTALE

1) Mesure de l'angle au sommet du prisme $\widehat{A}$. Le goniomètre étant réglé (voir réglage du goniomètre), le collimateur (ajusté à l'infini) est éclairé par une source lumineuse. Pour cette mesure, une source de lumière blanche convient puisque les faces du prisme sont exploitées en réflexion. Le faisceau de lumière parallèle sortant du collimateur éclaire au mieux les deux faces du prisme selon le schéma suivant :

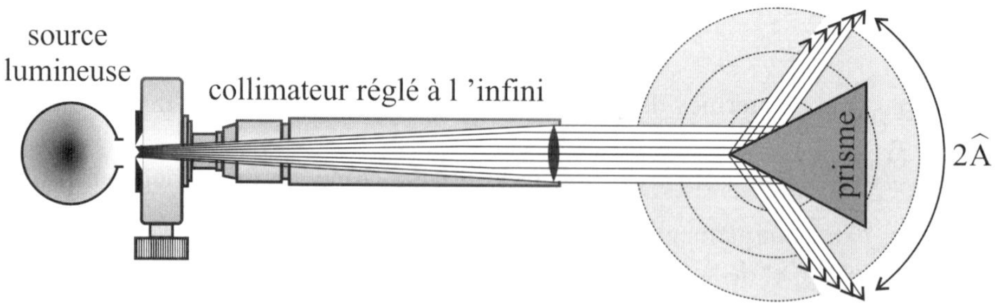

La lunette, réglée à l'infini, fait de la fente une image nette. En visant successivement les deux images de la fente, on relève les deux valeurs d'angle correspondantes $\alpha_{\text{réf1}} = 240°47' \pm 1'$ et $\alpha_{\text{réf2}} = 120°53' \pm 1'$, ce qui conduit à une valeur de $\widehat{A}$ de $59°57'$.

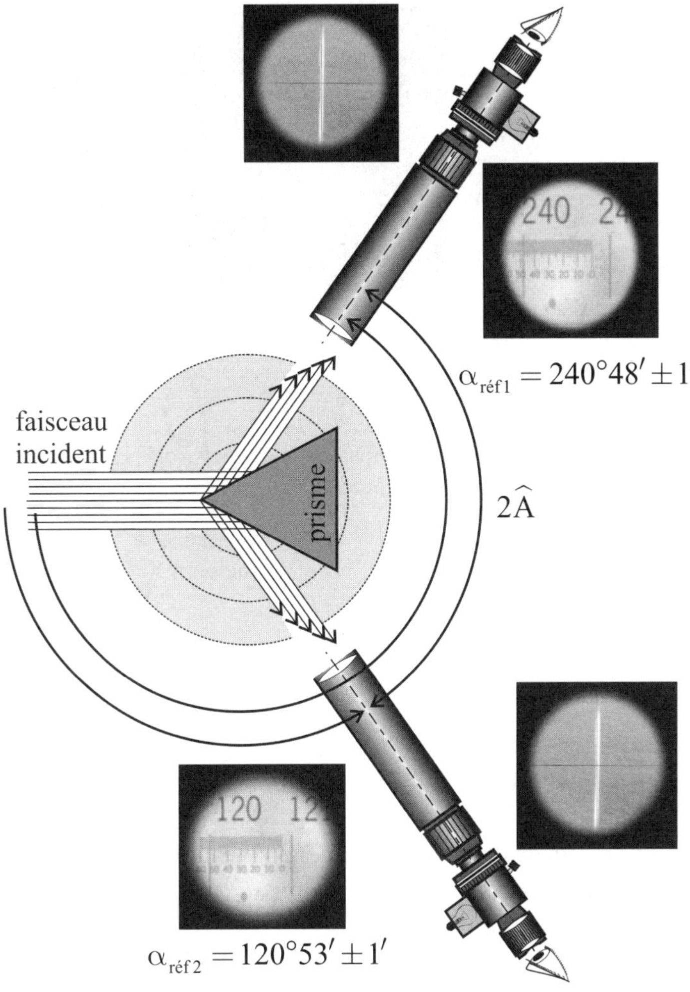

Remarque

Il est aussi possible d'exploiter le réglage de la lunette autocollimatrice. Il faut alors viser successivement une face, puis l'autre (en faisant coïncider le réticule et son image) et relever à chaque visée l'angle correspondant. La valeur de $\widehat{A}$ se déduit par soustraction des deux angles mesurés α'_1 et α'_2 selon : $\pi - \widehat{A} = \left|\alpha'_1 - \alpha'_2\right|$.

2) Tracé de la courbe de dispersion du prisme. Il s'agit de mesurer deux angles α_{m1} et α_{m2} pour obtenir la déviation minimale $\widehat{D}_m$ du faisceau émergeant pour différentes longueurs d'onde connues. Le montage est le suivant :

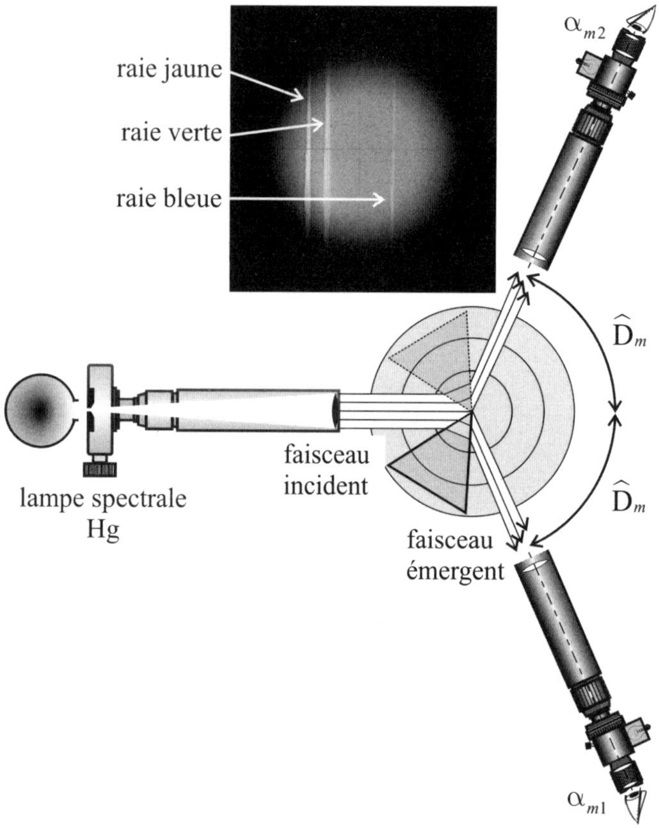

Pour chaque raie, image de la fente source, on mesure la valeur de l'angle correspondant à la déviation minimale du faisceau émergent α_{m1} (λ). Cet angle est obtenu quand l'image de la fente semble s'arrêter (et repartir dans l'autre sens) alors qu'on fait varier l'angle d'incidence (en faisant tourner le plateau sur lequel est posé le prisme). On pourra utiliser toutes les lampes mises à disposition (en général, mercure, sodium et cadmium).

Remarque

Pour repérer le minimum de déviation il est souvent judicieux de placer une feuille de papier blanche entre le prisme et la lunette, de repérer la tâche lumineuse. Puis, on fait tourner toujours dans le même sens la platine qui porte le prisme et on observe la position à laquelle la tâche rebrousse chemin. Finalement on place la lunette dans cette direction.

On procède de même en éclairant l'autre face du prisme (position symétrique par rapport à l'axe du collimateur).

Pour chaque longueur d'onde, le minimum de déviation est obtenu par : $2\widehat{D}_m = \alpha_{m2} - \alpha_{m1}$. Pour certaines raies de différentes lampes, les résultats sont consignés dans le tableau suivant :

raie	violet (Hg)	indigo (Hg)	bleu (Cd)	vert (Hg)	doublet jaune (Hg)	rouge (Na)
λ nm	404,7	435,8	480	546	578	615
α_{m2}	245°8′	243°32′	241°57′	240°13′	239°35′	239°
α_{m1}	114°51′	116°24′	118°5′	119°47′	120°23′	121°2′
$\widehat{D}_m$	65°9′	63°34′	61°56′	60°13′	59°34′	59°1′
n (λ)	1,775	1,762	1,749	1,734	1,728	1,723
$1/\lambda^2$ m^{-2} $\times 10^{12}$	6,106	5,265	4,340	3,354	2,993	2,644

Le tracé de la courbe $n(\lambda)$ en fonction de $1/\lambda^2$ est une droite d'équation $n(\lambda) = 1{,}683 + \dfrac{1{,}499 \cdot 10^{-14}}{\lambda^2}$, avec un coefficient de corrélation de $r^2 = 0{,}999$ (voir question 6).

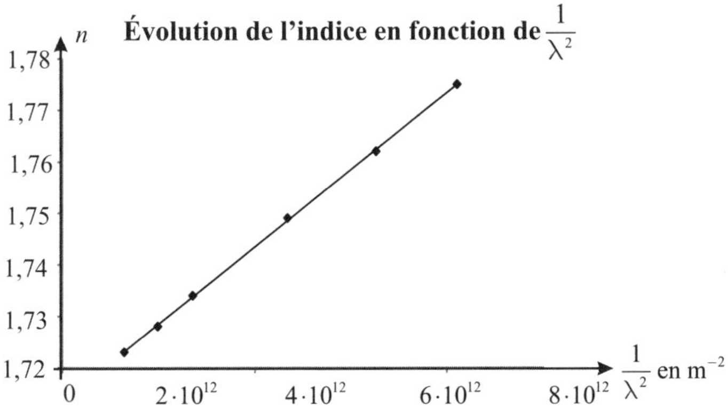

Il s'agit maintenant de tracer la courbe qui traduit l'évolution de la déviation minimale en fonction de la longueur d'onde :

Dans le cas présent, la courbe suivante a été obtenue :

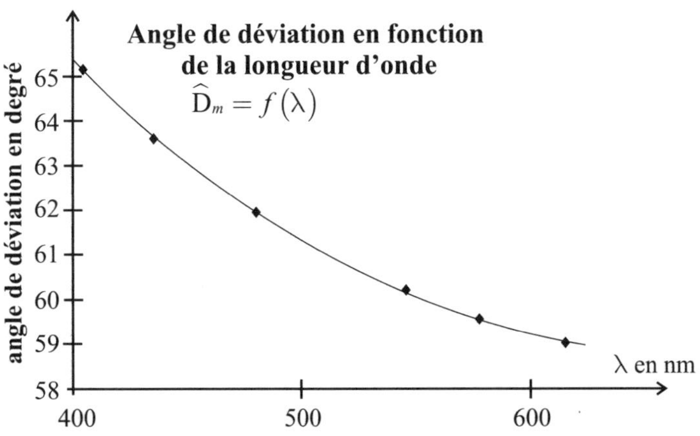

Il suffit ensuite de placer la lampe spectrale inconnue devant la fente du collimateur, de relever les valeurs de la déviation minimale, de les reporter sur la courbe précédente et de lire les valeurs de λ correspondantes. Ces valeurs seront ensuite comparées à différents spectres fournis pour déterminer l'élément contenu dans la lampe inconnue.

3) Il s'agit en fait du tracé théorique de la courbe $\widehat{D} = f(i)$ pour une valeur d'indice $n = 1{,}75$. Il faut calculer les valeurs de quelques points pour i compris entre 48°et 90° et les reporter sur papier millimétré. La courbe suivante est obtenue :

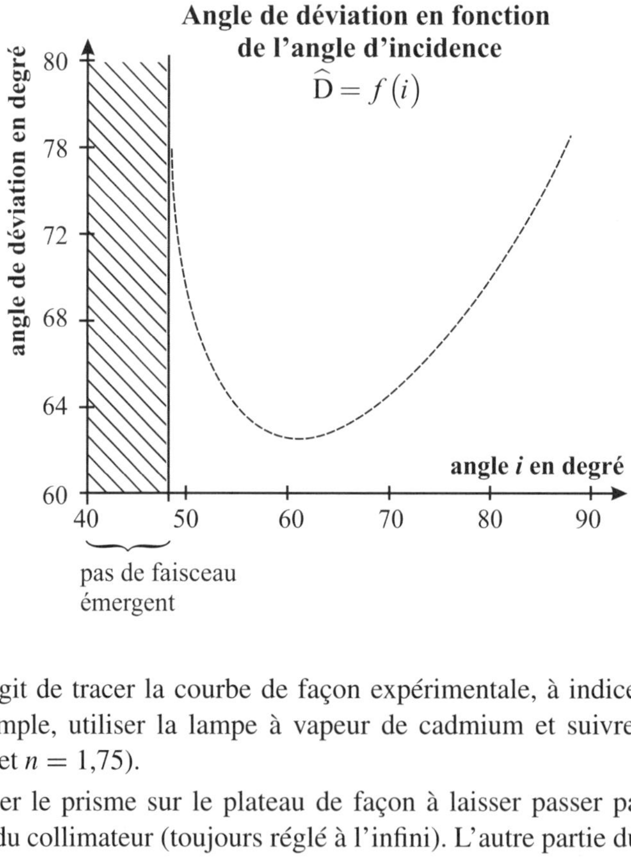

4) et 5) Il s'agit de tracer la courbe de façon expérimentale, à indice constant. On peut, par exemple, utiliser la lampe à vapeur de cadmium et suivre la raie bleue ($\lambda = 480$ nm et $n = 1{,}75$).

Il faut placer le prisme sur le plateau de façon à laisser passer partiellement le faisceau issu du collimateur (toujours réglé à l'infini). L'autre partie du faisceau sera réfractée et réfléchie par le prisme. L'angle d'incidence i est ajusté en faisant tourner le plateau (donc le prisme) autour de son axe vertical. Il faut relever la valeur de l'angle correspondant au faisceau non dévié : $\alpha_{\text{inc}} = 180°1'$. Puis, pour chaque position du prisme (donc pour différentes valeurs de i), on relève les angles correspondant au faisceau réfléchi, $\alpha_{\text{réf}}$ et au faisceau réfracté par le prisme $\alpha_{\text{dév}}$. Les angles d'incidence i et de déviation $\widehat{D}$ (compté conventionnellement positif) se déduisent par : $i = \dfrac{\pi - (\alpha_{\text{réf}} - \alpha_{\text{inc}})}{2}$ et $\widehat{D} = |\alpha_{\text{dév}} - \alpha_{\text{inc}}|$.

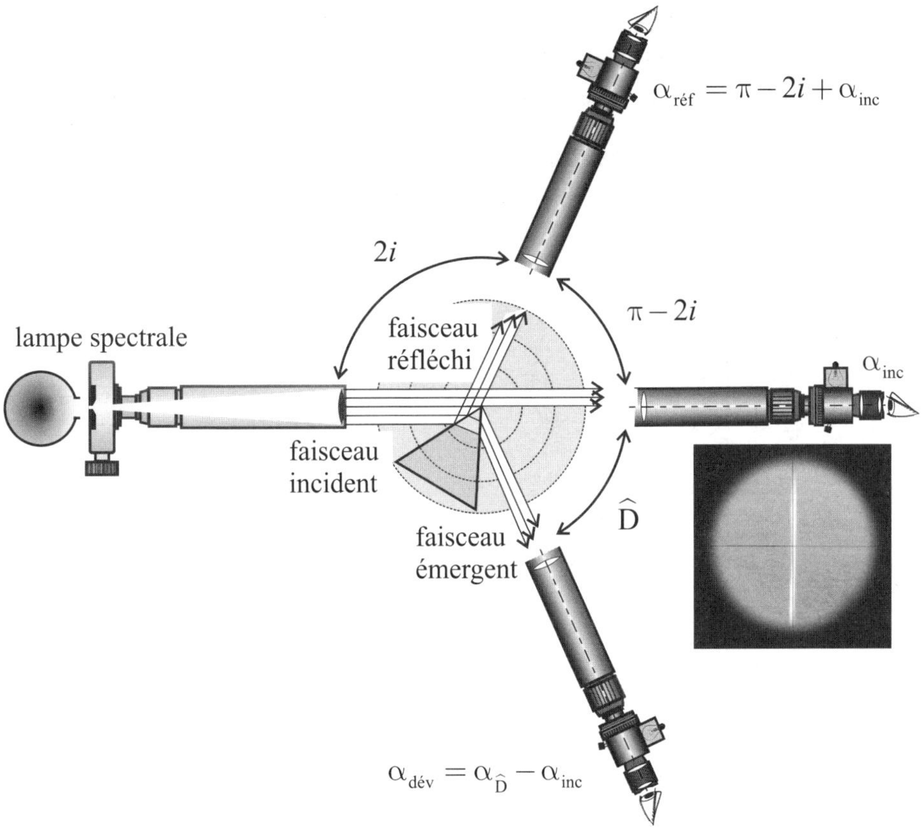

Les valeurs relevées sont consignées dans le tableau suivant :

$\alpha_{réf}$	263°	260°20′	255°41′	251°7′	248°50′	239°41′
$\alpha_{dév}$	103°36′	110°50′	113°46′	115°40′	116°16′	117°24′
$\alpha_{réf}$	232°49′	226°1′	212°10′	200°40′	193°52′	187°
$\alpha_{dév}$	117°16′	116°39′	113°50′	110°26′	107°47′	104°56′

À partir de ces valeurs relevées, on en déduit les valeurs calculées de $\widehat{D}$ et i :

$\widehat{D}$	76,42	69,18	66,25	64,35	63,75	62,62
i	48,51	49,84	52,17	54,45	55,59	60,17
$\widehat{D}$	62,75	63,37	66,18	69,58	72,23	75,08
i	63,60	67,00	73,92	79,67	83,07	86,51

Si les valeurs mesurées présentent une incertitude absolue de l'ordre de la minute (2×10^{-2} degré), les valeurs calculées peuvent être données avec une incertitude de

4×10^{-2} degré pour $\widehat{D}$ et 2×10^{-2} degré pour i. Par contre, l'estimation du minimum de la courbe ne peut se faire avec une incertitude aussi faible. On relève :

$\widehat{D}_{min} = 62{,}5 \pm 0{,}2°$ et $i_{min} = 61{,}4 \pm 0{,}5°$ à partir de la courbe suivante.

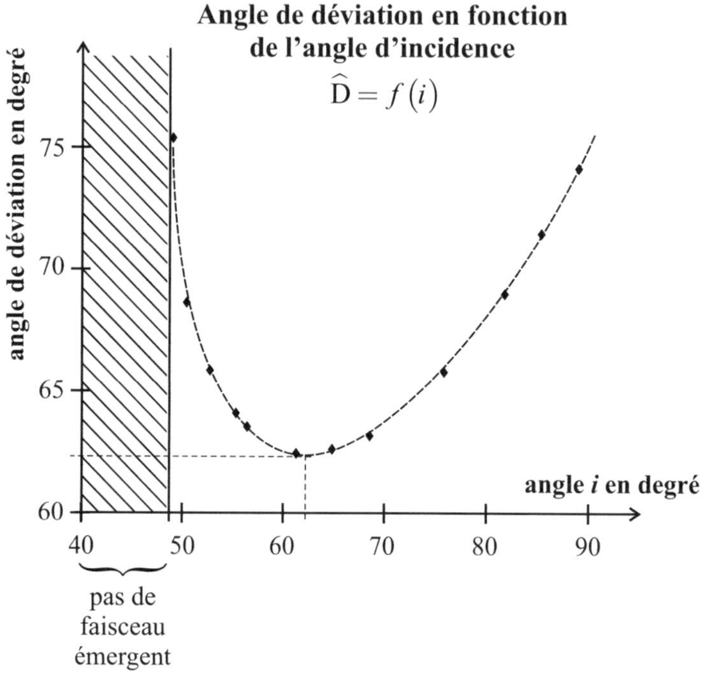

Dans le cadre des estimations proposées, l'indice du verre correspondant aux valeurs de $\widehat{D}_{min}$ et i_{min} relevées conduit à $n = 1{,}7 \pm 0{,}2$. L'incertitude élevée est liée à la méthode, qui ne sert ici qu'à vérifier la cohérence des résultats.

On relève un angle minimal d'incidence de l'ordre de 48°, compatible avec la valeur moyenne de l'indice $n = 1{,}75$.

6) Le modèle utilisé au cours de ce TP est celui de la loi de Cauchy, qui relie l'indice n à la longueur d'onde λ suivant la loi $n(\lambda) = a + \dfrac{b}{\lambda^2}$. Les points expérimentaux correspondant aux mesures $n(\lambda)$ ont été reportés en fonction de $1/\lambda^2$. Ils s'alignent sur une droite, dans le domaine de longueur d'onde étudiée, cette loi est particulièrement adaptée. Dans d'autres domaines de longueur d'onde on utilise des lois plus complexes comme celle de Sellmeier (hors programme) :

$$n^2(\lambda) = 1 + \sum_i \frac{b_i \lambda^2}{\lambda^2 - c_i}$$

SPECTROSCOPIE PAR RÉSEAUX

27

Concours : Mines et Centrale

Objectifs du TP : Étude des propriétés d'un réseau en transmission. Détermination d'une longueur d'onde inconnue.

Matériel :

- Un goniomètre de précision ;
- Un réseau dont on détermine le pas ;
- Lampes spectrales et prisme.

ÉNONCÉ

I THÉORIE

1) Dans le cas d'un réseau en transmission, sous quelle condition sur les angles d'incidence i et pour une direction i' des interférences totalement destructives ou constructives sont-elles obtenues ?

Mêmes questions dans le cas d'un réseau par réflexion. Justifier la réponse à l'aide d'un schéma.

2) Démontrer que, si on note $\widehat{\mathrm{D}}_m$ la déviation minimale, la relation suivante est alors vérifiée :

$$2\sin\left(\frac{\widehat{\mathrm{D}}_m}{2}\right) = p\,n\,\lambda$$

où n est le nombre de traits par unité de longueur

3) Décrire le protocole de réglage de la lunette et du collimateur d'un goniomètre.

4) Proposer une méthode de mesure pour les angles i et i'.

II ÉTUDE EXPÉRIMENTALE

1) Régler les appareils en utilisant le protocole décrit dans la partie théorique.

2) On donne la longueur d'onde de la raie vert-jaune de la lampe spectrale à vapeur de mercure : $\lambda = 546{,}1$ nm. Mesurer le pas du réseau. Évaluer l'incertitude de la mesure.

3) Donner alors les valeurs des longueurs d'onde pour les autres raies de cette même lampe spectrale en évaluant l'incertitude à chaque fois. Effectuer ces mesures pour les ordres +1 et − 1. Envisager ensuite les raies d'ordre deux.

III Exploitation des résultats

1) La résolution d'un réseau est définie par $R = \dfrac{\lambda}{\Delta\lambda|_{\text{lim}}}$, où $\Delta\lambda|_{\text{lim}}$ est l'écart minimal (en longueur d'onde) détectable par le réseau. Évaluer cette résolution expérimentalement.

2) La théorie donne $R = p\,N$, avec N le nombre de fentes éclairées et p l'ordre étudié. Le résultat obtenu expérimentalement est-il cohérent avec la théorie ?

3) L'amplitude diffractée par le réseau éclairé sous incidence normale est donnée par : $\underline{s}(\text{M}) = \underline{C}\,\dfrac{\sin(N\frac{\pi a \sin i'}{\lambda})}{\sin(\frac{\pi a \sin i'}{\lambda})}$. L'intensité peut s'en déduire et la demi largeur angulaire autour d'un maximum d'ordre p, s'exprime alors par : $\delta_{1/2} = \dfrac{\lambda}{Na\cos i'_{p,\lambda}}$, en déduire R.

Proposition de solution

Commentaires : il s'agit de réaliser quelques montages optiques mettant en évidence les propriétés d'un réseau en transmission (et en réflexion). Ce TP se présente sous plusieurs variantes dont l'esprit et les applications restent les mêmes. Il faut montrer que l'on sait régler et se servir d'un goniomètre (lire les angles avec précision par l'intermédiaire d'un vernier). Il s'agit ensuite d'exploiter les réglages et les résultats obtenus en première partie pour déterminer la ou les longueurs d'onde de la lumière émise par une lampe spectrale.

I Théorie

1) On retrouve l'analyse classique d'un faisceau diffracté par un réseau. L'angle d'incidence vaut i, on s'intéresse aux rayons diffractés dans la direction i'.

Tous les rayons incidents qui tombent sous une même incidence sont issus d'un même point source supposée de plus monochromatique. Ils sont cohérents et interfèrent à l'infini. L'extension spatiale de la source n'intervient pas car tous les rayons issus des différents points source de la fente qui tombent sous la même incidence présentent la même différence de marche, et donc la même intensité lumineuse.

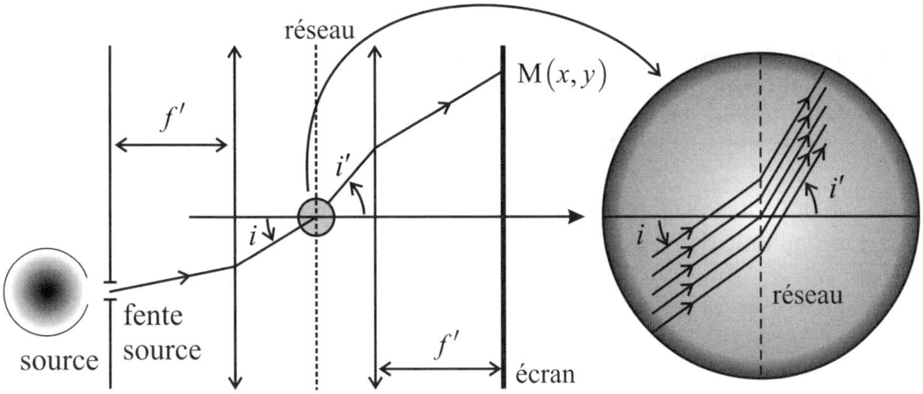

La différence de marche entre deux rayons issus de deux fentes consécutives (distantes de $a = \dfrac{1}{n}$) vaut :

$$\delta_{2/1} = \delta_{av} + \delta_{ap} = a\left(\sin i' - \sin i\right)$$

a est le pas du réseau.

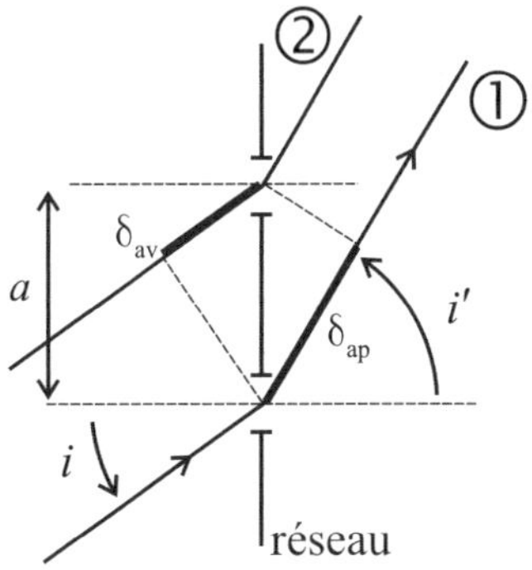

Dans le cas d'un réseau par réflexion, on remplace les fentes par des petits miroirs de même largeur, espacés de a.

La différence de marche totale s'évalue de la même façon, cependant elle conduit à une addition des différences de marche à la place d'une soustraction.

$\delta_{2/1} = a(\sin i' + \sin i)$

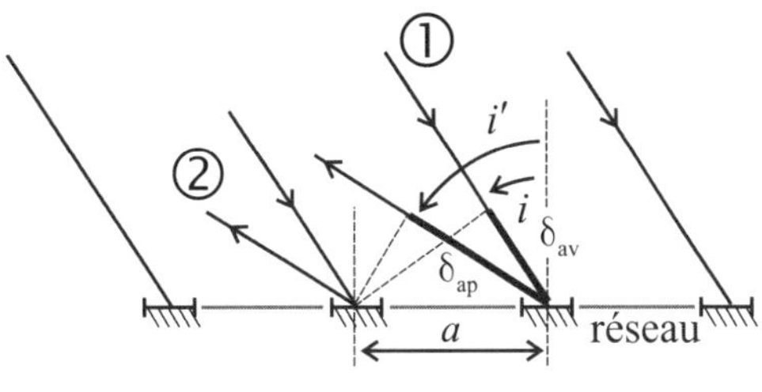

Les rayons transmis (respectivement réfléchis) interfèrent constructivement si cette différence de marche est un multiple entier de la longueur d'onde :

$$\delta_{2/1} = a(\sin i' - \sin i) = p\lambda \text{ réseau en transmission}$$
$$\delta_{2/1} = a(\sin i' + \sin i) = p\lambda \text{ réseau en réflexion}$$

avec p entier relatif, qui représente l'ordre du maximum observé.

Ces deux dernières relations constituent les relations fondamentales des réseaux.

Remarque

La spécificité des réseaux n'est pas de présenter un maximum d'intensité lumineuse diffractée dans une direction particulière, le système des fentes d'Young présentait déjà cette propriété. La particularité d'un réseau, c'est qu'il ne diffracte quasiment pas de lumière entre deux maxima consécutifs.

Les rayons qui interfèrent destructivement présentent une différence de marche qui est un multiple demi-entier de la longueur d'onde :

$$\delta_{2/1} = a\left(\sin i' - \sin i\right) = \left(p + \frac{1}{2}\right)\lambda \quad \text{réseau en transmission}$$

$$\delta_{2/1} = a\left(\sin i' + \sin i\right) = \left(p + \frac{1}{2}\right)\lambda \quad \text{réseau en réflexion}$$

2) Dans le cas du réseau en transmission, on observera donc des maxima de lumière pour les valeurs entières de p et pour un angle qui vérifie la relation suivante : $\sin i'_p = p\frac{\lambda}{a} + \sin i$, sous réserve que $\left|\sin i'_p\right| \leqslant 1$. Pour un nombre suffisamment important de fentes par unité de longueur, seuls ces maxima sont visibles.

À chacun de ces angles correspond un angle de déviation $\widehat{\mathrm{D}}_p$, qui vaut : $\widehat{\mathrm{D}}_p = i'_p - i$. Comme pour le prisme, cette déviation présente un minimum lorsque l'angle d'incidence varie. En dérivant la relation précédente, on obtient :

$$\left.\frac{d\widehat{\mathrm{D}}_p}{di}\right|_{\min} = \frac{di'_p}{di} - 1 = 0$$

et, $\cos i'_p\, di'_p - \cos i\, di = 0$, la déviation minimale autour d'un maximum de lumière d'ordre p vérifie :

$$\frac{di'_p}{di} = 1 = \frac{\cos i}{\cos i'_p}$$

Au minimum de déviation, les angles sont tels que : $\cos i'_p = \cos i$, soit $i'_p = i$ ou $i'_p = -i$. La première solution correspond à une déviation nulle (l'ordre vaut 0) et ne présente pas d'intérêt pour l'analyse de la lumière. Il reste donc $i'_p = -i$, d'où une déviation minimale à l'ordre p de $\widehat{\mathrm{D}}_m = 2i'_p$ et puisque $2\sin i'_p = p\frac{\lambda}{a}$, finalement :

$$2\sin\left(\frac{D_m}{2}\right) = p\,\frac{\lambda}{a} = p\,n\,\lambda$$

avec : $n = \frac{1}{a}$.

Remarque 1

Dans le cas du réseau par réflexion il n'y a pas de minimum de déviation.

Remarque 2

Comme pour le prisme, on peut justifier le minimum en remarquant que i varie de $i_{\min} = -\frac{\pi}{2}$ à $i_{\max} < +\frac{\pi}{2}$ tel que $i'_{p,\max} = \frac{\pi}{2}$.

Pour $i_{\min}=-\frac{\pi}{2}$, $\left.\frac{d\widehat{D}_p}{di}\right|_{i_{\min}=-\frac{\pi}{2}} = \frac{\cos i}{\cos i'_p} - 1 = -1$ et pour $i_{\max}$, $\left.\frac{d\widehat{D}_p}{di}\right|_{i_{\max}} = \frac{\cos i}{\cos i'_p} - 1 \rightarrow +\infty$.

3) Le protocole de réglage de la lunette et du collimateur est présenté dans la partie méthodologie. En l'absence de miroir, on pourra utiliser une des faces du prisme fourni comme face réfléchissante, ou le réseau lui-même.

4) Il s'agit de mesurer les angles i et i', évalués par rapport à la normale au réseau, il s'agit donc de la repérer.

Dans un premier temps, il faut repérer la position de la frange centrale et noter la valeur α_0 de l'angle correspondant. Cette frange se repère facilement, elle reste immobile même si on fait tourner le réseau. Si la source est polychromatique, elle est blanche ou jaunâtre.

Le réseau est taillé dans une lame de verre à faces parallèles. La lunette est réglée à l'infini, on bascule l'interrupteur qui alimente l'ampoule qui a servi à son réglage et on bascule la lame semi-réfléchissante en position de réglage. Lorsqu'on pointe la lunette en face du réseau on voit une image du réticule, lorsque celles-ci sont confondues, la lunette pointe perpendiculairement au réseau. On relève la valeur de l'angle correspondante : α_{norm}. L'angle i' correspondant à une raie lumineuse se déduit par $i' = \alpha_{\text{mes}} - \alpha_{\text{norm}}$ où α_{mes} et la mesure de l'angle associée à cette raie. L'angle d'incidence se déduit par $i = \alpha_0 - \alpha_{\text{norm}}$.

Pour chaque position du réseau, la mesure de α_{norm} doit être refaite.

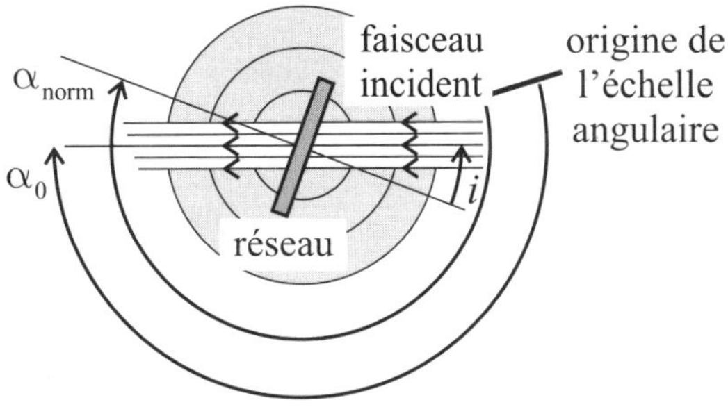

Remarque 1

L'origine de l'échelle angulaire est généralement située au niveau de l'axe de la lunette collimatrice (fente source), on devrait donc mesurer $\alpha_0 = 180°$. Pour certains goniomètre cette origine est légèrement décalée, dans notre cas nous avons trouvé : $\alpha_0 = 181°16'$. L'origine est donc décalée de $1°16'$ par rapport à l'axe de la lunette collimatrice.

Remarque 2

On peut également placer le réseau perpendiculairement au faisceau incident « à l œil » puis repérer une même longueur d'onde l'ordre $+1$ et -1. On mesure alors les angles entre la frange centrale et les angles correspondant à l'ordre $+1$ et -1. Ils doivent être opposés. Si ce n'est pas le cas, il faut déplacer petit à petit le réseau pour qu'il en soit ainsi et enfin mesurer i' pour chaque raie.

Ces méthodes sont lourdes et peu précises, on leur préfère celle de la mesure de la déviation minimale $\widehat{D}_m$ que nous allons détailler ici :

Placer une lampe spectrale devant la fente du collimateur (mercure par exemple). La fente est réglée de façon à permettre des mesures précises (trouver un compromis finesse-luminosité). Pour une longueur d'onde donnée et un ordre p donné, on fait tourner le plateau qui porte le réseau jusqu'à observer la déviation minimale. On note $\alpha_{m,p}$ la position de la lunette correspondante. On fait tourner le plateau de façon à disposer le réseau symétriquement par rapport au faisceau incident (voir figure) et, de même, on recherche la position du minimum de déviation correspondant à l'ordre $-p$. On note $\alpha_{m,-p}$ la position de la lunette correspondante. La déviation minimale s'en déduit : $\widehat{D}_{m,p} = \dfrac{1}{2}\left|\alpha_{m,-p} - \alpha_{m,p}\right|$. Elle permet d'accéder au pas a du réseau connaissant λ, ou inversement elle permet de déterminer λ connaissant a. Cette méthode a l'avantage de ne pas faire intervenir les angles i et i' et donc de ne pas avoir à mesurer α_{norm} à chaque fois.

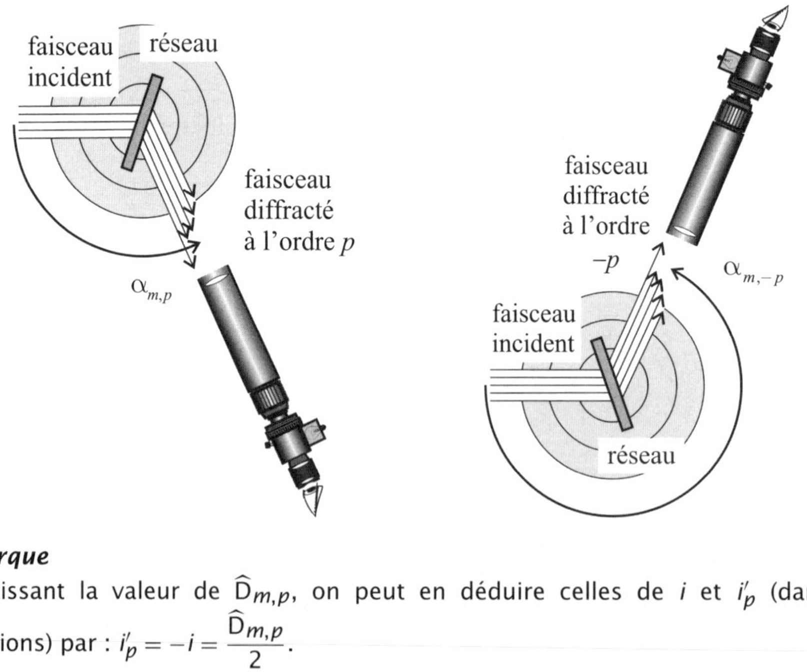

Remarque

Connaissant la valeur de $\widehat{D}_{m,p}$, on peut en déduire celles de i et i'_p (dans ces conditions) par : $i'_p = -i = \dfrac{\widehat{D}_{m,p}}{2}$.

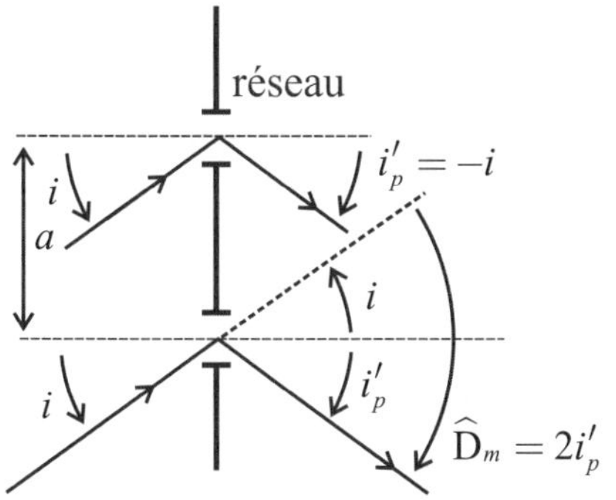

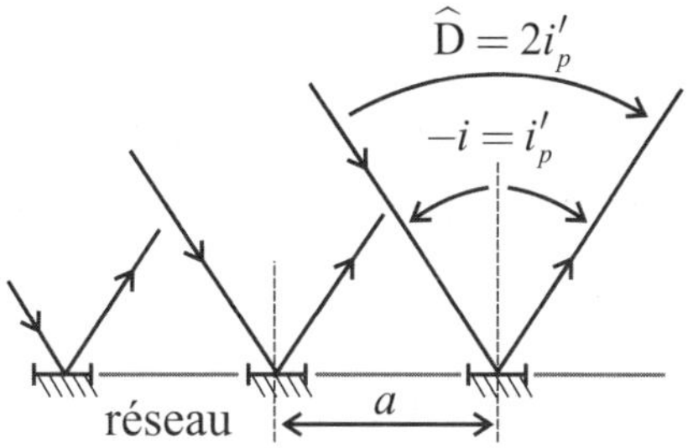

II ÉTUDE EXPÉRIMENTALE

1) Les différents appareils seront réglés en utilisant le protocole décrit dans la partie méthodologie.

2) La longueur d'onde de la raie vert-jaune de la lampe spectrale à vapeur de mercure vaut : 546,1 nm. Le relevé de la valeur des angles au minimum de déviation (dans les conditions de la question 4) est le suivant :

	$\alpha_{m,\ p/-p}$	$\widehat{D}_m$	$n = \frac{1}{a}$ traits/mm
$p = +1$	$164°19' \pm 5'$	$15°42' \pm 5'$	500 ± 3
$p = -1$	$195°44' \pm 5'$		
$p = +2$	$148°31' \pm 5'$	$31°35' \pm 5'$	498 ± 1
$p = -2$	$211°41' \pm 5'$		

L'incertitude sur les valeurs d'angle, ne sont pas dues à la lecture, mais à la difficulté de repérer le minimum de déviation. Le calcul d'incertitude sur le nombre de traits/mm se fait par dérivation de l'expression donnée à la question 2) : $\Delta n = \dfrac{1}{p\lambda} \cos\left(\dfrac{\widehat{D}_m}{2}\right) \Delta\widehat{D}_m$. La mesure faite à l'ordre 1 est moins précise que celle faite à l'ordre deux, $n = 498 \pm 1$ traits/mm.

Remarque

Souvent les informations notées sur les réseaux utilisés le sont en lines per inch (lpi), c'est-à-dire en traits par pouce. Un pouce vaut 2,54 cm, un réseau de 15000 lpi est constitué de $15000/25{,}4 = 590$ traits par mm.

3) La lampe à vapeur de mercure étant placée devant la fente du collimateur, on relève les angles $\alpha_{m,p}$ et $\alpha_{m,-p}$ pour chaque raie nettement visible et pour les ordres $+1, -1$, et $+2, -2$. Il est alors possible de calculer, pour chaque raie, la longueur d'onde correspondante : $\lambda = \frac{2a}{p} \sin\left(\frac{\widehat{D}_m}{2}\right)$.

Pour l'ordre deux, les résultats sont consignés dans le tableau suivant :

couleur	$\widehat{D}_m$	λ_{calc} nm	λ_{table} nm	$\Delta\lambda$ nm
violette	23°12′	404	404,7	−0, 7
bleu	25°15′	439	435,8	+3,2
verte	31°35′	546,1	546,1	-
jaune	33°27′	578	577	+1
jaune	33°34′	580	579,1	+0,9

L'incertitude sur la valeur du minimum de déviation étant de 5′, l'incertitude sur le calcul de λ_{calc} est de l'ordre du nm.

III Exploitation des résultats

1) Pour évaluer le pouvoir de résolution du réseau, il est judicieux de remplacer la lampe à vapeur de mercure par la lampe à vapeur de sodium. Le spectre du sodium présente un doublet jaune dont les longueurs d'onde sont 589,0 nm et 589,6 nm. Le réseau étant éclairé en incidence normale, il est possible de séparer, à l'ordre deux, les deux composantes du doublet. Au minimum de déviation, l'écart angulaire mesuré est de : 2′. La résolution correspondante est de 982. On remarque qu'à l'ordre deux, les deux raies jaunes sont parfaitement séparées (si la fente du collimateur est suffisamment fine), il serait donc possible d'augmenter encore un peu la valeur de cette résolution.

2) Dans le cas du réseau en transmission utilisé $n = 498 \pm 1$ traits/mm, à l'ordre deux, sa résolution théorique est de l'ordre de 10000 (pour un faisceau de l'ordre du cm). Le résultat expérimental obtenu précédemment est bien en dessous de la valeur théorique. Cette dernière ne tient compte que du réseau, il faut envisager ici l'influence de tous les éléments qui constituent le goniomètre, notamment le collimateur et la largeur de la fente source. Pour s'en convaincre on pourra l'ouvrir et observer que rapidement, la séparation du doublet ne se fait plus. Il faut donc régler la largeur de la fente source à sa valeur minimale, limitée par la luminosité de son image vue à travers la lunette.

3) Le réseau est éclairé sous incidence normale par un faisceau issu d'une lampe à vapeur de sodium (par exemple). Pour savoir si deux raies sont discernables, appliquons le critère de Rayleigh. Si l'écart entre leurs maxima est supérieur à la demi-largeur angulaire d'une raie, alors les deux raies sont discernables.

Pour deux raies correspondant à des longueurs d'onde voisines λ_1 et λ_2, telles que $\Delta\lambda = |\lambda_2 - \lambda_1| \ll \lambda_1, \lambda_2$, les centres des raies correspondant sont tels que :

$$\sin i'_{2,\lambda} = p\frac{\lambda}{a}$$

L'écart angulaire entre ces deux centres est :

$$\Delta i'_{2,\lambda} = \frac{p}{a\cos i'_{2,\lambda}}\Delta\lambda \text{ (obtenu par dérivation de la relation précédente)}$$

Il faut donc que :

$$\frac{p}{a\cos i'_{2,\lambda}}\Delta\lambda > \frac{\lambda}{Na\cos i'_{2,\lambda}}$$

soit finalement à la limite que : $R = pN$, on retrouve le résultat théorique classique.

Pour le sodium, nous avons relevé $i'_{2,\lambda_1} = 34°7'$ et $i'_{2,\lambda_2} = 34°9'$. La demi largeur angulaire n'est pas mesurable, sa valeur théorique est de 6×10^{-5} rad (environ $10''$ d'arc). La résolution effective du réseau est bien limitée par la largeur de la fente du collimateur.

Il est intéressant de comparer ces résultats avec ceux obtenus pour le prisme utilisé dans le TP « spectroscopie avec prisme ». En exploitant la courbe, $\widehat{D}_m(\lambda)$, une mesure de pente conduit à une déviation moyenne d'environ 5×10^{-4} rad/nm autour de 500 nm (ce qui est excellent pour un prisme). Pour un prisme taillé dans un verre classique, la dispersion est de l'ordre de 10^{-4} rad/nm.

Dans le cas du réseau que nous avons étudié, sa dispersion est de l'ordre 10^{-3} rad/nm, à l'ordre 2, autour de 500 nm. Ce réseau est dix fois plus dispersif qu'un prisme taillé dans un verre classique.

Partie 4

Ondes et conversion de puissance

CÂBLE COAXIAL 28

Concours : Mines

Objectif du TP : Déterminer les caractéristiques d'un câble coaxial : longueur, impédance caractéristique, inductance linéique et faire l'étude des ondes qui s'y propagent.

Matériel :

- Un câble coaxial de longueur inconnue à l'intérieur d'une boîte ;
- Un générateur d'impulsions et un GBF ;
- Une résistance variable.

ÉNONCÉ

I THÉORIE

Un câble coaxial est constitué d'un fil métallique cylindrique central (l'âme) séparé d'une gaine métallique, elle aussi cylindrique (reliée le plus souvent à la masse), par un isolant. La modélisation électrocinétique de ce type de câble est la suivante :

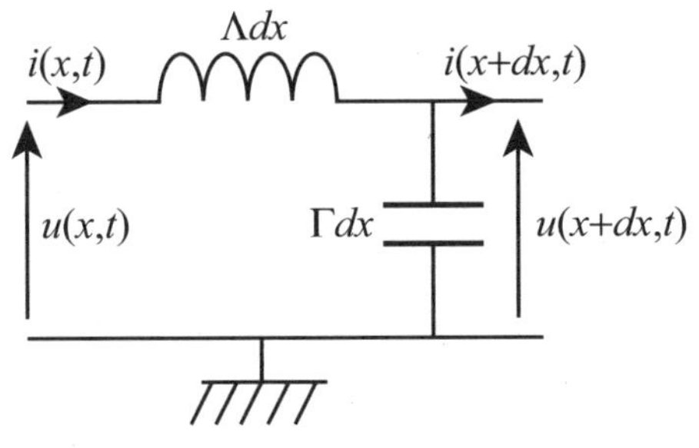

où, pour un tronçon de longueur dx, Λ est l'inductance linéique (en $\mathrm{H\,m^{-1}}$) et Γ la capacité linéique (en $\mathrm{F\,m^{-1}}$).

1) Établir le système d'équations couplées suivant :

$$\frac{\partial i}{\partial x} = -\Gamma\frac{\partial u}{\partial t} \text{ et } \frac{\partial u}{\partial x} = -\Lambda\frac{\partial i}{\partial t}$$

En déduire que la tension $u(x,t)$ et l'intensité $i(x,t)$ vérifient l'équation d'onde de d'Alembert, puis donner la célérité c des ondes susceptibles de se propager dans le câble.

2) Exprimer, dans le cas d'une onde plane progressive, l'impédance caractéristique du câble défini comme le rapport de la tension sur l'intensité du courant. On pourra se placer dans le cas harmonique pour ensuite généraliser.

II MESURE DE L'IMPÉDANCE CARACTÉRISTIQUE DE LA LONGUEUR DU CÂBLE

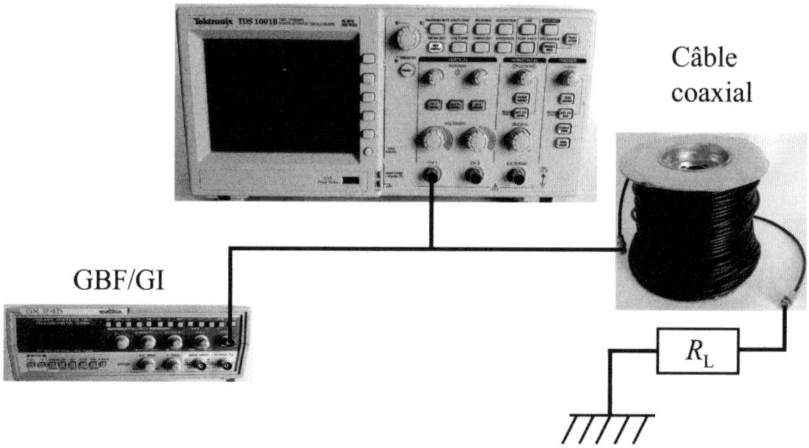

Le câble coaxial de longueur L inconnue est alimenté par un générateur basse fréquence pouvant fournir des signaux de différentes formes (sinusoïdal, créneau avec possibilité d'asymétrie, impulsion). On place une résistance variable R_L en bout de ce câble.

1) Établir les conditions de réflexion totale et de transmission totale au niveau de la résistance R_L.

2) Établir la valeur du coefficient de réflexion en tension.

3) En déduire un protocole expérimental permettant de déterminer l'impédance caractéristique du câble coaxial.

4) On donne $\Gamma = 1{,}0\ 10^{-10}\ \mathrm{F\,m^{-1}}$. En déduire la célérité c puis Λ.

5) Exprimer la longueur L du câble puis donner sa valeur.

6) Analyser les cas particuliers $R_L = 0$ et $R_L \to \infty$. Faire des imprimés d'écran de l'oscilloscope.

III ÉTUDE EN RÉGIME SINUSOÏDAL

On enlève la résistance R_L au bout du câble.

1) Le générateur délivre maintenant un signal sinusoïdal d'amplitude 2 V et de fréquence voisine de 400 kHz. L'observation se fait à l'oscilloscope pour la tension à l'entrée et au bout du câble coaxial. Représenter ce que l'on observe à l'oscilloscope et interpréter.

2) Dans les deux cas suivants : résistance à l'extrémité nulle et résistance infinie :

a) Faire varier la fréquence. Qu'observe-t-on à l'entrée du câble coaxial ? De quel type d'onde s'agit-il ?

b) Relever les fréquences pour lesquelles l'amplitude observée est maximale dans ces deux cas.

c) Proposer un protocole expérimental pour déterminer Λ.

IV Étude des pertes

1) Lorsqu'on envoie une impulsion, on remarque que l'amplitude de celle-ci diminue au cours de son parcours dans le câble coaxial. Expliquer pourquoi. À quelle grandeur a-t-on accès ?

2) Proposez un modèle qui prenne en compte ces pertes. Précisez quels facteurs prédominent et quels sont ceux qui sont négligeables.

Proposition de solution

Commentaires : il s'agit d'un TP utilisant les principales notions du cours sur les ondes et nécessitant des initiatives de la part du candidat ainsi que la connaissance d'ordre de grandeur. La longueur du câble utilisé pour ce chapitre ne correspond pas à celui du TP des Mines. Nous avons en effet utilisé un câble coaxial de longueur 100 m (vendu comme tel) alors que le câble du concours a une longueur de 10 m. Les raisons de ce choix sont les suivantes :

- quasiment tous les laboratoires de Sciences Physiques disposent de câbles de cette longueur car il s'agit d'un TP assez courant. Il sera ainsi plus facile de reproduire le TP ;
- un câble plus court impose que le pulse utilisé lors du TP soit également plus court et dans les mêmes proportions. Obtenir un « beau » pulse de largeur 10 ns peut être assez compliqué avec du matériel courant.

I Théorie

1) La loi des nœuds donne : $i(x,t) = i(x+dx,t) + i_\Gamma$

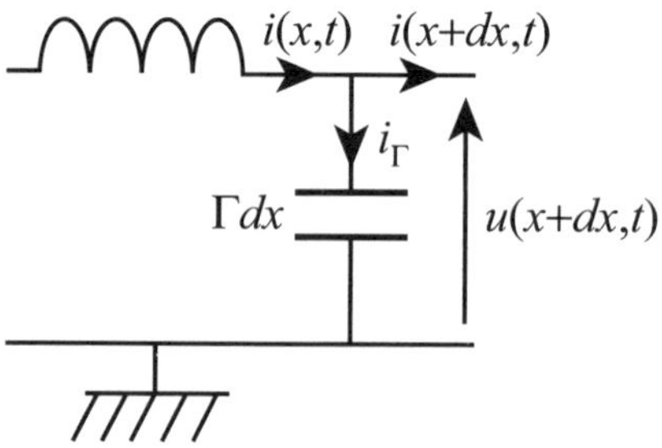

ou encore puisque $i_\Gamma = \Gamma dx \dfrac{\partial u(x+dx,t)}{\partial t}$: $i(x,t) = i(x+dx,t) + \Gamma dx \dfrac{\partial u}{\partial t}$

soit : $\dfrac{\partial i}{\partial x} \approx -\Gamma \dfrac{\partial u}{\partial t}$ (1).

La loi des mailles conduit à : $u(x,t) = u(x+dx,t) + u_\Lambda$

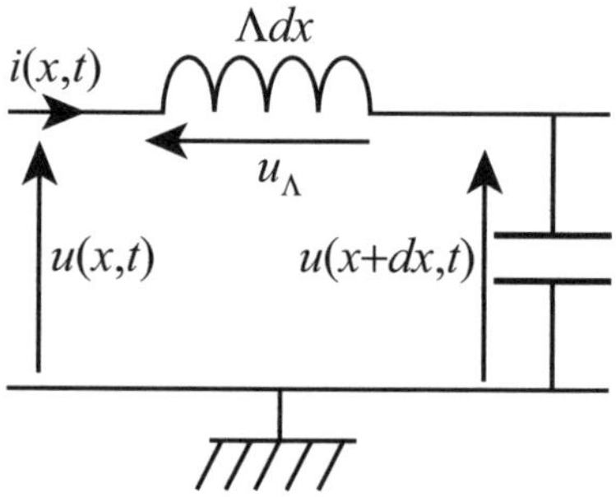

c'est-à-dire : $u(x,t) = u(x+dx,t) + \Lambda\, dx \dfrac{\partial i}{\partial t}$ car $u_\Lambda = \Lambda\, dx \dfrac{\partial i(x,t)}{\partial t}$

soit $\dfrac{\partial u}{\partial x} \approx -\Lambda \dfrac{\partial i}{\partial t}$ (2).

La tension $u(x,t)$ et l'intensité $i(x,t)$ sont les deux grandeurs physiques couplées.

En dérivant la seconde relation par rapport à x et la première par rapport à t, on obtient (en utilisant l'égalité des dérivées croisées) :

$$\frac{\partial^2 u}{\partial x^2} = \Lambda\,\Gamma \frac{\partial^2 u}{\partial t^2}$$

En procédant de façon symétrique pour i, il vient :

$$\frac{\partial^2 i}{\partial x^2} = \Lambda\,\Gamma \frac{\partial^2 i}{\partial t^2}$$

Ainsi la tension $u(x,t)$ et l'intensité $i(x,t)$ vérifient l'équation d'onde de d'Alembert.

La célérité c a pour expression :

$$c = \frac{1}{\sqrt{\Gamma\,\Lambda}}$$

2) Considérons une onde de tension et de courant plane progressive harmonique se propageant vers les x croissants. La tension $u(x,t)$ et l'intensité $i(x,t)$ s'expriment sous la forme suivante :

$$\underline{u}(x,t) = \underline{U}_0 \exp j(\omega t - kx)$$

$$\underline{i}(x,t) = \underline{I}_0 \exp j(\omega t - kx)$$

En remplaçant dans l'équation (1), nous obtenons :

$-j\,k\,\underline{i}(x,t) = -\Gamma\, j\,\omega\,\underline{u}(x,t)$ ce qui donne après simplification et en tenant compte de l'expression de k, $k = \dfrac{\omega}{c}$:

$$\frac{\underline{u}(x,t)}{\underline{i}(x,t)} = \frac{1}{\Gamma c} = \sqrt{\frac{\Lambda}{\Gamma}}$$

Ce rapport étant indépendant de la pulsation ω, ce sera également le cas pour une onde plane progressive non harmonique se propageant vers les x croissants (s'écrivant comme une superposition d'ondes planes progressives harmoniques vers les x croissants d'après l'analyse de Fourier).

L'impédance caractéristique du câble coaxial s'exprime (pour une onde plane progressive se propageant vers les x croissants) sous la forme suivante :

$$\frac{u(x,t)}{i(x,t)} = Z_C = \sqrt{\frac{\Lambda}{\Gamma}}$$

Pour une onde plane progressive se propageant vers les x décroissants, cette relation devient :

$$\frac{u(x,t)}{i(x,t)} = -\sqrt{\frac{\Lambda}{\Gamma}} = -Z_C$$

II Mesure de l'impédance caractéristique de la longueur du câble

1 et 2) Considérons que la résistance variable R_L placée au bout du câble coaxial de longueur inconnue L soit située en $x = 0$.

La condition aux limites en $x = 0$ s'écrit alors $u(0,t) = R_L\, i(0,t)$. On en déduit que la présence d'une seule OPPH se propageant vers les x croissants seule n'est pas compatible avec cette condition aux limites puisqu'*a priori* $R_L \neq Z_C$. Il y a donc nécessité d'une onde réfléchie.

La tension résultante dans le câble coaxial s'écrit sous forme complexe :

$$\underline{u}(x,t) = \underbrace{\underline{U_+} \exp j(\omega t - kx)}_{\text{Onde incidente}} + \underbrace{\underline{U_-} \exp j(\omega t + kx)}_{\text{Onde réfléchie}}$$

Et, en utilisant la notion d'impédance caractéristique que l'on applique séparément à chacune des deux ondes :

$$\underline{i}(x,t) = \frac{1}{Z_C}\left\{\underline{U_+} \exp j(\omega t - kx) - \underline{U_-} \exp j(\omega t + kx)\right\}$$

On définit le coefficient de réflexion en tension par : $\underline{r_U} = \dfrac{\underline{U_-}}{\underline{U_+}}$.

Puis, la condition aux limites en $x = 0$ donne :

$$\underline{u}(0,t) = \left(\underline{U_+} + \underline{U_-}\right) \exp j(\omega t) = \frac{R_L}{Z_C}\left(\underline{U_+} - \underline{U_-}\right) \exp j(\omega t) = R_L\, \underline{i}(0,t)$$

D'où :

$$\underline{r_U} = \frac{R_L - Z_C}{R_L + Z_C}$$

Commentaires :

- Ce coefficient de réflexion en tension est indépendant de ω, il est donc également valable pour une onde incidente plane progressive (sans être harmonique).
- $\underline{r_U}$ est réel donc les ondes incidentes et réfléchies sont soit en phase (si $\underline{r_U} > 0$), soit en opposition de phase (si $\underline{r_U} < 0$).
- Si $R_L = Z_C$, $\underline{r_U} = 0$ et la transmission est totale. Ce phénomène s'appelle « l'adaptation d'impédance » et il n'y a pas d'onde réfléchie en $x = 0$.
- Il y a réflexion totale pour $|\underline{r_U}| = 1$ c'est-à-dire ici pour les deux cas suivants :
  - $\underline{r_U} = +1$, soit pour $R_L = \infty$ autrement dit pour une extrémité ouverte.
  - $\underline{r_U} = -1$, soit pour $R_L = 0$ autrement dit pour une extrémité en court-circuit.

3) Le protocole expérimental permettant de déterminer l'impédance caractéristique est le suivant :

- On utilise le générateur d'impulsion pour créer des pulses suffisamment espacés et étroits pour ne pas se superposer après réflexion dans le câble coaxial (par exemple, d'une durée de 10 ms et d'une largeur d'environ 100 ns). L'amplitude du pulse est de quelques volts.

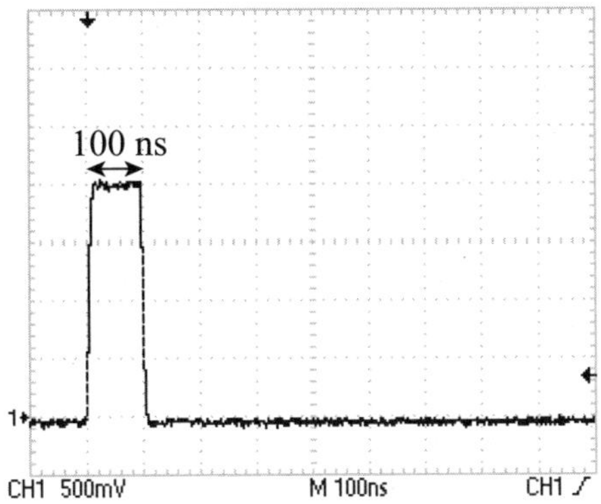

Remarque
Le câble du TP de concours étant environ dix fois plus court, il faudrait alors que les pulses fassent environ 10 ns de largeur.

- Pour bien comprendre ce qui se passe dans le câble, examinons dans un premier temps ce que l'on observe à l'oscilloscope avec l'extrémité du câble ouverte (le câble voit donc une impédance infinie en bout de ligne car l'oscilloscope possède une impédance d'entrée de l'ordre du MΩ donc très grande devant toutes les autres impédances) en visualisant sur la voie 1 la tension à l'entrée du câble et en voie 2, à l'extrémité du câble.

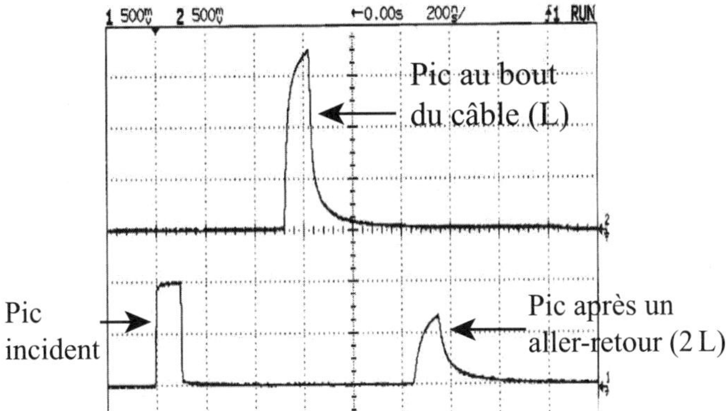

On constate l'existence de trois pics sur cet oscillogramme, chacun correspondant au même pulse à des instants différents et en des endroits différents. La voie 1 permet de déterminer la tension à l'entrée du câble coaxial, et la voie 2 permet de déterminer la tension au niveau de l'extrémité ouverte du même câble. De façon plus précise :

- le premier pic, sur la voie 1, correspond au pulse produit par le générateur d'impulsions que l'on voit à l'entrée du câble de longueur inconnue. C'est l'onde incidente et son amplitude est 1 V.

- le second pic, sur la voie 2, correspond en partie à ce même pulse à l'extrémité du câble coaxial après avoir parcouru la longueur L inconnue. Son amplitude est légèrement inférieure à 2 V. La résistance de l'extrémité étant infinie, il y a réflexion totale et donc le pulse revient ensuite sur ses pas.
- le troisième pic, sur la voie 1, correspond à la partie réfléchie de l'onde initiale ayant parcouru à nouveau la longueur L du câble coaxial et donc une longueur $2L$ par rapport au premier pic. Son amplitude est inférieure à 1 V.

Il n'y a pas d'autres pics parce que l'impédance d'entrée du générateur de pulses est 50 Ω : il y a alors adaptation d'impédance, et absence de réflexion supplémentaire.

On peut également étudier l'amplitude des impulsions observées. La deuxième présente une amplitude double (ou presque) de l'impulsion incidente. Comme il y a réflexion totale avec $\underline{r_U} = +1$, l'onde réfléchie a même amplitude que l'onde incidente et l'oscilloscope détecte la superposition des deux. Un peu comme lorsqu'on observe une onde se propageant sur une corde accrochée à un mur : notre œil détecte la position de la corde sans pouvoir séparer la contribution de l'onde incidente et de l'onde réfléchie.

Il serait logique d'observer une amplitude de 2 V (= 1 + 1). Si celle-ci est légèrement inférieure, c'est en raison des pertes le long du câble.

Enfin, cette analyse est confirmée par l'observation du troisième pic : l'onde réfléchie a bien une amplitude « d'environ 1 V », atténuée à cause des pertes. Nous reviendrons sur ce point à la partie IV.

Retirons maintenant le câble coaxial de la voie 2 de l'oscilloscope tout en le laissant connecté au générateur. À son extrémité libre on branche la résistance variable.

- On observe alors deux pics (ceux de la voie 1) à l'oscilloscope : celui de l'onde incidente et celui de l'onde réfléchie.
- La résistance variable est ajustée de façon à ne plus observer d'onde réfléchie et, d'après la question précédente, la valeur ajustée est telle que : $R_L = Z_C$

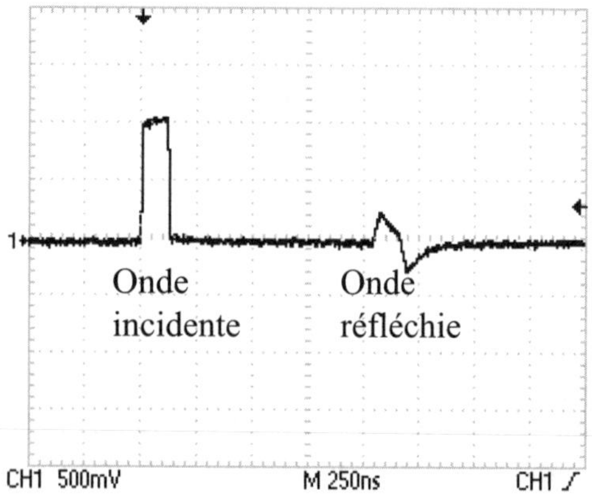

En pratique, le signal réfléchi ne s'annule jamais parfaitement. On s'arrange alors pour donner à R_L une valeur donnant en retour un signal faible de moyenne nulle. L'incertitude d'appréciation est de l'ordre de 2 Ω et l'on obtient finalement :

$$Z_C = 46 \pm 2\ \Omega\ (5\ \%)$$

4) L'expression de la célérité est : $c = \dfrac{1}{Z_C\,\Gamma}$.

Pour déterminer l'incertitude sur la célérité, on utilise la différentielle logarithmique : $\log c = -\log \Gamma - \log Z_C$

Donc par différenciation : $\dfrac{dc}{c} = -\dfrac{dZ_C}{Z_C}$.

Puis, pour le passage à l'écart relatif : $\dfrac{\Delta c}{c} = \dfrac{\Delta Z_C}{Z_C}$.

Finalement :

$$c = 2{,}1 \pm 0{,}1\ 10^8\ \mathrm{m\,s^{-1}}\ (5\ \%)$$

Remarque

Le matériau diélectrique présent entre l'âme et la gaine du câble coaxial est du polyéthylène, milieu linéaire homogène et isotrope de permittivité diélectrique relative $\varepsilon_r \approx 2{,}26$. On peut alors montrer que la célérité dans le milieu vaut $c = \dfrac{1}{\sqrt{\varepsilon_0\varepsilon_r\mu_0}} \approx 2{,}0\ 10^8\ \mathrm{m\,s^{-1}}$ compatible avec la valeur expérimentale.

De même, à partir de : $\Lambda = Z_C^2\,\Gamma$, on obtient par la même méthode : $\dfrac{\Delta\Lambda}{\Lambda} = 2\dfrac{\Delta Z_C}{Z_C}$

D'où :

$$\Lambda = 2{,}1 \pm 0{,}2\ 10^{-7}\ \mathrm{H\,m^{-1}}\ (10\ \%)$$

5) Lorsque l'on observe deux pics, la durée τ les séparant correspond au temps que met l'impulsion pour parcourir la distance $2L$ (pour l'aller-retour). On obtient ainsi :

$$L = \frac{c\,\tau}{2}$$

En effet, dans le modèle du câble coaxial sans pertes, la vitesse de propagation (pour une onde de forme quelconque et donc de l'impulsion pour cette expérience) est la célérité c.

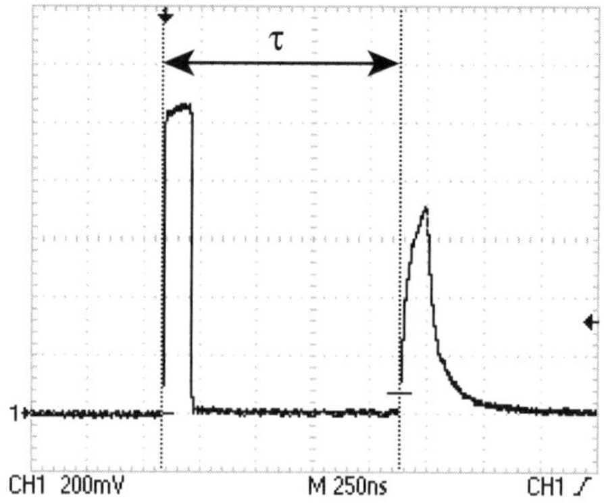

Les curseurs indiquent les deux instants choisis afin de mesurer la durée τ. Ce qui nous intéresse ici, c'est de déterminer la vitesse du précurseur (tout début du « pulse »).

La mesure à l'oscilloscope conduit à : $\tau = 1{,}04 \pm 0{,}01\ \mu s\ (1\ \%)$

Pour le calcul d'incertitude : $\dfrac{dL}{L} = \dfrac{dc}{c} + \dfrac{d\tau}{\tau}$

Donc : $\dfrac{\Delta L}{L} = \sqrt{\left(\dfrac{\Delta c}{c}\right)^2 + \left(\dfrac{\Delta \tau}{\tau}\right)^2}$

Finalement :

$$L = 100 \pm 5\ \text{m}\ (5\ \%)$$

L'essentiel de l'imprécision vient de la difficulté à apprécier l'absence de signal réfléchi lors de la détermination de l'impédance caractéristique.

6) Ces deux cas correspondent à une réflexion totale.

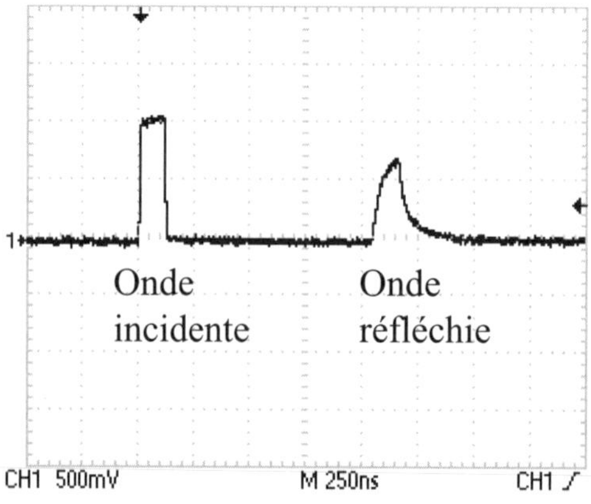

$R_L = \infty$: l'onde réfléchie est en phase avec l'onde incidente.

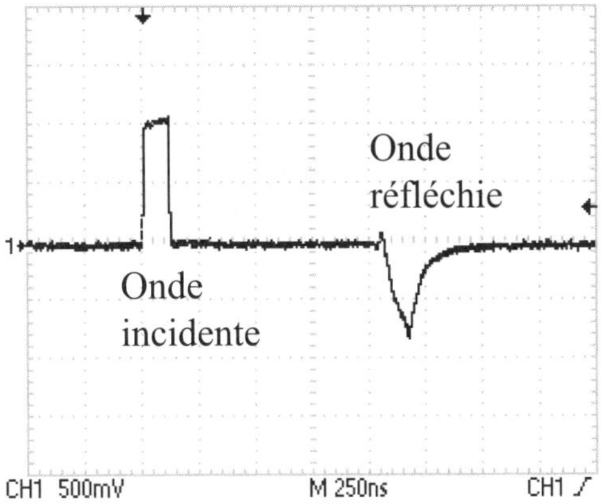

$R_L = 0$: l'onde réfléchie est en opposition de phase avec l'onde incidente.

III ÉTUDE EN RÉGIME SINUSOÏDAL

1) On observe cette fois les signaux sinusoïdaux à l'entrée et à la sortie du câble : ils sont déphasés.

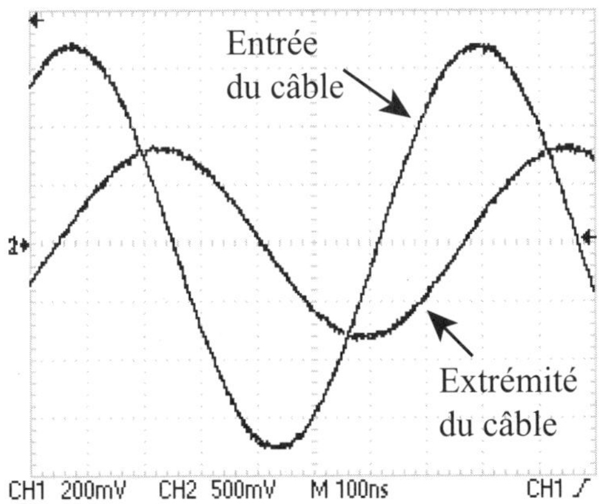

Dans cette expérience les conditions correspondant à l'A.R.Q.S. ne sont pas vérifiées, il est donc normal d'observer un déphasage entre les tensions aux deux extrémités du câble. En effet, dans les conditions de l'A.R.Q.S., on doit avoir :

$$\lambda = \frac{c}{f} \gg L$$

que l'on peut écrire :

$$f \ll \frac{c}{L} \approx 2 \text{ MHz}$$

Cette condition n'est pas satisfaite à 400 kHz.

2a) En faisant varier continûment la fréquence, on constate que l'amplitude du signal sinusoïdal que l'on observe au début du câble varie. Elle passe par un maximum, puis un minimum et ainsi de suite.

Considérons le cas $R_L = \infty$:

L'onde de tension est la superposition d'une onde plane progressive harmonique vers les x croissants et d'une onde plane progressive harmonique vers les x décroissants. Les amplitudes de ces deux ondes sont identiques (car $|\underline{r_U}| = 1$ d'après ce qui précède) : il s'agit d'ondes stationnaires.

Dans ce cas, il y a un nœud de courant (le câble est débranché) et un ventre de tension à l'extrémité du câble. C'est une situation analogue à celle vue en cours : « réflexion d'une onde électromagnétique sur un conducteur parfait » où les nœuds du champ électrique correspondent aux ventres du champ magnétique (et inversement). Lorsqu'on observe un maximum de tension à l'entrée du câble (résonance), il y a alors un ventre de tension en ce point.

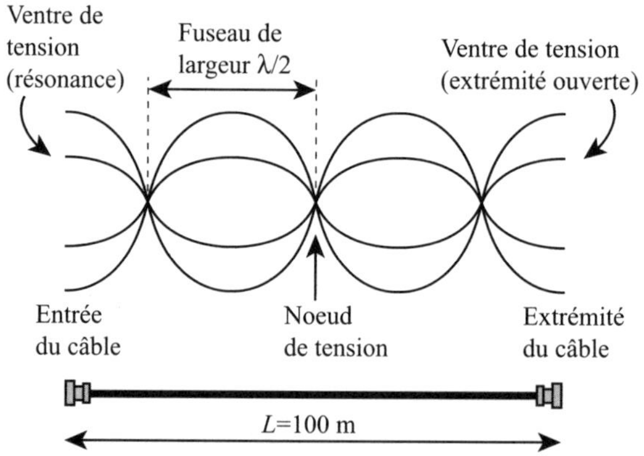

On en conclut donc qu'il y a un nombre entier n de fuseaux soit :

$$L = n\frac{\lambda_n}{2}$$

puisqu'on sait qu'entre deux ventres successifs (et également deux nœuds successifs) de tension, la distance correspond à une demi-longueur d'onde.

Cette situation est identique à celle de la corde de Melde. Lorsqu'on excite un système physique, il y a résonance lorsqu'il s'agit d'un de ses modes propres.

On peut également exprimer les fréquences de résonance puisque $\lambda_n f_n = c$:

$$f_n = n\frac{c}{2L}$$

De même, lorsqu'on observe un minimum de tension à l'entrée du câble, il y a un nœud de tension en ce point.

Considérons le cas $R_L = 0$:

C'est la situation symétrique du cas précédent. Il y a ventre de courant et un nœud de tension à l'extrémité du câble coaxial. Il s'agit encore d'une onde stationnaire.

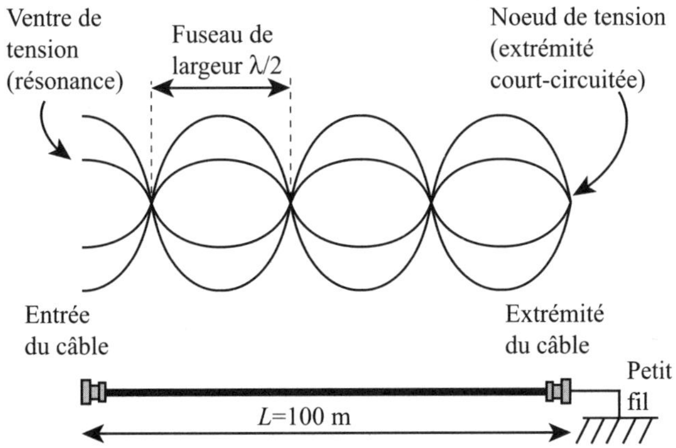

Pour un maximum de tension à l'entrée du câble, la longueur du câble vérifie la relation suivante :

$$L = n\frac{\lambda_n}{2} + \frac{\lambda_n}{4}$$

À chaque fois, l'écart en fréquence Δf entre deux maxima successifs ou deux minima successifs est $\Delta f = \dfrac{c}{2L}$.

Il s'agit également de la pente de la courbe représentant la fréquence de résonance en fonction du nombre de fuseaux dans le câble.

Le repérage des fréquences de résonance lors d'une augmentation graduelle de la fréquence nous permettra de connaître le nombre de fuseaux dans le câble coaxial.

Résultats :

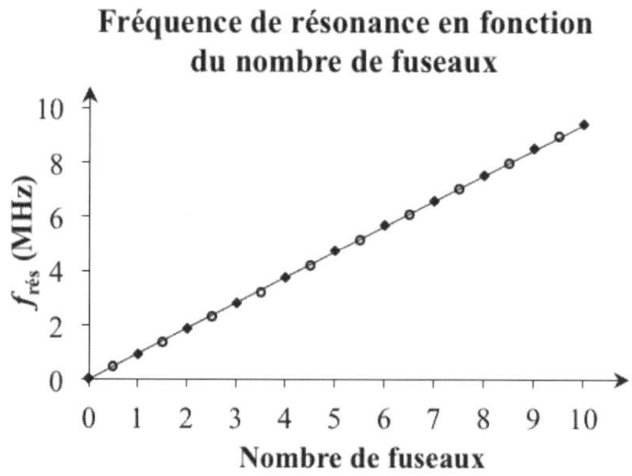

Les cercles correspondent à l'expérience « extrémité courtcircuitée » (donc nombre demi-entier de fuseaux) et les losanges à l'expérience « extrémité ouverte » (donc nombre entier de fuseaux).

Le coefficient de corrélation vaut 1 et l'équation de la droite est :

$$f_{\text{res}}(\text{en MHz}) \approx 0{,}94\ n$$

Ce qui permet de déterminer la valeur de la célérité :

$$c = 1{,}9 \pm 0{,}1\ 10^8\ \text{m s}^{-1}\ (5\ \%)$$

Ce résultat est compatible avec la mesure précédente.

L'inductance linéique Λ s'en déduit :

$$\Lambda = 2{,}3 \pm 0{,}2\ 10^{-7}\ \text{H m}^{-1}\ (10\ \%)$$

Cette valeur est voisine de celle obtenue au cours de la première mesure.

Remarque

En réalité, le TP de concours demande à partir d'une fréquence d'environ 10 MHz de repérer la fréquence minimale permettant d'obtenir en entrée du câble une tension minimale, autrement dit, de mesurer la plus petite fréquence amenant à un nœud de tension à l'entrée du câble dans les deux cas $R_L = 0$ et $R_L = \infty$. Pour un câble coaxial de 100 m de long, il faut se placer dès le début à une fréquence de 1 MHz.

La configuration est donc la suivante :

- $R_L = 0$, la fréquence minimale vaut ici $f_{\min,0} = 950 \pm 10$ kHz.

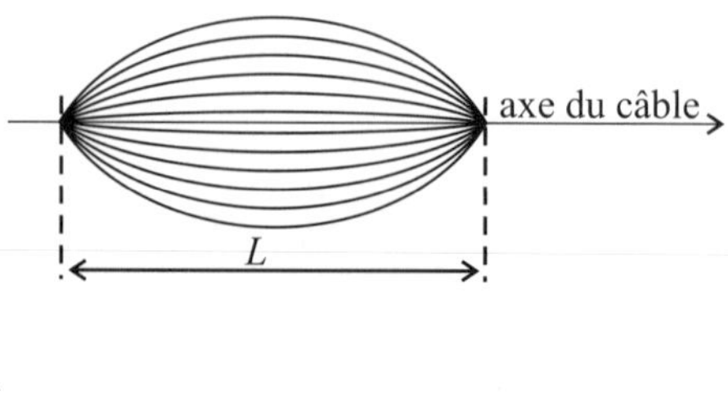

Pour cette configuration, on a $L = \dfrac{\lambda_0}{2} = \dfrac{c}{2f_{\text{min},0}}$ soit $c = 2Lf_{\text{min},0}$ avec pour incertitude (en procédant comme précédemment) :

$$\frac{\Delta c}{c} = \sqrt{\left(\frac{\Delta L}{L}\right)^2 + \left(\frac{\Delta f_{\text{min},0}}{f_{\text{min},0}}\right)^2} \approx 5\ \%$$

Finalement :

$$c = 2{,}0 \pm 0{,}1\, 10^8\ \text{m}\,\text{s}^{-1}\ (5\ \%)$$

- $R_\text{L} = \infty$: la fréquence minimale mesurée est $f_{\text{min},\infty} = 470 \pm 10$ kHz.

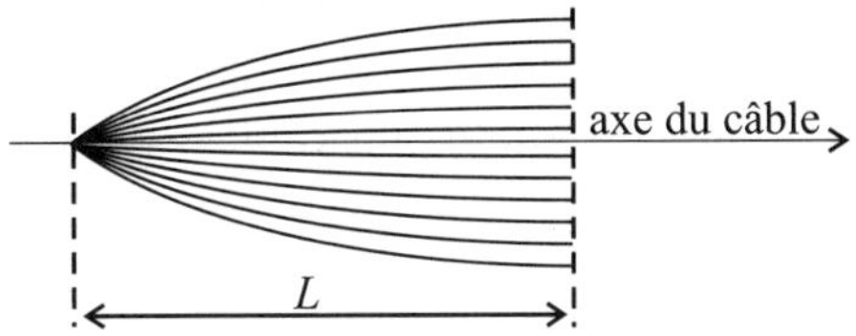

Nous avons alors $L = \dfrac{\lambda_\infty}{4} = \dfrac{c}{4f_{\text{min},\infty}}$ ce qui donne $c = 4Lf_{\text{min},\infty}$ soit :

$$c = 1{,}9 \pm 0{,}2\ 10^8\ \text{m}\,\text{s}^{-1}\ (5\ \%)$$

Ces résultats sont cohérents.

IV ÉTUDE DES PERTES

1) Le modèle du câble coaxial sans pertes est une bonne approximation, mais il est insuffisant pour interpréter certains phénomènes.

Par exemple, l'impulsion n'a plus la même amplitude après avoir parcouru un aller-retour dans le câble comme cela est visible sur les chronogrammes de la question II. 6).

De même, on a noté, lors de l'étude des ondes stationnaires, que les minima de tension à l'entrée du câble ne sont pas nuls alors qu'ils devraient l'être pour un câble coaxial sans pertes.

Ces pertes (d'amplitude et d'énergie) sont expliquées par l'effet Joule dû au caractère résistif du câble. Cela a pour conséquence que le vecteur d'onde n'est pas réel mais complexe :

$$\underline{k} = k' - ik''$$

L'onde est atténuée au fur et à mesure qu'elle se propage selon une loi en $\exp(-k''x)$ et l'évaluation de cette décroissance permet d'accéder à la partie imaginaire de $\underline{k}$.

Une évaluation rapide peut être faite à partir du chronogramme de la question II. 5) : le pulse incident en début de ligne a une amplitude de 5,2 carreaux et le pulse réfléchi, qui a parcouru la distance $2L \approx 200$ m ne vaut plus que 3,6 carreaux. Ainsi $\exp(-2k''L) \approx \dfrac{3,6}{5,2} \approx 0,70$ ce qui donne :

$$k'' \approx 1,8\ 10^{-3}\ \text{m}^{-1}$$

Remarque

On peut améliorer cette mesure à l'aide d'un générateur de pulse disposant d'une impédance différente de 50 Ω ce qui permettra d'observer à l'oscilloscope plusieurs réflexions du pulse incident, à l'extrémité du câble et au niveau du générateur.

Si on dispose d'un « bouchon », sorte de petit bout de câble coaxial d'impédance 50 Ω, en le mettant à l'entrée du générateur, le câble coaxial « voit » une résistance de 25 Ω (deux résistances de 50 Ω en parallèle : celle du générateur et celle du bouchon). Les coefficients de réflexion aux extrémités du câble sont alors $\underline{r_{U,g}} = \dfrac{25-50}{25+50} = -\dfrac{1}{3}$ au niveau du générateur de pulses et toujours $\underline{r_{U,d}} = +1$ à l'extrémité du câble qui donne sur une impédance infinie.

Si le pulse a pour amplitude 2 V (mesurée directement en plaçant uniquement un petit câble coaxial de 1 m entre le générateur de pulses et l'oscilloscope), on peut calculer les amplitudes théoriques des pics successifs puis les comparer à celles mesurées expérimentalement à partir de l'oscillogramme suivant :

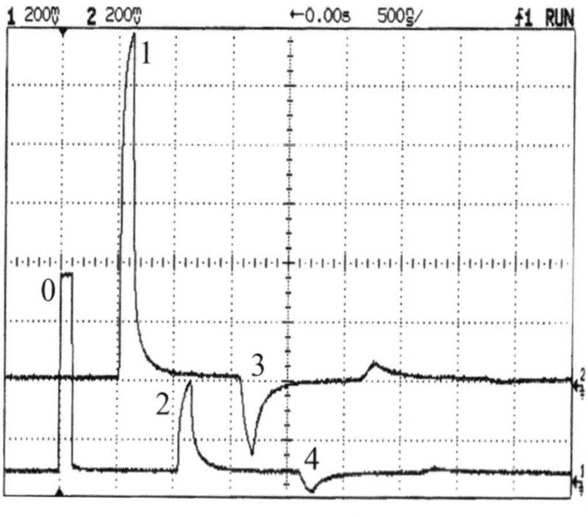

Les numéros (0 ; 1 ; 2 ; 3 et 4) correspondent aux distances parcourues par le pulse initial en multiple de 100 m. Les amplitudes, théoriques et expérimentales, sont consignées dans le tableau ci-dessous.

Distance (m)	0	100	200	300	400
Amplitudes théoriques (V)	0,67	1,3	0,44	−0,44	−0,15
Tension à l'entrée (V)	0,67		0,31		−0,070
Tension à l'extrémité (V)		1,13		−0,26	

Reste ensuite à tracer la courbe $\ln \frac{V_{\text{exp}}}{V_{theo}} = f(x)$ où x est la distance parcourue (multiple de 100 m) pour obtenir une valeur plus précise de k''.

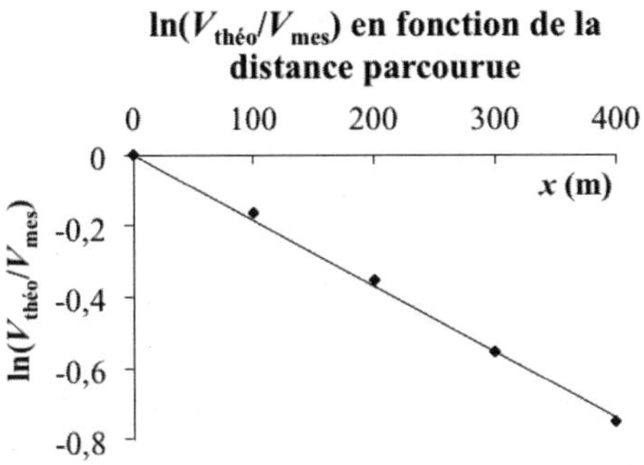

L'accès à la pente de la droite permet de déterminer k'' et l'on retrouve à nouveau la valeur précédente (mais de façon plus précise car la droite est obtenue à partir de 5 points et non pas 2 points) :

$$k'' \approx 1{,}8\ 10^{-3}\ \text{m}^{-1}$$

À cette valeur est associée une longueur caractéristique d'atténuation de l'onde dans le câble :

$$\delta = \frac{1}{k''} \approx 550\ \text{m}$$

2)

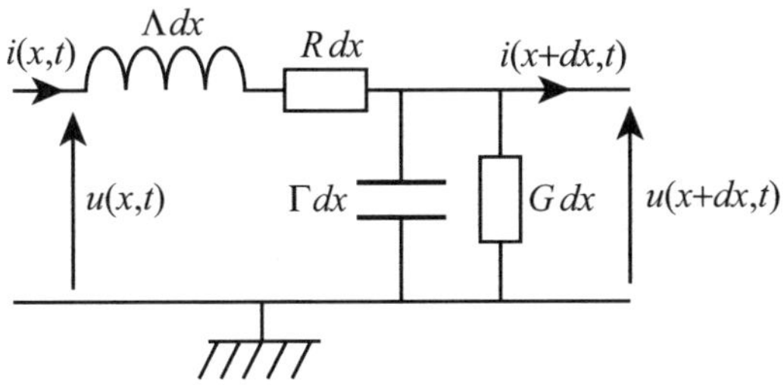

Un modèle plus performant consiste à introduire une résistance par unité de longueur R et une conductance par unité de longueur G comme cela figure sur le schéma ci-dessus.

En procédant comme au début du sujet, on arrive à l'équation dite des télégraphistes pour $i(x, t)$ (et $u(x, t)$) :

$$\frac{\partial^2 i}{\partial x^2} = \Gamma\Lambda \frac{\partial^2 i}{\partial t^2} + (G\Lambda + R\Gamma)\frac{\partial i}{\partial t} + RG\, i$$

Il paraît raisonnable de négliger la conductance linéique et l'on considèrera $G \equiv 0\ \Omega^{-1}\,\mathrm{m}^{-1}$ dans la suite. Le calcul montre en effet que la conductance par unité de longueur a pour expression :

$$G = \frac{2\pi\gamma_P}{\ln \dfrac{R_2}{R_1}}$$

où $\gamma_P = 1{,}0\ 10^{-17}\ \Omega^{-1}\,\mathrm{m}^{-1}$ est la conductivité du polyéthylène, matériau diélectrique situé entre l'âme et la gaine, ces derniers ayant pour rayons respectifs $R_1 = 0{,}40$ mm et $R_2 = 1{,}48$ mm (données constructeur).

L'application numérique donne $G \approx 4{,}8\ 10^{-17}\ \Omega^{-1}\,\mathrm{m}^{-1}$ et les termes associés à G sont nettement plus faibles que les autres dans l'équation des télégraphistes.

La relation de dispersion s'obtient en cherchant une onde de courant sous la forme $\underline{i}(x,t) = \underline{I}_0 \exp j(\omega t - \underline{k}x)$:

$$\underline{k}^2 = \frac{\omega^2}{c^2} - iR\Gamma\omega$$

En admettant que la correction au modèle sans pertes soit légère c'est-à-dire que $R\Gamma\omega \ll \dfrac{\omega^2}{c^2}$ on arrive à :

$$k \approx \frac{\omega}{c}\left(1 - i\frac{R}{2\Lambda\omega}\right) = \frac{\omega}{c} - i\frac{R}{2\Lambda c}$$

d'où $k'' = \dfrac{R}{2Z_C}$.

On en déduit finalement l'expression de la résistance linéique :

$$R = 2Z_C k''$$

ainsi que sa valeur numérique :

$$R \approx 0{,}16\ \Omega\,\mathrm{m}^{-1}$$

Remarque

Une mesure directe de la résistance de l'ensemble du câble coaxial à l'aide d'un ohmmètre donne plutôt $R_{\text{câble}} \approx 5\ \Omega$ ce qui donnerait une résistance linéique trois fois plus faible : $\dfrac{R_{\text{câble}}}{L} \approx \dfrac{5}{100} = 0{,}05\ \Omega\,\mathrm{m}^{-1}$. L'origine de cette différence est l'effet de peau. Aux hautes fréquences le courant ne circule que sur la périphérie du câble ce qui augmente sa résistance.

LIGNE DIFFUSIVE 29

Concours : X-ENS, Mines

Objectif du TP : Étudier la réponse harmonique le long d'une ligne diffusive constituée d'une série de cellules R-C de façon discrète puis continue et faire des analogies avec la diffusion thermique.

Matériel : GBF, oscilloscope et une plaquette déjà construite de 20 cellules R-C.

ÉNONCÉ

L'étude porte sur un circuit électrique constitué d'une vingtaine de cellules R-C identiques associées en cascade. On représente une cellule élémentaire, indicée n, située entre les cellules $n-1$ et $n+1$.

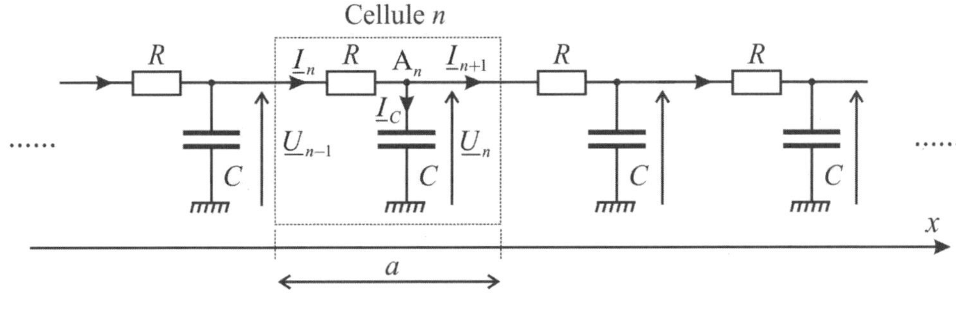

Pour la plaquette utilisée : $R = 1,0\ \text{k}\Omega$, $C = 100$ nF et $a \approx 1,25$ cm.

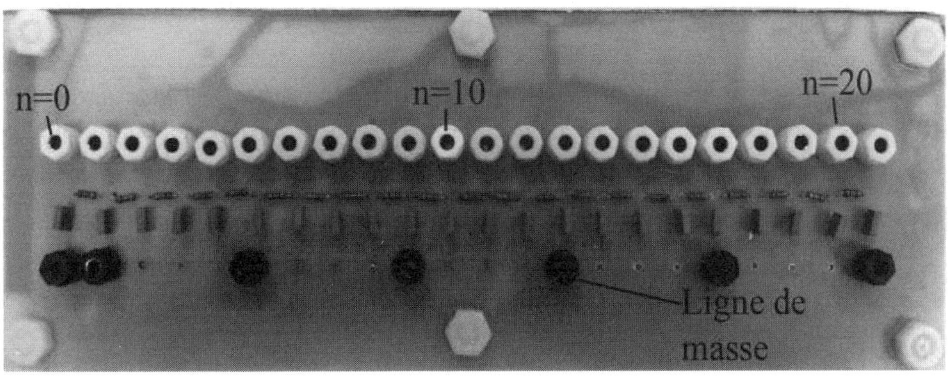

Préliminaire :

L'amplitude complexe aux bornes du condensateur de la $n^{\text{ième}}$ cellule est notée $\underline{U_n}$ (voir figure).

Exprimer la relation de récurrence liant $\underline{U_{n-1}}$, $\underline{U_n}$ et $\underline{U_{n+1}}$ en régime sinusoïdal forcé.

I APPROCHE DISCRÈTE

1) Alimenter la plaquette avec le GBF délivrant une tension sinusoïdale d'amplitude 5 V et de fréquence $f = 100$ Hz. Relever la tension aux bornes des différents condensateurs puis tracer $U_n = f(n)$.

2) On propose de tester une loi du type $U_n = U_0\, k^n$, avec k réel pour l'instant. Cette loi est-elle pertinente ? En déduire la valeur expérimentale de k. Justifier les écarts possibles avec cette loi.

3) Le coefficient $\underline{k}$ est désormais supposé complexe et on note $\underline{k} = k' + j\, k''$. Déterminer théoriquement $\underline{k}$ en justifiant les approximations faites avec les paramètres expérimentaux.

4) Donner alors $|\underline{k}|$ en faisant les mêmes approximations qu'à la question précédente. En déduire les signes intervenant dans l'expression de $\underline{k}$.

5) Mesurer $|\underline{k}|$ et le comparer à la valeur théorique trouvée précédemment.

6) Introduire une longueur caractéristique δ que vous relierez à $|\underline{k}|$ et au paramètre a. Mesurer δ pour plusieurs fréquences et commentez.

II APPROCHE CONTINUE

1) Donner la forme générale d'une onde progressive harmonique en notation complexe.

2) On introduit la fonction $u(x, t)$ telle que $u\,(x = n\,a, t) = U_n(t)$. Donner l'équation aux dérivées partielles vérifiée par la fonction $u(x, t)$ et la nommer. Introduire un coefficient D caractéristique du phénomène.

3) Donner la relation de dispersion.

4) Définir la vitesse de phase et la vitesse de groupe puis donner leurs expressions.

5) Concevoir et appliquer un protocole pour les mesurer.

III Analogie avec la diffusion thermique

1) Retrouver l'équation de la chaleur dans le cas monodimensionnel.

2) Faire autant que possible des analogies avec le phénomène étudié au cours de ce TP.

Proposition de corrigé

Commentaires : Il s'agit d'un TP original portant sur un sujet habituellement délicat à réaliser et à étudier d'un point de vue expérimental : la diffusion.

La théorie se réfère souvent au cours lié à l'effet de peau thermique.

Les expériences sont assez simples à réaliser mais il est demandé de concevoir des protocoles expérimentaux, il faut donc avoir un peu de recul. Certains calculs sont délicats.

Préliminaire :

Pour obtenir la relation de récurrence, on applique successivement :

1. La loi des nœuds au nœud A_n :

$$I_n = I_{n+1} + C\frac{dU_n}{dt}$$

2. La loi des mailles dans la cellule n :

$$U_{n-1} = U_n + R\,I_n$$

On peut également les écrire au rang $n + 1$:

$$U_n = U_{n+1} + R\,I_{n+1}$$

D'où la relation :

$$\tau\,\frac{dU_n}{dt} = U_{n+1} + U_{n-1} - 2\,U_n$$

en posant $\tau = RC$ homogène à un temps.

L'application numérique donne, avec les dipôles utilisés : $\tau = 100\ \mu\text{s}$.

En écrivant la relation de récurrence en régime sinusoïdal forcé, celle-ci devient :

$$\underline{U_{n+1}} - (2 + jRC\omega)\ \underline{U_n} + \underline{U_{n-1}} = 0$$

I APPROCHE DISCRÈTE

1) L'observation des tensions à différents points de la plaquette indique une atténuation de l'amplitude et un décalage temporel (sur lequel on reviendra plus tard) :

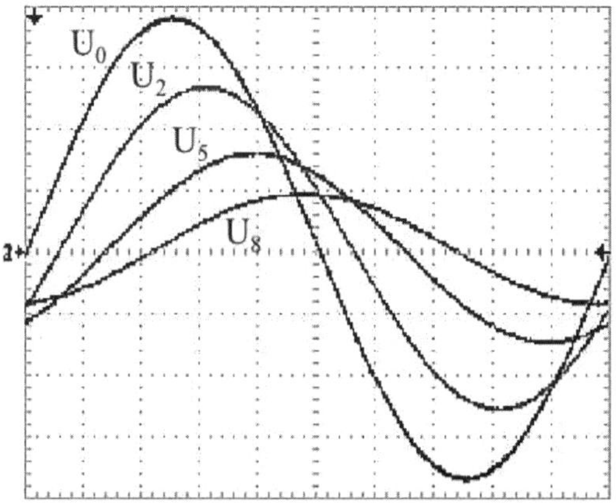

On visualise effectivement une décroissance de l'amplitude en fonction de la cellule n selon le graphe suivant :

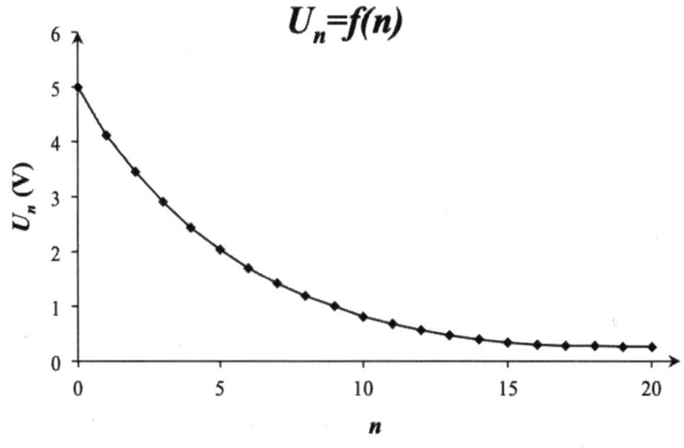

2) Pour vérifier la pertinence d'une loi en puissance, il faut impérativement passer à la représentation d'une droite, ce qui est possible en traçant $\ln(U_n) = f(n)$ puisque si $U_n = U_0\, k^n$ alors $\ln(U_n) = \ln(U_0) + n \ln(k)$ autrement dit, $\ln(U_n) = f(n)$ est une droite de pente $\ln(k)$.

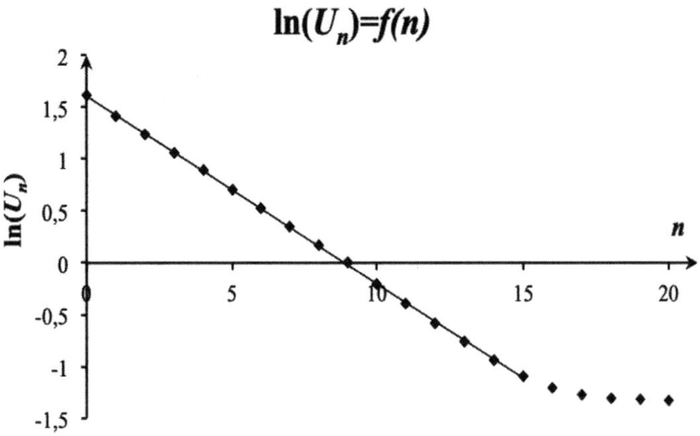

La courbe tracée confirme la loi de puissance proposée par l'énoncé jusqu'à n=15 puis s'en écarte. On peut expliquer ce comportement en rappelant que la ligne diffusive s'arrête en n=20, imposant certaines conditions aux limites qui ne correspondent pas à celles de la ligne infinie.

La courbe de tendance donne, avec un excellent coefficient de corrélation (R^2= 0,9995) :

$$\ln\left(U_n\right) = 1,61 - 0,181 \times n$$

On en déduit ainsi la valeur expérimentale de k :

$$k_{\text{exp}} \approx 0,834$$

3) On se sert de la relation de récurrence établie en préliminaire :

$$\underline{U_{n+1}} - (2 + jRC\omega)\ \underline{U_n} + \underline{U_{n-1}} = 0$$

dans laquelle on remplace $\underline{U_n}$ par son expression $U_0\ \underline{k}^n$, ce qui donne :

$$\underline{k}^2 - (2 + jRC\omega)\,\underline{k} + 1 = 0$$

Le discriminant vaut alors :

$$\Delta = (2 + jRC\omega)^2 - 4 = 4jRC\omega - R^2C^2\omega^2 \approx 4jRC\omega$$

puisque l'on a bien $RC\omega = 1,0\ 10^3 \times 100\ 10^{-9} \times 2 \times \pi \times 100 \approx 0,063 \ll 1$.

On a ainsi : $\Delta \approx 4\ RC\omega\ e^{j\frac{\pi}{2}} = \left(2\sqrt{RC\omega}\ e^{j\frac{\pi}{4}}\right)^2$.

Les racines de cette équation du second degré en $\underline{k}$ s'écrivent :

$$\underline{k_1} = 1 + \frac{jRC\omega}{2} + \sqrt{RC\omega}\ e^{j\frac{\pi}{4}} = 1 + \frac{jRC\omega}{2} + \sqrt{RC\omega}\frac{(1+j)}{\sqrt{2}}$$

soit encore $\underline{k_1} = 1 + \sqrt{\dfrac{RC\omega}{2}} + j\left(\dfrac{RC\omega}{2} + \sqrt{\dfrac{RC\omega}{2}}\right)$

et donc $\underline{k_2} = 1 + \dfrac{jRC\omega}{2} - \sqrt{RC\omega}\, e^{j\frac{\pi}{4}} = 1 - \sqrt{\dfrac{RC\omega}{2}} + j\left(\dfrac{RC\omega}{2} - \sqrt{\dfrac{RC\omega}{2}}\right)$ pour l'autre racine.

En conservant les mêmes approximations que précédemment, ces expressions se simplifient en :

$$\underline{k_1} \approx 1 + \sqrt{\frac{RC\omega}{2}} + j\sqrt{\frac{RC\omega}{2}}$$

et,

$$\underline{k_2} \approx 1 - \sqrt{\frac{RC\omega}{2}} - j\sqrt{\frac{RC\omega}{2}}$$

4) Pour trancher entre ces deux solutions mathématiquement possibles, il faut utiliser les premiers résultats expérimentaux qui indiquent que $\left|\underline{U_n}\right|$ décroît lorsque n croît, ce qui signifie que, si l'on recherche une solution de la forme $\underline{U_n} = U_0\underline{k}^n$, que $\left|\underline{k}\right| < 1$. Or :

$$\left|\underline{k_1}\right|^2 = \left(1 + \sqrt{\frac{RC\omega}{2}}\right)^2 + \frac{RC\omega}{2} = 1 + 2\sqrt{\frac{RC\omega}{2}} + RC\omega \approx 1 + 2\sqrt{\frac{RC\omega}{2}} > 1$$

car $RC\omega \ll \sqrt{RC\omega}$ dans le cadre de notre approximation.

Et, pour l'autre racine :

$$\left|\underline{k_2}\right|^2 = \left(1 - \sqrt{\frac{RC\omega}{2}}\right)^2 + \frac{RC\omega}{2} = 1 - 2\sqrt{\frac{RC\omega}{2}} + RC\omega \approx 1 - 2\sqrt{\frac{RC\omega}{2}} < 1$$

On gardera donc la seconde solution :

$$\underline{k} \approx 1 - \sqrt{\frac{RC\omega}{2}} - j\sqrt{\frac{RC\omega}{2}}$$

Finalement cela donne :

$$\left|\underline{k}\right| \approx \sqrt{1 - \sqrt{2RC\omega}} \approx 1 - \frac{\sqrt{2RC\omega}}{2} = 1 - \sqrt{\frac{RC\omega}{2}}$$

en faisant un développement limité à l'ordre 1 de $(1+\varepsilon)^{1/2} \approx 1 + \dfrac{\varepsilon}{2}$.

5) On a déjà mesuré $k_{\text{exp}} = \left|\underline{k}\right|_{\text{exp}} = 0,834$ que l'on compare maintenant à :

$$\left|\underline{k}\right|_{\text{théo}} = 1 - \sqrt{\frac{1,0\;10^3 \times 100\;10^{-9} \times 2 \times \pi \times 100}{2}} \approx 0,823$$

soit un écart de 1%, ce qui est pleinement satisfaisant.

6) On rappelle la relation initiale : $\underline{U_n} = U_0 \underline{k}^n$ puis, en calculant le module :

$$\left|\underline{U_n}\right| = U_0 \left|\underline{k}\right|^n = U_0\, e^{n \times \ln\left|\underline{k}\right|} = U_0\, e^{n\, a \times \frac{\ln\left|\underline{k}\right|}{a}}$$

En remarquant que $x = n\, a$, l'expression est de la forme $\left|\underline{U_n}\right| = U_0\, e^{-\frac{x}{\delta}}$ en posant :

$$\delta = -\frac{a}{\ln\left|\underline{k}\right|}$$

Pour $f = 100$ Hz, la théorie donne $\delta_{\text{théo}} = 6,8$ cm soit en termes de cellules : $\delta_{\text{théo}} = 5,5$ cellules.

Remarque

La variable *a* n'a ici aucun sens physique, seul le nombre de cellules en a un.

D'un point de vue expérimental, on détermine δ_{exp} en superposant au graphe $U_n = f(n)$ de la question 1, la tangente à l'origine qui coupe l'axe des abscisses à une valeur correspondant à la distance caractéristique d'amortissement :

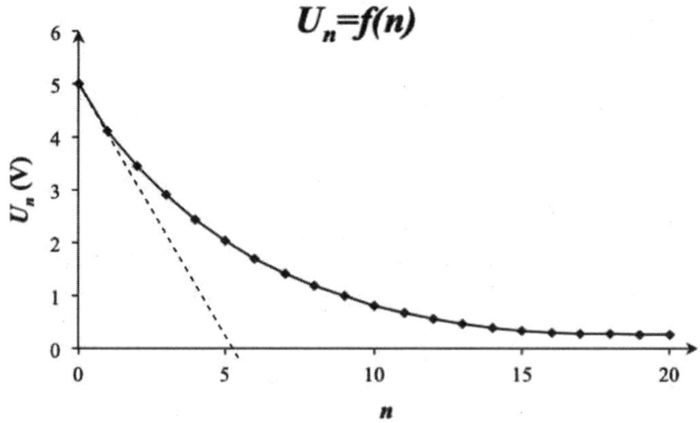

La valeur expérimentale concorde parfaitement avec la valeur théorique.

On recommence ce processus pour différentes fréquences en simplifiant, dans le même cadre d'approximations, l'expression de $\delta_{\text{théo}}$.

Sachant qu'à l'ordre 1, le développement limité de $\ln(1+\varepsilon)$ pour $\varepsilon \ll 1$ est :

$$\ln(1+\varepsilon) \approx \varepsilon$$

on peut encore écrire :

$$\delta = -\frac{a}{\ln|\underline{k}|} = -\frac{a}{\ln\left(1-\sqrt{\frac{RC\omega}{2}}\right)} \approx a\sqrt{\frac{2}{RC\omega}}$$

soit une dépendance en $\delta \propto f^{-1/2}$.

Pour valider cette loi en puissance, on peut par exemple tracer $\log \delta$ en fonction de $\log f$, ce qui doit donner une droite de pente $-0,5$.

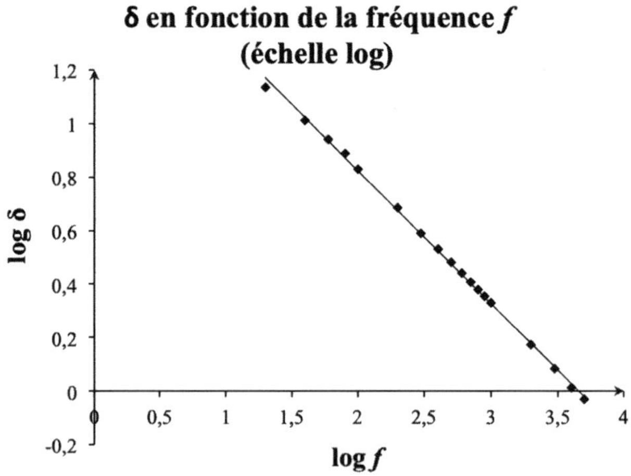

C'est bien ce que l'observe : une pente de -0,496 (l'écart est d'à peine 10 % avec la valeur théorique) et ce, avec un excellent facteur de corrélation ($R^2 = 0,9995$).

La condition $RC\omega \ll 1$ implique une fréquence $f \ll \dfrac{1}{2\times\pi\times R\times C} \approx 1\ 600$ Hz qui ne semble pas ici, très contraignante.

II Approche continue

1) La forme générale d'une onde progressive harmonique en notation complexe selon l'axe des x est :

$$A_0\, e^{j(\omega t - \underline{k}x)}$$

où $\underline{k} \in \mathbb{C}$.

2) Il s'agit de l'approximation des milieux continus valable pour $\lambda \gg a$. Cela signifie qu'une onde ne voit pas les défauts à une échelle très inférieure à sa longueur d'onde. Avec, $u\,(x = n\,a, t) = U_n(t)$, on peut aussi écrire :

$$U_{n+1}(t) = u\big(x = (n+1)\ a, t\big) = \ u(x+a,t) \approx \ u(x,t) + a\frac{\partial u}{\partial x} + \frac{a^2}{2}\frac{\partial^2 u}{\partial x^2}$$

De même,

$$U_{n-1}(t) = u\big(x = (n-1)\ a, t\big) = \ u(x-a,t) \approx \ u(x,t) - a\frac{\partial u}{\partial x} + \frac{a^2}{2}\frac{\partial^2 u}{\partial x^2}$$

On remplace ces expressions dans la relation de récurrence établie en préliminaire :

$$\tau\,\frac{dU_n}{dt} = U_{n+1} + U_{n-1} - 2\,U_n$$

Ce qui donne :

$$\tau\,\frac{\partial u}{\partial t} = u(x,t) + a\frac{\partial u}{\partial x} + \frac{a^2}{2}\frac{\partial^2 u}{\partial x^2} + u(x,t) - a\frac{\partial u}{\partial x} + \frac{a^2}{2}\frac{\partial^2 u}{\partial x^2} - 2\,u(x,t)$$

soit, après simplifications immédiates :

$$\frac{\partial u}{\partial t} = \frac{a^2}{\tau}\frac{\partial^2 u}{\partial x^2}$$

On reconnaît une équation de diffusion dont le coefficient de diffusion s'exprime selon :

$$D = \frac{a^2}{\tau}$$

en m^2s^{-1}.

3) On cherche une solution du type de celle de la question 1) : $\underline{u}\,(x,t) = \underline{u}_0\ e^{j(\omega t - \underline{k}x)}$,

$$\frac{\partial \underline{u}}{\partial t} = j\omega\ \underline{u} \text{ et } \frac{\partial^2 \underline{u}}{\partial x^2} = (-j\underline{k})^2\underline{u} = -\underline{k}^2\underline{u}$$

soit la relation de dispersion suivante :

$$\underline{k}^2 = -\frac{j\omega\tau}{a^2}$$

La résolution de cette équation différentielle se fait de façon analogue à ce qui a été fait au cours de la première partie, à savoir :

$$\underline{k}^2 = \frac{\omega\tau}{a^2}e^{-j\frac{\pi}{2}} = \left(\frac{\sqrt{\omega\tau}}{a}e^{-j\frac{\pi}{4}}\right)^2$$

Puis, on en déduit :

$$\underline{k_1} = +\frac{\sqrt{\omega\tau}}{a} e^{-j\frac{\pi}{4}} = \frac{\sqrt{\omega\tau}}{a} \frac{(1-j)}{\sqrt{2}}$$

et,

$$\underline{k_2} = -\frac{\sqrt{\omega\tau}}{a} e^{-j\frac{\pi}{4}} = \frac{\sqrt{\omega\tau}}{a} \frac{(-1+j)}{\sqrt{2}}$$

Or, on sait que la solution est une onde de diffusion de charge se propageant selon les x croissants, il faut donc que la partie réelle de $\underline{k}$ soit positive.
En effet, si $\underline{k} = k' + j\, k''$ alors $\underline{u}(x,t) = \underline{u_0}\, e^{j(\omega t - \underline{k}x)} = \underline{u_0}\, e^{j(\omega t - (k' + j\, k'')x)}$ devient :

$$\underline{u}(x,t) = \underline{u_0}\, e^{k''x}\, e^{j(\omega t - k'x)}$$

que l'on peut écrire en notation réelle :

$$u(x,t) = u_0\, e^{k''x} \cos(\omega t - k'x)$$

en supposant (pour simplifier) que $\underline{u_0}$ est réel.

Ainsi, $k' > 0$ exclut la solution $\underline{k_2}$ et l'on gardera :

$$\underline{k} = \frac{1}{a}\sqrt{\frac{\omega\tau}{2}} - j\frac{1}{a}\sqrt{\frac{\omega\tau}{2}}$$

Finalement :

$$k' = \mathrm{Re}\left(\underline{k}\right) = \frac{1}{a}\sqrt{\frac{\omega\tau}{2}} > 0$$

et

$$k'' = \mathrm{Im}(\underline{k}) = -\frac{1}{a}\sqrt{\frac{\omega\tau}{2}} < 0$$

Remarque 1

Le signe négatif de k'' traduit bien l'atténuation de l'onde de tension le long de la ligne.

Remarque 2

On retrouve ici la longueur caractéristique d'atténuation déterminée dans la première partie :

$$\delta = -\frac{1}{k''} = a\sqrt{\frac{2}{RC\omega}}$$

4) Par définition, la vitesse de phase est la vitesse d'un plan équiphase. Elle s'écrit donc dans un premier temps pour une onde sinusoïdale se propageant selon l'axe des x dont la phase s'écrit, comme nous l'avons vu, $\varphi = \omega t - k'x$:

$$v_\varphi = \left(\frac{dx}{dt}\right)_\varphi$$

En différenciant l'expression de la phase, on a :

$$d\varphi = 0 = \omega\, dt - k'dx$$

d'où la relation classique :

$$v_\varphi = \frac{\omega}{k'}$$

Ici, cela donne finalement :

$$v_\varphi = a\sqrt{\frac{2\omega}{\tau}}$$

La vitesse de phase dépend de la pulsation : la propagation est dispersive c'est-à-dire que des ondes sinusoïdales de pulsations différentes se propagent à des vitesses de phase différentes.

Ainsi, si un signal est constitué d'une superposition d'ondes sinusoïdales, il va se déformer au cours de sa propagation.

La vitesse de groupe correspond à la vitesse de propagation de l'enveloppe d'un paquet d'ondes, défini comme une superposition d'ondes sinusoïdales de pulsations très voisines. Elle a pour expression :

$$v_g = \frac{d\omega}{dk'}$$

Pour notre étude, on obtient :

$$v_g = 2a\sqrt{\frac{2\omega}{\tau}}$$

La vitesse de groupe est supérieure à la vitesse de phase : on dit alors que la dispersion est anormale. Cela implique notamment que la vitesse de groupe, définie comme précédemment, ne corresponde pas à celle de l'énergie (notions hors-programme).

5) Pour mesurer la vitesse de phase, on exploite les observations faites dans la partie 1. On avait déjà noté l'existence d'un retard entre la tension à l'entrée de la plaquette et celle au niveau de la cellule n. Notons Δt_n le retard de la tension de la n^{ième} cellule par rapport à la tension à l'entrée de la plaquette.

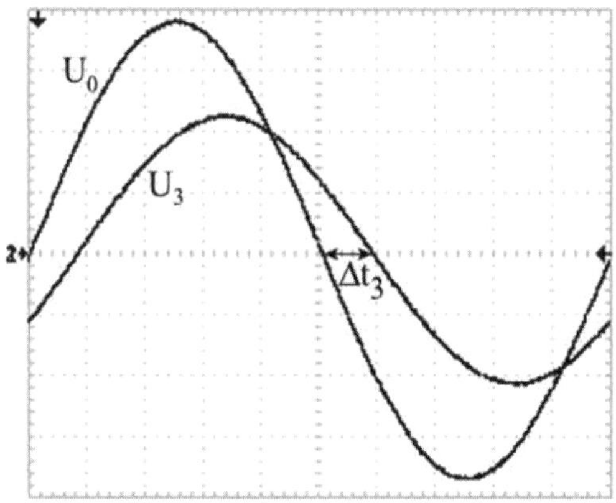

Traçons alors ce retard Δt_n en fonction de n, pour la fréquence $f = 100$ Hz.

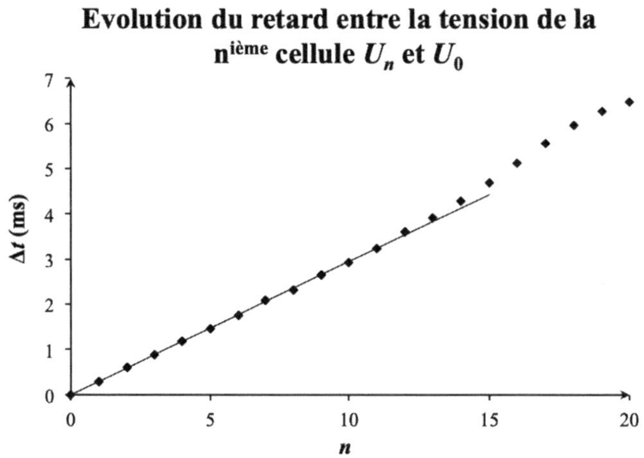

Comme pour l'amplitude, théorie et expérience divergent au-delà de la 15ᵉ cellule. La courbe de tendance obtenue pour $n < 15$ s'écrit :

$$\Delta t_n \approx 0,295\ 10^{-3} \times n$$

Avec, là encore, un excellent coefficient de corrélation ($R^2 = 0,99956$).

La valeur expérimentale de la vitesse de phase s'en déduit :

$$v_{\varphi,\text{exp}} = \frac{n\,a}{\Delta t} = \frac{a}{0,295\ 10^{-3}} = \frac{1,25\ 10^{-2}}{0,295\ 10^{-3}}$$

Soit, $v_{\varphi,\text{exp}} = 42,3\ \text{m s}^{-1}$.

On la compare à la valeur théorique de la vitesse de phase :

$$v_{\varphi,\text{théo}} = a\sqrt{\frac{2\omega}{\tau}} = 1,25\ 10^{-2} \times \sqrt{\frac{2 \times 2 \times \pi \times 100}{1,0\ 10^3 \times 100\ 10^{-9}}}$$

soit $v_{\varphi,\text{théo}} = 44,3$ m s^{-1}.

L'écart de 4 % conforte la cohérence des résultats.

On recommence ensuite cette mesure pour différentes fréquences, puis l'on cherche à vérifier la relation $v_\varphi = f\left(\sqrt{\omega}\right)$ en traçant, par exemple, $\log v_\varphi$ en fonction de $\log f$ qui doit donner une droite de pente $+0,5$.

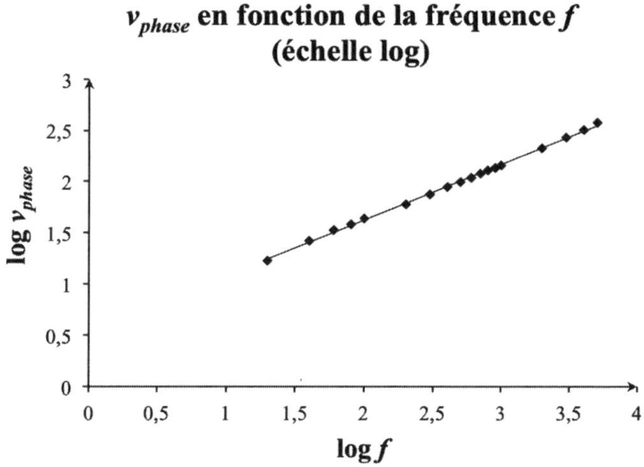

C'est ce qui est observé : la pente vaut 0, 542 (écart inférieur à 10 % avec la théorie) avec, là encore, un facteur de corrélation proche de l'unité de ($R^2 = 0,999$).

Aux très hautes fréquences, résultats expérimentaux et théoriques doivent s'écarter à nouveau car l'approximation des milieux continus n'est plus valide. En effet la condition $\lambda \gg a$ s'écrit également $\dfrac{v_\varphi}{f} \gg a$ soit encore $f \ll \dfrac{4\,\pi}{\tau} \approx 126$ kHz. En pratique, à hautes fréquences, les tensions sont très atténuées et il devient difficile de faire des mesures précises.

Pour la mesure de la vitesse de groupe, on envoie une impulsion très brève en $n = 0$, typiquement, comme pour le câble coaxial, sa largeur est de 100 ns et son amplitude de quelques volts puis on mesure sa vitesse de propagation le long de la plaquette.

Le décalage temporel de « la montée » de l'impulsion est faible et il est préférable de considérer n « grand » donc $n \geq 15$.

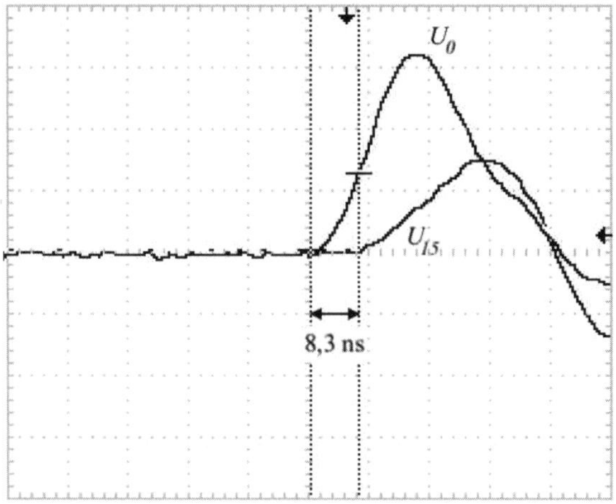

La mesure avec les curseurs donne un décalage entre $n = 0$ et $n = 15$:

$$\Delta t_{15} \approx 8,3 \text{ ns}$$

D'où une estimation de la vitesse de groupe :

$$v_g = \frac{15 \times a}{\Delta t_{15}} = \frac{15 \times 1,25\ 10^{-2}}{8,3\ 10^{-9}}$$

soit $v_g \approx 2,3\ 10^7$ m s^{-1}

La mesure réalisée pour n=16 à 20 donne des résultats conformes à cette valeur.

III Analogie avec la diffusion thermique

1) Il s'agit d'une question de cours classique que l'on ne détaillera pas ici. L'équation de la chaleur, dans le cas monodimensionnel, s'écrit :

$$\frac{\partial T}{\partial t} = \frac{\lambda}{\mu\, c} \frac{\partial^2 T}{\partial x^2}$$

où λ est la conductivité thermique, μ la masse volumique et c la capacité thermique massique du matériau.

Le coefficient de diffusion thermique (diffusivité thermique) associé étant :

$$D_{th} = \frac{\lambda}{\mu\, c}$$

2) Ce TP fait référence à l'effet de peau thermique étudié en cours, également nommé effet cave (ou grotte)...et même abusivement ondes thermiques (abusivement car elles ne sont pas solution d'une équation d'ondes...).

À cause des variations de températures dues à l'alternance des saisons ou de celles du jour et de la nuit, la surface terrestre, située en $x = 0$, suit la loi en température suivante :

$$T(x = 0, t) = T_0 + \theta_0 \cos \omega t$$

En posant $\theta(x, t) = T(x, t) - T_0$, l'équation pilote devient :

$$\frac{\partial \theta}{\partial t} = D_{th} \frac{\partial^2 \theta}{\partial x^2}$$

avec la condition aux limites $\theta(x = 0, t) = \theta_0 \cos \omega t$.

Les grandeurs $u(x, t)$ et $\theta(x, t)$ obéissent à la même équation aux dérivées partielles, l'équation de diffusion. Elles présentent toutes les deux la même condition à la limite en $x = 0$. Les problèmes sont donc similaires et les solutions identiques :

$$\theta(x, t) = \theta_0 \, e^{-\frac{x}{\delta}} \cos\left(\omega t - \frac{x}{\delta}\right)$$

où $\delta = \sqrt{\dfrac{2\,D_{th}}{\omega}}$.

Ceci est à comparer avec la longueur caractéristique d'amortissement pour la ligne diffusive :

$$\delta = a\sqrt{\frac{2}{RC\omega}} = \sqrt{\frac{2\,a^2}{RC\omega}} = \sqrt{\frac{2\,D}{\omega}}$$

puisque l'on avait posé : $D = \dfrac{a^2}{\tau} = \dfrac{a^2}{RC}$.

Mais, contrairement à la ligne diffusive du TP, on suppose que la perturbation de température n'atteint jamais l'infini. C'est pour cette raison que les résultats expérimentaux s'écartent de la théorie lorsqu'on effectue des mesures trop proches de la dernière cellule.

30 MESURE DE LA CÉLÉRITÉ DU SON DANS L'AIR

Concours : X-ENS, Mines

Objectif du TP : Le but du TP est de mesurer la vitesse du son dans l'air à l'aide d'un émetteur et d'un récepteur à ultrasons. Dans un premier temps cette mesure est réalisée par l'intermédiaire d'un signal sinusoïdal puis dans un second temps avec un échelon de tension.

Matériel :

- Un émetteur et un récepteur ultrasonore ;
- Une grande règle pour mesurer la distance entre les deux ;
- Un thermomètre ;
- Le matériel classique d'électronique (GBF, oscilloscope. . .).

ÉNONCÉ

I SIGNAL HARMONIQUE

L'émetteur ultrasonore est alimenté avec une tension inférieure à 10 V, pour ne pas entendre un son trop fort dans la zone audible.

1) Donner la bande des fréquences audibles.

2) Comment appelle-t-on les ondes acoustiques pour les fréquences justes inférieures à la fréquence audible la plus basse ? Pour les fréquences justes supérieures à la fréquence audible la plus haute ?

3) Déterminer la fréquence de résonance f_r pour laquelle le gain est le plus élevé ?

4) On souhaite déterminer $\left|\dfrac{\underline{U_\mathrm{s}}}{\underline{U_\mathrm{e}}}\right|$ sur 4 décades autour de f_r, intervalle correspondant à $\left[f_{\min};f_{\max}\right]$. Déterminer $f_{\min}$ et $f_{\max}$.

5) Tracer la réponse en amplitude du gain $G(f)$.

6) Déterminer la bande passante à $-$ 3 dB.

7) En assimilant le système à un filtre passif du second ordre, déterminer le facteur de qualité Q.

II CÉLÉRITÉ DES ULTRASONS DANS L'AIR

Se placer à la fréquence de résonance f_r, avec un signal sinusoïdal d'amplitude 10 V.

1) Proposer un protocole expérimental pour déterminer la longueur d'onde des ultrasons dans l'air. Le faire valider par l'examinateur puis déterminer cette longueur d'onde.

2) En déduire la célérité V_{s_1} des ondes ultrasonores dans l'air. Évaluer l'incertitude de cette mesure.

Un tableau de classification périodique est fourni aux candidats.

3) L'air est composé à 78 % d'un certain gaz et à 21 % d'un autre gaz. Donner ces deux gaz.

4) En déduire la masse molaire M_{air} de l'air.

5) Déterminer la vitesse des ondes ultrasonores dans l'air V_{s_2} en fonction de M_{air}, la constante des gaz parfaits R, la température T et d'une constante γ dont on donnera une valeur numérique.

6) Comparer l'écart entre V_{s_1} et V_{s_2}. Le justifier.

III AUTRE MÉTHODE : RÉPONSE À UN CRÉNEAU

Alimenter l'émetteur ultrasonore à l'aide d'un créneau d'amplitude inférieure à 10 V et de fréquence 10 Hz.

1) Dessiner l'allure du signal de réception.

2) Comment mettre en évidence le caractère non dispersif de la propagation des ondes ultrasonores dans l'air ?

3) Trouver un nouveau protocole expérimental permettant de mesurer la célérité des ultrasons dans l'air notée V_{s_3}. Le faire valider par l'examinateur.

L'ensemble émetteur-récepteur est modélisé par le circuit électrique suivant :

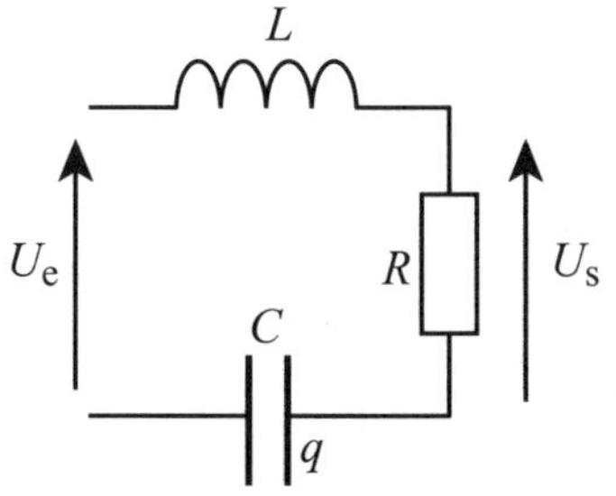

$$\frac{d^2q}{dt^2} + \frac{1}{\tau_e}\frac{dq}{dt} + \omega_0^2 q = K\,U_e(t)$$

$$\text{avec} \begin{cases} U_e(t) = 0 \text{ pour } t < 0 \\ U_e(t) = E \text{ pour } t \geq 0 \end{cases}$$

4) Déterminer τ_e, K et ω_0 en fonction des caractéristiques du circuit.

5) Résoudre l'équation différentielle dans le cas $\omega_0\,\tau_e > \dfrac{1}{2}$.

6) Donner l'expression de $U_s(t)$ et dessiner son graphe.

7) Mesurer à nouveau le facteur de qualité Q.

8) Interpréter alors l'allure du graphe obtenu à la première question (de la partie III. et justifier pourquoi $U_s(t)$ a cette forme.

Proposition de solution

Commentaires : il s'agit d'un TP peu compliqué d'un point de vue expérimental qui nécessite malgré tout des initiatives personnelles ainsi que des connaissances d'ordre de grandeurs.

I Signal harmonique

1) Les fréquences audibles correspondent « normalement » à la bande de fréquences comprises entre 20 Hz et 20 kHz. Selon l'expérimentateur l'appréciation pourra être différente pour les fréquences limites. Ici nous évaluons plutôt la limite inférieure aux alentours de 400 Hz et la limite supérieure vers 17 kHz.

2) Les fréquences sonores situées en dessous de la limite inférieure correspondent aux infrasons, et au-dessus de la limite supérieure, aux ultrasons.

3) L'émetteur et le récepteur sont placés l'un en face de l'autre à quelques millimètres. Cette distance ne doit pas varier dans la suite du I. La fréquence du GBF alimentant l'émetteur peut être modifiée et l'on observe la réponse du récepteur sur un oscilloscope. Expérimentalement nous trouvons une amplitude maximale (résonance) pour :

$$f_r \approx 39\,950 \text{ Hz}$$

Valeur raisonnable, car la donnée constructeur donne une fréquence de 40 kHz.

4) Si l'on souhaite étudier le gain sur 4 décades de part et d'autre de f_r cela signifie que $f_{min} \approx 400$ Hz et $f_{Max} \approx 4{,}00$ MHz.

5) La mesure du gain sur 4 décades est quasi-impossible dans le sens où les variations du gain se font uniquement au voisinage très proche de f_r, l'amplitude étant quasi-nulle audelà. Pour cette raison, nous nous contentons de présenter la courbe de gain entre 30 et 50 kHz.

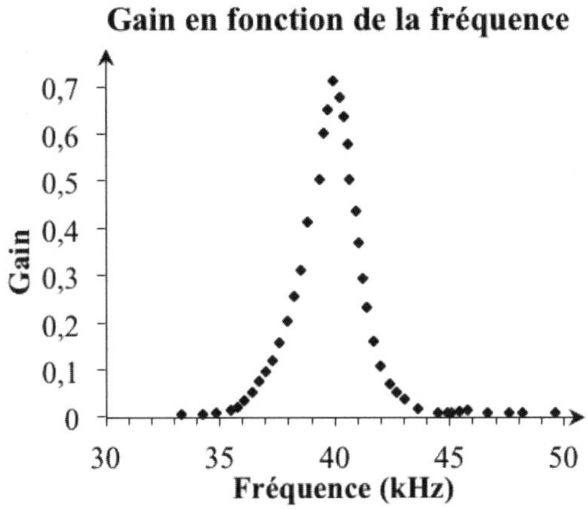

Il s'agit d'un filtre passe-bande. Le facteur de qualité d'un quartz seul est nettement plus élevé, il s'agit ici de l'ensemble composé du générateur, de son impédance interne, de l'émetteur, du récepteur et de la colonne d'air entre les deux.

Remarque

Cette courbe n'a d'intérêt qu'en relatif : pour une autre distance émetteur-récepteur la courbe de gain serait la même à une homothétie près.

6) Pour déterminer la bande passante à – 3 dB, on détermine les fréquences f_{c_1} et f_{c_2} pour lesquelles l'amplitude vaut $\dfrac{|U_s(f_r)|}{\sqrt{2}}$.

Expérimentalement on mesure $f_{c_1} \approx 39\,340$ Hz et $f_{c_2} \approx 40\,630$ Hz d'où la bande passante en fréquence :

$$\Delta f_{3dB} = f_{c_2} - f_{c_1} \approx 1\,290 \text{ Hz}$$

7) Par définition, le facteur de qualité est relié à la bande passante en fréquences par la relation :

$$Q = \frac{f_r}{\Delta f_{3dB}}$$

La valeur numérique vaut ainsi : $Q \approx 31$. C'est un facteur de qualité élevé : le filtre passe-bande est sélectif.

II Célérité des ultrasons dans l'air

1) L'émetteur et le récepteur sont « en regard » comme précédemment et leurs amplitudes émise et reçue sont observées à l'oscilloscope. La distance entre les deux capteurs ultrasonores, de l'ordre du cm, est telle que les signaux soient en phase et cette distance est repérée et mesurée le long de la grande règle mise à disposition des candidats. Ensuite on éloigne le récepteur de l'émetteur, ce dernier restant fixe : à l'oscilloscope, les deux signaux sinusoïdaux semblent glisser l'un par rapport à l'autre. Les signaux sont à nouveau en phase pour le première fois lorsque la distance émetteur-récepteur a augmenté de la longueur d'onde λ. Afin d'avoir une meilleure précision sur sa détermination, on mesurera plutôt $10\,\lambda$ par exemple.

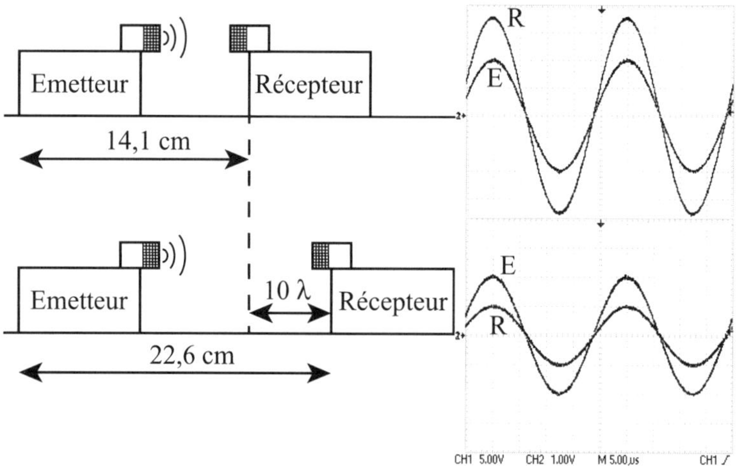

La position du récepteur est repérée au mm près. Avec une origine de la règle arbitraire, la première fois que les signaux sont en phase a lieu pour 14,1 cm et ils le sont à nouveau après $10\,\lambda$ lorsque la règle indique 22,6 cm.

Par conséquent : $10\,\lambda = 8{,}5 \pm 0{,}2$ cm d'où :

$$\lambda = 8{,}5 \pm 0{,}2 \text{ mm } (2\ \%)$$

Remarque

Comme on le voit sur les oscillogrammes ci-dessus, l'amplitude du signal reçu diminue assez franchement quand le récepteur s'éloigne de l'émetteur. C'est également pour cette raison qu'il n'est pas utile de faire une mesure de 20 ou 30 λ. Cette diminution n'est pas due à des pertes lors de la propagation mais au fait que l'onde émise, que l'on peut grossièrement considérer comme sphérique, a son amplitude qui décroit en $\frac{1}{r}$. En effet, la densité surfacique de puissance sonore (valeur moyenne temporelle de la norme de $\overrightarrow{\Pi_{ac}} = p_1\,\overrightarrow{v_1}$) est proportionnelle à l'amplitude de l'onde émise au carré et son flux doit être constant à travers toute sphère de rayon r en l'absence de pertes. La surface d'une sphère étant $4\pi r^2$, on obtient bien le résultat annoncé.

2) Sachant que $V_{s_1} = \lambda f_r$, la célérité des ondes ultrasonores vaut donc :

$$V_{s_1} = 340 \pm 7\,\mathrm{m\,s^{-1}}\ (2\ \%)$$

L'incertitude la plus importante étant clairement sur la détermination de la longueur d'onde. L'évaluation expérimentale de la fréquence de résonance se faisant à la dizaine d'Hertz près.

3) L'air est composé à 78 % de diazote N_2 et à 21 % de dioxygène O_2 (et un peu moins d'1 % d'Argon A_r).

4) La masse molaire moléculaire du diazote est 28 $\mathrm{g\,mol^{-1}}$ et celle du dioxygène 32 $\mathrm{g\,mol^{-1}}$, d'après le tableau périodique fourni, ce qui donne pour la masse molaire de l'air :

$$M_{\mathrm{air}} = 0{,}78 \times 28 + 0{,}21 \times 32 \approx 28{,}6\ \mathrm{g\,mol^{-1}}$$

Remarque

La valeur des tables donne $M_{\mathrm{air}} \approx 28{,}97\,\mathrm{g\,mol^{-1}}$ que l'on arrondit volontiers à 29 $\mathrm{g\,mol^{-1}}$ en tenant compte du 1 % de gaz restant.

5) D'après le cours sur les ondes sonores, l'expression de la célérité du son dans un fluide de masse volumique au repos ρ_0 et de coefficient de compressibilité isentropique χ_s est : $V_{s_2} = \dfrac{1}{\sqrt{\rho_0\,\chi_s}}$.

Faisons l'hypothèse que l'air se comporte comme un gaz parfait, alors la loi des gaz parfaits donne $P = \dfrac{\rho R T}{M}$.

L'hypothèse acoustique inclut l'écoulement parfait du fluide : les phénomènes diffusifs sont négligeables. La transformation est donc adiabatique et en l'absence de phénomènes irréversibles, également réversible. Le gaz suit donc la loi de Laplace $P V^{\gamma} = cste$ ou sous une forme similaire $P \rho^{-\gamma} = \mathrm{cste}$.

En effectuant la différentielle logarithmique de cette dernière relation, on a : $\dfrac{dP}{P} - \gamma \dfrac{d\rho}{\rho} = 0$. Par définition, $\chi_s = \dfrac{1}{\rho}\left(\dfrac{\partial \rho}{\partial P}\right)_s$ qui s'écrit donc $\chi_s = \dfrac{1}{\gamma P}$ d'où $V_{s_2} = \dfrac{1}{\sqrt{\rho_0\,\chi_s}} = \sqrt{\dfrac{\gamma P}{\rho_0}} \approx \sqrt{\dfrac{\gamma P_0}{\rho_0}}$. Et finalement :

$$V_{s_2} = \sqrt{\frac{\gamma R T}{M_{air}}}$$

L'application numérique donne avec $\gamma = 1{,}4$ (gaz diatomique) ; $R = 8{,}31\,\mathrm{J\,mol^{-1}\,K^{-1}}$; une température $\theta \approx 22\ ^\circ\mathrm{C}$ soit $T \approx 295\,\mathrm{K}$ et

$M_{air} \approx 28{,}6\ 10^{-3}\,\text{kg}\,\text{mol}^{-1}$ (attention au piège classique : l'unité du système international pour la masse est le kg et non pas le g) :

$$V_{s_2} \approx 346\ \text{m}\,\text{s}^{-1}$$

6) Les deux valeurs sont très voisines. V_{s_2} est légèrement supérieure à V_{s_1} parce que la masse molaire de l'air est minorée : on n'a tenu compte que de 99 % des gaz composant l'air. Avec $M_{\text{air}} = 29\ 10^{-3}$ kg mol^{-1} on obtiendrait $V_{s_2} \approx 344$ m s^{-1} un peu plus proche de la valeur obtenue expérimentalement.

III Autre méthode : réponse à un créneau

1) Émetteur et récepteur sont distants de quelques centimètres. À la réception, le signal a l'allure suivante :

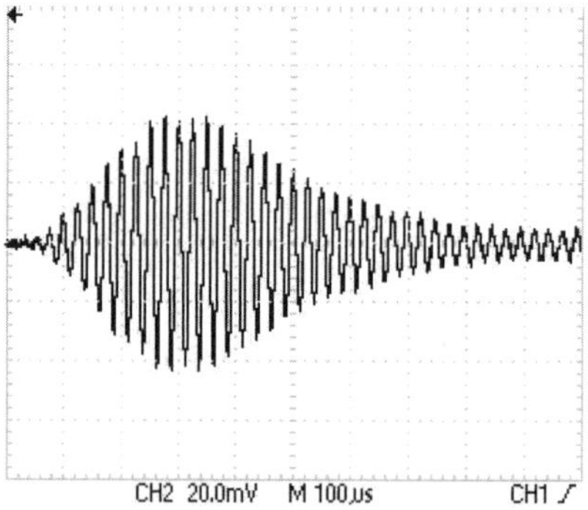

Dans un premier temps, le milieu stocke l'énergie envoyée par l'émetteur, puis l'amplitude de la réponse augmente. Le récepteur récupère toute l'énergie et finalement l'amplitude décroît : l'énergie est dissipée dans le circuit de réception.

2) Le signal créneau de faible fréquence est décomposable en série de Fourier. Par conséquent le signal émis peut être vu comme la superposition d'une infinité de signaux sinusoïdaux. Si l'air est dispersif alors la vitesse des ondes dépend de la fréquence : on devrait avoir au niveau du récepteur une superposition de figures décalées les unes par rapport aux autres. Ce n'est pas le cas et l'hypothèse d'un milieu non-dispersif est raisonnable.

3) L'émetteur et le récepteur sont séparés d'une distance connue car mesurable. En mesurant l'écart temporel entre le début de l'émission (début de l'échelon) et le début de la réception (début de la courbe du 1)) à l'aide de l'oscilloscope, on peut déterminer la vitesse des ondes ultrasonores dans l'air.

À noter que cette mesure n'est pas possible si le signal émis est périodique (de petite période), sinusoïdal ou non : il est impossible de déterminer précisément l'écart temporel puisqu'on retrouve la même situation à l'oscilloscope à chaque période.

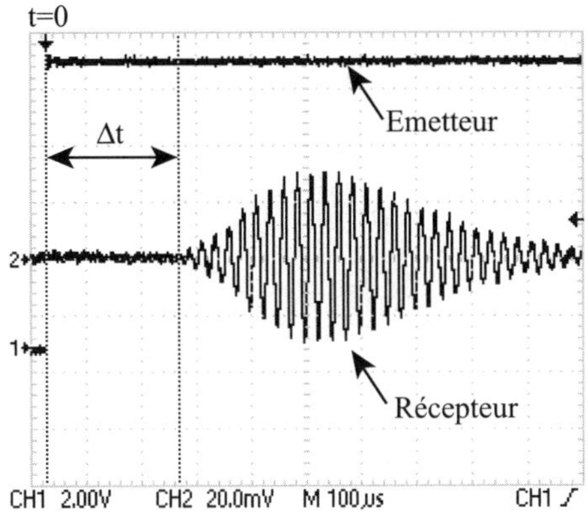

L'oscillogramme précédent correspond à un écart spatial entre l'émetteur et le récepteur de $\Delta x = 8{,}4 \pm 0{,}2$ cm (3 %) et cette distance est parcourue par l'onde ultrasonore en $\Delta t = 240 \pm 10$ µs (4 %). L'incertitude sur la distance est due non seulement à la mesure elle-même le long de la règle mais aussi à la position exacte à l'intérieur du « microphone » de l'émetteur (même chose pour le récepteur). L'incertitude pour la lecture du temps est due essentiellement à l'appréciation du commencement de la réception.

La relation $V_{s_3} = \dfrac{\Delta x}{\Delta t}$ donne en valeur numérique $V_{s_3} = 350 \pm 18\ \mathrm{m\,s^{-1}}$ (5 %).

En effet, par différenciation on a bien : $\dfrac{d(V_{s_3})}{V_{s_3}} = \dfrac{d(\Delta x)}{\Delta x} - \dfrac{d(\Delta t)}{\Delta t}$ soit pour le passage aux incertitudes : $\dfrac{\Delta(V_{s_3})}{V_{s_3}} = \sqrt{\left(\dfrac{\Delta(\Delta x)}{\Delta x}\right)^2 + \left(\dfrac{\Delta(\Delta t)}{\Delta t}\right)^2} \approx 5\ \%$

Cette méthode semble moins précise que la précédente.

4) On applique la formule du pont diviseur de tension $\dfrac{\underline{U_s}}{R} = \dfrac{\underline{U_e}}{jL\omega + R + \frac{1}{jC\omega}}$ et de plus $\underline{U_s} = R\,\underline{i} = Rj\omega\,\underline{q}$ puisque $i = \dfrac{dq}{dt}$.

En arrangeant et en faisant la transposition fréquentielle-temporelle classique $j\omega \leftrightarrow \dfrac{d}{dt}$, on obtient : $\dfrac{d^2q}{dt^2} + \dfrac{R}{L}\dfrac{dq}{dt} + \dfrac{1}{LC}q = \dfrac{U_e}{L}$

L'identification donne : $\tau_e = \dfrac{L}{R}$; $\omega_0 = \dfrac{1}{\sqrt{LC}}$ et $K = \dfrac{1}{L}$.

On peut également introduire le facteur de qualité Q par $\dfrac{1}{\tau_e} = \dfrac{\omega_0}{Q}$.

5) La solution particulière est $q_p = \dfrac{K}{\omega_0^2}E = CE$.

Pour la solution générale, le polynôme caractéristique s'écrit : $r^2 + \dfrac{1}{\tau_e}r + \omega_0^2 = 0$

Le discriminant vaut $\Delta = \frac{1}{\tau_e^2} - 4\,\omega_0^2 < 0$ par hypothèse. La solution générale va être du type pseudo-périodique : $q_g = (\mathrm{A}\cos\Omega\,t + \mathrm{B}\sin\Omega\,t) \times \mathrm{e}^{-\frac{t}{\tau}}$ où $\tau = 2\,\tau_e$ est un temps caractéristique, $\Omega = \sqrt{\omega_0^2 - \frac{1}{4\,\tau_e^2}} = \omega_0\sqrt{1 - \frac{1}{4\,Q^2}} \approx \omega_0$ la pulsation des pseudo-oscillations (avec $Q \gg 1$) et, A et B deux constantes à déterminer.

Au final, $q(t) = q_p + q_g = C\,E + (\mathrm{A}\cos\omega_0\,t + \mathrm{B}\sin\omega_0\,t) \times \mathrm{e}^{-\frac{t}{\tau}}$

Les conditions initiales sont :

- $q(0^+) = 0$ car le condensateur est initialement déchargé $q(0^-) = 0$ et que la charge est continue au niveau d'un condensateur ;
- $\frac{d\,q}{dt}(0^+) = 0$ car le courant traversant une bobine est continu et que $i(0^-) = i(0^+) = 0$.

En appliquant ces deux conditions à l'expression de la charge, on trouve après quelques lignes de calculs : $\mathrm{A} = -C\,E$ et $\mathrm{B} = -\frac{C\,E}{\omega_0\tau}$ d'où l'expression de la charge :

$$q(t) = C\,E \times \left[1 - \mathrm{e}^{-\frac{t}{\tau}} \times \left(\cos\omega_0\,t + \frac{1}{\omega_0\,\tau}\sin\omega_0\,t\right)\right]$$

6) Comme $U_s(t) = R\frac{d\,q(t)}{dt}$, on obtient finalement :

$$U_s(t) = R\,C\,E\,\omega_0 \times \left(1 + \frac{1}{\omega_0^2\tau^2}\right) \times \mathrm{e}^{-\frac{t}{\tau}} \times \sin\omega_0\,t$$

dont l'allure est donnée ci-dessous.

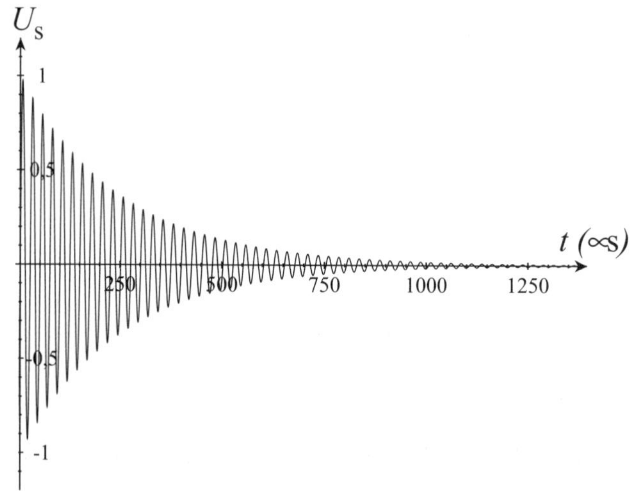

7) De l'oscillogramme obtenu nous pouvons déterminer la pulsation des oscillations :

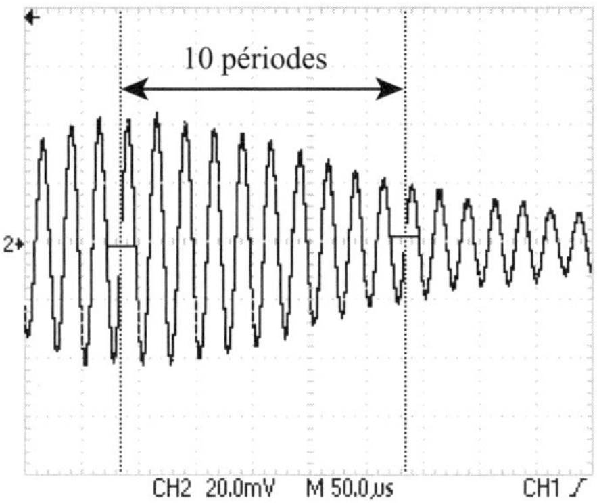

10 périodes correspondent à 250 ± 5 µs ce qui donne une période de $T_0 = 25 \pm 0{,}5$ µs (2 %) et donc une fréquence $f_0 = 40\,000 \pm 800$ Hz (2 %) qui est bien celle des ultrasons (f_r).

Pour obtenir le facteur de qualité Q, il faut d'abord connaître τ_e et donc τ.

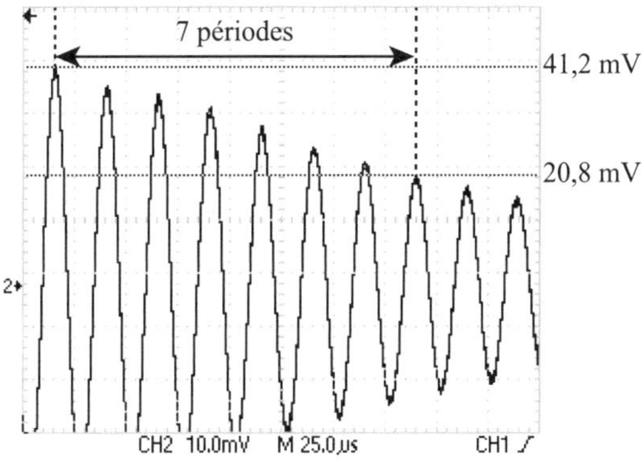

D'après le modèle de l'énoncé, l'amplitude de la sinusoïde est exponentiellement décroissante avec le temps caractéristique τ. Sur l'oscillogramme précédent, sur 7 périodes l'amplitude de cette exponentielle passe de 41,2 mV à 20,8 mV.

Ainsi : $7 \times \dfrac{T_0}{\tau} \approx \ln\left(\dfrac{41{,}2}{20{,}8}\right)$. Or $\dfrac{T_0}{\tau} = \dfrac{1}{f_0\,\tau} = \dfrac{1}{2 f_0\,\tau_e} = \dfrac{\omega_0}{2Qf_0} = \dfrac{2\pi f_0}{2Qf_0} = \dfrac{\pi}{Q}$.

Finalement $Q \approx \dfrac{7\pi}{\ln\left(\frac{41{,}2}{20{,}8}\right)}$ soit $Q \approx 32$ ce qui est très proche de la valeur mesurée au paragraphe I.

8) Il est difficile de savoir jusqu'où l'énoncé souhaite que le candidat s'aventure. Le thème de la télémétrie a déjà fait l'objet de sujets d'écrit de concours, citons par exemple le sujet de Physique du concours Centrale-Supélec filière PSI 2001.

En fait, ce n'est pas l'ensemble émetteur-récepteur qui peut être modélisé par le circuit *RLC* mais chaque partie émetteur et récepteur.

Ainsi la fonction de transfert du type passe-bande d'ordre deux correspond non pas à $\underline{\underline{U_s}}$ / $\underline{U_e}$, soit $\dfrac{\underline{U_s}}{\underline{U_e}}$, mais à $\dfrac{\underline{v_e}}{\underline{U_e}}$ au niveau de l'émetteur, où $v_e(t)$ est la vitesse associée au déplacement du quartz piézoélectrique.

Sa forme mathématique est $v_e(t) \equiv e^{-\frac{t}{\tau}} \times \sin \omega_0 t$ en réponse à un échelon de tension au niveau de l'entrée.

Au niveau du récepteur, si l'on impose à la lame de quartz de vibrer à la vitesse $v_s(t)$, alors on recueille une différence de potentiel U_s en régime sinusoïdal donnée par la même fonction de transfert pour $\dfrac{\underline{U_s}}{\underline{v_s}}$. Pour une excitation $v_s(t)$ correspondant à celle de $v_e(t)$ on peut montrer (ce n'est pas immédiat) que la solution est de la forme :

$$U_s(t) \equiv t \times \sin \omega_0 t \times e^{-\frac{t}{\tau}}$$

Représentons l'allure de cette courbe :

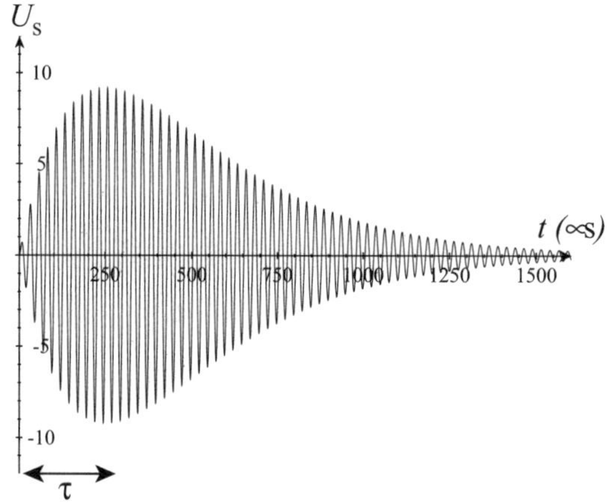

C'est bien celle observée expérimentalement.

Par ailleurs l'enveloppe de cette courbe est de la forme $t \times e^{-\frac{t}{\tau}}$ dont il est facile de montrer que le maximum est atteint pour $t_{Max} = \tau$.

Les mesures réalisées sur nos enregistrements du temps mis par le signal réceptionné pour passer de la tension nulle à son maximum donnent :

$$\tau = 260 \pm 15 \ \mu s \ (5\ \%)$$

L'incertitude tient compte encore une fois de la difficulté d'évaluer le début du signal réceptionné, mais également de la fluctuation des mesures faites pour différentes distances Δx entre l'émetteur et le récepteur.

D'après ce qui précède : $Q = \pi f_0 \tau$ et on obtient $Q = 32 \pm 2$ (5 %) en accord avec les précédentes mesures.

31 ÉTUDE D'UN HACHEUR SÉRIE ET D'UNE MACHINE À COURANT CONTINU

Concours : X-ENS et Mines, uniquement en filière PSI.

Objectif du TP : Étude d'un hacheur série puis application à la commande d'une machine à courant continu, notée MCC dans la suite.

Matériel à disposition :

- Une MCC (moteur et génératrice) Didalab ;
- Une plaquette hacheur DMS ;
- Une bobine 1000 spires ;
- Matériel classique d'électronique : GBF, alimentations stabilisées, oscilloscope, multimètres, condensateur...

ÉNONCÉ

I ÉTUDE DU HACHEUR SUR UNE CHARGE (R, L)

Alimenter la plaquette hacheur, déjà câblée, avec l'alimentation stabilisée ± 15 V.

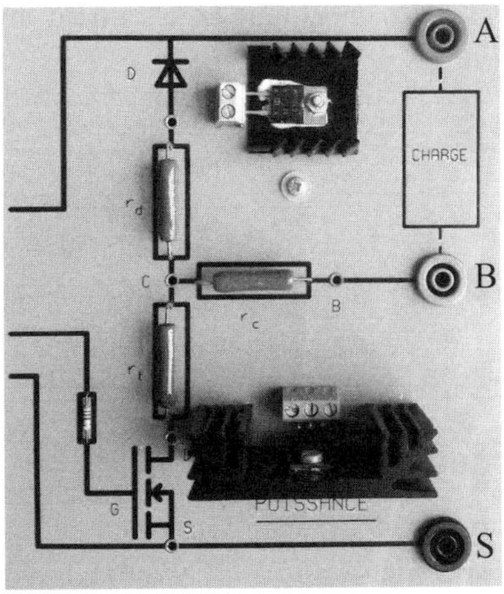

La charge est la bobine 1000 spires, modélisée par une inductance L en série avec une résistance R, placée entre A et B sur la partie puissance. La tension d'alimentation, entre A et S, est $U = 30$ V.

1) Observer à l'oscilloscope la tension $v(t)$, tension aux bornes de la charge et $i(t)$, courant traversant la charge, pour une fréquence de hachage la plus basse possible.

2) Tracer la moyenne temporelle de $v(t)$, notée $\langle v \rangle$, moyenne temporelle de v, en fonction du rapport cyclique α. Comparer à la théorie.

3) Tracer l'allure des oscillogrammes et comparer à la théorie.

4) Mesurer $\langle v \rangle$ et $\langle i \rangle$, courant moyen traversant la charge. En déduire la valeur de R.

5) Augmenter la fréquence de façon à observer à l'oscilloscope le courant i en forme de triangle. Interpréter. Mesurer l'ondulation en courant Δi en fonction de α.

6) Mesurer et tracer le rendement du hacheur en fonction du rapport cyclique α.

II ÉTUDE DU HACHEUR SUR UNE CHARGE (MCC + BOBINE DE LISSAGE)

Une MCC est ajoutée en série avec la bobine précédente. Celle-ci est modélisée par une fem E et une résistance d'induit $r = 0{,}9\ \Omega$.

On rappelle les relations caractéristiques d'une MCC :

$$E = \phi_0\, \Omega \text{ pour la fem, et } C = \phi_0 i \text{ pour le couple moteur.}$$

1) Mesurer $\langle u \rangle$, tension moyenne aux bornes du moteur, et $\langle i \rangle$ courant moyen traversant le moteur pour un rapport cyclique $\alpha = 0{,}5$. En déduire E.

2) Mesurer la vitesse angulaire du moteur Ω à l'aide d'un multimètre sur la sortie GST du moteur. En déduire ϕ_0.

3) Calculer le couple C pour ce point de fonctionnement.

III MODÉLISATION DE LA MCC PAR UN FILTRE PASSE-BAS DU 1ER ORDRE

La MCC est modélisée par un passe-bas d'ordre 1 : justifier.

1) Analyse temporelle

La commande du transistor est maintenant alimentée par un signal créneau d'amplitude 10 V et de fréquence 0,1 Hz.

a) Visualiser la vitesse de rotation du moteur. En déduire une constante de temps pour l'ensemble MCC-hacheur.

b) En appliquant le théorème du moment cinétique à l'arbre du moteur, déduire une valeur du moment d'inertie J de l'arbre.

2) Analyse fréquentielle

La commande du transistor est alimentée par un signal sinusoïdal dont on fera varier la fréquence typiquement entre 0,1 Hz et 10 Hz.

Tracer le diagramme de Bode de l'ensemble MCC-hacheur. En déduire la pulsation de coupure ω_0. Ce résultat est-il cohérent avec celui obtenu dans le cadre de l'étude temporelle ?

PROPOSITION DE SOLUTION

Commentaires : ce TP est spécifique à la filière PSI et porte sur la conversion de puissance. Le matériel utilisé fait normalement partie des laboratoires de Sciences Physiques depuis la réforme de 1996 et il est préférable de l'avoir déjà utilisé pendant l'année. Il y a peu de théorie mais le TP est assez long.

Le matériel : commençons par une brève présentation du matériel.

- *La MCC*

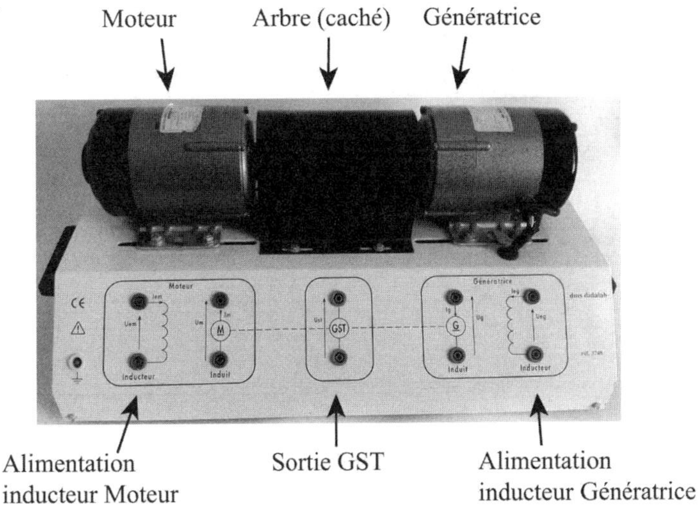

Les inducteurs Moteur et Génératrice sont branchés sur une alimentation double stabilisée sous ($I_e = 0{,}7$ A; $V_e = 25{,}5$ V). Il y a donc la même constante de couplage ϕ_0 pour les deux machines. L'inducteur d'une MCC sert à créer un champ magnétique essentiellement radial dans l'entrefer de la machine. Il faut alimenter l'inducteur avant l'induit d'une machine et couper en dernier l'inducteur à la fin de l'expérience.

La maquette possède une sortie GST qui, reliée à un multimètre en fonctionnement fréquencemètre, permet de mesurer la vitesse de rotation de l'arbre Ω en régime permanent.

- *Le hacheur*

La plaquette hacheur est déjà câblée et alimentée. Le candidat n'a pas à étudier la partie « commande » (à gauche) et doit se contenter de savoir qu'un bouton permet de faire varier la fréquence de hachage et qu'un autre permet de modifier le rapport cyclique α.

La partie « puissance » (située à droite) comporte trois résistances valant 0,1 Ω chacune, nommées r_t, r_c et r_d permettant de visualiser les courants traversant respectivement le transistor, la charge et la diode.

Entre ces deux blocs, un montage appelé « isolation », permet de supprimer toute liaison électrique entre le bloc commande et le bloc puissance. Ce montage donne ensuite la possibilité à l'utilisateur d'imposer la masse au point de son choix. On parle de masse flottante.

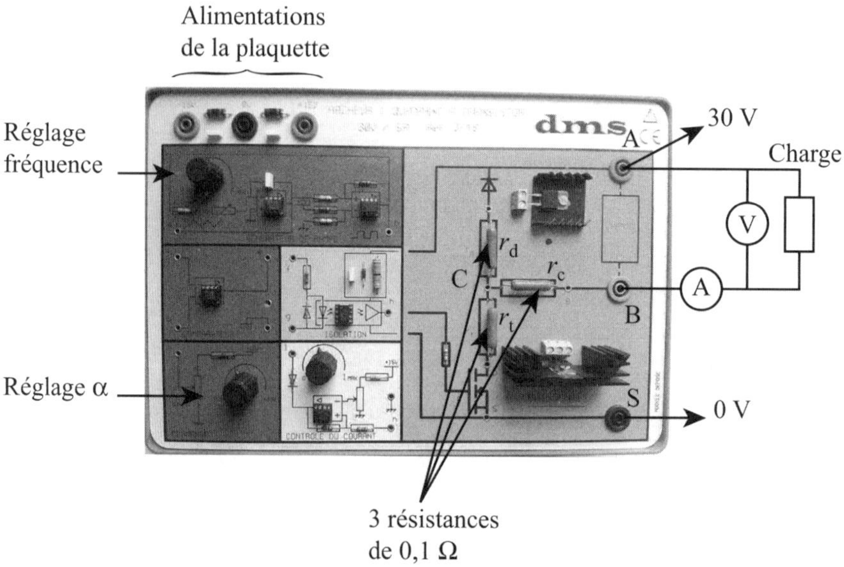

La partie puissance est alimentée par une tension de $U = 30$ V et la charge est une bobine 1000 spires d'inductance L et de résistance R. Pour mieux comprendre le montage et faire ainsi le lien avec le cours, il est utile de dessiner le montage équivalent :

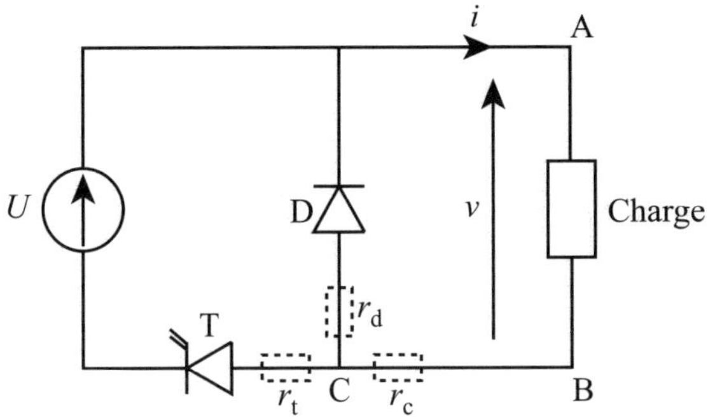

I ÉTUDE DU HACHEUR SUR UNE CHARGE (*R*, *L*)

1) Pour visualiser à la fois la tension aux bornes de la charge et le courant la traversant, il faut pouvoir observer à l'oscilloscope la tension v ainsi que la tension aux bornes de la résistance r_C. En plaçant la masse de l'oscilloscope en B, on recueille la tension v en A (CH2) et la tension $-r_C i$ en C (CH1). Ne pas oublier donc d'actionner la touche de l'oscilloscope de la voie 1 « invert » pour visualiser $+r_C i$.

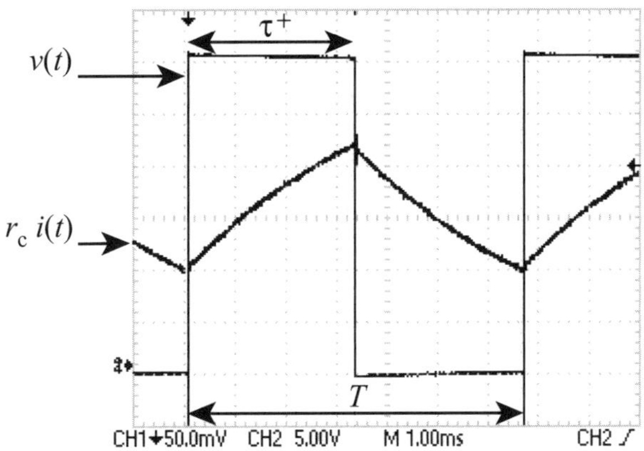

La période mesurée à l'aide des curseurs donne : $T \approx 6{,}6$ ms soit une fréquence $f \approx 150$ Hz.

Lorsque le transistor T est passant et la diode bloquante pour $t \in [0\,;\,\alpha T]$, alors $v(t) = U$. Pour $t \in [\alpha T\,;\,T]$, le transistor est bloquant et la diode est passante, donc $v(t) = 0$.

Le courant $i(t)$ croît et décroît selon des exponentielles.

2) Le voltmètre placé aux bornes de la charge en position DC (mesure de grandeur continue) permet d'accéder à $\langle v \rangle$. La mesure du rapport cyclique α se fait directement à l'oscilloscope : à l'aide des curseurs il est possible de mesurer avec précision le temps τ^+ où le transistor est passant et la période T de hachage puis d'effectuer :

$$\alpha = \frac{\tau^+}{T}$$

Les résultats sont regroupés sur le graphe suivant :

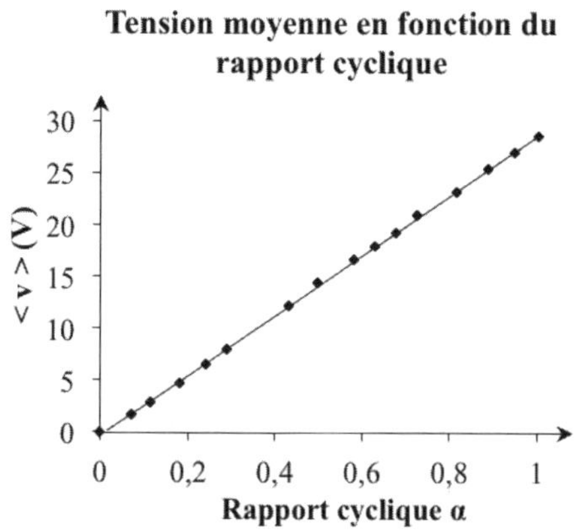

Les points s'alignent selon une droite d'équation :

$$\langle v \rangle \approx 28{,}9\ \alpha$$

La tension aux bornes de la bobine vaut $v(t) = U$ pour $t \in [0\,;\,\alpha T]$ et $v(t) = 0$ pour $t \in [\alpha T\,;\,T]$ donc la valeur moyenne est :

$$\langle v \rangle = \frac{1}{T}\int_0^T v(t)dt = \frac{1}{T}\left\{\int_0^{\alpha T} Udt + \int_{\alpha T}^{T} 0 \times dt\right\} \quad \text{soit}$$

$$\langle v \rangle = \alpha\, U (= 30\,\alpha)$$

Le faible écart entre les deux pentes peut s'expliquer par :

- la présence des petites résistances r_{t}, r_{d} et r_{c} ;
- la chute de tension non nulle au niveau des interrupteurs (diode de roue libre et transistor).

3) Les chronogrammes ont déjà été représentés à la question 1).

Pour $t \in [0\,;\,\alpha T]$, la loi des mailles s'écrit : $U = Ri + L\dfrac{di}{dt}$ puisque la diode de roue libre est bloquante et le transistor passant. En appelant I_m la valeur minimale du courant traversant la charge ($i(0) = I_m$) la résolution donne :

$$i(t) = \frac{U}{R} + \left(I_m - \frac{U}{R}\right)\,\mathrm{e}^{-\frac{t}{\tau}}$$

où $\tau = \dfrac{L}{R}$ est le temps caractéristique de charge ou décharge de la cellule (L, R).

Pour $t \in [\alpha T; T]$, la diode est passante donc $v = 0$ ce qui donne : $0 = Ri + L\dfrac{di}{dt}$ dont la résolution $i(t) = A\ \mathrm{e}^{-\frac{t-\alpha T}{\tau}}$ (il est intéressant de faire directement un changement d'origine de temps dans l'exponentielle).

On nomme I_M la valeur maximale du courant ($i(\alpha T) = I_\mathrm{M}$), ce qui donne $i(t) = I_\mathrm{M}\,\mathrm{e}^{-\frac{t-\alpha T}{\tau}}$.

Les « bouts » d'exponentielles observées à la question 1) trouvent ainsi leur justification.

Remarque

Les grandeurs I_m et I_M peuvent être déterminées en utilisant la continuité du courant traversant une bobine et la périodicité du montage.

4) Pour chaque valeur du rapport cyclique α, il faut mesurer le courant moyen traversant la charge (grâce à un ampèremètre en position continue), la tension à ses bornes (toujours avec un voltmètre en position continue).

Nous obtenons ainsi :

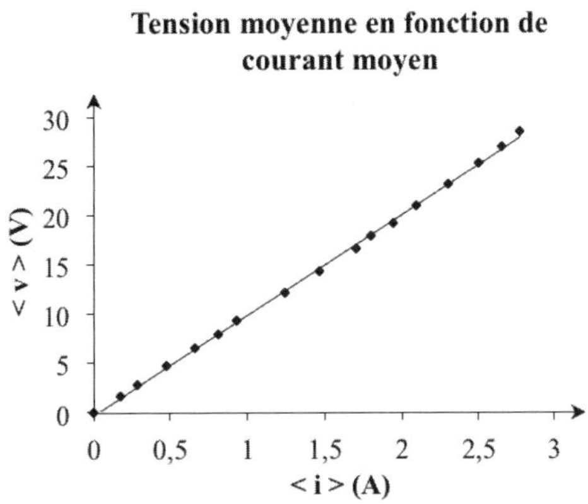

La droite a pour équation $\langle v\rangle \approx 10{,}17\langle i\rangle$.

La théorie donne pour la tension aux bornes de la charge :

$$v(t) = R\,i + L\frac{di}{dt}$$

puis le passage aux valeurs moyennes :

$$\langle v \rangle = \langle R\,i \rangle + \left\langle L\frac{di}{dt} \right\rangle = R\langle i \rangle + L\left\langle \frac{di}{dt} \right\rangle$$

Or

$$\left\langle \frac{di}{dt} \right\rangle = \frac{1}{T}\int_0^T \frac{di}{dt}dt = \frac{1}{T}\int_0^T di = \frac{1}{T}\,[i(T) - i(0)]$$

qui est nulle en régime périodique établi. Par conséquent :

$$\langle v \rangle = R\langle i \rangle$$

La relation obtenue graphiquement donne à la résistance la valeur :

$$R \approx 10{,}2\ \Omega$$

Ce résultat est vérifiable en mesurant directement la résistance à l'aide d'un ohmmètre.

5) Pour de « hautes fréquences », c'est-à-dire $T \ll \tau = \frac{L}{R}$ il est possible de linéariser les exponentielles ce qui donne à l'ordre 1 des équations de droites (ici segments). Pour une période de $T \approx 1{,}1$ ms soit une fréquence $f \approx 910$ Hz le chronogramme a l'allure suivante :

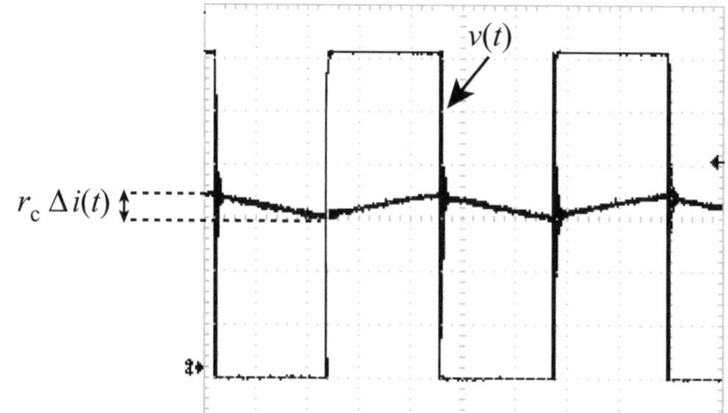

L'ondulation en courant est mesurée grâce aux curseurs de l'oscilloscope pour différents rapports cycliques et à la fréquence $f \approx 730$ Hz pour le graphe suivant.

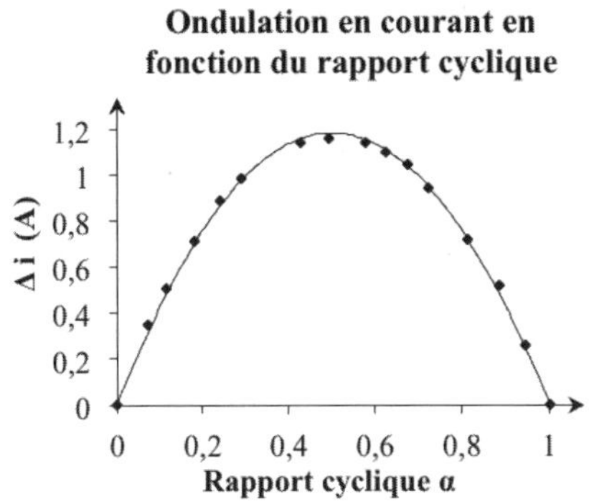

On retrouve la forme classique en parabole et la courbe de tendance d'un polynôme d'ordre deux est finalement :

$$\Delta i \approx 0{,}78\,\alpha\,(1-\alpha)$$

À partir des calculs effectués à la question 4), on déduit également : $\langle i\rangle = \dfrac{\alpha U}{R}$

Si on se place dans le cas où la période de hachage T est très inférieure à $\tau = \dfrac{L}{R}$ alors l'ondulation en courant $\Delta\, i$ peut être considérée très petite par rapport au courant moyen : $\Delta\, i \ll \langle i\rangle$ et la résistance ne « voit » comme courant la traversant que le courant moyen $\langle i\rangle$.

Ainsi pendant le temps où le transistor est passant, c'est-à-dire le temps où la bobine emmagasine de l'énergie, l'équation :

$U = R\,i + L\dfrac{di}{dt}$ peut s'écrire $U \approx R\,\langle i\rangle + L\dfrac{di}{dt} = \alpha\,U + L\dfrac{di}{dt}$ soit $\dfrac{di}{dt} \approx (1-\alpha)\,\dfrac{U}{L}$.

Enfin la courbe $i(t)$ étant une succession de segments, on a $\dfrac{di}{dt} \approx \dfrac{\Delta\, i}{\Delta\, t} = \dfrac{\Delta\, i}{\alpha\, T}$ pour $t \in [0\,;\,\alpha\, T]$ alors l'ondulation en courant a pour expression dans le cadre de l'approximation $T \ll \tau = \dfrac{L}{R}$:

$$\Delta\, i \approx \frac{U\,\alpha\,(1-\alpha)}{Lf} \quad \text{où} \quad f = \frac{1}{T}.$$

La courbe théorique $\Delta\, i(\alpha)$ est une parabole s'annulant pour $\alpha = 0$ et $\alpha = 1$ et maximale en $\alpha = 0{,}5$ et ayant alors pour valeur $\Delta\, i_{\text{Max}} = \Delta\, i(\alpha = 0{,}5) = \dfrac{U}{4Lf}$.

Les résultats issus de la théorie sont cohérents avec les mesures expérimentales. Il est possible de déterminer la valeur de l'inductance L à partir de la courbe expérimentale. En effet on a $\dfrac{U}{Lf} \approx 0{,}78$ A en utilisant la courbe de tendance ce qui donne $L \approx 42$ mH.

Au final les valeurs obtenues pour la bobine sont :

$$L \approx 42 \text{ mH} \quad \text{et} \quad R \approx 10{,}2\ \Omega$$

Ce sont les caractéristiques d'une bobine de 1000 spires (sans noyau de fer et en statique), bobine que l'on a effectivement utilisée.

Remarque

La valeur du temps caractéristique $\tau = \frac{L}{R} \approx \frac{42\ 10^{-3}}{10,2} \approx 4,1$ ms n'est que légèrement supérieure à la période $T \approx 1,1$ ms. L'approximation est tout juste licite.

6) Pour mesurer le rendement, il faut placer un ampèremètre (position continu) en série avec l'alimentation $U = 30$ V afin de relever le courant moyen traversant la source $\langle i_s \rangle$. La puissance au niveau de la source s'écrit alors : $P_s = U\langle i_s \rangle$.

Pour mesurer la puissance au niveau de la charge on utilise le fait qu'à « hautes fréquences », ici au-dessus de 1000 Hz, l'ondulation en courant est très faible devant le courant moyen ($\Delta i \ll \langle i \rangle$). Ainsi il est raisonnable de considérer que la puissance transmise au niveau de la charge a pour expression : $P_c = \langle v \rangle \langle i \rangle$. Cela revient à écrire que $\langle i^2 \rangle \approx \langle i \rangle^2$ pour une intensité quasi-constante.

Enfin le rendement ρ vaut :

$$\rho = \frac{\langle v \rangle \langle i \rangle}{U \langle i_s \rangle}$$

que l'on mesure pour différentes valeurs du rapport cyclique.

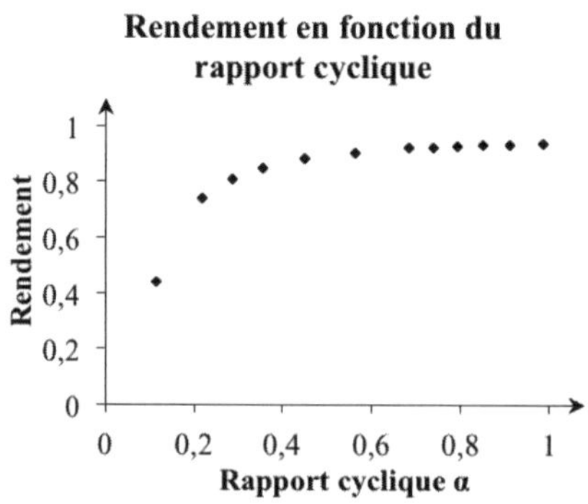

Le rendement est proche de 93 % sur une large plage de α. Les petites résistances permettant de visualiser le courant ainsi que la chute de tension aux bornes des interrupteurs expliquent que le rendement n'est pas unitaire. De même pour $\alpha < 0{,}3$, celui-ci est même bien plus faible.

II ÉTUDE DU HACHEUR SUR UNE CHARGE

1) La tension moyenne aux bornes de la MCC est mesurée à l'aide d'un voltmètre (en continu) après s'être placé en $\alpha = 0{,}5$.

Expérimentalement nous obtenons $\langle u \rangle = 7{,}25$ V.

Or la MCC étant modélisée par une fem E et une résistance d'induit r on a en moyenne : $\langle u \rangle = E + r\langle i \rangle$.

$\langle i \rangle$ s'obtient toujours par l'intermédiaire d'un ampèremètre (en continu) et cela donne ici : $\langle i \rangle = 0{,}74$ A.

Et finalement puisque $E = \langle u \rangle - r\langle i \rangle$ alors $E \approx 6{,}58$ V.

On pouvait accéder à ce résultat différemment en exploitant plutôt :

$$v(t) = E + (r+R)\,i + L\frac{di}{dt}$$

qui donne en valeur moyenne temporelle :

$$\alpha\, U = E + (r+R)\langle i \rangle \quad \text{d'où} \quad E = \alpha\, U - (r+R)\langle i \rangle \approx 6{,}63 \text{ V}$$

2) Sur la sortie GST de la MCC, on place un multimètre en position fréquencemètre. Il s'agit d'une génératrice qui délivre une tension alternative d'amplitude proportionnelle à Ω (en rad s^{-1}) et de fréquence f telle que :

$$\Omega = \frac{\pi}{6} f \text{ (donnée constructeur).}$$

La mesure donne ici : $f \approx 200$ Hz soit $\Omega \approx 105$ rad s^{-1}.

La relation $E = \phi_0\,\Omega$ permet de connaître la constante de couplage :

$$\phi_0 \approx 0{,}063 \text{ Wb}$$

L'unité d'un flux est le Weber noté Wb mais est également accepté le V s.

D'autres mesures effectuées pour des valeurs différentes du rapport cyclique α amènent à la même valeur de ϕ_0 avec une dispersion inférieure à 3 %.

3) La relation $C = \phi_0\, i$ soit en moyenne temporelle $\langle C \rangle = \phi_0 \langle i \rangle$ donne immédiatement le résultat :

$$\langle C \rangle \approx 0{,}047 \text{ N m}$$

III MODÉLISATION DE LA MCC PAR UN FILTRE PASSE-BAS DU 1ER ORDRE

L'équation électrique (E) $v = \phi_0\,\Omega + (r+R)\,i + L\dfrac{di}{dt}$ devient en passant aux valeurs moyennes $\langle v \rangle = \phi_0\,\Omega + (r+R)\langle i \rangle$.

L'équation mécanique (M) s'écrit en appliquant le théorème du moment cinétique et en négligeant les couples résistants (de type fluide ou sec) :

$$J\,\frac{d\Omega}{dt} = \phi_0\,\langle i\rangle$$

En notation de Laplace, (M) $J\,p\,\Omega = \phi_0\langle i\rangle$ puis en éliminant $\langle i\rangle$:

$$\frac{\Omega}{\langle v\rangle} = \frac{\frac{1}{\phi_0}}{1+\frac{(r+R)\,J\,p}{\phi_0^2}}$$

Il s'agit d'un filtre passe-bas du premier ordre dont le temps caractéristique mécanique est $\tau_m = \dfrac{(r+R)\,J}{\phi_0^2}$ et auquel correspond la pulsation de coupure $\omega_0 = \dfrac{\phi_0^2}{(r+R)J}$.

1) Analyse temporelle

a) La plaquette ne permettant pas d'accéder à un domaine fréquentiel inférieur à 100 Hz, il faut maintenant alimenter la commande du transistor par un GBF en très basse fréquence, typiquement 0,1 Hz avec un signal créneau d'amplitude 10 V. Le branchement du GBF se fait sur le point (h) de la partie « isolation » :

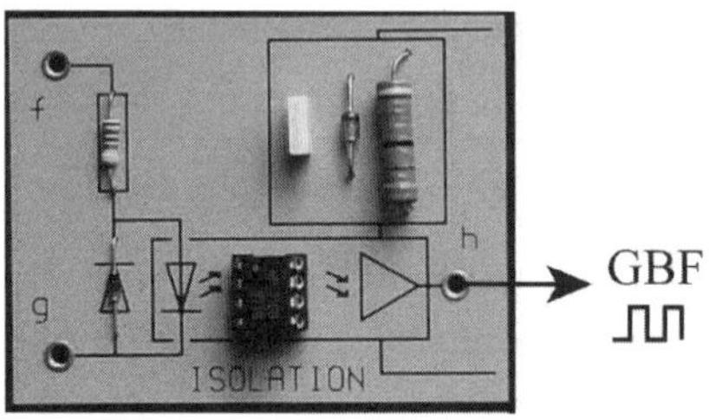

Lorsque la tension du GBF vaut +10 V, le transistor est passant. Pour une tension de −10 V, celui-ci est bloquant.

Pour visualiser la vitesse de rotation $\Omega(t)$, l'inducteur de la génératrice est également alimenté de façon à avoir le même ϕ_0. Puisque le circuit électrique au niveau de la génératrice est ouvert, la tension aux bornes de l'induit de la génératrice a alors pour expression :

$$U_G(t) = \phi_0\,\Omega(t)$$

Un condensateur de 3,3 mF est placé en parallèle à ses bornes pour lisser la tension (suppression des parasites).

Nous obtenons la courbe suivante (pour une période) :

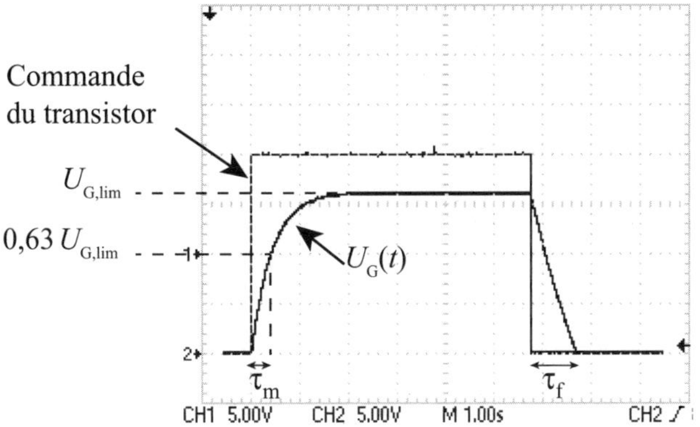

En dilatant l'échelle temporelle et en utilisant les curseurs nous mesurons le temps nécessaire pour arriver à 63 % de la valeur finale :

$$\tau_m \approx 400 \text{ ms}$$

Cette méthode est plus précise que celle consistant à tracer la tangente à l'origine puis à repérer l'intersection avec la valeur limite car il est difficile d'apprécier avec justesse la position de la tangente.

b) À partir de l'expression de ce temps caractéristique $\tau_m = \dfrac{(r+R)\,J}{\phi_0^2}$ nous en déduisons $J = \dfrac{\tau_m\,\phi_0^2}{(r+R)}$ et l'application numérique donne :

$$J \approx 1{,}4\ 10^{-4}\ \text{kg}\,\text{m}^2$$

Remarque

Il est également possible de déduire du graphe précédent le couple de frottement sec subi par l'arbre. On constate effectivement que lorsque le transistor est équivalent à un interrupteur ouvert, la vitesse de rotation décroît quasi-linéairement : cette décroissance est typique d'un couple de frottement sec du type : $\Gamma_s = -C_s$. Pour un couple de frottement fluide de la forme $\Gamma_f = -\beta\,\Omega$ la décroissance serait exponentielle.

Puisque le circuit de la génératrice est ouvert ($I_G = 0$), l'application du théorème du moment cinétique donne : $J\,\dfrac{d\Omega}{dt} = -C_s$,

soit

$$C_s = -J\frac{\Delta\,\Omega}{\Delta\,t} = J\,\frac{\Omega_{\text{lim}}}{\tau_f} = \frac{J\,U_{G,\text{lim}}}{\phi_0\,\tau_f}$$

Nous en déduisons des mesures de $U_{G,lim} \approx 16{,}0$ V et $\tau_f \approx 920$ ms :

$$C_s \approx 4{,}0\ 10^{-2}\ \mathrm{N\,m}$$

Cette valeur est raisonnable (elle est mesurable autrement , par exemple en détectant la tension minimale permettant la rotation du moteur depuis le repos).

2) Analyse fréquentielle

Pour différentes fréquences étalées sur le domaine [0,1 ; 10 Hz], l'amplitude du plateau de la figure précédente est mesurée. Cela donne le diagramme de Bode suivant pour le gain :

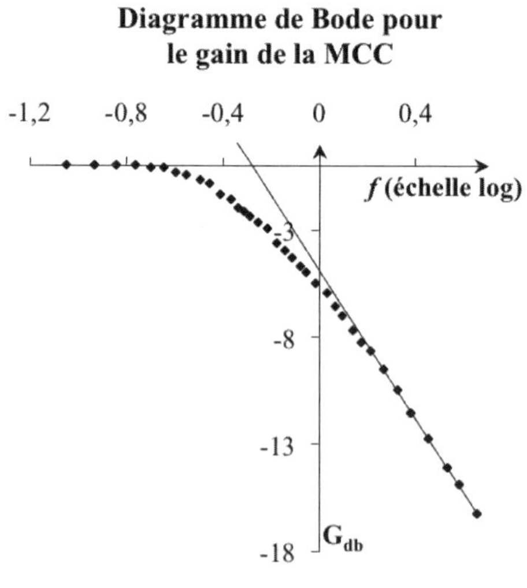

Le gain statique vaut 24,15 dB (correspondant à $20 \times \log \dfrac{1}{\phi_0}$) et l'asymptote pour les « hautes fréquences » a une pente de $-17{,}7$ dB par décade, ce qui conforte la modélisation de l'ensemble MCC-Hacheur par un filtre passe-bas du premier ordre. De la courbe précédente on déduit la valeur de la fréquence de coupure :

$$f_0 \approx 500\ \mathrm{mHz}$$

Puis la pulsation de coupure : $\omega_0 = 2\pi f_0 \approx 3{,}1\ \mathrm{rad\,s^{-1}}$.

Le lien avec l'analyse temporelle est bien sûr $\omega_0 = \dfrac{1}{\tau_m}$ et comme ici $\dfrac{1}{\tau_m} \approx 2{,}5\ \mathrm{rad\,s^{-1}}$ on obtient le bon ordre de grandeur (avec un écart de 20 %) entre les deux analyses, temporelle et fréquentielle.

INDEX